MULTIVARIATE STATISTICAL ANALYSIS

개정판

R 다변량 통계분석

김재희 지음

multivariate statistical analysis

KYOWOO

머리말

각 변수의 효과를 동시에 고려하면서 다변량 데이터로 분석하여 해결하는 통계적 방법은 도전적인 문제일 뿐만 아니라 매력적이다. 각 개체 또는 각 실험 단위에 대해 여러 개의 변수를 측정하여 데이터를 얻는 경우가 대부분이며 이러한 경우 개개 변수에 대한 분석도 필요하지만 변수간 상관성을 고려한 분석이 필수적이다. 다변량 분석을 통해 변수들이 생산된 시스템에 대해 변수들을 동시에 다루면서 변수들의 연결된 역할에 대한 정보를 얻을 수 있으며 전체 시스템에 대한 주요한 정보를 얻을 수 있다. 다변량 통계 분석 과정은 수리적으로 복잡한 계산식을 포함하게되므로 실제 데이터 분석을 위해서는 컴퓨터 활용이 필수적이며 통계 패키지 덕분에 다변량 분석에 대한 계산적인 문제의 대부분이 해결되고 있다. 소프트웨어 R은 다양한 패키지 프로그램을 통해 여러 통계 분석을 손쉽게 할 수 있도록 전 세계 통계 사용자에게 무료로 제공되고 있다.

이 책은 통계학 전공자 4학년들을 대상으로 강의한 〈SAS를 활용한 다변량 통계 분석〉(교우사)의 이론 내용을 바탕으로 하였으며 6장에서는 이원배치 다변량 분산분석을 추가하고 11장에서는 모형기반 군집분석 방법을 추가하였다. 또한 각 장마다 통계 프로그램 R을 활용하여 다변량 분석을 체계적으로 공부하는데 도움이 될 수 있도록 이론과 예제를 포함하였다. 따라서 이 책은 통계학 전공자에게는 학부 후반부 또는 대학원 석사과정에서 한 학기동안 교재로 사용할 수 있을 것이다. 그러나 2장은 다변량 기초 수학에 관한 내용이며 다변량 고유의 분석에만 관심 있는 경우에는 1장과 7장 이후부터 읽어도 좋다.

이러한 분석 방법을 알릴 수 있도록 도와준 교우사에 감사드린다. 같이 가르치고 공부하며 지낸 덕성여대 정보통계학과 학생들과 대학원생들, 사랑하는 나의 가족과 우리의 부모님께 감사드린다. 이 책이 다변량 분석 활용에 조금이라도 도움이 된다면 큰 기쁨이다.

가장 아름다운 캠퍼스, 덕성여대에서

김재희 jaehee@duksung.ac.kr

목차

제1장 다변량 데이터 알아보기 1

1.1 서 론 ………… 1
1.1.1 다변량 분석은 왜 필요한가? ………… 1
1.1.2 일변량 분석과 다변량 분석 ………… 2
1.1.3 다변량 분석의 목적 ………… 3
1.1.4 다변량 분석을 위한 통계시스템 R ………… 3
1.1.5 다변량 분석시 유의할 점 ………… 4
1.2 데이터 구조와 단순 기술통계량 ………… 5
1.2.1 다변량 데이터 ………… 5
1.2.2 데이터 구조 ………… 6
1.2.3 기술통계량 ………… 6
1.3 그림을 통한 다변량 데이터 표현 ………… 8
1.3.1 산점도행렬 ………… 10
1.3.2 평행그림 ………… 11
1.3.3 체르노프 얼굴그림 ………… 13
1.3.4 별그림 ………… 14
1.4 거리 측도 ………… 15
1.4.1 유클리드 거리 ………… 15
1.4.2 표준화 거리 ………… 16
1.4.3 마할라노비스 거리 ………… 18
1.4.4 거리 측도 ………… 20

1.5 R을 이용한 기초 통계량 ······ 25
연습문제 ······ 31

제2장 기초 행렬 대수 35

2.1 정의 ······ 35
2.1.1 행렬과 벡터 ······ 35
2.1.2 특정 형태를 갖는 행렬 ······ 36
2.2 행렬의 연산 ······ 38
2.3 분할 행렬 ······ 43
2.4 행렬의 계수 ······ 44
2.5 행렬의 결정식 ······ 45
2.6 역행렬 ······ 46
2.7 양정치행렬과 반양치행렬 ······ 50
2.8 트레이스 ······ 51
2.9 직교벡터와 직교행렬 ······ 51
2.10 고유값과 고유벡터 ······ 53
2.10.1 고유값과 고유벡터 정의 ······ 53
2.10.2 고유값의 성질 ······ 55
2.11 스펙트럼분해 ······ 57
2.12 제곱근행렬 ······ 59
2.13 멱등행렬 ······ 59
2.14 행렬에 대한 부등식과 최대화정리 ······ 60
2.15 벡터와 행렬의 미분 ······ 61
연습문제 ······ 62

제3장 다변량 확률표본에 대한 기초 65

3.1 다변량 분포함수 ······ 65
3.2 확률벡터, 확률행렬의 기대값과 공분산행렬 ······ 66
3.3 다변량 확률표본의 기대값과 공분산행렬 ······ 68
3.4 일반화분산과 총분산 ······ 70
3.4.1 일반화분산 ······ 70
3.4.2 총분산 ······ 71
3.5 상호상관성 측도 ······ 71
연습문제 ······ 75

제4장 다변량 정규분포 77

4.1 다변량 정규분포 ······ 77
4.2 다변량 정규분포의 성질 ······ 82
4.3 다변량 정규분포의 모수 추정 ······ 86
4.4 위샤트 분포 ······ 87
4.5 정규성 평가 ······ 89
4.5.1 일변량 변수에 대한 정규성 평가 ······ 89
4.5.2 다변량 변수벡터에 대한 정규성 평가 ······ 94
4.5.3 왜도와 첨도를 이용한 정규성 평가 ······ 96
4.6 변수변환을 통한 정규성 만족 ······ 98
4.7 R을 이용한 정규성 검토 ······ 99
연습문제 ······ 103

제5장 모집단 평균벡터에 관한 추론 107

5.1 서 론 …… 107
5.2 Student t - 검정과 다변량인 경우로의 확장 …… 107
5.2.1 Student t-통계량과 Hotelling T^2 통계량 …… 107
5.2.2 Hotelling T^2 통계량의 분포 …… 108
5.3 $\boldsymbol{\Sigma}$를 모를 때 $H_0 : \boldsymbol{\mu} = \boldsymbol{\mu}_0$에 대한 Hotelling T^2 검정 …… 109
5.3.1 소표본 $(n \leqq 30)$이며 모분산 σ^2을 모르는 경우 …… 109
5.3.2 다변량 표본의 경우 …… 110
5.3.3 Hotelling T^2 통계량의 불변성 …… 112
5.4 두 모집단에 대한 Hotelling의 T^2 검정 …… 113
5.4.1 일변량 표본으로 소표본$(n \leqq 30)$에서 모분산 $\sigma_1^2 = \sigma_2^2 = \sigma^2$ 이며 σ^2을 모르는 경우 …… 113
5.4.2 다변량 표본이며 $\boldsymbol{\Sigma}_1 = \boldsymbol{\Sigma}_2 = \boldsymbol{\Sigma}$인 경우 …… 114
5.4.3 다변량 표본이며 $\boldsymbol{\Sigma}_1 \neq \boldsymbol{\Sigma}_2$인 경우 …… 118
5.5 짝지어진 두 개 집단에 대한 검정 …… 120
5.5.1 짝지어진 두 집단에서 추출된 일변량 표본의 경우 …… 120
5.5.2 짝지어진 두 집단에서 추출된 다변량 표본의 경우 …… 122
5.6 Hotelling T^2 통계량과 최대우도비 검정 …… 124
5.7 모평균벡터의 동시 신뢰영역 …… 127
5.8 R을 이용한 Hotelling 검정 …… 132
연습문제 …… 136

제6장 다변량 분산분석 143

6.1 서론 …… 143
6.2 일원배치 일변량 분산분석 …… 143

6.3 일원배치 다변량 분산분석 ······ 145
6.4 많이 사용되는 4개의 통계량 ······ 151
6.5 공분산행렬에 대한 동일성 검정 ······ 154
6.5.1 한 개 모집단의 경우 ······ 154
6.5.2 여러 개 모집단의 경우 ······ 154
6.6 이원배치 다변량 분산분석 ······ 158
6.7 R을 이용한 다변량 분산분석 ······ 164
연습문제 ······ 179

제7장 주성분분석 185

7.1 서론 ······ 185
7.2 주성분의 정의와 개념 ······ 186
7.2.1 주성분의 정의 ······ 186
7.2.2 주성분의 기하학적 의미 ······ 191
7.3 상관행렬을 이용한 주성분분석 ······ 193
7.4 주성분에 의한 표본 변동 설명 ······ 197
7.5 표본고유값과 표본고유벡터의 대수적 성질 ······ 198
7.5.1 표본고유값과 표본고유벡터의 분포 ······ 198
7.5.2 등상관구조에 대한 검정 ······ 199
7.6 주성분 그래프 ······ 201
7.7 주성분 개수의 선택 ······ 201
7.8 마지막 주성분으로부터의 정보 ······ 203
7.9 주성분에 대한 해석 ······ 204
7.10 R을 이용한 주성분분석 ······ 206
연습문제 ······ 219

제8장 인자분석 229

8.1 서론 ········ 229
8.2 다중 인자모형 ········ 230
8.2.1 직교인자모형 ········ 230
8.2.2 인자모형에서 공분산행렬의 분해 ········ 232
8.2.3 인자적재행렬의 비유일성 ········ 233
8.2.4 인자모형의 척도불변성 ········ 234
8.2.5 인자모형의 기하학적 표현 ········ 234
8.3 인자적재와 공통성에 대한 추정방법 ········ 236
8.3.1 주성분법 ········ 236
8.3.2 주축인자법 ········ 238
8.3.3 최대우도법 ········ 240
8.3.4 Heywood 상황 ········ 241
8.4 인자개수 결정 ········ 241
8.5 인자적재의 회전 ········ 243
8.5.1 직교회전 ········ 246
8.5.2 비직교회전 ········ 246
8.6 인자점수 ········ 248
8.6.1 가중최소제곱법 ········ 248
8.6.2 회귀적 방법 ········ 249
8.7 인자분석 전략 ········ 250
8.8 R을 이용한 인자분석 ········ 253
연습문제 ········ 259

제9장 정준상관분석 263

9.1 서론 ········ 263
9.2 정준변수와 정준상관 ········ 264

9.2.1 정준변수와 정준상관계수의 정의 및 개념 ······ 264
9.2.2 표준화 변수에 대한 정준변수와 정준상관계수 ······ 267
9.3 표본정준변수와 표본정준상관계수 ······ 270
9.4 정준변수에 대한 해석 및 특성 ······ 274
9.5 상관성에 대한 검정 ······ 275
9.6 R을 이용한 정준상관분석 ······ 276
연습문제 ······ 284

제10장 판별분석과 분류 287

10.1 서론 ······ 287
10.2 두 개 그룹의 판별 ······ 288
10.2.1 Fisher의 방법 ······ 288
10.2.2 다변량 정규분포를 따르며 두 그룹의 공분산행렬이 같은 경우 ······ 293
10.2.3 다변량 정규분포를 따르며 두 그룹의 공분산행렬이 다른 경우 ······ 295
10.3 세 개 이상 그룹의 판별 ······ 299
10.3.1 Fisher의 방법 ······ 299
10.3.2 공분산행렬이 모두 같은 경우 ······ 301
10.3.3 공분산행렬이 모두 같지 않은 경우 ······ 302
10.4 오분류율 계산 ······ 304
10.4.1 재대입 분류에 의한 오류율 계산 ······ 304
10.4.2 표본분할에 의한 오류율 계산 ······ 306
10.4.3 교차타당성에 의한 오류율 계산 ······ 306
10.5 판별함수의 표준화 ······ 307
10.6 판별함수의 유의성 검정 ······ 308
10.6.1 두 개 그룹의 경우 판별함수의 유의성 검정 ······ 308
10.6.2 여러 개 그룹의 경우 판별함수의 유의성 검정 ······ 309

10.7 판별함수의 변수선택 : 단계별 변수선택 312
10.7.1 변수선택방법 312
10.7.2 부분 F-통계량을 이용한 단계별 변수선택 312
10.8 R을 이용한 판별분석 313
연습문제 323

제11장 군집분석 327

11.1 서론 327
11.2 유사성 측도 328
11.3 계층적 군집 방법 329
11.3.1 최단연결법 330
11.3.2 최장연결법 332
11.3.3 평균연결법 334
11.3.4 Ward의 계층적 군집 방법 336
11.4 비계층적 군집 방법 338
11.5 군집 개수의 결정 339
11.6 군집의 타당성 339
11.7 변수들에 대한 군집 340
11.8 모형기반 군집 방법 340
11.9 R을 이용한 군집분석 343
연습문제 354

부 록 357

연습문제 해답 377

참고문헌 399

찾아보기 403

01 다변량 데이터 알아보기

1.1 서 론

다변량 통계분석 분야는 1920년대 후반 Wishart, Hotelling, Wilks, Fisher, Mahalanobis 등의 연구 결과에 힘입어 발전하기 시작하였다. 그러나 훌륭한 이론 연구 결과에도 불구하고 행렬을 이용한 계산의 불편함 때문에 실제 적용 면에서는 많은 제약이 있었다. 1980년 이후 컴퓨터와 통계 패키지의 활용성에 힘입어 다변량 분석 기법에 대한 응용과 발달이 가속화 되었으며 최근에는 여러 분야에서 다변량 통계분석이 비중 있게 활용되고 있다.

1.1.1 다변량 분석은 왜 필요한가?

특정한 현상이나 시스템 또는 모집단을 분석하고자 할 때 한 개의 특성 변수로만 이해하는 것이 충분하지 않거나 때로는 불가능할 수도 있다. 이러한 경우 각 표본단위(sampling unit), 실험단위(experimental unit), 개체(individual) 또는 대상(object)에 여러 개의 변수들(variables)을 측정하여 관측값(observation)들을 얻게 되며 이러한 데이터를 다변량 데이터라고 한다. 많은 조사나 실험에서 한 개의 변수만을 측정하는 경우보다는 여러 개의 변수를 측정하는 경우가 대부분이며 개개의 변수에 대한 분석뿐만 아니라 변수들의 복합적 관계에 대한 분석이 필요하게 된다. 또한 시스템 자체가 갖는 복잡성 또는 복합성 때문에 여러 개의 특성값들을 통해 상황이 설명될 수 있을 것이며 다변량 데이터에 의한 다변량 통계분석이 요구된다.

일반적으로 변수들은 각 표본단위마다 측정되며 변수들 간에 상관성이 존재하게 된다. 만약 변수들이 서로 상호 독립이라면 복잡한 다변량 분석을 할 필요 없이 일변량으로 나누어 놓고 분석을 할 수도 있겠다. 그러나 변수들의 상관성으로 인해 정보가 겹치는 부분을 풀어내고 겹치지 않는 변수들로 이루어내는 구조를 파악하거나 다차원 공간에서의 관측된 데이터가 제공해주는 내재하는 구조(underlying structure)를 이해하기 위해서는 다변량 분석 작업이 필수적이다.

1.1.2 일변량 분석과 다변량 분석

분석 대상에 대한 반응변수의 개수에 따라 한 개인 경우에는 일변량(univariate), 두 개 이상인 경우는 다변량(multivariate) 분석으로 분류한다. 다변량 분석 방법은 일변량에 대해 다루었던 문제들에 대해 다변량인 경우로 확장된 경우에 다루는 방법들과, 다변량 자체의 특성을 고려하여 다변량 고유의 분석 방법들로 분류할 수 있다.

이 책에서는 시스템에서 일어나는 각각의 현상들을 동시에 이해하기 위해 다변량 데이터로부터 적절한 정보와 지식을 얻는 과정에 있어서 기초적이고 널리 이용되고 있는 다변량 분석 방법에 대해 설명하고자 한다. 이 책의 구성을 살펴보면, 1장에서는 다변량 분석의 필요성과 중요성을 설명하고 다변량에 대한 기초적인 표현을 서술한다. 2장에서는 다변량 분석을 위한 기초로 벡터와 행렬의 특징을 이해하고 다룰 수 있도록 기본적인 다변량 수학에 대해 설명한다. 기초 지식에 있는 경우에는 간단하게 읽고 이해하면 된다. 3장에서는 확률표본으로서의 다변량 데이터 표현에 대해 설명하고 4장에서는 대표적인 분포로서 다변량 정규분포에 관한 성질과 다변량 정규성 검정에 대해 설명한다.

5장에서는 일변량 경우의 t-검정법에 대해, 다변량 경우의 Hotelling의 T^2 검정을 소개하여 모집단이 한 개인 경우, 두 개인 경우, 짝지어진(paired) 경우 모평균벡터에 대한 추정과 검정법을 다루도록 한다. 6장에서는 모집단이 여러 개인 경우 모평균벡터에 대한 추론 문제를 다룬다. 일변량 경우의 분산분석(ANalysis Of VAriance: ANOVA)을 다변량 경우의 다변량 분산분석(Multivariate ANalysis Of VAriance: MANOVA)으로 확장한다. 또한 일변량에서 분산에 대해 다룬 문제를 다변량 경우의 공분산행렬에 대한 문제로 확장하며 공분산행렬에 대한 추정법과 검정법을 설명한다.

다변량 고유의 분석 방법으로 7장에서는 주요 변동 축을 찾아 차원을 축소할 수 있는 주성분분석을 설명하고 8장에서는 변수들에 내재하는 공통인자를 찾아내는 인자분석에 대해 설명한다. 9장에서는 변수들의 집합간의 상관관계를 구할 수 있는 정준상관분석에 대해 설명한다. 10장에서는 그룹 정보를 포함한 표본을 이용하여 그룹을 판별할 수 있는 판별함수를 구하고 판별함수를 이용해 표본을 분류할 수 있는 판별 및 분류분석에 대해 설명한다. 마지막으로 11장에서는 그룹에 대한 정보가 없는 상황에서 다변량 데이터로부터 적절한 군집을 형성할 수 있는 계층적, 비계층적 군집분석과 더불어 확률 모형에 기반을 둔 모형기반(model-based) 군집분석에 대해 설명한다.

이 책에서는 최소한의 수학(mathematics)으로 다변량 통계분석 이론에 대해 설명하고 응용예제를 통해 분석 방법에 대한 이해를 높이고자 한다. 연습문제를 이용한 실습 등을 통해 응용력을 배양하여 실제 상황에서 적절한 다변량 분석 방법을 선택, 사용하고 해석할 수 있기를 기대한다.

1.1.3 다변량 분석의 목적

다변량 통계기법은 의학, 사회학, 사회복지학, 경영학, 경제학, 회계학, 환경학, 공학, 기상학, 심리학, 언어학, 고고학, 유아교육학, 교육학 등 대부분의 학문 분야에서 활용되고 있으며, 데이터의 조건과 분석 필요에 따라 활용도는 점차 증가하고 있다.

일반적으로, 몇 개의 변수들 간에 상관성이 존재할 때는 이들의 상관구조를 파악하고 중복되는 정보를 분리시키는 등의 작업을 통해 차원을 축소하고 변수구조를 단순화(simplification)하여 해석적인 구조로 만드는데 다변량 분석이 주로 사용되고 있다.

다변량 분석의 첫 번째 목적은 다변량 데이터 탐색을 통해 분포와 구조에 대한 정보를 얻는 것이다. 두 번째는, 적절한 분석방법을 적용하여 데이터가 발생한 시스템 또는 모집단에 대해 의미있는 결과를 도출하는 것이며, 세 번째로는 통계분석 결과들로 얻어진 통계량과 그래프 등 분석 결과들을 이용하여 적절한 해석으로 그 분야의 현상에 대해 알아내는 것이라고 할 수 있다.

1.1.4 다변량 분석을 위한 통계시스템 R

다변량 분석은 컴퓨터의 발달과 매우 밀접한 관계를 갖는다. 수학적인 이론은 수립할 수 있더라도 데이터에 대한 통계량 계산이 힘들거나 불편하면 실제로 활용할 수 없는 방법이 되고 만다. 컴퓨터와 통계패키지의 발전으로 인하여 복잡한 계산문제는 더 이상 커다란 장애가 되고 있지 않으며 더욱 정교한 통계적 방법이 개발되고 있다. 널리 쓰이는 통계패키지로는 SAS, SPSS, Splus, R 등을 들 수 있다. 이 외에도 여러 가지 가용한 통계패키지들이 있으며 특히 R 패키지는 무료로 다운로드받아 사용할 수 있는 무료 소프트웨어(freeware)이며 각국에서 널리 활용되고 있다.

R 시스템은 통계적 계산(statistical computing)을 하는데 매우 유용한 컴퓨터 언어(computer language)이다. R 시스템은 1990년 중반 Ross Ihaka와 Robert Gentleman에 의해 처음 만들어졌으며 Bell 연구소에서 개발한 S language와 비슷한 언어이다. 1997년 이후로는 R development Core Team에 의해 R project가 진행되고 있다. 관련한 다양한 정보와 R 시스템을 다운로드할 수 있는 방법은 R 홈페이지 http://www.r-project.org/에서 얻을 수 있다.

이 책에서는 예제에 대하여 R을 이용한 프로그램을 보여주고 결과를 설명한다. 다양한 R 패키지(package)와 함수들을 활용하여 다변량 분석을 위한 계산을 쉽게 할 수 있도록 하여 실제 다변량 데이터 분석에 도움이 되고자 한다.

1.1.5 다변량 분석시 유의할 점

다변량 분석은 데이터의 여러 측면을 볼 수 있고 복합적 구조를 분석할 수 있는 강력한 통계적 도구이다. 그러나 다변량 분석은 결과가 복잡하고 내재된 의미를 해석하는데 어려운 경우가 발생하므로 분석방법의 특징과 목적을 잘 이해하고 다변량 분석을 수행해야 한다. 다변량 분석시 염두에 두어야 할 몇 가지 사항은 다음과 같다.

(1) 통계적인 의미뿐만 아니라 실제적인 의미를 고려해야 한다.

통계적인 분석방법에만 치우쳐 데이터가 함축하고 있는 실제적인 중요한 의미를 놓친다면 그 분야에서 연구결과가 무의미해질 수가 있다.

(2) 표본의 크기가 결과에 영향을 미친다는 것을 염두에 두어야 한다.

표본의 크기가 너무 작으면 검정력이 떨어지고 부적합한 모형을 도출할 수 있다. 반대로 표본의 크기가 너무 크면 검정에 민감해질 수 있어 귀무가설을 기각할 가능성이 높아진다.

(3) 우선 데이터의 특성을 파악해야 한다.

변수들의 복잡한 관련성을 파악할수록 시스템에 대한 이해가 증가하고 분석 결과에 대한 해석을 잘 할 수 있게 된다.

(4) 모수를 아껴 경제적인 모형을 사용하도록 한다.

모형을 세우는데 관련 없는 변수들은 제거하고 다중공선성이 큰 변수들은 대표변수를 선정하는 것이 좋다. 변수가 많을수록 해석이 복잡하게 되고 구조를 파악하는데 어려움이 따르게 된다.

(5) 결과의 유효성을 확인해야 한다.

다변량 분석을 통해 변수간의 복잡한 관계를 파악할 수 있다. 그러나 이것은 표본을 대상으로 얻은 결과이므로 모집단 전체에 대해 추론이 가능하도록 모형에 대한 타당성검사가 필요하다.

1.2 데이터 구조와 단순 기술통계량

1.2.1 다변량 데이터

일반적으로 변수들은 각 표본단위마다 측정되며 변수들 간에 상관성이 존재하게 된다. 따라서 연구 목적에 부합되도록 표본단위를 설정하고 적절한 변수를 결정하여 측정하는 것이 필요하다. [표 1.1]은 표본단위에 따라 다변량 데이터(multivariate data)를 구성할 수 있는 변수들의 예를 보여준다.

▶표 1.1 다변량 데이터 구성 예

표본단위	다변량 데이터를 구성하는 변수들
학생	수강한 여러 과목들 각각의 점수
회사	광고비, 노동자 수, 자산, 부채액, 매출액, 순이익률
은행대출자	연수입, 교육정도, 거주 년 수, 예금 액수, 부채
새	주요 뼈들의 길이, 둘레
사람	키, 몸무게, 지방의 비중, 분당 심장 박동 수
유치원생	나이, 놀이 시간, 집중 시간
신용카드 사용자	나이, 학력 정도, 연봉, 연체액, 사용액, 사용 회수

1.2.2 데이터 구조

각 개체(subject), 개인(individual) 또는 실험단위(experimental unit)에 대해 $p\,(n \ge 1)$개의 특성값(characteristic) 또는 변수(variable)가 조사되어 기록되었다고 하고 다음의 기호를 사용한다.

n : 표본단위 수, 케이스 수 또는 개체

X_{ij} : i번째 개체에 대한 j번째 변수의 관측값 (1.1)

을 나타내며 n개 개체에 대해 p개 변수 측정값인 전체 데이터를 표현하면

$$\begin{pmatrix} & \text{변수}1 & \text{변수}2 & \cdots & \text{변수}j & \cdots & \text{변수}p \\ \text{개체}1 & X_{11} & X_{12} & \cdots & X_{1j} & \cdots & X_{1p} \\ \text{개체}2 & X_{21} & X_{22} & \cdots & X_{2j} & \cdots & X_{2p} \\ \vdots & \vdots & & \vdots & & \vdots & \\ \text{개체}i & X_{i1} & X_{i2} & \cdots & X_{ij} & \cdots & X_{ip} \\ & \vdots & \vdots & & \vdots & & \vdots \\ \text{개체}n & X_{n1} & X_{n2} & \cdots & X_{nj} & \cdots & X_{np} \end{pmatrix}$$

으로 다음의 자료행렬(데이터행렬) $n \times p$ 행렬

$$\boldsymbol{X} = \begin{pmatrix} X_{11} & X_{12} & \cdots & X_{1j} & \cdots & X_{1p} \\ X_{21} & X_{22} & \cdots & X_{2j} & \cdots & X_{2p} \\ \vdots & \vdots & & \vdots & & \vdots \\ X_{i1} & X_{i2} & \cdots & X_{ij} & \cdots & X_{ip} \\ \vdots & \vdots & & \vdots & & \vdots \\ X_{n1} & X_{n2} & \cdots & X_{nj} & \cdots & X_{np} \end{pmatrix} \tag{1.2}$$

로 나타낼 수 있다.

1.2.3 기술통계량

확률표본으로부터 각 변수에 대한 기초적인 정보를 주는 기술통계량(descriptive statistics)을 구해보자. 식 (1.2)의 자료행렬로부터 표본평균, 표본분산, 표본공분산, 표본상관계수를 다음과 같이 계산한다.

j번째 변수의 표본평균(sample mean)은

$$\overline{X_j} = \frac{1}{n}\sum_{i=1}^{n} X_{ij}\,, \qquad j = 1, 2, \ldots, p \tag{1.3}$$

j번째 변수의 표본분산(sample variance)은

$$s_j^2 = \frac{1}{n-1}\sum_{i=1}^{n}(\ X_{ij} - \overline{X_j}\ )^2 = s_{jj}\ , \qquad j\ =\ 1,2,\ldots,p \tag{1.4}$$

j번째 변수의 표본표준편차(sample standard deviation)는

$$\sqrt{s_{jj}}\ , \quad j = 1,2,\ldots,p \tag{1.5}$$

j번째 변수와 k번째 변수의 표본공분산(sample covariance)은

$$s_{jk} = \frac{1}{n-1}\sum_{i=1}^{n}(\ X_{ij} - \overline{X_j}\ )(\ X_{ik} - \overline{X_k}\ )\ , \quad j = 1,2,\cdots,p, \quad k = 1,2,\cdots,p \tag{1.6}$$

j번째 변수와 k번째 변수의 표본상관계수(sample correlation coefficient)는

$$r_{jk} = \frac{s_{jk}}{\sqrt{s_{jj}}\sqrt{s_{kk}}} = \frac{\sum_{i=1}^{n}(X_{ij} - \overline{X_j})(X_{ik} - \overline{X_k})}{\sqrt{\sum_{i=1}^{n}(X_{ij} - \overline{X_j})^2}\sqrt{\sum_{i=1}^{n}(X_{ik} - \overline{X_k})^2}} \tag{1.7}$$

이며 j, k에 대하여 $r_{jk} = r_{kj}$이 성립한다.

다변량 분석은 변수간의 상관성에 대한 정보에 많이 의존하게 된다. 두 변수간의 관련성을 나타내는 측도로서 상관계수의 특징을 살펴보자.

① 표준화변수들의 공분산은 상관계수가 된다. 즉

$$Cov\left(\frac{X_{ij} - \overline{X_j}}{\sqrt{s_{jj}}}, \frac{X_{ik} - \overline{X_k}}{\sqrt{s_{kk}}}\right) = r_{jk} \tag{1.8}$$

② 상관계수의 범위는 $-1 \leqq r \leqq 1$이다.

③ 상관계수 $r = 0$이면 두 변수간의 선형관계가 없다고 할 수 있다.

④ 위치변환이나 척도변환 후에도 상관계수는 변하지 않는다.

다변량 데이터에 대한 기초적인 기술통계량을 정리해 표현하면, 각 개체에 대한 관측 열벡터(column vector)

$$\boldsymbol{X}_i = \begin{pmatrix} X_{i1} \\ X_{i2} \\ \vdots \\ X_{ip} \end{pmatrix}, \quad i = 1,2,\ldots,n$$

에 대해 표본평균벡터는

$$\overline{\boldsymbol{X}} = \begin{pmatrix} \overline{X_1} \\ \overline{X_2} \\ \vdots \\ \overline{X_p} \end{pmatrix} \tag{1.9}$$

표본공분산행렬은

$$\boldsymbol{S} = \begin{pmatrix} s_{11} & s_{12} & \cdots & s_{1p} \\ s_{12} & s_{22} & \cdots & s_{2p} \\ \vdots & \vdots & & \vdots \\ s_{1p} & s_{2p} & \cdots & s_{pp} \end{pmatrix} \tag{1.10}$$

으로 정의한다. 표본상관행렬은

$$R = \begin{pmatrix} 1 & r_{12} & \cdots & r_{1p} \\ r_{21} & 1 & \cdots & r_{2p} \\ \vdots & \vdots & & \vdots \\ r_{p1} & r_{p2} & \cdots & 1 \end{pmatrix} \tag{1.11}$$

으로 정의한다.

1.3 그림을 통한 다변량 데이터 표현

데이터 수집 후 탐색 과정에서 그래프를 통해 시각적으로 다변량 데이터를 이해하는 과정이 필요하다. p개 변수가 측정된 경우, 한 개체에 대한 관측벡터는 p-차원 공간에서의 한 점으로 표현되나 2차원 평면 공간에서 이해할 수 있는 그림 또한 포괄적인 구조를 나타내는 그림으로의 표현이 필요하다. 여기서는 산점도행렬, 평행그림, 체르노프 얼굴그림(Chernoff face plot), 별그림(star graph) 등을 소개하며 각 그림의 특징에 대해 언급한다. 그 외에도 여러 가지 방법들이 있으며, 독자들이 다변량 데이터를 표현할 수 있는 다양한 그래프를 개발하길 기대한다.

[표 1.2]의 1999년 3월 서울의 기상과 오염 데이터를 이용하여 몇 가지 그래프를 그려보고자 한다. [표 1.2]는 서울의 27개의 관측 장소에서 매시간 관측된 값의 평균을 그 날의 대표값으로 정리한 데이터이다.

▶표 1.2 1999년 3월 서울의 기상과 대기오염 자료

측정량	날짜	온도	습도	CO	O3	PM10
측정단위		°C	%	ppm	ppb	$\mu g/m^3$
변수명	date	temp	humidity	co	o3	pm10
	1	5.6	73.8	10.40	17.10	67.59
	2	6.2	46.5	13.81	14.37	106.80
	3	7.7	56.4	17.97	11.24	114.40
	4	11.1	53.3	19.10	12.06	165.98
	5	6.7	57.6	12.44	14.46	79.86
	6	4.9	54.0	13.56	7.26	93.34
	7	5.2	43.4	10.04	20.30	63.92
	8	3.3	61.0	10.91	13.55	45.74
	9	3.2	47.0	11.87	10.02	55.61
	10	4.1	57.3	11.91	11.62	79.56
	11	2.5	33.9	8.81	20.78	39.72
	12	5.8	37.6	13.90	12.29	84.32
	13	9.3	48.1	19.32	10.56	136.54
	14	10.7	45.3	16.03	10.56	114.69
	15	9.6	53.5	9.82	22.71	43.64
	16	9.7	51.4	13.86	11.59	69.15
	17	11.3	61.0	15.09	15.09	75.35
	18	11.5	79.8	14.16	7.57	65.28
	19	6.8	54.9	8.35	27.74	30.14
	20	6.5	47.5	8.64	22.77	34.66
	21	1.5	57.5	8.69	25.96	35.43
	22	-0.8	35.6	9.34	24.18	41.97
	23	3.6	48.9	12.54	11.76	71.78
	24	6.0	49.6	14.93	6.22	92.85
	25	9.7	48.5	16.96	6.23	95.03
	26	9.3	64.1	14.51	8.27	93.12
	27	8.6	29.0	8.49	20.04	48.14
	28	4.0	31.5	7.52	26.99	55.24
	29	3.7	35.4	11.04	15.15	72.89
	30	8.3	39.6	15.11	11.47	120.39
	31	10.8	42.0	15.54	13.07	106.59

[표 1.2]의 관심있는 5개 변수에 대하여 모든 데이터를 한 번에 표현하려면 5차원 그래프가 필요하다. 그러나 5차원 공간은 쉽게 그릴 수 없으므로 2차원 평면에 다변량 데이터를 표현할 수 있는 방법이 필요하다. 고차원 공간에 놓인 개체 점들을 다차원 표현시 정보를 잃지 않으며 저차원 평면에 나타낼 수 있는 방법들이 고안되었다.

1.3.1 산점도행렬

n개의 관찰 개체를 2개 변수들끼리 가능한 모든 짝으로 지어 산점도를 그려 모아놓은 형태이며 $p \times p$개의 산점도가 배열된다. 대각선상에는 같은 변수끼리의 산점도가 되어 이들의 상관성은 1이므로 생략해도 좋다.

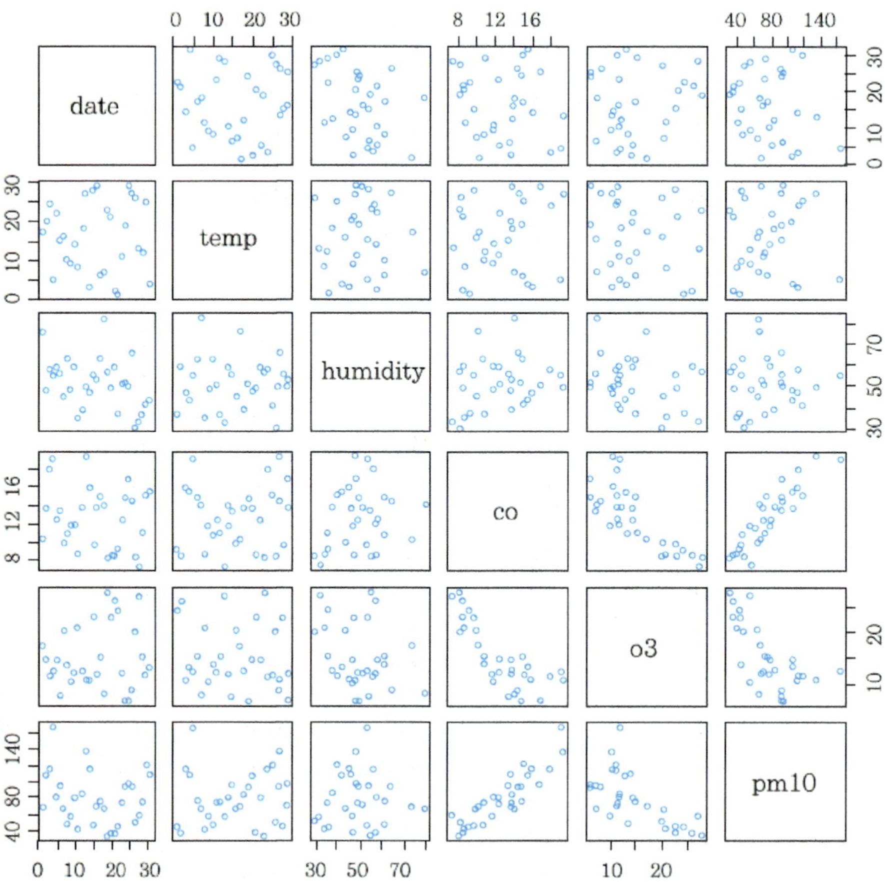

[그림 1.1] 기상과 오염자료에 대한 산점도행렬

[표 1.2]의 데이터를 이용하여 5개 변수들의 산점도행렬(scatterplot matrix)을 그린 것으로 [그림 1.1]에서 산점도를 통해 2개 변수들 간의 퍼진 정도와 관련성을 볼 수 있으며 한 변수를 고정시키고 다른 변수들을 변경하면서 다른 변수들과의 관련성을 볼 수 있다. **R**에서는 **plot()** 함수 또는 **lattice** 패키지와 **splom()** 함수를 이용하여 그릴 수 있다.

[그림 1.2]는 3차원 산점도를 그려본 것이다. 3차원 공간의 개체의 위치를 2차원 평면에 표현한 그림으로 입체감을 인식하는데 한계가 있다. **R**에서는 **lattice** 패키지와 **cloud()** 함수를 이용하여 그릴 수 있다.

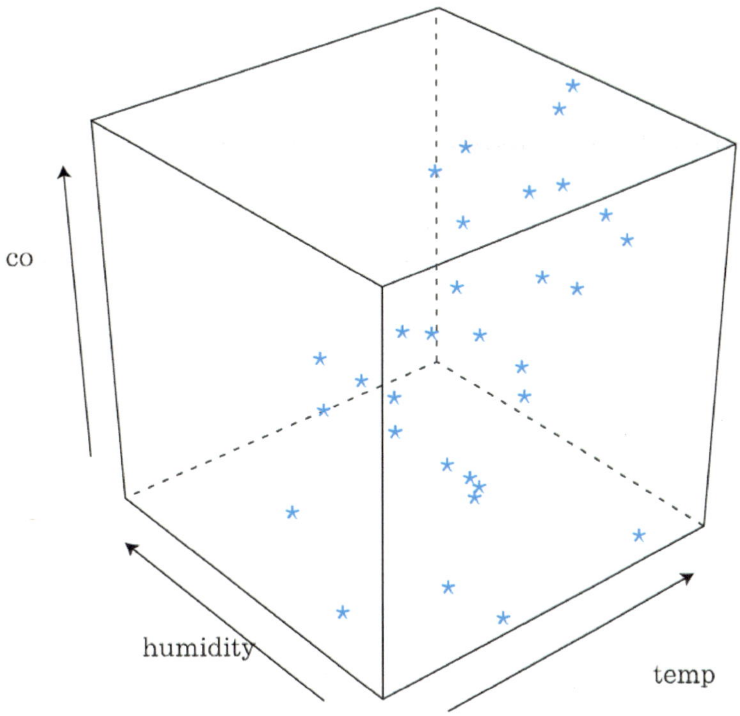

[그림 1.2] 3차원 산점도

1.3.2 평행그림

각 변수들을 세로축에 줄로 늘어놓고 각 개체에 대해 모든 변수의 값을 한 줄로 연결하면 개체 수만큼 선이 나타난다. 평행그림(parallel plot)은 다변량 데이터에 대한 그래프적 표현으로 평행인 축이 각 변수 축을 형성한다. 각 개체의 관측벡터는 각 평행선에서 한 개의 값으로 점 찍을 수 있으며 이들을 연결하면 각 개체당 한 개의 선으로 표현된다. [표 1.2]의 데이터를 이용하여 5개 변수들의 평행그림인 [그림 1.3]에서 보면 개체 수만큼 선이 나타나며 개체별 변수값들의 경향을 볼 수 있다.

예를 들어, $(X_1,X_1,X_3)'=(0,1,0)'$일 경우 다음과 같이 3개의 평행선으로 변수 축을 만들고 해당 값을 나타낸 후 이 점을 연결하여 선으로 그린다.

```
X3  +----------------------
X2  ----------------------+
X1  +----------------------
    0                      1
```

R에서는 **lattice** 패키지와 **parallel()** 함수를 이용하여 그릴 수 있다.

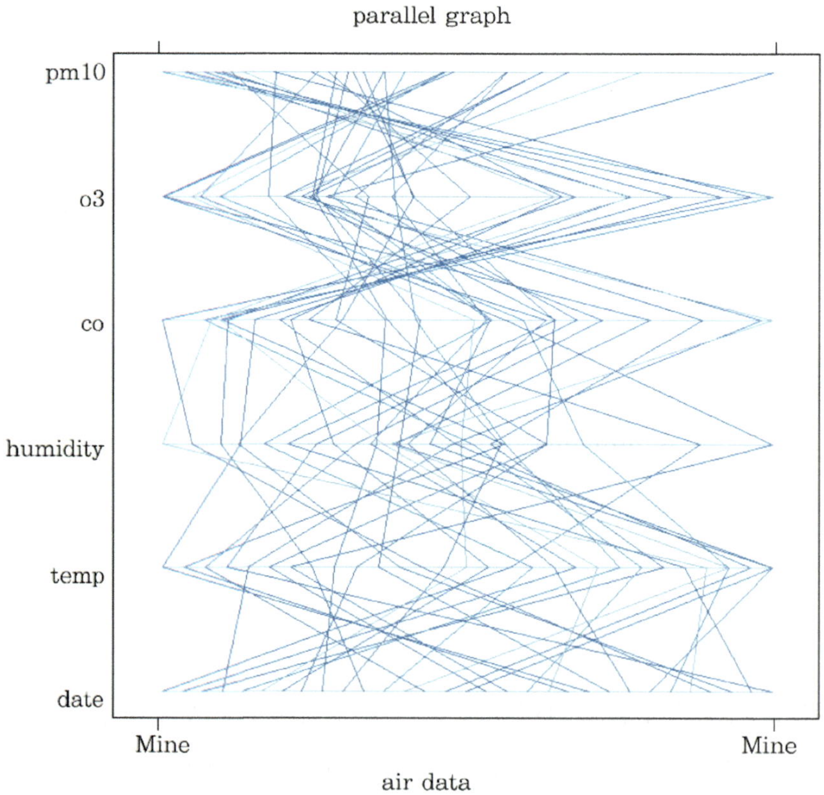

[그림 1.3] 평행그림

1.3.3 체르노프 얼굴그림

각 변수를 얼굴의 특징으로 표현하는 얼굴그림으로 Chernoff(1973)가 제안한 그림이다. 얼굴의 윤곽과 표정으로 개체에 대한 전반적인 느낌을 전달해 주어 다른 개체와 비교할 수 있도록 해준다. [그림 1.4]는 [표 1.2]의 데이터로 **R**을 이용해 얼굴그림을 그려본 것이다. 얼굴 전체 모습이 비슷할수록 기상과 대기오염상황이 비슷한 날이 된다.

R에서는 **aplpack** 패키지와 **parallel()** 함수를 이용하여 그릴 수 있다.

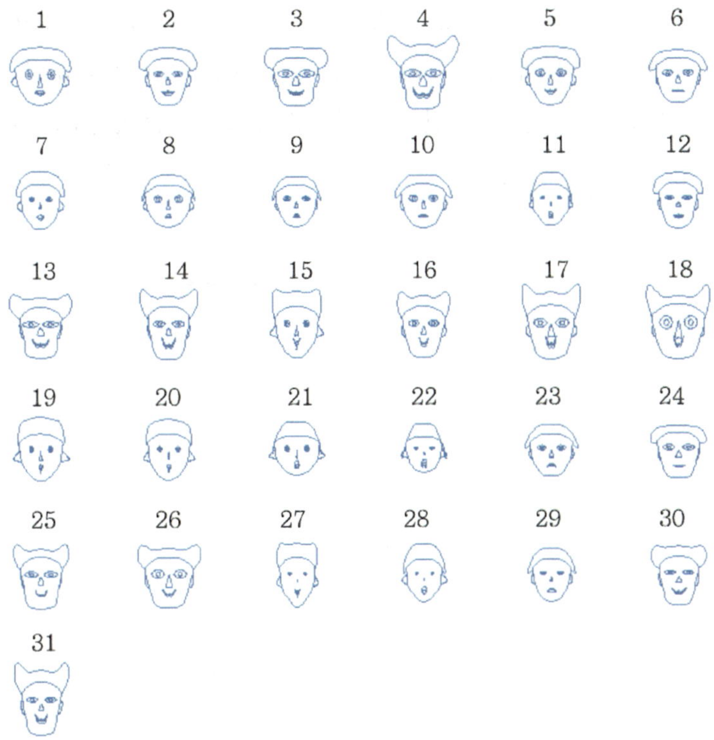

[그림 1.4] Chernoff의 얼굴그림

다음은 참고로 **R**에서 사용되는 15가지 얼굴 특성이다.

1. 얼굴 길이(height of face)
2. 얼굴 너비(width of face)
3. 얼굴 모양(shape of face)
4. 입의 높이(height of mouth)
9. 머리 높이(height of hair)
10. 머리 너비(width of hair)
11. 머리 스타일(styling of hair)
12. 코의 높이(height of nose)

5. 입의 너비(width of mouth)
6. 미소 곡선(curve of smile)
7. 눈의 위치(height of eyes)
8. 눈간 거리(width of eyes)
13. 코의 너비(width of nose)
14. 귀의 너비(width of ears)
15. 귀의 높이(height of ears)

1.3.4 별그림

변수의 개수만큼 모서리를 정해 입체도형이 되도록 그린다. 모서리의 길이는 각 변수들 내에서 상대적인 크기를 나타낸다. 입체도형의 형태로 개체간의 비교를 할 수 있다. [그림 1.6]은 [표 1.2]의 데이터로 **R**을 이용해 별그림(star graph)을 그려본 것이며 [그림 1.5]는 각 모서리에 대응되는 변수를 알려준다. **R**에서는 **aplpack** 패키지와 **stars()** 함수를 이용하여 그릴 수 있다.

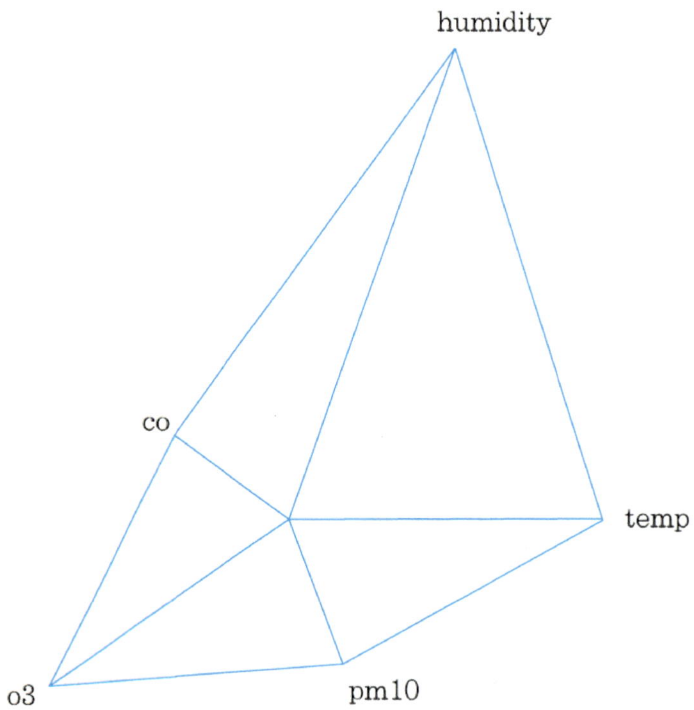

[그림 1.5] 별의 축 표시

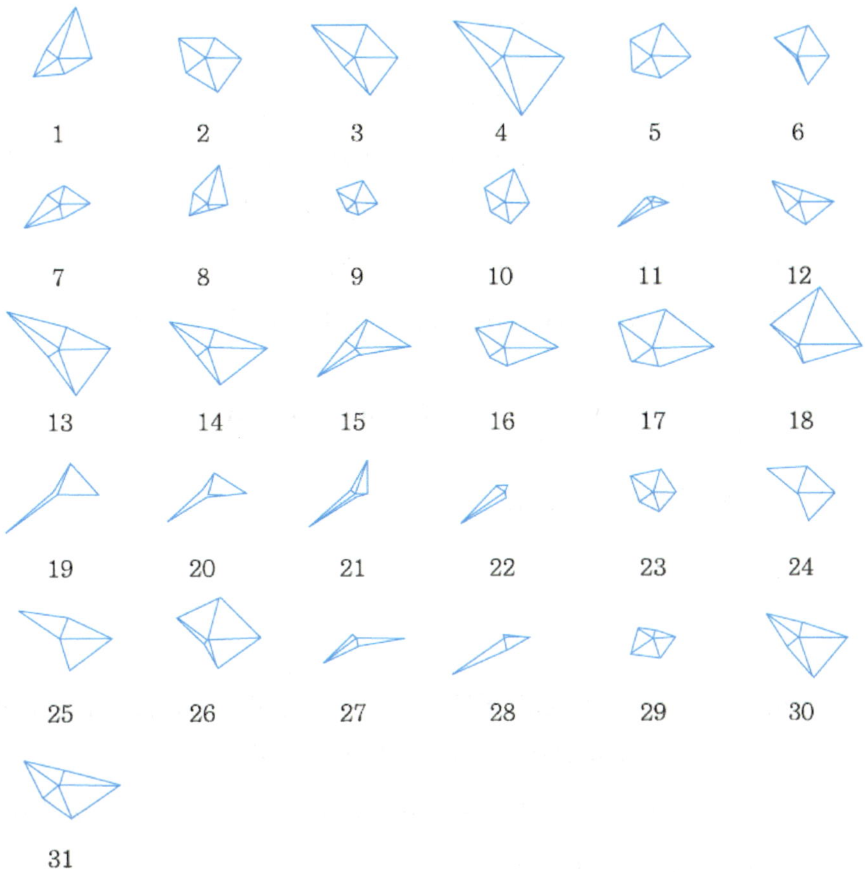

[그림 1.6] 별그림

1.4 거리 측도

다차원 공간에서 다변량 데이터들의 개체간 거리(distance)에 대한 정의와 거리 측도에 대해 살펴본다. 다차원 공간에 표현되는 개체 간의 거리는 다변량 통계 분석에서 중요하게 활용되는 측도이다.

1.4.1 유클리드 거리

p-차원 공간의 두 점 $\boldsymbol{P} = (x_1, x_2, \cdots, x_p)'$와 $\boldsymbol{Q} = (y_1, y_2, \cdots, y_p)'$의 거리는 피

타고라스 정리(Pythagorean theorem)에 의해

$$d(\boldsymbol{P},\boldsymbol{Q}) = \sqrt{(x_1-y_1)^2+(x_2-y_2)^2+\cdots+(x_p-y_p)^2}$$

으로 유클리드 거리(Euclidean distance)가 정의되며, 한 점에서 거리가 같은 점들의 집합을 구하면 원(circle) 또는 원체(구 : sphere)를 이루게 된다.

i번째 관측벡터 $\boldsymbol{X}_i = (X_{i1},\ X_{i2},\ \ldots,\ X_{ip})'$와

k번째 관측벡터 $\boldsymbol{X}_k = (X_{k1},\ X_{k2},\ \ldots,\ X_{kp})'$의 유클리드 거리는

$$d_{ik} = \left[\sum_{j=1}^{p}(X_{ij}-X_{kj})^2\right]^{1/2} = \left[(\boldsymbol{X}_i-\boldsymbol{X}_k)'(\boldsymbol{X}_i-\boldsymbol{X}_k)\right]^{1/2} \tag{1.12}$$

으로 벡터를 이용해 표현할 수 있다.

1.4.2 표준화 거리

각 변수를 해당변수의 표준편차로 척도변환한 후 유클리드 거리를 계산하는 것으로 거리를 계산할 때 변수의 표준편차가 고려된 것이 특징이다.

i 번째 관측벡터 $\boldsymbol{X}_i$와 k번째 관측벡터 $\boldsymbol{X}_k$의 표준화 거리(또는 통계적 거리 : statistical distance)를 구하면

$$d_{ik} = \left[\sum_{j=1}^{p}\frac{(X_{ij}-X_{kj})^2}{s_{jj}}\right]^{1/2} = \left[(\boldsymbol{X}_i-\boldsymbol{X}_k)'\boldsymbol{D}^{-1}(\boldsymbol{X}_i-\boldsymbol{X}_k)\right]^{1/2} \tag{1.13}$$

으로 정의된다. 여기서 $\boldsymbol{D} = diag\{s_{11}, s_{22}, \cdots, s_{pp}\}$는 대각행렬(diagonal matrix)로 s_{jj}는 j번째 변수의 분산을 나타낸다.

2차원 공간에서 원점 $O=(0,0)$로부터 c의 거리를 갖는 점들 $P(x_1,x_2)$의 집합을 구해보면 ($s_{22} < s_{11}$라고 가정)

$$\frac{x_1^2}{s_{11}}+\frac{x_2^2}{s_{22}}=c^2 \tag{1.14}$$

으로 원점을 중심으로 한 타원의 방정식을 얻게 되며 [그림 1.7]의 타원 그래프와 같이 다음의 장축과 단축을 축으로 한다.

$$\text{단축(minor axis)} : x_1 = 0\text{일 때}, \ \frac{x_2^2}{s_{22}} = c^2 \ \Rightarrow \ x_2 = \pm c\sqrt{s_{22}} \tag{1.15}$$

$$\text{장축(major axis)} : x_2 = 0\text{일 때}, \ \frac{x_1^2}{s_{11}} = c^2 \ \Rightarrow \ x_1 = \pm c\sqrt{s_{11}} \tag{1.16}$$

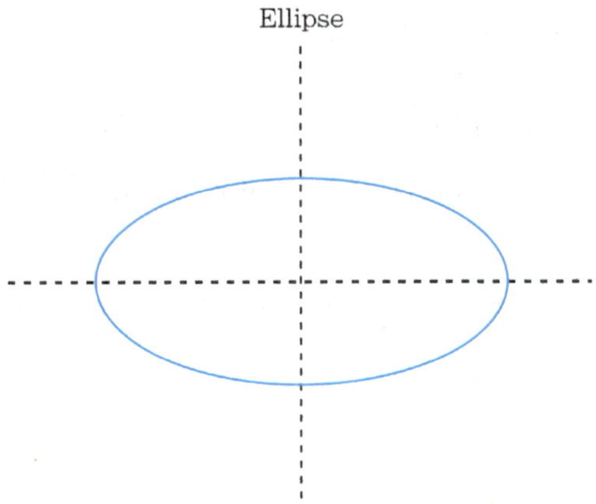

[그림 1.7] 원점이 중심인 타원 그래프

표준화 거리를 이용하여 한 점에서 거리가 같은 점들의 집합을 구하면 표본평균을 중심으로 좌표축에 장축과 단축이 반듯하게 놓인 타원 또는 타원체를 이루게 된다. 변수가 2 개인 경우 두 개체간의 표준화 거리를 구하면 타원의 중심은 각 변수의 평균값이 위치한 곳이 되며 [그림 1.8]과 같은 형태로 그려져 각 변수의 평균점을 중심으로 하는 타원이 된다.

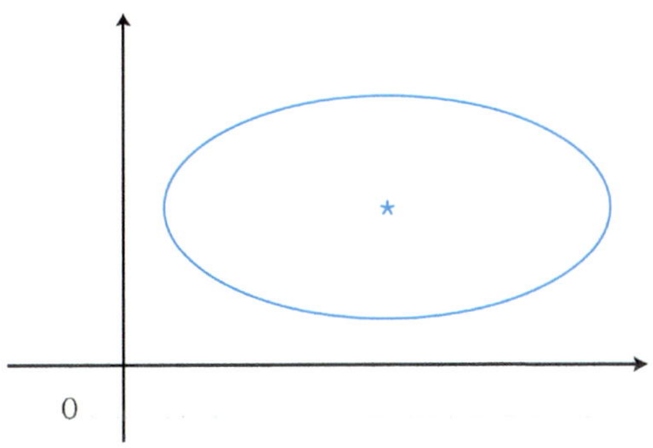

[그림 1.8] 변수의 평균벡터가 중심인 타원 그래프

1.4.3 마할라노비스 거리

표준화 거리는 변수의 분산이 고려되었으나 변수간의 상관성은 고려되지 않았다. Mahalanobis(1936)는 변수들의 상관성까지 고려한 거리측도를 제안하였다.

i 번째 관측벡터 $\boldsymbol{X}_i$와 k 번째 관측벡터 $\boldsymbol{X}_k$의 마할라노비스 거리(Mahalanobis distance)는

$$d_{ik} = \left[(\boldsymbol{X}_i - \boldsymbol{X}_k)' \boldsymbol{S}^{-1} (\boldsymbol{X}_i - \boldsymbol{X}_k) \right]^{1/2} \tag{1.17}$$

로 정의되며, 여기서 $\boldsymbol{S} = \{s_{ik}\}$로 관측벡터의 공분산행렬을 나타낸다. 한 점에서 마할라노비스 거리가 같은 점들의 집합을 구하면 표본평균을 중심으로 축이 회전된 타원체를 이루게 된다.

이번에는 변수간의 상관성이 있을 때의 거리 측도에 대해 살펴보자. 방향성을 고려하여 다음의 [그림 1.9]와 같이 회전된 축을 생각할 수 있다.

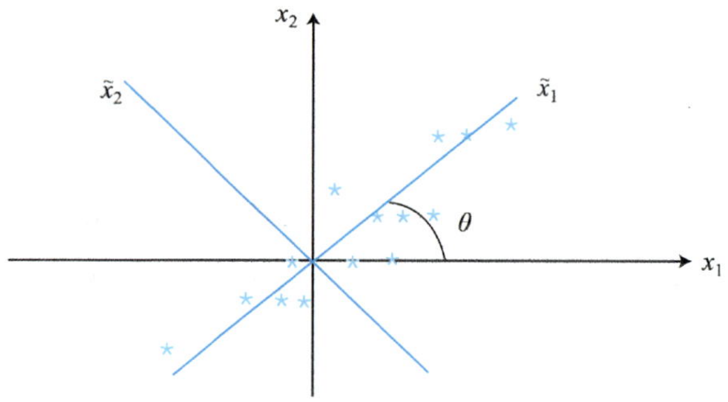

[그림 1.9] 회전된 축

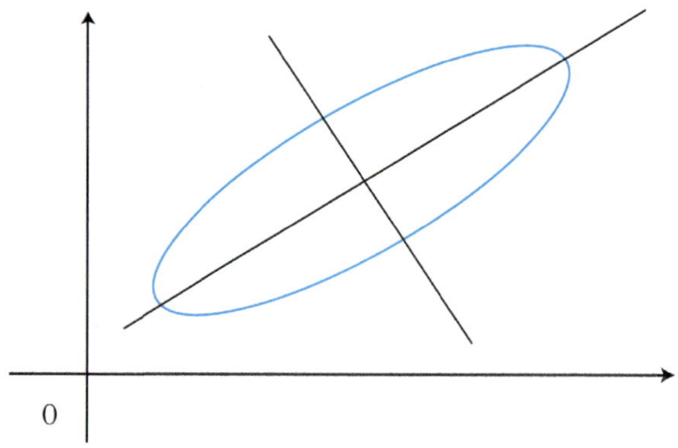

[그림 1.10] 회전된 타원 그림

x_1, x_2 좌표축을 $\theta°$ 만큼 회전시켜 회전변환행렬 $\boldsymbol{Q}$

$$\boldsymbol{Q} = \begin{pmatrix} \cos\theta & \sin\theta \\ -\sin\theta & \cos\theta \end{pmatrix} \tag{1.18}$$

를 통해 새로 얻은 $\widetilde{x_1}$, $\widetilde{x_2}$를 다음과 같이 얻는다.

$$\begin{pmatrix} \widetilde{x_1} \\ \widetilde{x_2} \end{pmatrix} = \begin{pmatrix} \cos\theta & \sin\theta \\ -\sin\theta & \cos\theta \end{pmatrix}\begin{pmatrix} x_1 \\ x_2 \end{pmatrix} = \begin{pmatrix} x_1\cos\theta + x_2\sin\theta \\ -x_1\sin\theta + x_2\cos\theta \end{pmatrix} \tag{1.19}$$

$\widetilde{s_{11}}$, $\widetilde{s_{22}}$는 각각 회전된 좌표축의 변수 $\widetilde{x_1}$과 $\widetilde{x_2}$의 분산일 때, 원점 $O = (0,0)$와 $P = (\widetilde{x_1}, \widetilde{x_2})$의 표준화 거리는

$$\begin{aligned} d(O,P) &= \sqrt{\frac{\widetilde{x_1}^2}{\widetilde{s_{11}}} + \frac{\widetilde{x_2}^2}{\widetilde{s_{22}}}} \qquad (1.20) \\ &= \sqrt{\frac{(x_2\sin\theta + x_1\cos\theta)^2}{\widetilde{s_{11}}} + \frac{(x_2\cos\theta - x_1\sin\theta)^2}{\widetilde{s_{22}}}} \\ &= \left\{\left(\frac{\cos^2\theta}{\widetilde{s_{11}}} + \frac{\sin^2\theta}{\widetilde{s_{22}}}\right)x_1^2 + \left(\frac{\sin^2\theta}{\widetilde{s_{11}}} + \frac{\cos^2\theta}{\widetilde{s_{22}}}\right)x_2^2 \right. \\ &\qquad \left. + 2\left(\frac{1}{\widetilde{s_{11}}} - \frac{1}{\widetilde{s_{22}}}\right)\cos\theta\sin\theta \cdot x_1x_2\right\}^{1/2} \\ &= \sqrt{a_{11}x_1^2 + a_{22}x_2^2 + 2a_{12}x_1x_2} \end{aligned}$$

이 되며 여기서 a는 회전된 각도 θ에 의존한 상수이다.

2차원 공간의 두 점 $P = (x_1, x_2)$와 $Q = (y_1, y_2)$의 거리는

$$d(P,Q) = \sqrt{a_{11}(x_1 - y_1)^2 + 2a_{12}(x_1 - y_1)(x_2 - y_2) + a_{22}(x_2 - y_2)^2} \tag{1.21}$$

이고, p-차원 공간의 두 점 $P = (x_1, x_2, \cdots, x_p)$와 $Q = (y_1, y_2, \cdots, y_p)$의 거리는

$$\begin{aligned} d(P,Q) = \{&a_{11}(x_1 - y_1)^2 + a_{22}(x_2 - y_2)^2 + \cdots + a_{pp}(x_p - y_p)^2 \\ &+ 2a_{12}(x_1 - y_1)(x_2 - y_2) + \cdots + 2a_{p-1,p}(x_{p-1} - y_{p-1})(x_p - y_p)\}^{1/2} \end{aligned}$$

로 표현된다.

1.4.4 거리 측도

다차원 공간에 있는 두 점 P, Q 간의 거리 $d(P,Q)$는 다음의 성질을 만족해야 거리 측도(distance measure)로 정의될 수 있다.

① $d(P,Q)=d(Q,P)$

② $d(P,Q)>0$, $P\neq Q$이면,

③ $d(P,Q)=0$, $P=Q$이면,

④ 같은 공간에 존재하는 임의의 점 R에 대해

$$d(P,Q)\leq d(P,R)+d(R,Q)$$ (삼각 부등식 : triangle inequality)

이 성립한다.

앞에서 제시한 거리 측도 이외에도 거리 측도에 대한 정의를 만족하는 거리함수(distance function)를 만들 수 있으며, 개체들의 상황을 고려하여 개체간의 거리를 가장 잘 나타내는 거리 측도를 선택하여 사용하면 된다.

≪예제 1.1≫ 다음은 A 과목을 수강한 학생들의 중간고사 점수(X_1)와 학기말고사 점수(X_2)이다. 다변량 데이터의 기술통계량을 구하고 의미를 파악하고자 한다.

▶표 1.3 A 과목 수강 학생 성적

학생번호	X_1	X_2
1	90	80
2	80	90
3	75	80
4	70	70
5	65	80

(1) 표본평균벡터

표본평균벡터를 구하기 위해 각 변수의 평균을 구하면

$$\overline{X_1}=\frac{1}{n}\sum_{i=1}^{n}X_{i1}=\frac{1}{5}(90+80+75+70+65)=76$$

$$\overline{X_2}=\frac{1}{n}\sum_{i=1}^{n}X_{i2}=\frac{1}{5}(80+90+80+70+80)=80$$

이므로 표본평균벡터는 $\overline{\boldsymbol{X}} = \begin{pmatrix} \overline{X_1} \\ \overline{X_2} \end{pmatrix} = \begin{pmatrix} 76 \\ 80 \end{pmatrix}$이다.

(2) 표본공분산행렬

변수의 표본분산 s_{11}, s_{22}를 구하면

$$s_{11} = \frac{1}{n-1}\sum_{i=1}^{n}(\ X_{i1} - \overline{X_1}\ )^2 = \frac{1}{n-1}\left(\sum_{i=1}^{n} X_{i1}^2 - n\overline{X_1^2}\right)$$

$$= \frac{1}{4}(90^2 + 80^2 + 75^2 + 70^2 + 65^2 - 5 \cdot 76^2) = 92.5$$

$$s_{22} = \frac{1}{n-1}\sum_{i=1}^{n}(\ X_{i2} - \overline{X_2}\ )^2 = \frac{1}{n-1}\left(\sum_{i=1}^{n} X_{i2}^2 - n\overline{X_2^2}\right)$$

$$= \frac{1}{4}(80^2 + 90^2 + 80^2 + 70^2 + 80^2 - 5 \cdot 80^2) = 50.0$$

X_1과 X_2의 공분산을 구하면

$$s_{12} = s_{21} = \frac{1}{n-1}\sum_{i=1}^{n}(X_{i1} - \overline{X_1})(X_{i2} - \overline{X_2}) = \frac{1}{n-1}\left(\sum_{i=1}^{n} X_{i1}X_{i2} - n \cdot \overline{X_1}\,\overline{X_2}\right)$$

$$= \frac{1}{4}(90 \cdot 80 + 80 \cdot 90 + 75 \cdot 80 + 70 \cdot 70 + 65 \cdot 80 - 5 \cdot 76 \cdot 80) = 25$$

그러므로 공분산행렬 $\boldsymbol{S}$를 다음과 같이 얻는다.

$$\boldsymbol{S} = \begin{pmatrix} s_{11} & s_{12} \\ s_{21} & s_{22} \end{pmatrix} = \begin{pmatrix} 92.5 & 25 \\ 25 & 50.0 \end{pmatrix}$$

(3) 표본상관행렬

X_1과 X_2의 상관계수를 구하면

$$r_{12} = r_{21} = \frac{s_{12}}{\sqrt{s_{11}}\sqrt{s_{22}}} = \frac{25}{\sqrt{92.5}\sqrt{50.0}} = 0.368$$

이므로 상관행렬

$$\boldsymbol{R}=\begin{pmatrix}1 & r_{12}\\ r_{21} & 1\end{pmatrix}=\begin{pmatrix}1 & 0.368\\ 0.368 & 1\end{pmatrix}$$

을 얻는다. 중간고사와 학기말고사 점수간의 상관계수가 0.368임을 알 수 있다.

≪예제 1.2≫ [표 1.3] 학생 성적 자료를 이용하여 1번과 2번 학생간의 유클리드 거리, 표준화 거리, 마할라노비스 거리를 구해보자.

유클리드 거리를 구하면

$$d_{12\ E}=\left[(\boldsymbol{X}_i-\boldsymbol{X}_k)'(\boldsymbol{X}_i-\boldsymbol{X}_k)\right]^{1/2}=\left[\sum_{j=1}^{2}(X_{1j}-X_{2j})^2\right]^{1/2}$$

$$=[(90-80)^2+(80-90)^2]^{1/2}=14.14$$

표준화 거리를 구하면

$$d_{12\,s}=\left[(\boldsymbol{X}_i-\boldsymbol{X}_k)'\boldsymbol{D}^{-1}(\boldsymbol{X}_i-\boldsymbol{X}_k)\right]^{1/2}=\left[\sum_{j=1}^{2}\frac{(X_{1j}-X_{2j})^2}{s_{jj}}\right]^{1/2}$$

$$=\left[\frac{(90-80)^2}{92.5}+\frac{(80-90)^2}{50.0}\right]^{1/2}=1.76$$

이다. 여기서 대각행렬 $\boldsymbol{D}=\begin{pmatrix}92.5 & 0\\ 0 & 50.0\end{pmatrix}$이다.

$$\boldsymbol{X}_1-\boldsymbol{X}_2=\begin{pmatrix}90\\80\end{pmatrix}-\begin{pmatrix}80\\90\end{pmatrix}=\begin{pmatrix}10\\-10\end{pmatrix},$$

$$\boldsymbol{S}^{-1}=\frac{1}{|\boldsymbol{S}|}\begin{pmatrix}s_{22} & -s_{12}\\ -s_{21} & s_{11}\end{pmatrix}=\frac{1}{92.5\cdot 50.0-25^2}\begin{pmatrix}50.0 & -25\\ -25 & 92.5\end{pmatrix}$$

$$=\begin{pmatrix}0.0125 & -0.00625\\ -0.00625 & 0.023\end{pmatrix}$$

을 얻으므로 마할라노비스 거리는

$$d_{12\,M}=\left[(\boldsymbol{X}_1-\boldsymbol{X}_2)'\boldsymbol{S}^{-1}(\boldsymbol{X}_1-\boldsymbol{X}_2)\right]^{1/2}$$

$$=\left[(10,\ -10)\begin{pmatrix}0.0125 & -0.00625\\ -0.00625 & 0.023\end{pmatrix}\begin{pmatrix}10\\-10\end{pmatrix}\right]^{1/2}=\sqrt{4.8}=2.19$$

이다. 거리 측도에 따라 거리값이 다르므로 데이터의 구조와 상황을 고려하여 적절한 거리 측도를 선택해야 한다.

[프로그램 1.1] 학생자료에 대한 기초통계량과 거리

```
# 표 1.3 학생자료
    st1= c(90,80)
    st2= c(80,90)
    st3= c(75,80)
    st4= c(70,70)
    st5= c(65,80)
st=rbind(st1,st2,st3,st4,st5)
mu=colMeans(st)
mu
S=cov(st)
S
R=cor(st)
R
de=dist(st[1:2,], method="euclidean")  # 1번과 2번간의 유클리드 거리
de
D=rbind(c(S[1,1], 0),
        c(0,    S[2,2]) )
ds= t(st[1,]- st[2,])%*%solve(D)%*% (st[1,]- st[2,])
ds=sqrt(ds)                  # 1번과 2번간의 표준화 거리
ds
dm= t(st[1,]- st[2,])%*%solve(S)%*% (st[1,]- st[2,])
dm=sqrt(dm)                  # 1번과 2번간의 마할라노비스 거리
dm
```

`R`에서 `dist()` 함수를 사용하여 유클리드 거리를 구할 수 있으며 개체간의 표준화 거리 또는 마할라노비스 거리를 얻기 위해서는 역함수를 구하는 `solve()` 함수와 벡터와 행렬 연산자 `%*%` 를 이용하여 [프로그램 1.1]과 같이 간단한 `R` 코드(code)를 작성할 수 있다.

[결과 1.1] 프로그램 1.1 수행 결과

```
> mu
[1] 76 80
> S=cov(st)
> S
     [,1] [,2]
[1,] 92.5   25
[2,] 25.0   50
> R=cor(st)
> R
          [,1]      [,2]
[1,] 1.0000000 0.3676073
[2,] 0.3676073 1.0000000
> de=dist(st[1:2,], method="euclidean")  # 1번과 2번간의 유클리드 거리
> de
         st1
st2 3.760603
> D=rbind(c(S[1,1], 0),
+         c(0,    S[2,2]) )
> ds= t(st[1,]- st[2,])%*%solve(D)%*% (st[1,]- st[2,])
> ds=sqrt(ds)                 # 1번과 2번간의 표준화 거리
> ds
         [,1]
[1,] 1.755301
> dm= t(st[1,]- st[2,])%*%solve(S)%*% (st[1,]- st[2,])
> dm=sqrt(dm)                 # 1번과 2번간의 마할라노비스 거리
> dm
         [,1]
[1,] 2.193741
```

1.5 R을 이용한 기초 통계량

≪예제 1.3≫ 28 그루의 나무를 대상으로 북쪽(N), 동쪽(E), 남쪽(S), 서쪽(W) 방향으로 형성된 코르크 보오링의 깊이를 측정하여 [표 1.4]의 자료를 얻었다. 다변량 데이터에 대한 기초적인 통계량과 그래프 표현을 해보고자 한다.

▶표 1.4 코르크 방향 자료

Tree	N	E	S	W	Tree	N	E	S	W
1	72	66	76	77	15	91	79	100	75
2	60	53	66	63	16	56	68	47	50
3	56	57	64	58	17	79	65	70	61
4	41	29	36	38	18	81	80	68	58
5	32	32	35	36	19	78	55	67	60
6	30	35	34	26	20	46	38	37	38
7	39	39	31	27	21	39	35	34	37
8	42	43	31	25	22	32	30	30	32
9	37	40	31	25	23	60	50	67	54
10	33	29	27	36	24	35	37	48	39
11	32	30	34	29	25	39	36	39	31
12	63	45	74	63	26	50	34	37	40
13	54	46	60	52	27	43	37	39	50
14	47	51	52	43	28	48	54	57	43

R 명령어들을 담고 있는 스크립트 파일(script file)은 **.R** 로 표시한다. 데이터 분석을 위한 첫 단계로 엑셀 스프레드시트(Excel spreadsheets : **.xlsx** 또는 **.xls** format)에 첫째 줄(header)에는 변수명을, 둘째 줄 부터는 데이터를 입력하여 각 열(column)은 각 변수값을 나타내도록 한다. 이와 같이 **.xlsx** 파일을 만든 후 **Excel**에서의 "다른 이름으로 저장(Save as..)" 명령어를 사용하여 **.csv** 파일로 다시 저장한다.

```
mydata <- read.csv("your.file.name.csv")
```

와 같이 **read.csv** 함수를 사용하여 **.csv** 파일을 읽어 들인다.

[프로그램 1.2] tree.R

```
tree<- read.csv("C:/data/tree.csv", header=T)
tree
cork<- tree[,2:5]  # N E S W 변수만
cork

m=colMeans(cork)  # 평균
m
cv=cov(cork)  # 공분산
cv
cr=cor(cork)  # 상관관계
cr

library(lattice)
splom(cork)       # scatter plot 그림 1.11
parallelplot(tree, main="parallel graph")                    # parallel  그림 1.12
stars(cork, labels = tree[,1], main="star graph")    # 그림 1.13

library(aplpack)
faces(cork, main="face plot for cork")       # face plot 그림 1.14

library(lattice)
cloud(N~ E* W , data=cork)       # 3차원 산점도 그림 1.15
```

다변량 데이터에 대한 여러 가지 기본적인 통계량과 그래프를 그릴 수 있으므로 분석을 시작할 때 [프로그램 1.2]와 같이 기초통계량을 구해본다. [그림 1.11]은 [표 1.4] 코르크 자료에 대한 산점도 행렬로 두 개 변수간의 흩어진 정도를 보여주며 [그림 1.12]는 각 개체에 대한 평행선그림을 보여주어 각 개체마다의 변수 프로필을 볼 수 있다. [표 1.5]는 기초통계량으로 평균벡터, 공분산행렬과 상관행렬을 보여준다.

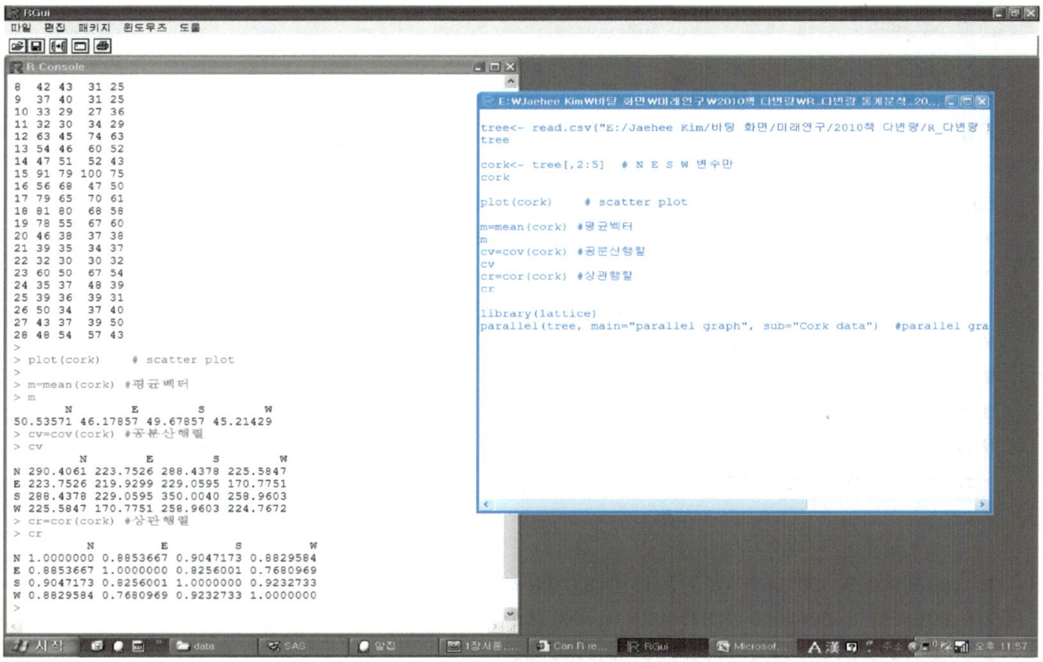

[화면 1.1] R 콘솔과 tree.R 프로그램

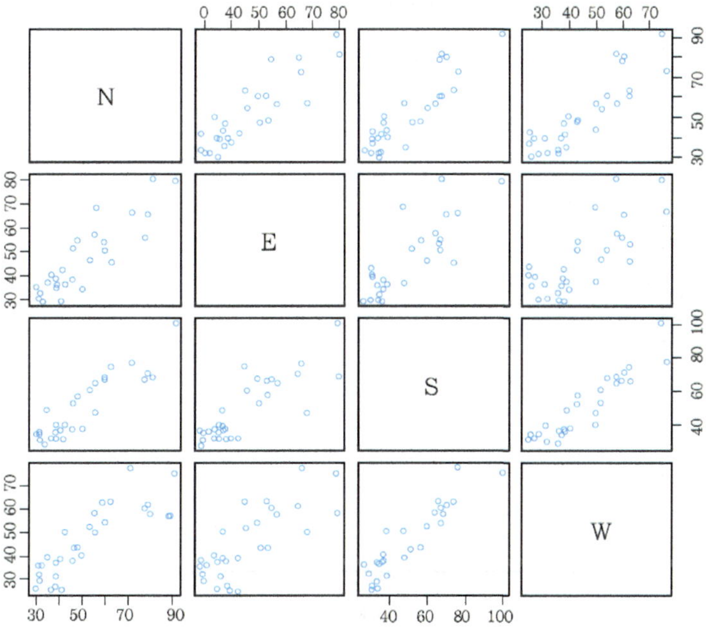

[그림 1.11] 코르크 자료에 대한 산점도행렬

▶표 1.5 코르크 자료에 대한 기술통계량

```
> m=colMeans(cork)  #평균벡터
> m
       N        E        S        W
50.53571 46.17857 49.67857 45.21429
> cv=cov(cork)  #공분산행렬
> cv
         N        E        S        W
N 290.4061 223.7526 288.4378 225.5847
E 223.7526 219.9299 229.0595 170.7751
S 288.4378 229.0595 350.0040 258.9603
W 225.5847 170.7751 258.9603 224.7672
> cr=cor(cork)  #상관행렬
> cr
          N         E         S         W
N 1.0000000 0.8853667 0.9047173 0.8829584
E 0.8853667 1.0000000 0.8256001 0.7680969
S 0.9047173 0.8256001 1.0000000 0.9232733
W 0.8829584 0.7680969 0.9232733 1.0000000
```

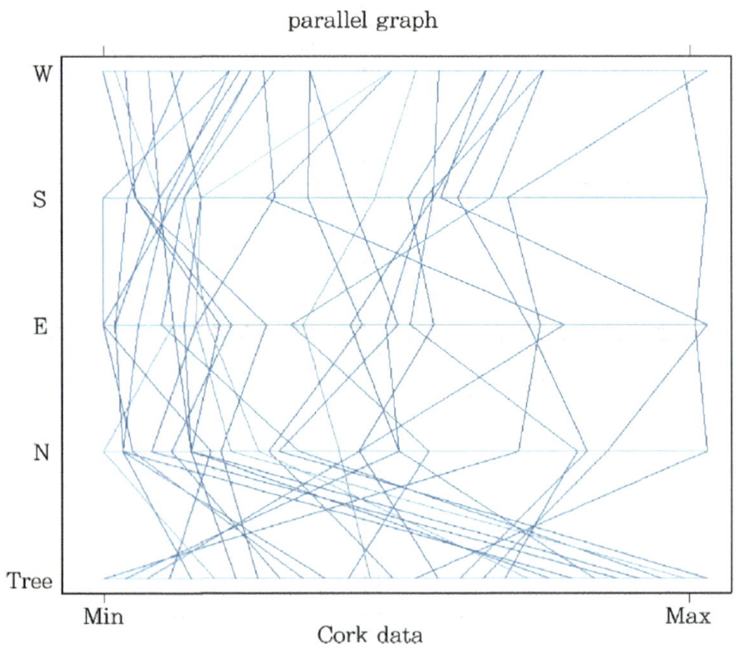

[그림 1.12] 코르크 자료에 대한 평행그림

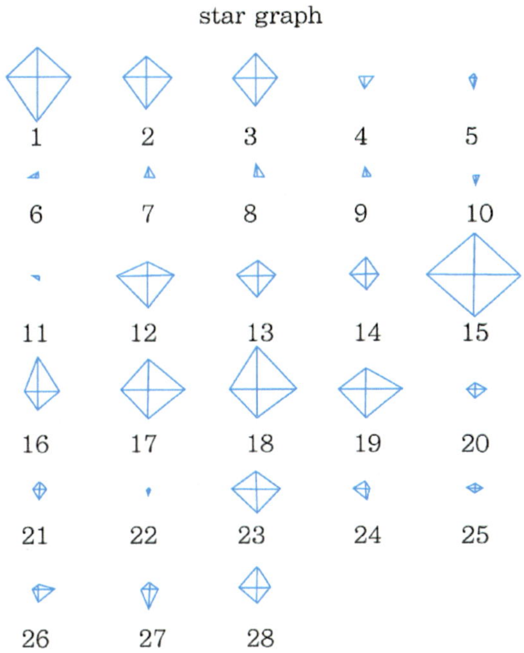

[그림 1.13] 코르크 자료에 대한 별그림

[그림 1.14] 코르크 자료에 대한 체르노프 얼굴그림

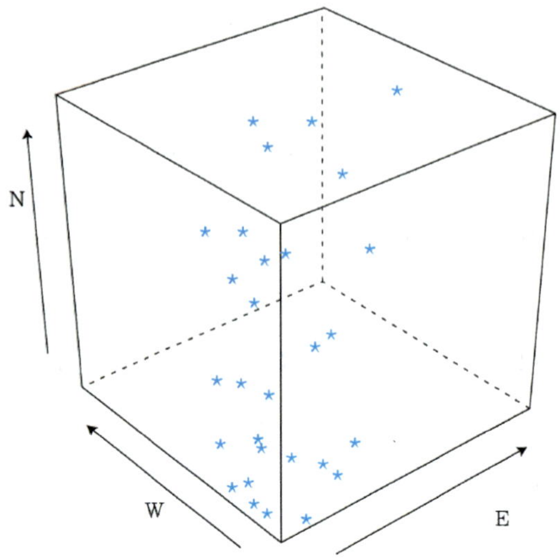

[그림 1.15] 코르크 자료에 대한 3차원 산점도 그림

연습문제

1.1 다음의 주어진 이변량 데이터 $\boldsymbol{X} = \begin{pmatrix} X_1 \\ X_2 \end{pmatrix}$에 대해 기초적인 통계량을 계산해보자.

개체번호	X_1	X_2
1	3	5
2	4	5
3	2	4
4	6	7
5	8	10
6	2	5

(a) 표본평균(sample mean) $\overline{X_1}$, $\overline{X_2}$를 계산하고 $\overline{\boldsymbol{X}}$를 구하여라.

(b) 표본분산(sample variance) s_{11}, s_{22}를 계산하여라.

(c) $\boldsymbol{X}$의 표본공분산행렬(sample covariance matrix) $\boldsymbol{S}$를 구하여라.

(d) $\boldsymbol{X}$의 표본상관행렬(sample correlation matrix) $\boldsymbol{R}$을 구하여라.

(e) X_1, X_2의 산점도(scatter plot)를 그려라.

(f) 두 관측벡터, 1번 개체와 3번 개체간의 유클리드 거리를 구하여라.

(g) 두 관측벡터, 1번 개체와 3번 개체간의 표준화 거리를 구하여라.

(h) 두 관측벡터, 1번 개체와 3번 개체간의 Mahalanobis 거리를 구하여라.

(i) 표본평균을 중심으로 표준화 거리가 일정한 타원을 그려라.

1.2 5명 학생의 국어, 영어, 수학 성적이다(10점 만점). 다음과 같이 관측된 삼변량 데이터에 대해 기초적인 통계량을 계산해보자.

학생번호	국어 X_1	영어 X_2	수학 X_3
1	9	10	3
2	2	8	4
3	6	6	0
4	5	4	2
5	8	10	1

(a) 각 변수의 표본평균 $\overline{X_1}$, $\overline{X_2}$, $\overline{X_3}$를 계산하고 표본평균벡터 $\overline{\boldsymbol{X}}$를 구하여라.

(b) 각 변수의 표본분산 s_{11}, s_{22}, s_{33}를 계산하여라.

(c) 표본공분산행렬 $\boldsymbol{S}$를 구하여라.

(d) 표본상관행렬 $\boldsymbol{R}$을 구하여라.

(e) X_1, X_2, X_3의 산점도행렬을 그려라.

(f) 두 관측벡터, 2번 학생과 3번 학생간의 유클리드 거리를 구하여라.

(g) 두 관측벡터, 2번 학생과 3번 학생간의 표준화 거리를 구하여라.

(h) 두 관측벡터, 2번 학생과 3번 학생간의 Mahalanobis 거리를 구하여라.

1.3 다음은 11명의 학생에 대해 5가지 검사 결과 수치이다. [표 1.6]의 다변량 데이터에 대해 기술통계량을 구하고 의미를 파악해 보아라.

(a) 산점도행렬을 그려라.

(b) 평행그림을 그려라.

(c) 표본평균벡터와 표본공분산행렬을 구하여라.

(d) 표본상관행렬을 구하여라.

(e) 1번 학생과 10번 학생간의 유클리드 거리를 구하여라.

(f) 1번 학생과 10번 학생간의 표준화 거리를 구하여라.

(g) 1번 학생과 10번 학생간의 Mahalanobis 거리를 구하여라.

▶표 1.6 5가지 검사 결과

학생번호	X_1	X_2	X_3	X_4	X_5
1	51	36	50	35	42
2	27	20	26	17	27
3	37	22	41	37	30
4	42	36	32	34	27
5	27	18	33	14	29
6	43	32	43	35	40
7	41	22	36	25	38
8	38	21	31	20	16
9	36	23	27	25	28
10	26	31	31	32	36
11	29	20	25	26	25

1.4 [표 1.7]의 1994년 Los Angeles 올림픽에서 달리기경기에 대한 자료에 대해 분석하여라.

(a) 산점도행렬을 그려라.

(b) parallel 그래프를 그려라.

(c) 표본평균벡터, 표본공분산행렬과 표본상관행렬을 구하여라.

(d) 일본 관측벡터와 한국 관측벡터간에 대해 유클리드 거리를 구하여라.

(e) 일본과 한국의 관측벡터간에 대해 표준화 거리를 구하여라.

(f) 일본과 한국의 관측벡터간에 대해 마할라노비스 거리를 구하여라.

▶표 1.7 LA 올림픽 달리기 경기 자료 (단위 : 초)

국가명	100m	200m	400m	800m	1500m	3000m	마라톤
Austria	11.43	23.09	50.62	1.99	4.22	9.34	159.37
Belgium	11.41	23.04	52.00	2.00	4.14	8.88	157.85
Brazil	11.31	23.17	52.80	2.10	4.49	9.77	168.75
Canada	11.00	22.25	50.06	2.00	4.06	8.81	149.45
China	11.95	24.41	54.97	2.08	4.33	9.31	168.48
Denmark	11.42	23.52	53.60	2.03	4.18	8.71	151.75
France	11.15	22.59	51.73	2.00	4.14	8.98	155.27
Greece	11.79	24.08	54.93	2.07	4.35	9.87	182.20
Hungary	11.45	23.06	51.50	2.01	4.14	8.98	156.37
India	11.95	24.28	53.60	2.10	4.32	9.98	188.03
Italy	11.29	23.00	52.01	1.96	3.98	8.63	151.82
Japan	11.73	24.00	53.73	2.09	4.35	9.20	150.50
Kenya	11.73	23.88	52.70	2.00	4.15	9.20	181.05
Korea	11.96	24.49	55.70	2.15	4.42	9.62	164.65
Malays	12.23	24.21	55.09	2.19	4.69	10.46	182.17
Mexico	11.89	23.62	53.76	2.04	4.25	9.59	158.53
Philippines	11.76	23.54	54.60	2.19	4.60	10.16	200.37
Poland	11.13	22.21	49.29	1.95	3.99	8.97	160.82
Portugal	11.81	24.22	54.30	2.09	4.16	8.84	151.20
Rumania	11.44	23.46	51.20	1.92	3.96	8.53	165.45
Singapore	12.30	25.00	55.08	2.12	4.52	9.94	182.77
Spain	11.80	23.98	53.59	2.05	4.14	9.02	162.60
Sweden	11.16	22.82	51.79	2.02	4.12	8.84	154.48
Usa	10.79	21.83	50.62	1.96	3.95	8.50	142.72

02 기초 행렬 대수

이 장에서는 다변량 분석방법을 이해하는데 필수적인 행렬 대수(matrix algebra)의 기본적 개념에 대해 알아보고자 한다. 이 책의 목적이 행렬 대수를 설명하는 것이 아닌 만큼 행렬 대수에 대한 수학적인 자세한 증명은 생략하였다. 독자들은 필요한 개념을 충분히 이해하여 통계적 다변량 분석을 공부하는데 도움이 되기를 바라며 이 책을 읽는 동안 여기에 모아 놓은 정리의 내용들은 기억하기 바란다. 그리고 특히 다변량 통계 분석에서 관심있게 다루는 행렬은 대칭이며 양정치행렬인 공분산행렬이므로 이와 같은 행렬의 특성을 알아보고자한다.

2.1 정의

2.1.1 행렬과 벡터

행렬(matrix)이란 숫자 또는 변수를 직사각형 또는 정사각형 모양으로 정렬한 배열을 의미한다. 배열된 수를 그 행렬의 성분(entries)이라 한다. 행렬은 열벡터 또는 행벡터로 구성되며 다음과 같이 표현한다.

$$\boldsymbol{A}_{n\times p} = \begin{pmatrix} a_{11} & a_{12} & \dots & a_{1p} \\ a_{21} & a_{22} & \dots & a_{2p} \\ \vdots & \vdots & \vdots & \vdots \\ a_{n1} & a_{n2} & \dots & a_{np} \end{pmatrix} = (a_{ij}) \tag{2.1}$$

열벡터(column vector)는

$$a=\begin{pmatrix} a_1 \\ a_2 \\ \vdots \\ a_p \end{pmatrix} \tag{2.2}$$

행벡터(row vector)는 $\boldsymbol{a}'=(a_1,a_2,\ldots,a_p)$로 표현되며 성분은 스칼라(scalar)로 가정하고 스칼라는 특별한 가정이 없는 한 실수(real number)로 나타난다.

일반적으로 행렬을 나타내는 경우 알파벳의 대문자를 사용한다. 이 책에서는 행렬과 벡터는 진한(bold) 글씨체로 표현하여 스칼라와 구분되도록 표기하도록 한다.

2.1.2 특정 형태를 갖는 행렬

대각행렬(diagonal matrix)은 대각선이 아닌 곳에서는 0을 성분으로 갖는 정방행렬(square matrix)로 다음과 같이 표현된다.

$$\boldsymbol{D}_{p\times p}=\begin{pmatrix} a_{11} & 0 & \ldots & 0 \\ 0 & a_{22} & \ldots & 0 \\ \vdots & \vdots & & \vdots \\ 0 & 0 & \ldots & a_{pp} \end{pmatrix}=diag(a_{11},a_{22},\ldots,a_{pp}) \tag{2.3}$$

항등행렬(identity matrix)은 대각선의 위치에서는 성분으로 1을 갖고 나머지의 위치에서는 성분으로 0을 갖는 정방행렬로 보통 $\boldsymbol{I}$ 로 표기한다.

$$\boldsymbol{I}=\begin{pmatrix} 1 & 0 & \ldots & 0 \\ 0 & 1 & \ldots & 0 \\ \vdots & \vdots & \ddots & \vdots \\ 0 & 0 & \ldots & 1 \end{pmatrix} \tag{2.4}$$

상3각행렬(upper triangular matrix)은 대각선 밑의 성분값이 모두 0인 정방행렬이다.

$$\boldsymbol{A}_{p\times p}=\begin{pmatrix} a_{11} & a_{12} & \ldots & a_{1p} \\ 0 & a_{22} & \ldots & a_{2p} \\ \vdots & \vdots & & \vdots \\ 0 & 0 & \ldots & a_{pp} \end{pmatrix} \tag{2.5}$$

하3각행렬(lower triangular matrix)은 대각선 위의 성분값이 모두 0인 정방행렬이다.

$$\boldsymbol{A}_{p\times p}=\begin{pmatrix} a_{11} & 0 & \dots & 0 \\ a_{21} & a_{22} & \dots & 0 \\ \vdots & \vdots & & \vdots \\ a_{p1} & a_{p2} & \dots & a_{pp} \end{pmatrix} \tag{2.6}$$

일벡터(a vector of 1)는 $\boldsymbol{j}$로 표기하며 성분값이 모두 1인 벡터로 다음과 같다.

$$\boldsymbol{j}=\begin{pmatrix} 1 \\ 1 \\ \vdots \\ 1 \end{pmatrix} \tag{2.7}$$

$\boldsymbol{A}$가 임의의 $n\times p$ 행렬일 때 $\boldsymbol{A}$의 전치행렬(transpose matrix)을 $\boldsymbol{A}'$ 또는 $\boldsymbol{A}^t$로 표기하고 $\boldsymbol{A}$의 행과 열을 교환하여 얻어진 $p\times n$ 행렬로 정의한다.

≪예제 2.1≫ 2×3 행렬 $\boldsymbol{A}=\begin{pmatrix} 3 & -1 & 2 \\ 1 & 5 & 4 \end{pmatrix}$의 전치행렬을 구해보자.

행과 열이 교환되므로 $\boldsymbol{A}'=\begin{pmatrix} 3 & 1 \\ -1 & 5 \\ 2 & 4 \end{pmatrix}$로 구할 수 있다.

▶ R에서는 t() 함수를 이용하여 전치행렬을 구할 수 있다.

```
> A=matrix(c(3,1,  -1, 5,   2,4), nc=3)
> A
     [,1] [,2] [,3]
[1,]    3   -1    2
[2,]    1    5    4
> tA=t(A)
> tA
     [,1] [,2]
[1,]    3    1
[2,]   -1    5
[3,]    2    4
```

2.2 행렬의 연산

이 절에서는 행렬에 관한 기초적인 연산과 연산의 성질에 대해 설명하고자 한다. 실수에 관한 연산의 기본 법칙의 대부분이 행렬의 연산에서도 성립하나 몇 가지 예외가 존재한다.

$\boldsymbol{x}$와 $\boldsymbol{y}$는 다음과 같은 $p \times 1$ 벡터일 때

$$\boldsymbol{x} = \begin{pmatrix} x_1 \\ x_2 \\ \vdots \\ x_p \end{pmatrix}, \qquad \boldsymbol{y} = \begin{pmatrix} y_1 \\ y_2 \\ \vdots \\ y_p \end{pmatrix} \tag{2.8}$$

상수 c에 대해, 스칼라 c와 벡터 $\boldsymbol{x}$와의 곱은 벡터 $\boldsymbol{x}$의 각 성분에 c배한 것과 같다. 즉,

$$c\boldsymbol{x} = \begin{pmatrix} cx_1 \\ cx_2 \\ \vdots \\ cx_p \end{pmatrix} \tag{2.9}$$

두 벡터의 합은 $\boldsymbol{x}$와 $\boldsymbol{y}$ 각 성분의 합과 같다. 즉,

$$\boldsymbol{x} + \boldsymbol{y} = \begin{pmatrix} x_1 \\ x_2 \\ \vdots \\ x_p \end{pmatrix} + \begin{pmatrix} y_1 \\ y_2 \\ \vdots \\ y_p \end{pmatrix} = \begin{pmatrix} x_1 + y_1 \\ x_2 + y_2 \\ \vdots \\ x_p + y_p \end{pmatrix} \tag{2.10}$$

벡터 $\boldsymbol{x}$의 길이 또는 원점으로부터의 거리는

$$L_{\boldsymbol{x}} = \sqrt{x_1^2 + x_2^2 + \cdots + x_p^2} = \sqrt{\boldsymbol{x}'\boldsymbol{x}} \tag{2.11}$$

로 정의하며, 단위벡터(unit vector)는 길이가 1인 벡터로

$$\boldsymbol{e} = L_{\boldsymbol{x}}^{-1}\boldsymbol{x} \tag{2.12}$$

로 구해진다. 또한 다음이 성립한다.

$$L_{c\boldsymbol{x}} = |c| \; L_{\boldsymbol{x}} \tag{2.13}$$

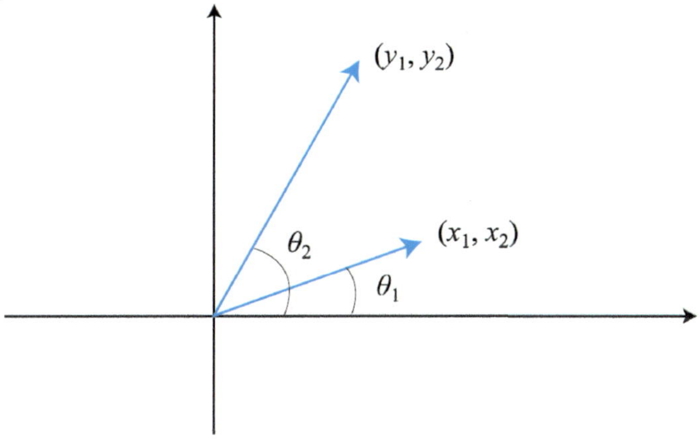

[그림 2.1] 2차원 벡터와 각도

2차원 벡터 $\boldsymbol{x} = (x_1, x_2)'$와 $\boldsymbol{y} = (y_1, y_2)'$에 대해 [그림 2.1]에서 볼 수 있듯이 두 벡터 사이의 각 $\theta_2 - \theta_1$을 구하는 방법은 다음과 같다.

$$\cos\theta = \cos(\theta_2 - \theta_1) = \frac{x_1y_1 + x_2y_2}{L_x L_y} = \frac{\boldsymbol{x}'\boldsymbol{y}}{L_x L_y} = \frac{\boldsymbol{x}'\boldsymbol{y}}{\sqrt{\boldsymbol{x}'\boldsymbol{x}}\sqrt{\boldsymbol{y}'\boldsymbol{y}}} \quad .$$

(2.14)

≪예제 2.2≫ 두 벡터 $\boldsymbol{a}$, $\boldsymbol{b}$

$$\boldsymbol{a} = \begin{pmatrix} 1 \\ -2 \\ 3 \end{pmatrix}, \quad \boldsymbol{b} = \begin{pmatrix} 2 \\ 2 \\ 4 \end{pmatrix}$$

에 대해 몇 가지 연산을 해보고자 한다.

(a) $\boldsymbol{a} + \boldsymbol{b} = \begin{pmatrix} 3 \\ 0 \\ 7 \end{pmatrix}$ (b) $\boldsymbol{a}'\boldsymbol{b} = 10$ (c) $3\boldsymbol{a} = \begin{pmatrix} 3 \\ -6 \\ 9 \end{pmatrix}$

(d) 벡터 $\boldsymbol{a}$의 길이는 $L_a = \sqrt{\boldsymbol{a}'\boldsymbol{a}} = \sqrt{1^2 + (-2)^2 + 3^2} = \sqrt{14} = 3.74$

(e) 벡터 $\boldsymbol{b}$의 길이는 $L_b = \sqrt{\boldsymbol{b}'\boldsymbol{b}} = \sqrt{2^2 + 2^2 + 4^2} = \sqrt{24} = 4.90$

(f) 두 벡터 $\boldsymbol{a}$, $\boldsymbol{b}$의 사이각(angle)에 대해

$$\cos\theta = \frac{\boldsymbol{a}'\boldsymbol{b}}{L_a L_b} = \frac{1 \cdot 2 + (-2)2 + 3 \cdot 4}{\sqrt{14}\sqrt{24}} = \frac{10}{18.33} = 0.546$$

이므로 $\theta = \cos^{-1}(0.546) = 56.91°$ 이다.

▶ **R에서 벡터 연산 (참고: %*% 연산자 사용)**

```
> a= c(1, -2, 3)
> b= c(2,2,4)
> a+b
[1] 3 0 7
> t(a)*b
     [,1] [,2] [,3]
[1,]    2   -4   12

> t(a)%*%b
     [,1]
[1,]   10
> 3*a
[1]  3 -6  9

> la=sqrt( t(a)%*%a )
> la
         [,1]
[1,] 3.741657
> lb=sqrt( t(b)%*%b )
> lb
         [,1]
[1,] 4.898979
> cos_theta= t(a)%*%b/(la*lb)
> cos_theta
          [,1]
[1,] 0.5455447
```

상수 c와 행렬 $\boldsymbol{A}$와의 곱(product)은

$$c\boldsymbol{A}_{n\times p}=\begin{pmatrix} ca_{11} & ca_{12} & \cdots & ca_{1p} \\ ca_{21} & ca_{22} & \cdots & ca_{2p} \\ \vdots & \vdots & \cdots & \vdots \\ ca_{n1} & ca_{n2} & \cdots & ca_{np} \end{pmatrix} \tag{2.15}$$

로 계산되며, 행렬의 합은

$$\boldsymbol{A}+\boldsymbol{B}=(a_{ij})+(b_{ij})=(a_{ij}+b_{ij}) \tag{2.16}$$

$$=\begin{pmatrix} a_{11}+b_{11} & a_{12}+b_{12} & \cdots & a_{1p}+b_{1p} \\ \vdots & \vdots & \cdots & \vdots \\ a_{n1}+b_{n1} & a_{n2}+b_{n2} & \cdots & a_{np}+b_{np} \end{pmatrix}$$

으로 표현된다.

두 행렬의 곱은

$$\boldsymbol{AB}_{n\times p}=\boldsymbol{A}_{n\times k}\boldsymbol{B}_{k\times p}$$

$$=\begin{pmatrix} a_{11} & a_{12} & \cdots & a_{1k} \\ a_{21} & a_{22} & \cdots & a_{2k} \\ \vdots & \vdots & \cdots & \vdots \\ a_{n1} & a_{n2} & \cdots & a_{nk} \end{pmatrix}\begin{pmatrix} b_{11} & b_{12} & \cdots & b_{1p} \\ b_{21} & b_{22} & \cdots & b_{2p} \\ \vdots & \vdots & \cdots & \vdots \\ b_{k1} & b_{k2} & \cdots & b_{kp} \end{pmatrix} \tag{2.17}$$

$$=\begin{pmatrix} \sum_{t=1}^{k} a_{1t}b_{t1} & \cdots & \sum_{t=1}^{k} a_{1t}b_{tp} \\ \vdots & \sum_{t=1}^{k} a_{it}b_{tj} & \vdots \\ \sum_{t=1}^{k} a_{nt}b_{t1} & \cdots & \sum_{t=1}^{k} a_{nt}b_{tp} \end{pmatrix}$$

이다.

직교행렬(orthogonal matrix) $\boldsymbol{Q}$는 다음을 만족하는 정방행렬이다.

$$\boldsymbol{QQ}'=\boldsymbol{Q}'\boldsymbol{Q}=\boldsymbol{I} \quad \text{또는} \quad \boldsymbol{Q}'=\boldsymbol{Q}^{-1} \tag{2.18}$$

여기서 $\boldsymbol{I}$는 항등행렬이다.

일벡터 $\boldsymbol{j}$ 의 곱(product)은

$$\boldsymbol{J}=\begin{pmatrix} 1 & 1 & \dots & 1 \\ 1 & 1 & \dots & 1 \\ \vdots & \vdots & \dots & \vdots \\ 1 & 1 & \dots & 1 \end{pmatrix}=\boldsymbol{jj}' \tag{2.19}$$

로 성분이 모두 1인 행렬이 된다.

$p \times p$ 행렬 $\boldsymbol{A}$와 $p \times 1$ 벡터 $\boldsymbol{a}$, $\boldsymbol{b}$, $\boldsymbol{c}$에 대해 $\boldsymbol{Ab}$는 열벡터가 되고 $\boldsymbol{c'A}$는 행벡터가 되며, $\boldsymbol{c'Ab}$는 스칼라가 된다.

$p \times p$ 정사각형 행렬 $\boldsymbol{A}$가 $\boldsymbol{A'} = \boldsymbol{A}$ 이면 대칭행렬(symmetric matrix)이다.

$\boldsymbol{S}$는 $p \times p$ 대칭행렬이고, $\boldsymbol{a}$는 $p \times 1$ 벡터일 때 이차형식(quadratic form)은

$$\boldsymbol{a'Sa} = (a_1,\ \dots, a_p)\begin{pmatrix} s_{11} & \dots & s_{1p} \\ \vdots & \vdots & \vdots \\ s_{p1} & \dots & s_{pp} \end{pmatrix}\begin{pmatrix} a_1 \\ \vdots \\ a_p \end{pmatrix} \tag{2.20}$$

$$= \sum_i {a_i}^2 s_{ii} + \sum_{i \neq j} a_i a_j s_{ij}.$$

으로 표현된다.

≪예제 2.3≫ $\boldsymbol{a}$는 2×1 벡터일 때 대칭행렬 $\boldsymbol{S} = \begin{pmatrix} 3 & 1 \\ 1 & 3 \end{pmatrix}$의 이차형식을 구해보자.

$$\boldsymbol{a'Sa} = (a_1\ \ a_2)\begin{pmatrix} 3 & 1 \\ 1 & 3 \end{pmatrix}\begin{pmatrix} a_1 \\ a_2 \end{pmatrix}$$

$$= 3a_1^2 + 3a_2^2 + 2a_1a_2$$

로 이차형식을 얻게 된다.

≪예제 2.4≫ 2×3 행렬 $\boldsymbol{A} = \begin{pmatrix} 3 & -1 & 2 \\ 1 & 5 & 4 \end{pmatrix}$와 $\boldsymbol{B} = \begin{pmatrix} 1 & 2 & 3 \\ -1 & 3 & 5 \end{pmatrix}$일 때

(a) $\boldsymbol{A} + \boldsymbol{B} = \begin{pmatrix} 3 & -1 & 2 \\ 1 & 5 & 4 \end{pmatrix} + \begin{pmatrix} 1 & 2 & 3 \\ -1 & 3 & 5 \end{pmatrix} = \begin{pmatrix} 4 & 1 & 5 \\ 0 & 8 & 9 \end{pmatrix}$

(b) $\boldsymbol{B'} = \begin{pmatrix} 1 & -1 \\ 2 & 3 \\ 3 & 5 \end{pmatrix}$

(c) $\boldsymbol{AB'} = \begin{pmatrix} 3 & -1 & 2 \\ 1 & 5 & 4 \end{pmatrix}\begin{pmatrix} 1 & -1 \\ 2 & 3 \\ 3 & 5 \end{pmatrix} = \begin{pmatrix} 7 & 4 \\ 23 & 34 \end{pmatrix}$

▶ **R**에서 두 행렬의 곱

```
> A=matrix(c(3,1,  -1, 5,   2,4), nc=3)
> B=matrix(c(1,-1,  2, 3,   3,5), nc=3)
> A+B
     [,1] [,2] [,3]
[1,]    4    1    5
[2,]    0    8    9
> t(B)
     [,1] [,2]
[1,]    1   -1
[2,]    2    3
[3,]    3    5
> A%*%t(B)
     [,1] [,2]
[1,]    7    4
[2,]   23   34
```

2.3 분할 행렬

행렬 $\boldsymbol{A}$와 $\boldsymbol{B}$는 부분행렬로 분할(partition)할 수 있으며 다음과 같이 부분행렬(submatrix)로 다음과 같이 표기할 수 있다.

$$\boldsymbol{A} = \begin{pmatrix} \boldsymbol{A}_{11} & \boldsymbol{A}_{12} \\ \boldsymbol{A}_{21} & \boldsymbol{A}_{22} \end{pmatrix} \qquad \boldsymbol{B} = \begin{pmatrix} \boldsymbol{B}_{11} & \boldsymbol{B}_{12} \\ \boldsymbol{B}_{21} & \boldsymbol{B}_{22} \end{pmatrix}, \tag{2.21}$$

두 분할된 행렬(partitioned matrix)의 곱은

$$AB = \begin{pmatrix} A_{11} & A_{12} \\ A_{21} & A_{22} \end{pmatrix} \begin{pmatrix} B_{11} & B_{12} \\ B_{21} & B_{22} \end{pmatrix} \tag{2.22}$$

$$= \begin{pmatrix} A_{11}B_{11} + A_{12}B_{21} & A_{11}B_{12} + A_{12}B_{22} \\ A_{21}B_{11} + A_{22}B_{21} & A_{21}B_{12} + A_{22}B_{22} \end{pmatrix}$$

와 같이 부분행렬들의 곱으로 나타난다.

행렬 $\boldsymbol{A}$가 $\boldsymbol{A} = (\boldsymbol{A}_1, \boldsymbol{A}_2)$로 분할되고 벡터 $\boldsymbol{b}$가 $\boldsymbol{b} = \begin{pmatrix} \boldsymbol{b}_1 \\ \boldsymbol{b}_2 \end{pmatrix}$로 적절하게 분할되었을 경우, 행렬 $\boldsymbol{A}$와 벡터 $\boldsymbol{b}$의 곱은

$$\boldsymbol{A}\boldsymbol{b} = (\boldsymbol{A}_1, \boldsymbol{A}_2)\begin{pmatrix} \boldsymbol{b}_1 \\ \boldsymbol{b}_2 \end{pmatrix} = \boldsymbol{A}_1\boldsymbol{b}_1 + \boldsymbol{A}_2\boldsymbol{b}_2 \tag{2.23}$$

이 된다.

≪예제 2.5≫ 3×4 행렬 $\boldsymbol{A}$를 분할해보자.

$$\boldsymbol{A} = \left(\begin{array}{ccc|c} -1 & 2 & 1 & 5 \\ 0 & -3 & 4 & 2 \\ \hline 1 & 5 & 6 & 1 \end{array}\right)$$

$\boldsymbol{A}_{11} = \begin{pmatrix} -1 & 2 & 1 \\ 0 & -3 & 4 \end{pmatrix}$, $\boldsymbol{A}_{12} = \begin{pmatrix} 5 \\ 2 \end{pmatrix}$, $\boldsymbol{A}_{21} = (1, 5, 6)$, $\boldsymbol{A}_{22} = (1)$으로 분할되었다.

2.4 행렬의 계수

n개의 벡터 $\boldsymbol{a}_1, \boldsymbol{a}_2, \ldots, \boldsymbol{a}_n$에 대해 다음의 선형조건

$$c_1\boldsymbol{a}_1 + c_2\boldsymbol{a}_2 + \ldots + c_n\boldsymbol{a}_n = 0 \tag{2.24}$$

을 만족하는 상수 $c_1, c_2, \ldots, c_n$ 중 0이 아닌 c_i들이 존재하면 벡터 $\boldsymbol{a}_1, \boldsymbol{a}_2, \ldots, \boldsymbol{a}_n$ 은 선형종속(linearly dependent)이고, $c_1, c_2, \ldots, c_n$가 모두 0이면 $\boldsymbol{a}_1, \boldsymbol{a}_2, \ldots, \boldsymbol{a}_n$ 는 선형독립(linearly independent)이다.

선형독립인 행의 수 또는 선형독립인 열의 수이며 또한 $\boldsymbol{A}$의 행공간(row space)과 열공간(column space)의 공통차원을 $\boldsymbol{A}$의 계수(rank)라고 하며 $rank(\boldsymbol{A})$ 로 표기한다. 즉

$$\begin{aligned} rank(\boldsymbol{A}) &= \boldsymbol{A}\text{의 선형독립인 행벡터의 수} \\ &= \boldsymbol{A}\text{의 선형독립인 열벡터의 수} \end{aligned} \tag{2.25}$$

$\boldsymbol{A}$가 임의의 행렬이면

$$rank(\boldsymbol{A}) = rank(\boldsymbol{A}') \tag{2.26}$$

이다.

《예제 2.6》 2×3 행렬 $\boldsymbol{A} = \begin{pmatrix} 3 & -1 & 2 \\ 1 & 5 & 4 \end{pmatrix}$에 대해 $rank(\boldsymbol{A}) = rank(\boldsymbol{A}') = 2$가 된다.

2.5 행렬의 결정식

$n\times n$ 정방행렬 $\boldsymbol{A}$에 대해 행렬의 결정식(determinant)을 $|\boldsymbol{A}|$ 또는 $\det(\boldsymbol{A})$ 로 표기한다.

2×2 행렬에 대한 결정식은

$$\det\begin{pmatrix} a_{11} & a_{12} \\ a_{21} & a_{22} \end{pmatrix} = a_{11}a_{22} - a_{12}a_{21}$$

(2.27)

이 얻어진다.

3×3 행렬에 대해서는 결정식은

$$\det\begin{pmatrix} a_{11} & a_{12} & a_{13} \\ a_{21} & a_{22} & a_{23} \\ a_{31} & a_{32} & a_{33} \end{pmatrix} = a_{11}a_{22}a_{33} + a_{12}a_{23}a_{31} + a_{13}a_{21}a_{32} - a_{13}a_{22}a_{31} - a_{12}a_{21}a_{33} - a_{11}a_{23}a_{32} \tag{2.28}$$

으로 구해진다.

$\boldsymbol{A}$가 $\mathbf{0}$벡터를 행이나 열에 포함하면 $\det(\boldsymbol{A}) = 0$이 된다. 또한

$$\det(\boldsymbol{A}) = \det(\boldsymbol{A}') \tag{2.29}$$

이 성립한다.

$\boldsymbol{A}$가 $n\times n$ 3각행렬(상3각행렬, 하3각행렬 또는 대각행렬)이면 $\det(\boldsymbol{A})$는 $\boldsymbol{A}$의 주 대각선상의 성분의 곱으로 계산된다. 즉,

$$\det(\boldsymbol{A}) = a_{11}a_{22}\cdots a_{nn} \tag{2.30}$$

≪예제 2.7≫ 2×2 행렬 $\boldsymbol{A}=\begin{pmatrix}1 & 2\\ -3 & 5\end{pmatrix}$의 결정식을 구해보자.

$|\boldsymbol{A}|=1\cdot 5-2(-3)=11$이다.

▶ R에서 det() 함수를 사용하여 행렬의 결정식을 구한다.

```
> A=matrix(c(1,-3,  2,5), nc=2)
> det(A)
[1] 11
```

≪예제 2.8≫ 3×3 행렬 $\boldsymbol{A}=\begin{pmatrix}1 & 2 & 1\\ 0 & 3 & 4\\ 1 & 5 & 6\end{pmatrix}$의 결정식을 구해보자.

$$|\boldsymbol{A}|=a_{11}a_{22}a_{33}+a_{12}a_{23}a_{31}+a_{13}a_{21}a_{32}-a_{13}a_{22}a_{31}-a_{12}a_{21}a_{33}-a_{11}a_{23}a_{32}$$

$$=1\cdot 3\cdot 6+2\cdot 4\cdot 1+1\cdot 0\cdot 5-1\cdot 3\cdot 1-2\cdot 0\cdot 6-1\cdot 4\cdot 5=3$$

```
> A=matrix(c(1,0,1,  2,3,5,  1,4,6), nc=3)
> det(A)
[1] 3
```

2.6 역행렬

정칙(nonsingular)인 정방행렬 $\boldsymbol{A}$에 대해 역행렬(inverse matrix) $\boldsymbol{A}^{-1}$가 유일하게 (unique) 존재한다.

$$\boldsymbol{A}\boldsymbol{A}^{-1}=\boldsymbol{A}^{-1}\boldsymbol{A}=\boldsymbol{I} \tag{2.31}$$

만일 이와 같은 역행렬이 존재하지 않으면 $\boldsymbol{A}$를 특이행렬(singular matrix)이라 한다. 즉 특이행렬에 대해서는 역행렬이 존재하지 않는다.

또한 정칙행렬은 다음의 성질을 만족한다.

① $\boldsymbol{A}$가 정칙행렬이면, $rank(\boldsymbol{AB}) = rank(\boldsymbol{B})$

② $\boldsymbol{A}$, B가 정칙행렬이면, $(\boldsymbol{AB})^{-1} = \boldsymbol{B}^{-1}\boldsymbol{A}^{-1}$

③ $\boldsymbol{A}$가 정칙행렬일 때, $\boldsymbol{AB} = \boldsymbol{AC}$이면 $\boldsymbol{B} = \boldsymbol{C}$이다.

2×2 행렬 $\boldsymbol{A} = \begin{pmatrix} a & b \\ c & d \end{pmatrix}$에 대해 다음과 같이 역행렬이 얻어진다.

$$\boldsymbol{A}^{-1} = \frac{1}{|\boldsymbol{A}|}\begin{pmatrix} d & -b \\ -c & a \end{pmatrix} \tag{2.32}$$

여기서 결정식은 $|\boldsymbol{A}| = ad - bc$ 이다.

3×3 행렬 $\boldsymbol{A} = \begin{pmatrix} a_{11} & a_{12} & a_{13} \\ a_{21} & a_{22} & a_{23} \\ a_{31} & a_{32} & a_{33} \end{pmatrix}$에 대한 역행렬은 다음과 같이 구할 수 있다.

$\boldsymbol{A}$의 결정식은

$$\begin{aligned} |\boldsymbol{A}| &= a_{11}a_{22}a_{33} + a_{12}a_{23}a_{31} + a_{13}a_{21}a_{32} - a_{13}a_{22}a_{31} - a_{12}a_{21}a_{33} - a_{11}a_{23}a_{32} \\ &= a_{11}(a_{22}a_{33} - a_{23}a_{32}) - a_{12}(a_{21}a_{33} - a_{23}a_{31}) + a_{13}(a_{21}a_{32} - a_{22}a_{31}) \end{aligned}$$

와 같이 표현될 수 있으며 괄호 속의 각 식은 행렬식

$$M_{11} = \begin{vmatrix} a_{22} & a_{23} \\ a_{32} & a_{33} \end{vmatrix}, \quad M_{12} = \begin{vmatrix} a_{21} & a_{23} \\ a_{31} & a_{33} \end{vmatrix}, \quad M_{13} = \begin{vmatrix} a_{21} & a_{22} \\ a_{31} & a_{32} \end{vmatrix}$$

이고 이들 행렬식으로 나타난 $\boldsymbol{A}$의 소행렬을 a_{ij}의 소행렬식(minor of entry a_{ij})이라 하며 수 $C_{ij} = (-1)^{i+j}M_{ij}$를 a_{ij}의 여인자(cofactor)라고 한다.

$\boldsymbol{A}$의 a_{ij}의 성분 여인자로 구한 행렬을 여인자행렬(matrix of cofactors)

$$\begin{pmatrix} C_{11} & C_{12} & C_{13} \\ C_{21} & C_{22} & C_{23} \\ C_{31} & C_{32} & C_{33} \end{pmatrix} \tag{2.33}$$

이라 하고 이 행렬의 전치행렬(transpose matrix)을 $\boldsymbol{A}$의 수반행렬(adjoint matrix)이라 한다. 즉 $\boldsymbol{A}$의 여인자행렬 (2.33)으로부터 $\boldsymbol{A}$의 수반행렬은

$$adj(\boldsymbol{A}) = \begin{pmatrix} C_{11} & C_{21} & C_{31} \\ C_{12} & C_{22} & C_{32} \\ C_{13} & C_{23} & C_{33} \end{pmatrix} \tag{2.34}$$

가 된다. 그리고 다음의 역행렬이 얻어진다.

$$A^{-1} = \frac{1}{|A|} adj(A) \tag{2.35}$$

$n \times n$ 행렬 A에 대해 식(2.35)을 이용해 역행렬 A^{-1}를 구할 수 있다.

≪예제 2.9≫ 2×2 행렬 A의 역행렬을 구해보자.

$$A = \begin{pmatrix} 1 & 2 \\ -3 & 5 \end{pmatrix},$$

$|A| = 11$이므로 $A^{-1} = \frac{1}{11}\begin{pmatrix} 5 & -2 \\ 3 & 1 \end{pmatrix} = \begin{pmatrix} 5/11 & -2/11 \\ 3/11 & 1/11 \end{pmatrix}$로 구해진다.

▶ R에서 MASS 패키지와 ginv() 함수를 사용하여 역행렬을 구한다.

```
> library(MASS)
> A=matrix(c(1,-3,  2,5), nc=2)
> ginv(A)
          [,1]       [,2]
[1,] 0.4545455 -0.1818182
[2,] 0.2727273  0.0909091
```

≪예제 2.10≫ 3×3 행렬 A의 역행렬을 구해보자.

$$A = \begin{pmatrix} 1 & 2 & 1 \\ 0 & 3 & 4 \\ 1 & 5 & 6 \end{pmatrix}$$

$|A| = 3$이고, $C_{ij} = (-1)^{i+j} M_{ij}$를 이용하여 여인자를 구해보면

$$C_{11} = (-1)^{1+1} \begin{vmatrix} 3 & 4 \\ 5 & 6 \end{vmatrix} = 18 - 20 = -2$$

$$C_{12} = (-1)^{1+2} \begin{vmatrix} 0 & 4 \\ 1 & 6 \end{vmatrix} = (-1)(-4) = 4$$

$$C_{13} = (-1)^{1+3} \begin{vmatrix} 0 & 3 \\ 1 & 5 \end{vmatrix} = -3$$

$$C_{21} = (-1)^{2+1}\begin{vmatrix} 2 & 1 \\ 5 & 6 \end{vmatrix} = (-1)(12-5) = -7$$

$$C_{22} = (-1)^{2+2}\begin{vmatrix} 1 & 1 \\ 1 & 6 \end{vmatrix} = 6-1 = 5$$

$$C_{23} = (-1)^{2+3}\begin{vmatrix} 1 & 2 \\ 1 & 5 \end{vmatrix} = (-1)(5-2) = -3$$

$$C_{31} = (-1)^{3+1}\begin{vmatrix} 2 & 1 \\ 3 & 4 \end{vmatrix} = 8-3 = 5$$

$$C_{32} = (-1)^{3+2}\begin{vmatrix} 1 & 1 \\ 0 & 4 \end{vmatrix} = (-1)4 = -4$$

$$C_{33} = (-1)^{3+3}\begin{vmatrix} 1 & 2 \\ 0 & 3 \end{vmatrix} = 3-0 = 3$$

을 얻는다. 수반행렬은

$$adj(\boldsymbol{A}) = \begin{pmatrix} C_{11} & C_{21} & C_{31} \\ C_{12} & C_{22} & C_{32} \\ C_{13} & C_{23} & C_{33} \end{pmatrix} = \begin{pmatrix} -2 & -7 & 5 \\ 4 & 5 & -4 \\ -3 & -3 & 3 \end{pmatrix}$$

이 되므로

$$\boldsymbol{A}^{-1} = \frac{1}{|\boldsymbol{A}|}adj(\boldsymbol{A}) = \frac{1}{3}\begin{pmatrix} -2 & -7 & 5 \\ 4 & 5 & -4 \\ -3 & -3 & 3 \end{pmatrix}$$

이 된다.

```
> library(MASS)
> A=matrix(c(1,0,1,  2,3,5,  1,4,6), nc=3)
> ginv(A)
           [,1]      [,2]      [,3]
[1,] -0.6666667 -2.333333  1.666667
[2,]  1.3333333  1.666667 -1.333333
[3,] -1.0000000 -1.000000  1.000000
```

2.7 양정치행렬과 반양치행렬

$\boldsymbol{x} \neq 0$인 벡터 $\boldsymbol{x}$에 대해 이차선형식 $\boldsymbol{x}'\boldsymbol{A}\boldsymbol{x} > 0$ 이면 행렬 $\boldsymbol{A}$는 양정치행렬(positive definite matrix)이다.

$\boldsymbol{x} \neq 0$인 벡터 $\boldsymbol{x}$에 대해 이차선형식 $\boldsymbol{x}'\boldsymbol{A}\boldsymbol{x} \geq 0$이면 행렬 $\boldsymbol{A}$는 반양치행렬(positive semidefinite matrix)이다. 그리고 행렬 $\boldsymbol{A}$는 특성에 따라 다음과 같은 성질을 갖는다.

① $\boldsymbol{A}$가 양정치행렬이면 $\boldsymbol{A} = \boldsymbol{T}'\boldsymbol{T}$를 만족하는 정칙행렬 $\boldsymbol{T}$가 존재한다.

② $\boldsymbol{A}$가 양정치행렬이면 대각선에 위치한 원소 a_{ii}는 양수이다.

③ $\boldsymbol{A}$가 반양치행렬이면 $a_{ii} \geq 0$ 이다.

대칭행렬 $\boldsymbol{A}$가 양정치행렬이면 다음과 동치이다.

① $\boldsymbol{x} \neq 0$인 벡터 $\boldsymbol{x}$에 대해 $\boldsymbol{x}'\boldsymbol{A}\boldsymbol{x} > 0$ 이다.

② $\boldsymbol{A}$의 고유값은 모두 양수이다.

③ $\boldsymbol{A}$의 부분행렬 $\boldsymbol{A}_k$는 양의 결정식(determinant)을 갖는다.

≪예제 2.11≫ 행렬 $\boldsymbol{A} = \begin{pmatrix} 3 & -\sqrt{2} \\ -\sqrt{2} & 2 \end{pmatrix}$이 양정치행렬임을 보여라.

이차형식을 구해보면

$$\begin{aligned} \boldsymbol{x}'\boldsymbol{A}\boldsymbol{x} &= (x_1, x_2)\begin{pmatrix} 3 & -\sqrt{2} \\ -\sqrt{2} & 2 \end{pmatrix}\begin{pmatrix} x_1 \\ x_2 \end{pmatrix} \\ &= (3x_1 - \sqrt{2}\,x_2)x_1 + (-\sqrt{2}\,x_1 + 2x_2)x_2 \\ &= 3x_1^2 - 2\sqrt{2}\,x_1x_2 + 2x_2^2 \\ &= 3\left(x_1 - \frac{\sqrt{2}}{3}x_2\right)^2 + \frac{4}{3}x_2^2 \geq 0 \end{aligned}$$

$x_2 \neq 0$이고 $\boldsymbol{x}'\boldsymbol{A}\boldsymbol{x} > 0$이 되므로 $\boldsymbol{A}$는 양정치행렬이다.

$\boldsymbol{A}$가 양정치행렬이면 정칙행렬 $\boldsymbol{Q}$와 대각행렬 Λ가 존재하여 다음과 같이 분해될 수 있다.

$$\boldsymbol{A} = \boldsymbol{Q\Lambda Q}^t = \boldsymbol{Q}\sqrt{\boldsymbol{\Lambda}}\sqrt{\boldsymbol{\Lambda}}\boldsymbol{Q}^t = (\sqrt{\boldsymbol{\Lambda}}\boldsymbol{Q}^t)^t(\sqrt{\boldsymbol{\Lambda}}\boldsymbol{Q}^t) \tag{2.36}$$

2.8 트레이스

$p \times p$ 행렬 $\boldsymbol{A}$의 트레이스(trace)는 정방행렬의 대각선상에 놓인 원소들의 합

$$tr(\boldsymbol{A}) = \sum_{i=1}^{p} a_{ii} \tag{2.37}$$

으로 정의되며 정방행렬 A, B에 대해 다음의 성질을 갖는다.

① $tr(\boldsymbol{A}+\boldsymbol{B}) = tr(\boldsymbol{A}) + tr(\boldsymbol{B})$

② $tr(\boldsymbol{AB}) = tr(\boldsymbol{BA})$ (2.38)

≪예제 2.12≫ 행렬 $\boldsymbol{A} = \begin{pmatrix} 3 & -\sqrt{2} \\ -\sqrt{2} & 2 \end{pmatrix}$의 트레이스를 구해보자.

2×2 행렬 $\boldsymbol{A}$의 트레이스 $tr(\boldsymbol{A}) = \sum_{i=1}^{2} a_{ii} = 3+2=5$로 계산된다.

2.9 직교벡터와 직교행렬

$p \times 1$인 벡터 $\boldsymbol{a} = (a_1, a_2, \cdots, a_p)'$와 $\boldsymbol{b} = (b_1, b_2, \cdots, b_p)'$에 대해

$$\boldsymbol{a}'\boldsymbol{b} = a_1 b_1 + a_2 b_2 + \ldots + a_n b_n = 0 \tag{2.39}$$

이면 두 벡터 $\boldsymbol{a}$와 $\boldsymbol{b}$는 직교(orthogonal)한다.

$\boldsymbol{A}^{-1} = \boldsymbol{A}'$를 만족하는 정방행렬을 직교행렬(orthogonal matrix)이라 한다. 즉 $\boldsymbol{AA}' = \boldsymbol{I}$이며 $\boldsymbol{A}'\boldsymbol{A} = \boldsymbol{I}$가 되며 다음의 성질을 갖는다.

① 직교행렬의 역행렬은 직교행렬이다.

② 직교행렬의 곱은 직교행렬이다.

③ $\det(\boldsymbol{A})=1$ 또는 $\det(\boldsymbol{A})=-1$이다.

≪예제 2.12≫ $\boldsymbol{A} = \begin{pmatrix} 1/\sqrt{2} & 1/\sqrt{2} \\ -1/\sqrt{2} & 1/\sqrt{2} \end{pmatrix}$는 직교행렬임을 보여라.

$$\boldsymbol{A'A} = \begin{pmatrix} 1/\sqrt{2} & -1/\sqrt{2} \\ 1/\sqrt{2} & 1/\sqrt{2} \end{pmatrix}\begin{pmatrix} 1/\sqrt{2} & 1/\sqrt{2} \\ -1/\sqrt{2} & 1/\sqrt{2} \end{pmatrix} = \begin{pmatrix} 1 & 0 \\ 0 & 1 \end{pmatrix}$$

```
> A=matrix(c(1/sqrt(2),-1/sqrt(2), 1/sqrt(2),1/sqrt(2)), nc=2)
> t(A)%*%A
              [,1]          [,2]
[1,]  1.000000e+00 -2.236167e-17
[2,] -2.236167e-17  1.000000e+00

> I= round(t(A)%*%A, digits=3)
> I
     [,1] [,2]
[1,]    1    0
[2,]    0    1
```

≪예제 2.13≫ θ° 만큼 시계 반대방향으로의 회전행렬(rotation matrix) $\boldsymbol{A}$는 직교행렬임을 보여라.

$$\boldsymbol{A'A} = \begin{pmatrix} \cos\theta & \sin\theta \\ -\sin\theta & \cos\theta \end{pmatrix}\begin{pmatrix} \cos\theta & -\sin\theta \\ \sin\theta & \cos\theta \end{pmatrix} = \begin{pmatrix} 1 & 0 \\ 0 & 1 \end{pmatrix}$$

이므로 행렬 $\boldsymbol{A}$는 모든 θ의 값에 대하여 직교행렬이다.

2.10 고유값과 고유벡터

2.10.1 고유값과 고유벡터 정의

$p\times p$인 정방행렬 $\boldsymbol{A}$는 p개의 고유값 λ_1, λ_2, …. , λ_p와 각각의 고유값(eigenvalue)에 해당하는 고유벡터(eigenvector) $\boldsymbol{x}_1$, $\boldsymbol{x}_2$, ..., $\boldsymbol{x}_p$를 갖는다. 이때 다음은 동치관계인 명제들이다.

① $\boldsymbol{Ax} = \lambda\boldsymbol{x}$ (2.40)

② $(\boldsymbol{A}-\lambda\boldsymbol{I})\boldsymbol{x} = 0$ (2.41)

③ $|\boldsymbol{A}-\lambda\boldsymbol{I}| = 0$: 특성방정식(characteristic equation) (2.42)

④ $tr(\boldsymbol{A}) = \sum_{i=1}^{p}\lambda_i$ (2.43)

⑤ $|\boldsymbol{A}| = \prod_{i=1}^{p}\lambda_i$ (2.44)

⑥ $|\boldsymbol{I}+\boldsymbol{A}| = \prod_{i=1}^{p}(1+\lambda_i)$ (2.45)

단위 고유벡터(unit eigenvector)는 $\boldsymbol{e} = \dfrac{\boldsymbol{x}}{L_{\boldsymbol{x}}}$와 같이 해당 벡터의 길이로 나누어 구하며 단위 고유벡터의 길이가 1이 된다.

≪예제 2.14≫ 행렬 $\boldsymbol{A} = \begin{pmatrix} 4 & -5 \\ 2 & -3 \end{pmatrix}$의 고유값과 고유벡터를 구해보자.

$$\det(\boldsymbol{A}-\lambda\boldsymbol{I}) = |\boldsymbol{A}-\lambda\boldsymbol{I}| = \begin{vmatrix} 4-\lambda & -5 \\ 2 & -3-\lambda \end{vmatrix} = (4-\lambda)(-3-\lambda)+10$$

$$= \lambda^2-\lambda-2 = (\lambda-2)(\lambda+1) = 0$$

이므로 고유값은 $\lambda=-1$과 $\lambda=2$로 얻어진다. 각 고유값에 해당하는 고유벡터가 존재하며 $(\boldsymbol{A}-\lambda\boldsymbol{I})\boldsymbol{x} = \boldsymbol{0}$으로부터 고유벡터를 구한다.

(i) $\lambda_1 = -1$

$$\boldsymbol{A} - \lambda_1 \boldsymbol{I} = \begin{pmatrix} 4 & -5 \\ 2 & -3 \end{pmatrix} - \begin{pmatrix} -1 & 0 \\ 0 & -1 \end{pmatrix} = \begin{pmatrix} 5 & -5 \\ 2 & -2 \end{pmatrix}$$

이므로

$$\begin{pmatrix} 5 & -5 \\ 2 & -2 \end{pmatrix} \begin{pmatrix} y \\ z \end{pmatrix} = \begin{pmatrix} 0 \\ 0 \end{pmatrix}$$

를 풀면 된다. 즉 이차 연립방정식 $\begin{cases} 5y - 5z = 0 \\ 2y - 2z = 0 \end{cases}$을 풀면 고유벡터 $\boldsymbol{x}_1 = \begin{pmatrix} y \\ z \end{pmatrix} = \begin{pmatrix} 1 \\ 1 \end{pmatrix}$를 얻는다. $L_{\boldsymbol{x}_1} = \sqrt{2}$ 이므로 단위고유벡터는 $\boldsymbol{e}_1 = \begin{pmatrix} 1/\sqrt{2} \\ 1/\sqrt{2} \end{pmatrix}$가 된다.

(ii) $\lambda_2 = 2$

$$\boldsymbol{A} - \lambda_2 \boldsymbol{I} = \begin{pmatrix} 4 & -5 \\ 2 & -3 \end{pmatrix} - \begin{pmatrix} 2 & 0 \\ 0 & 2 \end{pmatrix} = \begin{pmatrix} 2 & -5 \\ 2 & -5 \end{pmatrix}$$

이므로

$$\begin{pmatrix} 2 & -5 \\ 2 & -5 \end{pmatrix} \begin{pmatrix} y \\ z \end{pmatrix} = \begin{pmatrix} 0 \\ 0 \end{pmatrix}$$

를 풀면된다. 즉 $2y - 5z = 0$을 풀면 고유벡터

$$\boldsymbol{x}_2 = \begin{pmatrix} y \\ z \end{pmatrix} = \begin{pmatrix} 5 \\ 2 \end{pmatrix}$$

를 얻는다. $L_{\boldsymbol{x}_2} = \sqrt{29}$ 이므로 단위 고유벡터는 $\boldsymbol{e}_2 = \begin{pmatrix} 5/\sqrt{29} \\ 2/\sqrt{29} \end{pmatrix}$가 된다.

▶**R**에서 **eigen()** 함수를 사용하여 고유값과 고유벡터를 구한다.
eigen(A)$values는 행렬 $\boldsymbol{A}$의 고유값을, **eigen(A)$vectors**는 행렬 $\boldsymbol{A}$의 고유벡터를 보여준다.

```
> A=matrix(c(4,2,  -5,-3), nc=2)
> lambda=eigen(A)
> lambda
$values
[1]  2 -1
$vectors
          [,1]      [,2]
[1,] 0.9284767 0.7071068
[2,] 0.3713907 0.7071068

> lambda$values[[1]]        # 고유값1
[1] 2
> lambda$vectors[,1]        # 고유벡터1
[1] 0.9284767 0.3713907
> lambda$values[[2]]        # 고유값2
[1] -1
> lambda$vectors[,2]        # 고유벡터2
[1] 0.7071068 0.7071068
```

2.10.2 고유값의 성질

$p \times p$ 정방행렬 $\boldsymbol{A}$가 p개의 고유값 λ_1, λ_2, ... ,λ_p 와 고유벡터 $\boldsymbol{x}_1, \boldsymbol{x}_2, \ldots, \boldsymbol{x}_p$ 를 가질 때, 다음은 고유값에 관한 몇 가지 중요한 성질이다.

① 행렬 $\boldsymbol{A}$의 고유값의 합과 $tr(\boldsymbol{A})$는 같다. 즉,

$$\lambda_1 + \lambda_2 + \cdots + \lambda_p = a_{11} + a_{22} + \cdots + a_{pp} = tr(\boldsymbol{A}) \tag{2.46}$$

② 행렬 $\boldsymbol{A}$의 고유값의 곱과 $|\boldsymbol{A}|$는 같다. 즉,

$$\lambda_1\lambda_2 \cdots \lambda_p = |\boldsymbol{A}| \qquad (2.47)$$

③ 행렬 $\boldsymbol{A}$의 고유값이 $\lambda_1, \cdots, \lambda_p$이고 해당하는 고유벡터가 각각 $\boldsymbol{x}_1, \boldsymbol{x}_2, \ldots, \boldsymbol{x}_p$ 일 때, $\boldsymbol{A}^2$의 고유값은 $\lambda_1^2, \cdots, \lambda_p^2$이고 고유벡터는 각각 $\boldsymbol{x}_1, \boldsymbol{x}_2, \ldots, \boldsymbol{x}_p$이다.

④ $\boldsymbol{A}$가 $p \times p$ 3각행렬(상3각행렬, 하3각행렬 또는 대각행렬)이면 고유값은 정확히 주대각선상의 성분값이다. 왜냐하면

$$\boldsymbol{A} = \begin{pmatrix} a_{11} & a_{12} & \cdots & a_{1p} \\ & a_{22} & \cdots & a_{2p} \\ & & \ddots & \vdots \\ \phi & & & a_{pp} \end{pmatrix}$$

에 대해 특성방정식

$$|\boldsymbol{A} - \lambda \boldsymbol{I}| = (a_{11} - \lambda)(a_{22} - \lambda) \cdots (a_{pp} - \lambda) = 0$$

을 풀면 $a_{11}, a_{22}, \cdots, a_{pp}$는 위 특성방정식의 해가 되기 때문이다.

⑤ 행렬 $\boldsymbol{A}$는 고유값 λ를 갖고, 행렬 $\boldsymbol{B}$는 고유값 μ를 가질 때, 두 행렬의 곱 $\boldsymbol{AB}$의 고유값이 $\lambda\mu$는 아니다.

⑥ 행렬 $\boldsymbol{A}$와 행렬 $\boldsymbol{B}$는 같은 차원의 정방행렬이면 행렬의 곱 $\boldsymbol{AB}$와 $\boldsymbol{BA}$의 고유벡터는 다르지만 고유값은 같다.

⑦ $n \times p$ 행렬 $\boldsymbol{A}$와 $p \times n$ 행렬 $\boldsymbol{B}$에 대해 행렬의 곱 $\boldsymbol{AB}$와 $\boldsymbol{BA}$의 고유값을 구하면 0이 아닌 고유값은 같고 고유벡터는 다르다.

⑧ 서로 다른 고유값에 해당하는 **0**이 아닌 고유벡터들은 서로 1차 독립이다.

≪예제 2.15≫ 대칭행렬 $\boldsymbol{A} = \begin{pmatrix} 3 & 1 \\ 1 & 3 \end{pmatrix}$의 고유값은 $\lambda_1 = 4,\ \lambda_2 = 2$이다. 그러므로

$$tr(\boldsymbol{A}) = 3 + 3 = 6 = \lambda_1 + \lambda_2 = 4 + 2 = 6$$

$$|\boldsymbol{A}| = 3 \cdot 3 - 1 \cdot 1 = 8 = \lambda_1 \cdot \lambda_2 = 4 \cdot 2 = 8$$

```
> A=matrix(c(3,1,   1,3), nc=2)
> eigen(A)
$values
[1] 4 2
$vectors
          [,1]       [,2]
[1,] 0.7071068 -0.7071068
[2,] 0.7071068  0.7071068
> trace=sum(diag(A))
> trace
[1] 6
> det(A)
[1] 8
```

2.11 스펙트럼분해

$p \times p$ 대칭행렬 $\boldsymbol{A}$는 다음과 같이 스펙트럼분해(spectral decomposition 또는 분광분해)된다.

$$\boldsymbol{A} = \boldsymbol{P\Lambda P}' = \sum_{i=1}^{p} \lambda_i \boldsymbol{e}_i \boldsymbol{e}_i'. \tag{2.48}$$

여기서 λ_i는 $\boldsymbol{A}$의 고유값이고 이에 해당하는 $\boldsymbol{e}_i$는 단위 고유벡터이다.

$\boldsymbol{PP}' = \boldsymbol{P}'\boldsymbol{P} = \boldsymbol{I}$를 만족하는 직교행렬 $\boldsymbol{P}$는 $\boldsymbol{P} = [\boldsymbol{e}_1, \cdots, \boldsymbol{e}_p]$로 이루어지며 $\boldsymbol{\Lambda}$는 $\boldsymbol{A}$의 고유값들로만 이루어진 대각행렬이다. 즉

$$\boldsymbol{\Lambda} = \begin{pmatrix} \lambda_1 & & \phi \\ & \ddots & \\ \phi & & \lambda_p \end{pmatrix}$$

이며 또한

$$A^{-1} = P\Lambda^{-1}P' = \sum_{i=1}^{p} \frac{1}{\lambda_i} e_i e_i' \tag{2.49}$$

이 성립한다.

대칭행렬 A는 직교행렬 P에 의해 대각화된다(diagonalized)고 한다. 즉

$$P'AP = \Lambda$$

이 성립하여 대각행렬 Λ를 얻게 된다.

항등행렬은 고유값이 모두 1이므로 $I = \sum_{i=1}^{p} e_i e_i'$로 스펙트럼분해된다. 여기서 $e_i = (0, \cdots, 1, \cdots, 0)$는 i번째 성분값이 1인 단위벡터이다.

≪예제 2.16≫ 대칭행렬 $A = \begin{pmatrix} 3 & 1 \\ 1 & 3 \end{pmatrix}$를 스펙트럼분해해보자.

고유값과 고유벡터를 구하면 $\lambda_1 = 4$, $e_1 = (1/\sqrt{2},\ 1/\sqrt{2})'$과 $\lambda_2 = 2$, $e_2 = (1/\sqrt{2},\ -1/\sqrt{2})'$를 얻는다.

$$A = \sum_{i=1}^{p} \lambda_i e_i e_i' = P\Lambda P'$$

$$= 4 \cdot \begin{pmatrix} 1/\sqrt{2} \\ 1/\sqrt{2} \end{pmatrix} (1/\sqrt{2}\ \ 1/\sqrt{2}) + 2 \begin{pmatrix} 1/\sqrt{2} \\ -1/\sqrt{2} \end{pmatrix} (1/\sqrt{2}\ \ -1/\sqrt{2})$$

$$= \begin{pmatrix} 1/\sqrt{2} & 1/\sqrt{2} \\ 1/\sqrt{2} & -1/\sqrt{2} \end{pmatrix} \begin{pmatrix} 4 & 0 \\ 0 & 2 \end{pmatrix} \begin{pmatrix} 1/\sqrt{2} & 1/\sqrt{2} \\ 1/\sqrt{2} & -1/\sqrt{2} \end{pmatrix}$$

$$= \begin{pmatrix} 3 & 1 \\ 1 & 3 \end{pmatrix}$$

과 같이 스펙트럼분해된다.

2.12 제곱근행렬

$p \times p$ 양정치행렬 $\boldsymbol{A}$에 대해 다음의 관계

$$\boldsymbol{A}^{1/2}\boldsymbol{A}^{1/2} = \boldsymbol{A} \tag{2.50}$$

를 만족하는 행렬 $\boldsymbol{A}^{1/2}$을 제곱근행렬(square root matrix)이라고 한다.

스펙트럼분해를 이용하면

$$\boldsymbol{A}^{1/2} = \boldsymbol{P}\boldsymbol{\Lambda}^{1/2}\boldsymbol{P}' = \sum_{i=1}^{p} \sqrt{\lambda_i}\,\boldsymbol{e}_i\boldsymbol{e}_i'$$

과 같이 구할 수 있다. 여기서 λ_i는 $\boldsymbol{A}$의 고유값이고 이에 해당하는 $\boldsymbol{e}_i$는 단위 고유벡터이다. 직교행렬 $\boldsymbol{P}$는 $\boldsymbol{P} = [\boldsymbol{e}_1, \cdots, \boldsymbol{e}_p]$로 이루어지며 제곱근행렬

$$\boldsymbol{\Lambda}^{1/2} = \begin{pmatrix} \sqrt{\lambda_1} & & \phi \\ & \ddots & \\ \phi & & \sqrt{\lambda_p} \end{pmatrix}$$

이다.

2.13 멱등행렬

행렬 $\boldsymbol{A}$에 대해 다음의 관계

$$\boldsymbol{A}^2 = \boldsymbol{A} \tag{2.51}$$

를 만족하는 행렬을 멱등행렬(idempotent matrix)이라 한다.

≪예제 2.17≫ $n \times n$ 행렬 $\boldsymbol{A} = \boldsymbol{I} - \frac{1}{n}\boldsymbol{J}$에 대해

$$\boldsymbol{A}^2 = (\boldsymbol{I} - \frac{1}{n}\boldsymbol{J})(\boldsymbol{I} - \frac{1}{n}\boldsymbol{J}) = \boldsymbol{I} - \frac{1}{n}\boldsymbol{J} - \frac{1}{n}\boldsymbol{J} + \frac{1}{n^2}\boldsymbol{J}\boldsymbol{J} = \boldsymbol{I} - \frac{1}{n}\boldsymbol{J} = \boldsymbol{A}$$

이다. $\boldsymbol{J}\boldsymbol{J} = n\boldsymbol{J}$이 되고 위 등식이 성립하므로 $\boldsymbol{A}$는 멱등행렬이다.

2.14 행렬에 대한 부등식과 최대화정리

다변량 기법 전개에 있어 행렬의 최대화 원칙이 중요한 역할을 하므로 부등식과 최대화 정리를 소개하고자 한다.

◑ Cauchy-Schwarz 부등식

$p\times 1$ 벡터 $\boldsymbol{b}$와 $\boldsymbol{d}$에 대해 다음의 부등식이 성립한다.

$$(\boldsymbol{b}'\boldsymbol{d})^2 \le (\boldsymbol{b}'\boldsymbol{b})(\boldsymbol{d}'\boldsymbol{d})$$

여기서 등식은 임의의 상수 c에 대해, $\boldsymbol{b}=c\boldsymbol{d}$ 일 때만 성립한다.

◑ 확장된 Cauchy-Schwarz 부등식

$p\times 1$ 벡터 $\boldsymbol{b}$와 $\boldsymbol{d}$, $p\times p$ 행렬 $\boldsymbol{B}$는 양정치행렬일 때 다음의 부등식이 성립한다.

$$(\boldsymbol{b}'\boldsymbol{d})^2 \le (\boldsymbol{b}'\boldsymbol{B}\boldsymbol{b})(\boldsymbol{d}'\boldsymbol{B}^{-1}\boldsymbol{d})$$

여기서 등식은 임의의 상수 c에 대해, $\boldsymbol{b}=c\boldsymbol{B}^{-1}\boldsymbol{d}$ 일 때만 성립한다.

◑ 최대화정리(maximization lemma)

$p\times p$ 행렬 $\boldsymbol{B}$는 양정치행렬이고 $p\times 1$ 벡터 $\boldsymbol{d}$는 주어진 벡터이다. 그러면 임의의 $\mathbf{0}$이 아닌 $p\times 1$ 벡터 $\boldsymbol{x}$에 대해

$$\max_{\mathbf{x}\neq\mathbf{0}}\frac{(\mathbf{x}'\mathbf{d})^2}{\mathbf{x}'\mathbf{B}\mathbf{x}}=\mathbf{d}'\mathbf{B}^{-1}\mathbf{d} \tag{2.52}$$

이 된다. 여기서 0이 아닌 임의의 상수 c에 대해, $\boldsymbol{x}=c\boldsymbol{B}^{-1}\boldsymbol{d}$일 때 최대값을 얻는다.

◑ 이차형식에서 최대화정리(maximization of quadratic forms)

$p\times p$ 행렬 $\boldsymbol{B}$는 양정치행렬이고 고유값 $\lambda_1\geq\lambda_2\geq\cdots\geq\lambda_p\geq 0$을 갖고 각 고유값에 해당하는 단위 고유벡터 $\boldsymbol{e}_1, \boldsymbol{e}_2, \ldots, \boldsymbol{e}_p$ 를 갖는다. 그러면

$$\max_{\boldsymbol{x} \neq 0} \frac{\boldsymbol{x}'\boldsymbol{B}\boldsymbol{x}}{\boldsymbol{x}'\boldsymbol{x}} = \lambda_1 \quad (\boldsymbol{x} = \boldsymbol{e}_1 \text{일 때}) \tag{2.53}$$

$$\max_{\boldsymbol{x} \neq 0} \frac{\boldsymbol{x}'\boldsymbol{B}\boldsymbol{x}}{\boldsymbol{x}'\boldsymbol{x}} = \lambda_p \quad (\boldsymbol{x} = \boldsymbol{e}_p \text{일 때})$$

이다. 또한

$$\max_{\boldsymbol{x} \perp \boldsymbol{e}_1, \ldots, \boldsymbol{e}_k} \frac{\boldsymbol{x}'\boldsymbol{B}\boldsymbol{x}}{\boldsymbol{x}'\boldsymbol{x}} = \lambda_{k+1} (\boldsymbol{x} = \boldsymbol{e}_{k+1} \text{일때}, k = 1, 2, \ldots, p-1) \tag{2.54}$$

이 성립한다. 여기서 $\perp$는 벡터 간에 서로 직교함을 나타낸다.

2.15 벡터와 행렬의 미분

p-차원 공간에서의 함수 $u = f(x_1, x_2, \ldots, x_p)$를 각 성분 x_i에 대해 미분하면 다음과 같다.

$$\frac{\partial u}{\partial \boldsymbol{x}} = \begin{pmatrix} \dfrac{\partial u}{\partial x_1} \\ \dfrac{\partial u}{\partial x_2} \\ \vdots \\ \dfrac{\partial u}{\partial x_p} \end{pmatrix} \tag{2.55}$$

또한 $u = \boldsymbol{a}'\boldsymbol{x} = \boldsymbol{x}'\boldsymbol{a}$일 때

$$\frac{\partial u}{\partial \boldsymbol{x}} = \frac{\partial \boldsymbol{a}'\boldsymbol{x}}{\partial \boldsymbol{x}} = \frac{\partial \boldsymbol{x}'\boldsymbol{a}}{\partial \boldsymbol{x}} = \boldsymbol{a} \tag{2.56}$$

이다.

대칭행렬 $\boldsymbol{A}$에 대해 $u = \boldsymbol{x}'\boldsymbol{A}\boldsymbol{x}$를 $\boldsymbol{x}$에 대해 미분하면

$$\frac{\partial u}{\partial \boldsymbol{x}} = \frac{\partial \boldsymbol{x}'\boldsymbol{A}\boldsymbol{x}}{\partial \boldsymbol{x}} = 2\boldsymbol{A}\boldsymbol{x} \tag{2.57}$$

을 얻는다.

연습문제

2.1 주어진 행렬 $\boldsymbol{A} = \begin{pmatrix} 1 & 0 \\ 0 & 1 \end{pmatrix}$에 대하여

(a) 행렬 $\boldsymbol{A}$의 고유값과 고유벡터를 구하여라.

(b) 역행렬 $\boldsymbol{A}^{-1}$를 구하여라.

(c) $\boldsymbol{A}$는 멱등행렬인가?

2.2 주어진 행렬과 벡터를 이용하여 계산하여라.

$$\boldsymbol{A} = \begin{pmatrix} 1 & -1 & 4 \\ -1 & 1 & 3 \\ 4 & 3 & 2 \end{pmatrix} \quad \boldsymbol{B} = \begin{pmatrix} 3 & -2 & 4 \\ -2 & 1 & 0 \\ 4 & 0 & 2 \end{pmatrix} \quad \boldsymbol{x} = \begin{pmatrix} 1 \\ -2 \\ 1 \end{pmatrix} \qquad \boldsymbol{y} = \begin{pmatrix} 3 \\ 2 \\ 1 \end{pmatrix}$$

(a) $\boldsymbol{A}+\boldsymbol{B}$ (b) $\boldsymbol{A}'$ (c) $\boldsymbol{x}'\boldsymbol{A}\boldsymbol{y}$ (d) $\boldsymbol{x}'\boldsymbol{x}$ (e) $\boldsymbol{x}'\boldsymbol{A}\boldsymbol{x}$

(f) $\boldsymbol{x}'\boldsymbol{y}$ (g) $\boldsymbol{A}'\boldsymbol{A}$ (h) $\boldsymbol{A}\boldsymbol{B}$ (i) $\boldsymbol{y}'\boldsymbol{B}$ (j) $\boldsymbol{x}\boldsymbol{x}'$

(k) $\boldsymbol{x}+\boldsymbol{y}$ (l) $\boldsymbol{x}-\boldsymbol{y}$ (m) $(\boldsymbol{x}-\boldsymbol{y})'$ (n) $\boldsymbol{x}\boldsymbol{y}'$ (o) $\boldsymbol{A}-\boldsymbol{B}$

(p) $\boldsymbol{A}'+\boldsymbol{B}'$ (q) $(\boldsymbol{A}+\boldsymbol{B})'$ (r) $3\boldsymbol{x}$ (s) $(\boldsymbol{x}'\boldsymbol{y})^2$ (t) $\boldsymbol{B}\boldsymbol{A}$

(u) 벡터 $\boldsymbol{x}$의 길이를 구하여라.

(v) 벡터 $\boldsymbol{x}$와 $\boldsymbol{y}$ 간의 사이각을 구하여라.

(w) $tr(\boldsymbol{A})$와 $tr(\boldsymbol{B})$를 구하여라.

(x) $tr(\boldsymbol{A}+\boldsymbol{B}) = tr(\boldsymbol{A}) + tr(\boldsymbol{B})$임을 보여라.

(y) $tr(\boldsymbol{A}\boldsymbol{B}) = tr(\boldsymbol{B}\boldsymbol{A})$임을 보여라.

(z) $(\boldsymbol{A}\boldsymbol{B})' = \boldsymbol{B}'\boldsymbol{A}'$임을 보여라.

2.3 주어진 행렬 $\boldsymbol{A} = \begin{pmatrix} 2 & -1 \\ -1 & 2 \end{pmatrix}$에 대하여

(a) 행벡터를 쓰고, 2차원 좌표평면에 나타내어라.

(b) 열벡터를 쓰고, 2차원 좌표평면에 나타내어라.

(c) $rank(\boldsymbol{A})$를 구하여라.

(d) $\boldsymbol{A}$의 고유값과 고유벡터를 구하여라.

(e) $\boldsymbol{A}^{-1}$를 구하여라.

(f) $\boldsymbol{A}$를 스펙트럼분해(spectral decomposition)로 표현하여라.

(g) $\boldsymbol{A}^{-1}$의 고유값과 고유벡터를 구하여라.

(h) $\boldsymbol{A}$는 양정치행렬인가?

(i) $\boldsymbol{A}'\boldsymbol{A}$를 구하여라.

(j) $\boldsymbol{A}'\boldsymbol{A}$의 고유값과 고유벡터를 구하여라.

(k) $(\boldsymbol{A}'\boldsymbol{A})^{-1}$를 구하여라.

(l) $\boldsymbol{A}^2$을 구하여라.

(m) $\boldsymbol{A}^2$의 고유값과 고유벡터를 구하여라.

(n) $\boldsymbol{A}^2$을 스펙트럼분해로 표현하여라.

2.4 확률벡터 $\boldsymbol{X}$ 의 공분산행렬이 $\boldsymbol{\Sigma} = \begin{pmatrix} 4 & 0 & 0 \\ 0 & 9 & 0 \\ 0 & 0 & 1 \end{pmatrix}$ 일 때

(a) $rank(\boldsymbol{\Sigma})$ 를 구하여라.

(b) $\boldsymbol{\Sigma}$ 의 고유값과 고유벡터, 단위 고유벡터를 구하여라.

(c) $\boldsymbol{\Sigma}^{-1}$를 구하여라.

(d) $\boldsymbol{\Sigma}$ 를 스펙트럼분해로 표현하여라.

(e) $\boldsymbol{\Sigma}^{-1}$의 고유값과 고유벡터를 구하여라.

(f) $\boldsymbol{\Sigma}$ 는 양정치행렬인가?

(g) $\boldsymbol{\Sigma}$ 를 이용하여 $\boldsymbol{X}$의 상관행렬을 구하여라.

(h) $|\boldsymbol{\Sigma}|$를 구하고 고유값들의 곱과 일치하는지 알아보아라.

(i) $tr(\boldsymbol{\Sigma})$를 구하고 고유값들의 합과 일치하는지 알아보아라.

(j) 제곱근행렬 $\boldsymbol{\Sigma}^{1/2}$ 를 구하여라.

(k) 제곱근행렬 $\boldsymbol{\Sigma}^{1/2}$ 의 고유값을 구하여라.

2.5 다음의 주어진 벡터들이 직교하는지를 판단하여라.

(a) $\boldsymbol{u} = (-2, -2, -2)'$, $\boldsymbol{v} = (1, 1, 1)'$

(b) $\boldsymbol{u} = (-1, 3, 2)'$, $\boldsymbol{v} = (4, 2, -1)'$

2.6 행렬 $\boldsymbol{A}=\begin{pmatrix}3&4&3\\4&8&6\\3&6&9\end{pmatrix}$에 대해

(a) 고유값과 고유벡터를 구하여라.

(b) $tr(\boldsymbol{A})$를 구하고 고유값들의 합과 같은지 확인해 보아라.

(c) $|\boldsymbol{A}|$를 구하고 고유값들의 곱과 같은지 확인해 보아라.

(d) $\boldsymbol{A}$를 스펙트럼 분해로 표현하여라.

(e) $\boldsymbol{A}^{1/2}$을 구하여라.

(f) $\boldsymbol{A}^{-1}$를 구하여라.

2.7 주어진 벡터 $\boldsymbol{a}$, $\boldsymbol{x}_i$, $i=1, \ldots, n$와 $p\times p$ 행렬 $\boldsymbol{A}$에 대해

$$\boldsymbol{a}=\begin{pmatrix}a_1\\a_2\\\vdots\\a_p\end{pmatrix},\qquad \boldsymbol{x}_i=\begin{pmatrix}x_{i1}\\x_{i2}\\\vdots\\x_{ip}\end{pmatrix},\qquad \boldsymbol{A}_{p\times p}=\begin{pmatrix}a_{11}&a_{12}&\ldots&a_{1p}\\a_{21}&a_{22}&\ldots&a_{2p}\\\vdots&\vdots&&\vdots\\a_{p1}&a_{p2}&\ldots&a_{pp}\end{pmatrix}$$

다음이 성립함을 보여라.

(a) $\sum_{i=1}^{n}\boldsymbol{a}'\boldsymbol{x}_i=\boldsymbol{a}'\sum_{i=1}^{n}\boldsymbol{x}_i$

(b) $\sum_{i=1}^{n}\boldsymbol{A}\boldsymbol{x}_i=\boldsymbol{A}\sum_{i=1}^{n}\boldsymbol{x}_i$

(c) $\sum_{i=1}^{n}(\boldsymbol{a}'\boldsymbol{x}_i)^2=\boldsymbol{a}'(\sum_{i=1}^{n}\boldsymbol{x}_i\boldsymbol{x}_i')\boldsymbol{a}$

(d) $\sum_{i=1}^{n}\boldsymbol{A}\boldsymbol{x}_i(\boldsymbol{A}\boldsymbol{x}_i)'=\boldsymbol{A}(\sum_{i=1}^{n}\boldsymbol{x}_i\boldsymbol{x}_i')\boldsymbol{A}'$

(e) $tr(\boldsymbol{A}'\boldsymbol{A})=tr(\boldsymbol{A}\boldsymbol{A}')=\sum_{i=1}^{p}\sum_{j=1}^{p}a_{ij}^2$

(f) $(\boldsymbol{x}_i-\boldsymbol{a})'(\boldsymbol{x}_i-\boldsymbol{a})=\boldsymbol{x}_i'\boldsymbol{x}_i-2\boldsymbol{x}_i'\boldsymbol{a}+\boldsymbol{a}'\boldsymbol{a}$

03 다변량 확률표본에 대한 기초

3.1 다변량 분포함수

다변량 분석에서는 관련된 여러 개 변수들의 관계와 분포를 도출하게 된다. 이 절에서는 상황에 따라 변수들의 확률분포를 나타내는 분포로 결합분포(joint distribution), 주변분포(marginal distribution), 조건부분포(conditional distribution)에 대해 설명하고자 한다.

성분들이 확률변수(random variable)로 이루어진 벡터를 확률벡터(random vector), 성분들이 확률변수로 이루어진 행렬을 확률행렬(random matrix)이라고 하며 이들에 대한 확률분포는 다음과 같다.

확률변수 $X_1, X_2, \cdots, X_p$를 원소로 가진 $p \times 1$ 확률벡터 $\boldsymbol{X}$가 연속분포를 가지며 결합확률밀도함수 $f(x_1, x_2, \cdots, x_p)$를 가질 때, 결합분포함수 F는

$$\begin{aligned} F(\boldsymbol{x}) &= F(x_1, x_2, \cdots, x_p) \\ &= P(X_1 \le x_1,\ X_2 \le x_2, \cdots,\ X_p \le x_p) \end{aligned} \tag{3.1}$$

이다. X_i의 주변확률밀도함수(marginal probability density function)는

$$f_i(x_i) = \int_{-\infty}^{\infty} \cdots \int_{-\infty}^{\infty} f(x_1, x_2, \cdots, x_p) dx_1 \cdots dx_{i-1} dx_{i+1} \cdots dx_p \tag{3.2}$$

이다. 즉 X_i 외의 나머지 변수들에 대해 적분하여 구한다.

$X_1, X_2, \ldots, X_k$의 주변확률밀도함수는

$$f(x_1,x_2,...,x_k)=\int_{-\infty}^{\infty}\cdots\int_{-\infty}^{\infty}f(x_1,\ x_2,\ \cdots,\ x_p)\,dx_{k+1}\,dx_{k+2}\cdots dx_p \quad (3.3)$$

으로 $X_1,\ X_2,\ ...,\ X_k$를 제외한 변수들에 대해 적분한다.

$X_{k+1}=x_{k+1},\ X_{k+2}=x_{k+2},\ ...,\ X_p=x_p$가 주어졌을 때 $X_1,\ X_2,\ ...,\ X_k$의 조건부 확률밀도함수는

$$f(x_1,\ x_2,\ ...,\ x_k \mid x_{k+1},\ x_{k+2},\ ...,\ x_p)=\frac{f(x_1,\ x_2,\ \cdots,\ x_p)}{f(x_{k+1},\ x_{k+2},\ \cdots,\ x_p)} \quad (3.4)$$

로 구할 수 있다.

3.2 확률벡터, 확률행렬의 기대값과 공분산행렬

성분들이 확률변수로 이루어진 벡터인 확률벡터와 확률행렬의 기대값과 공분산에 대해 살펴보자.

다음의 확률행렬 $\boldsymbol{U}=\{U_{ij}\}_{n\times p}$, $\boldsymbol{V}=\{V_{ij}\}_{n\times p}$에 대하여 기대값은

$$E(\boldsymbol{U})=\{E(U_{ij})\}_{n\times p} \quad (3.5)$$

여기서

$$E(U_{ij})=\begin{cases}\displaystyle\int_{-\infty}^{\infty} uf_{ij}(u)du, & U_{ij}\text{가 연속}\\ \displaystyle\sum_{all\ u_{ij}} u_{ij}p_{ij}(u_{ij}), & U_{ij}\text{가 이산}\end{cases} \quad (3.6)$$

으로 정의된다. 여기서 $f(u_{ij})$는 U_{ij}의 확률밀도함수이고 $p_{ij}(u_{ij})=P(U_{ij}=u_{ij})$는 확률질량함수(probability mass function)이다.

두 확률행렬 합의 기대값은

$$E(\boldsymbol{U}+\boldsymbol{V})=E(\boldsymbol{U})+E(\boldsymbol{V}) \quad (3.7)$$

이 된다. $m\times n$ 상수행렬 $\boldsymbol{A}$, $p\times m$ 상수행렬 $\boldsymbol{B}$에 대하여

$$E(\boldsymbol{AUB})=\boldsymbol{A}E(\boldsymbol{U})\boldsymbol{B} \quad (3.8)$$

으로 $m \times m$ 행렬이 된다.

$n=1$인 경우 $\boldsymbol{U}$, $\boldsymbol{V}$는 확률행벡터가 되며 확률벡터에 대해서도 위의 내용이 성립한다.

$p \times 1$ 확률벡터 $\boldsymbol{X}$에 대해 모평균벡터

$$E(\boldsymbol{X}) = \begin{pmatrix} E(X_1) \\ \vdots \\ E(X_p) \end{pmatrix} = \begin{pmatrix} \mu_1 \\ \vdots \\ \mu_p \end{pmatrix} = \boldsymbol{\mu} \tag{3.9}$$

와 모공분산행렬

$$\begin{aligned} \Sigma &= E(X-\mu)(X-\mu)' \\ &= E\left[\begin{pmatrix} X_1-\mu_1 \\ X_2-\mu_2 \\ \vdots \\ X_p-\mu_p \end{pmatrix}(X_1-\mu_1, X_2-\mu_2, \cdots, X_p-\mu_p)\right] \\ &= Cov(X) = \begin{pmatrix} \sigma_{11} & \sigma_{12} & \cdots & \sigma_{1p} \\ \sigma_{21} & \sigma_{22} & \cdots & \sigma_{2p} \\ \vdots & \vdots & & \vdots \\ \sigma_{p1} & \sigma_{p2} & \cdots & \sigma_{pp} \end{pmatrix} \end{aligned} \tag{3.10}$$

모상관행렬

$$\boldsymbol{\rho} = \begin{pmatrix} 1 & \rho_{12} & \cdots & \rho_{1p} \\ \rho_{21} & 1 & \cdots & \rho_{2p} \\ \vdots & \vdots & & \vdots \\ \rho_{p1} & \rho_{p2} & \cdots & 1 \end{pmatrix} \tag{3.11}$$

을 갖는다고 하자. 여기서 확률변수 X_i와 X_k의 모상관계수는

$$\rho_{ik} = \frac{\sigma_{ik}}{\sqrt{\sigma_{ii}}\sqrt{\sigma_{kk}}} \tag{3.12}$$

로 정의된다.

$p \times 1$ 확률벡터 $\boldsymbol{X}$는 모평균벡터 $\boldsymbol{\mu_X}$와 모공분산행렬 $\boldsymbol{\Sigma_X}$를 갖고 $p \times 1$ 확률벡터 $\boldsymbol{Y}$는 모평균벡터 $\boldsymbol{\mu_Y}$와 모공분산행렬 $\boldsymbol{\Sigma_Y}$을 가지며 $Cov(\boldsymbol{X}, \boldsymbol{Y}) = \boldsymbol{\Sigma_{XY}}$를 갖는다고 하자.

두 확률벡터 합의 기대값과 공분산은 각각

$$E(\boldsymbol{X}+\boldsymbol{Y}) = E(\boldsymbol{X}) + E(\boldsymbol{Y}) = \boldsymbol{\mu}_X + \boldsymbol{\mu}_Y, \tag{3.13}$$

$$Cov(\boldsymbol{X}+\boldsymbol{Y}) = Cov(\boldsymbol{X}) + Cov(\boldsymbol{Y}) + 2Cov(\boldsymbol{X},\boldsymbol{Y}) = \boldsymbol{\Sigma}_X + \boldsymbol{\Sigma}_Y + 2\boldsymbol{\Sigma}_{XY} \tag{3.14}$$

이다. 만약 두 확률벡터 $\boldsymbol{X}$와 $\boldsymbol{Y}$가 서로 독립이면 $\boldsymbol{\Sigma}_{XY} = \boldsymbol{\Sigma}_{YX} = \boldsymbol{0}$이 되므로

$$Cov(\boldsymbol{X}+\boldsymbol{Y}) = \boldsymbol{\Sigma}_X + \boldsymbol{\Sigma}_Y \tag{3.15}$$

가 된다.

3.3 다변량 확률표본의 기대값과 공분산행렬

모집단으로부터의 n개의 확률표본 $\boldsymbol{X}_1, \boldsymbol{X}_2, \cdots, \boldsymbol{X}_n$ 에 대해 각 확률벡터 $\boldsymbol{X}_i = (X_{i1}, X_{i2}, \cdots, X_{ip})'$, $i = 1, 2, \ldots, n$는 3.2절에서 언급한 모집단 특성값으로 $\boldsymbol{\mu} = E(\boldsymbol{X})$, $\boldsymbol{\Sigma} = Cov(\boldsymbol{X})$를 가진다. 이러한 확률표본에 대하여 표본평균벡터는

$$\overline{\boldsymbol{X}} = \begin{pmatrix} \overline{X}_1 \\ \overline{X}_2 \\ \vdots \\ \overline{X}_p \end{pmatrix} = \begin{pmatrix} \frac{1}{n}\sum_{i=1}^{n} X_{i1} \\ \frac{1}{n}\sum_{i=1}^{n} X_{i2} \\ \vdots \\ \frac{1}{n}\sum_{i=1}^{n} X_{ip} \end{pmatrix} \tag{3.16}$$

이고, 표본공분산행렬은

$$\begin{aligned} \boldsymbol{S} &= \frac{1}{n-1}\sum_{i=1}^{n}(\boldsymbol{X}_i - \overline{\boldsymbol{X}})(\boldsymbol{X}_i - \overline{\boldsymbol{X}})' = \frac{1}{n-1}\left(\sum_{i=1}^{n}\boldsymbol{X}_i\boldsymbol{X}_i' - n\overline{\boldsymbol{X}}\ \overline{\boldsymbol{X}}'\right) \\ &= \begin{pmatrix} s_{11} & s_{12} & \cdots & s_{1p} \\ \vdots & \vdots & & \vdots \\ s_{1p} & \cdots & \cdots & s_{pp} \end{pmatrix} \\ &= \{s_{jk}\} \end{aligned} \tag{3.17}$$

여기서 $s_{jk} = \frac{1}{n-1}\sum_{i=1}^{n}(X_{ij} - \overline{X}_j)(X_{ik} - \overline{X}_k)_{p\times p}$ 이다.

상수벡터 $\boldsymbol{c}' = (c_1, c_2, \cdots, c_p)$와 $\boldsymbol{X}$의 곱은 다음과 같이 변수들의 선형결합을 유도한다.

선형결합

$$\boldsymbol{c}'\boldsymbol{X} = (c_1,\ c_2,\ \cdots,\ c_p)\begin{pmatrix} X_1 \\ X_2 \\ \vdots \\ X_p \end{pmatrix} = c_1X_1 + c_2X_2 + \cdots + c_pX_p \tag{3.18}$$

는 기대값과 분산으로 각각

$$E[\mathbf{c}'\boldsymbol{X}] = \mathbf{c}'\mu \qquad Var[\mathbf{c}'\boldsymbol{X}] = \mathbf{c}'\boldsymbol{\Sigma}\,\mathbf{c} \tag{3.19}$$

를 갖게 된다.

확률변수 X_j와 X_k의 표본상관계수는

$$r_{jk} = \frac{s_{jk}}{\sqrt{s_{jj}}\sqrt{s_{kk}}} \tag{3.20}$$

으로 정의되며 표본상관행렬은

$$\boldsymbol{R} = \begin{pmatrix} 1 & r_{12} & \cdots & r_{1p} \\ r_{21} & 1 & \cdots & r_{2p} \\ \vdots & \vdots & & \vdots \\ r_{p1} & r_{p2} & \cdots & 1 \end{pmatrix} \tag{3.21}$$

로 구한다.

정리 3.1 $p \times 1$ 확률벡터 $\boldsymbol{X}_1, \boldsymbol{X}_2, \cdots, \boldsymbol{X}_n$은 평균벡터 $\boldsymbol{\mu}$와 공분산행렬 $\boldsymbol{\Sigma}$를 가진 다변량 정규분포로부터의 확률표본(random sample)일 때, $\overline{\boldsymbol{X}}$는 $\boldsymbol{\mu}$의 불편추정량(unbiased estimator)이며 $\boldsymbol{S}$는 $\boldsymbol{\Sigma}$의 불편추정량이다. 즉

$$E(\overline{\boldsymbol{X}}) = \boldsymbol{\mu}, \quad E(\boldsymbol{S}) = \boldsymbol{\Sigma} \tag{3.22}$$

이다.

정리 3.2 $n \le p$이면 즉 (표본의 크기) $\le$ (변수의 개수) 이면 $|\boldsymbol{S}| = 0$이다.

3.4 일반화분산과 총분산

$p\times 1$ 확률벡터 $\boldsymbol{X}$의 공분산행렬을 보면 p개의 분산과 $p(p-1)/2$개의 공분산을 보여준다. 이에 대해 한 개의 값으로 데이터의 전체 변동을 나타내어 줄 수 있는 방법으로 일반화분산과 총분산을 다음과 같이 정의하여 사용한다.

3.4.1 일반화분산

전체 변동량에 대한 측도로 일반화분산을 다음과 같이 정의한다.

$$\text{일반화분산(generalized variance)} = |\boldsymbol{\Sigma}| \tag{3.23}$$

$$\text{일반화표본분산(generalized sample variance)} = |\boldsymbol{S}| \tag{3.24}$$

일반화분산은 데이터의 변동으로 만들어내는 다변체 부피의 의미를 가지며 전체적으로 변동 폭이 작을수록 작은 값을 갖게 된다. 그러나 변동의 방향이나 각 변수의 변동의 폭에 대해 알려주지는 않는다. 그러면 일반화분산의 기하학적인 의미를 살펴보자.

$p=1$인 경우 일반화분산은 변수의 분산이 된다.

$p=2$인 경우에는 $(\boldsymbol{X}-\overline{\boldsymbol{X}})'\boldsymbol{S}^{-1}(\boldsymbol{X}-\overline{\boldsymbol{X}})=a^2$으로 형성되는 타원(ellipse)은 2개의 축(axes), 즉 장축과 단축을 갖게 되고, 이 축들은 $\boldsymbol{S}$의 고유벡터 방향이며 축의 길이는 $\boldsymbol{S}$의 $(\text{고유값})^{1/2}$에 비례하게 된다. 그러므로 이 두 고유벡터가 이루는 사각형의 면적 $|\boldsymbol{S}|^{1/2}$에 비례하게 된다. 즉 $|\boldsymbol{S}|$는 이러한 사각형의 면적의 제곱에 비례하게 된다.

일반적인 p의 경우 $(\boldsymbol{X}-\overline{\boldsymbol{X}})'\boldsymbol{S}^{-1}(\boldsymbol{X}-\overline{\boldsymbol{X}})=a^2$으로 형성되는 타원체(ellipsoid)는 p개의 축(axes)을 갖게 되고 이 축들은 $\boldsymbol{S}$의 고유벡터 방향이며 축의 길이는 $\boldsymbol{S}$의 $(\text{고유값})^{1/2}$에 비례하게 된다. 그러므로 이들 고유벡터가 이루는 다면체의 부피(volume)는 $|\boldsymbol{S}|^{1/2}$에 비례하게 된다. 즉 $|\boldsymbol{S}|$는 이러한 다면체의 부피의 제곱에 비례하게 된다.

식 (2.47)을 이용하면 일반화분산은 고유값의 곱이 되므로 만약 0인 고유값이 존재한다면 $|\boldsymbol{S}|=0$이 된다. p개 변수들로 구성하는 p-차원 공간에서, 한 개의 고유값이 0이라면 $(p-1)$차원 공간에 놓이는 타원체를 형성하게 되어 p-차원 공간에서의 부피는 0이 된다. 고유값을 0으로 갖는다는 것은 한 변수가 다른 변수들의 선형조합으로

완전히 표현될 수 있다는 것을 의미하며 변수간의 의존성이 있음을 알려준다. 다른 변수들이 큰 변동성을 가지더라도 한 개의 의존적인 변수 때문에 일반화분산으로는 정보를 주지 못하게 되는 것이다. 한 가지 해결책은 의존적인 변수를 제거하고 공분산행렬을 구해 일반화분산을 구하는 것이다.

3.4.2 총분산

전체 변동량에 대한 또 다른 측도로 총분산에 대해 살펴보자.

$$\text{총분산(total variance)} = \sigma_{11} + \sigma_{22} + \cdots + \sigma_{pp} = tr(\boldsymbol{\Sigma}) \tag{3.25}$$

$$\text{총표본분산(total sample variance)} = s_{11} + s_{22} + \cdots + s_{pp} = tr(\boldsymbol{S}) \tag{3.26}$$

로 정의하며 각 변수들의 분산의 합을 나타내며 변수들의 공분산은 고려하지 않는다. 모든 변수의 분산이 0인 경우에만 총분산이 0이 된다.

일반화분산, 총분산 모두 변수들의 퍼짐이 클수록 큰 값을 나타낸다. 일반화분산은 변수간의 다중공선성(multicollinearity)이 있을 때 작은 값을 나타내며 총분산은 각 변수들의 변동이 적을수록 작은 값을 나타낸다.

3.5 상호상관성 측도

p개 변수간의 상관성(correlation)은 상관행렬 $\boldsymbol{R}$로 표현하고 p개의 자기상관값 1과 $p(p-1)/2$개의 상관계수를 포함한다. 상관행렬 비교 등의 문제를 고려하면 변수들 전체에 대한 변수내 상관성에 대한 측도로 스칼라로 나타내고자 한다.

상관행렬 $\boldsymbol{R}$ 의 고유값은 $\lambda_1, \cdots, \lambda_p$이고 $\lambda_1 > \cdots > \lambda_p$라고 할 때 변수내 상호상관(intercorrelation)을 나타내는 측도로 다음의 방법들이 제안되었다.

(1) 조건수(condition number) $= \dfrac{\lambda_1}{\lambda_p}$ (3.27)

Mason, Gunst와 Webster(1975)가 제안한 방법으로 상관행렬 $\boldsymbol{R}$ 의 최대 고유값과 최소 고유값의 비로 주어진다.

(2) $\sum_{j=1}^{p} \frac{1}{\lambda_j}$ (3.28)

Hoerl과 Kennard(1970)가 제안한 방법으로 $\boldsymbol{R}$의 고유값의 역수를 이용해 연관성의 척도로 사용하였다.

(3) $\frac{1}{p}\sum_{j=1}^{p} \frac{1}{\lambda_j}$ (3.29)

Rencher와 Pun(1980)이 Hoerl과 Kennard(1970)가 제안한 방법에서 평균을 취했다.

(4) $g = \sqrt{\frac{\sum_{j=1}^{p}\lambda_j^{\,2} - p}{p(p-1)}}$ (3.30)

Gleason과 Staelin(1975)이 제안한 방법으로 변수간이 완벽히 독립이면 $g=0$이고 변수간이 완벽히 의존적(상관계수가 모두 1)이면 $g=1$을 갖는다.

(5) Heo(1987)의 방법

$$g_1 = \left(1 - \frac{\lambda_p}{\lambda_1}\right)^{p+2} \tag{3.31}$$

$$g_2 = 1 - \frac{p}{\sum_{j=1}^{p}\left(\frac{1}{\lambda_j}\right)} \tag{3.32}$$

$$g_3 = 1 - \sqrt{|\boldsymbol{R}|} \tag{3.33}$$

$$g_4 = \left(\frac{\lambda_1}{p}\right)^{\frac{3}{2}} \tag{3.34}$$

$$g_5 = \left(1 - \frac{\lambda_p}{p}\right)^{5} \tag{3.35}$$

앞의 값들의 범위는 0에서 1이며 변수의 개수 p와 개체수 n이 넓은 범위를 가질 때는 g_2가 가장 안정적인 방법으로 알려져 있다.

≪예제 3.1≫ [표 1.3] 학생성적 데이터에 대해 다룬 ≪예제 1.1≫의 결과를 참조하면

(1) 일반화표본분산 $= |\boldsymbol{S}| = 92.5 \cdot 50.0 - 25^2 = 4000$

(2) 총표본분산 $= s_{11} + s_{22} = tr(\boldsymbol{S}) = 92.5 + 50 = 142.5$

(3) 변수들 상호상관

표본상관행렬 $\boldsymbol{R} = \begin{pmatrix} 1 & r_{12} \\ r_{21} & 1 \end{pmatrix} = \begin{pmatrix} 1 & 0.368 \\ 0.368 & 1 \end{pmatrix}$의 고유값을 구하면 $\lambda_1 = 1.368$

$\lambda_2 = 0.632$ 이고 $p = 2$이므로

① 조건수 $= \dfrac{\lambda_1}{\lambda_2} = \dfrac{1.368}{0.632} = 2.165$

② $\displaystyle\sum_{j=1}^{p} \frac{1}{\lambda_j} = \frac{1}{1.368} + \frac{1}{0.632} = 2.313$

③ $\displaystyle\frac{1}{p}\sum_{j=1}^{p} \frac{1}{\lambda_j} = \frac{2.313}{2} = 1.157$

④ $g_1 = \left(1 - \dfrac{\lambda_p}{\lambda_1}\right)^{p+2} = \left(1 - \dfrac{0.632}{1.368}\right)^{2+2} = 0.538$

⑤ $g_2 = 1 - \dfrac{p}{\displaystyle\sum_{j=1}^{p}\left(\frac{1}{\lambda_j}\right)} = 1 - \dfrac{2}{2.313} = 0.135$

⑥ $g_3 = 1 - \sqrt{|\boldsymbol{R}|} = 1 - \sqrt{1 - 0.368^2} = 0.070$

⑦ $g_4 = \left(\dfrac{\lambda_1}{p}\right)^{\frac{3}{2}} = \left(\dfrac{1.368}{2}\right)^{3/2} = 0.566$

⑧ $g_5 = \left(1 - \dfrac{\lambda_p}{p}\right)^{5} = \left(1 - \dfrac{0.632}{2}\right)^{5} = 0.1497$

와 같이 구할 수 있다.

▶ **R**에서는 **det()** 함수로 일반화분산, **sum(diag())** 함수를 사용하여 총분산을 구할 수 있다.

```
> x1=c(90,80,75,70,65)
> x2=c(80,90,80,70,80)
> a=cbind(x1,x2)
> a
     x1 x2
[1,] 90 80
[2,] 80 90
[3,] 75 80
[4,] 70 70
[5,] 65 80
> S=var(a)
> S
     x1 x2
x1 92.5 25
x2 25.0 50
> g_var= det(S)                 # 일반화분산
> g_var
[1] 4000
> total_var=var(x1)+var(x2)  # 총분산
> total_var
[1] 142.5

> sum(diag(S))                  # 총분산
[1] 142.5

> R=cor(a)
> R=round(R, digits=3)
> R
      x1    x2
x1 1.000 0.368
x2 0.368 1.000
> ea=eigen(R)
> ea
$values
[1] 1.368 0.632
$vectors
          [,1]       [,2]
[1,] 0.7071068 -0.7071068
[2,] 0.7071068  0.7071068
> cond_num = max(ea$values)/min(ea$values)
> cond_num
[1] 2.164557
```

연습문제

3.1 3개의 관측 벡터 $(9,1)',(5,3)',(1,4)'$로 이루어진 데이터행렬 $\boldsymbol{X}$를 이용하여

$$\boldsymbol{X} = \begin{pmatrix} 9 & 1 \\ 5 & 3 \\ 1 & 4 \end{pmatrix}$$

(열: 변수1, 변수2)

(a) 표본평균벡터를 구하여라.

(b) 표본공분산행렬을 구하여라.

(c) 표본상관행렬을 구하여라.

(d) 일반화표본분산을 구하여라.

(e) 총표본분산을 구하여라.

(f) 변수를 축으로 하는 2차원 공간에 3개의 관측 벡터를 점으로 나타내어라.

3.2 다음의 표본공분산행렬에 대해

$$\boldsymbol{S}_1 = \begin{pmatrix} 1 & 0 & 0 \\ 0 & 1 & 0 \\ 0 & 0 & 1 \end{pmatrix}, \qquad \boldsymbol{S}_2 = \begin{pmatrix} 1 & 0.5 & 0.5 \\ 0.5 & 1 & 0.5 \\ 0.5 & 0.5 & 1 \end{pmatrix}$$

(a) $\boldsymbol{S}_1$과 $\boldsymbol{S}_2$를 이용하여 일반화표본분산을 구하고 비교하여라.

(b) $\boldsymbol{S}_1$과 $\boldsymbol{S}_2$를 이용하여 총표본분산을 구하고 비교하여라.

(c) $\boldsymbol{S}_1$과 $\boldsymbol{S}_2$의 조건수를 구하고 비교하여라.

3.3 3×1 확률벡터 $\boldsymbol{X}' = (X_1, X_2, X_3)$가 다음과 같은 모평균과 모공분산행렬을 갖는다고 한다.

$$\boldsymbol{\mu} = E(\boldsymbol{X}) = \begin{pmatrix} \mu_1 \\ \mu_2 \\ \mu_3 \end{pmatrix} = \begin{pmatrix} 1 \\ 2 \\ 3 \end{pmatrix}, \qquad \boldsymbol{\Sigma} = \begin{pmatrix} 4 & 2 & 3 \\ 2 & 9 & 2 \\ 3 & 2 & 16 \end{pmatrix}$$

다음의 선형결합 $Y_1 = X_1 + X_2 + X_3$, $Y_2 = 2X_1 - 3X_2 + 2X_3$으로 구성된 $\boldsymbol{Y} = \begin{pmatrix} Y_1 \\ Y_2 \end{pmatrix}$

에 대해 $E(\boldsymbol{Y})$, $Cov(\boldsymbol{Y})$와 $Corr(\boldsymbol{Y})$를 구하여라.

3.4 두 확률변수 X_1, X_2의 결합확률밀도함수가 다음과 같을 때

$$f(x_1, x_2) = \begin{cases} 4x_1x_2, 0 < x_1 < 1,\ 0 < x_2 < 1 \\ 0 \qquad \text{otherwise} \end{cases}$$

(a) X_1의 주변확률밀도함수를 구하여라.

(b) X_2의 주변확률밀도함수를 구하여라.

(c) $P(X_1 \le 1/2,\ X_2 \le 1/3)$의 확률을 구하여라.

(d) $\boldsymbol{X} = \begin{pmatrix} X_1 \\ X_2 \end{pmatrix}$의 기대값벡터를 구하여라.

(e) $\boldsymbol{X} = \begin{pmatrix} X_1 \\ X_2 \end{pmatrix}$의 공분산행렬을 구하여라.

(f) $\boldsymbol{X} = \begin{pmatrix} X_1 \\ X_2 \end{pmatrix}$의 상관행렬을 구하여라.

(g) $\boldsymbol{X}$의 결합확률밀도함수를 그려라.

3.5 확률벡터 $\boldsymbol{X}$는 평균벡터 $E(\boldsymbol{X}) = \boldsymbol{\mu}$와 공분산행렬 $E(\boldsymbol{X} - \boldsymbol{\mu})(\boldsymbol{X} - \boldsymbol{\mu})' = \boldsymbol{\Sigma}$를 갖는다. $E(\boldsymbol{X}\boldsymbol{X}') = \boldsymbol{\Sigma} + \boldsymbol{\mu}\boldsymbol{\mu}'$가 됨을 보여라.

3.6 다음의 결합확률밀도함수

$$f(x_1, x_2) = \left(\frac{1}{2\pi}\right) \exp\left[-\frac{1}{2}(x_1^2 + x_2^2)\right] \left\{1 + x_1 x_2 \exp\left[-\frac{1}{2}(x_1^2 + x_2^2 - 1)\right]\right\},$$

$$-\infty < x_1 < \infty,\quad -\infty < x_2 < \infty$$

에 대해

(a) X_1과 X_2의 주변분포가 정규분포임을 보여라.

(b) $\begin{pmatrix} X_1 \\ X_2 \end{pmatrix}$가 이변량 정규분포를 따르는가?

[참고] 주변분포는 정규분포일지라도 결합분포가 반드시 이변량 정규분포가 되는 것이 아님을 보여준다.

04 다변량 정규분포

일변량 정규분포에 대한 다차원에서의 확장인 다변량 정규분포(multivariate normal distribution)는 다변량 분석의 추론에서 가장 중요한 역할을 한다. 실제의 데이터가 다변량 정규분포에서 나오지 않았더라도, 표본단위의 수가 충분히 크면 표본평균벡터는 중심극한정리에 의해 근사적으로 다변량 정규분포를 따른다. 또한 데이터의 자연스러운 분포로서도 다변량 정규분포를 가정할 수 있으며, 이렇게 가정할 경우 수학적으로 다루기 쉬운 상황이 되어 통계적 추론에서 많은 이점이 있다.

4.1 다변량 정규분포

평균 μ, 분산 σ^2인 정규분포를 따르는 일변량 확률변수 X는 다음의 확률밀도함수를 가지며 $X \sim N(\mu, \sigma^2)$로 표기한다.

$$f(x) = \frac{1}{\sqrt{2\pi\sigma^2}} e^{-\frac{1}{2}\left(\frac{x-\mu}{\sigma}\right)^2}, \qquad -\infty < x < \infty. \tag{4.1}$$

정규 확률변수 X는 평균을 중심으로 편차 이내에

$$P(\mu - \sigma \leqq X \leqq \mu + \sigma) \fallingdotseq 0.68$$

$$P(\mu - 2\sigma \leqq X \leqq \mu + 2\sigma) \fallingdotseq 0.95$$

의 확률을 갖는다. 지수함수 내에 있는

$$\left(\frac{x-\mu}{\sigma}\right)^2 = (x-\mu)(\sigma^2)^{-1}(x-\mu) \tag{4.2}$$

는 x와 μ 사이의 표준화 거리의 제곱이다. 이 부분에 대해 p-차원으로의 확장을 고려하기 위해, $p\times 1$ 확률벡터 $\boldsymbol{X}$에 대해 평균벡터 $\boldsymbol{\mu}$까지 마할라노비스(Mahalanobis) 거리가 같은 벡터들을 구하면

$$(\boldsymbol{X}-\boldsymbol{\mu})'\boldsymbol{\Sigma}^{-1}(\boldsymbol{X}-\boldsymbol{\mu}) \tag{4.3}$$

가 일정한 값을 갖는다. 여기서 $\boldsymbol{\mu}=E(\boldsymbol{X})$, $\boldsymbol{\Sigma}=Cov(\boldsymbol{X})$이다.

일변량 정규 확률밀도함수에서의 상수항 $(2\pi)^{-1/2}(\sigma^2)^{-1/2}$는 p-차원의 체적(volume) 개념으로 $(2\pi)^{-p/2}|\boldsymbol{\Sigma}|^{-1/2}$이 얻어진다.

평균벡터 $\boldsymbol{\mu}$, 공분산행렬 $\boldsymbol{\Sigma}$인 p-변량 정규분포를 따르는 확률변수 $\boldsymbol{X}$는 다음의 확률밀도함수를 가지며 $\boldsymbol{X}\sim N_p(\boldsymbol{\mu},\boldsymbol{\Sigma})$로 표기한다.

$$f(\boldsymbol{x}) = \frac{1}{(2\pi)^{p/2}|\boldsymbol{\Sigma}|^{1/2}} e^{-\frac{1}{2}(\boldsymbol{x}-\boldsymbol{\mu})'\boldsymbol{\Sigma}^{-1}(\boldsymbol{x}-\boldsymbol{\mu})}, \tag{4.4}$$

$$\boldsymbol{x} = (x_1,\dots,x_p)',\quad -\infty < x_i < \infty,\quad i=1,2,\cdots,p.$$

다음의 ≪예제 4.1≫에서 이변량 정규분포의 밀도함수를 구체적으로 표현해보자.

≪예제 4.1≫ 이변량 정규분포 확률밀도함수(bivariate normal density)

이변량 정규분포를 따르는 $\boldsymbol{X}=\begin{pmatrix}X_1\\X_2\end{pmatrix}$가 평균벡터 $\boldsymbol{\mu}=\begin{pmatrix}\mu_1\\\mu_2\end{pmatrix}$,

공분산행렬 $\boldsymbol{\Sigma}=\begin{pmatrix}\sigma_{11}&\sigma_{12}\\\sigma_{12}&\sigma_{22}\end{pmatrix}$를 가질 때 확률밀도함수를 구해보자.

$$p=2,\quad \mu_1=E(X_1),\quad \mu_2=E(X_2)$$

$$\rho_{12} = \frac{\sigma_{12}}{\sqrt{\sigma_{11}}\sqrt{\sigma_{22}}} = corr(X_1,X_2) \tag{4.5}$$

$$\boldsymbol{\Sigma}^{-1} = \frac{1}{\sigma_{11}\sigma_{22}-\sigma_{12}^2}\begin{pmatrix}\sigma_{22}&-\sigma_{12}\\-\sigma_{12}&\sigma_{11}\end{pmatrix} \quad \text{이고}$$

$$|\boldsymbol{\Sigma}| = \sigma_{11}\sigma_{22}-\sigma_{12}^2 = \sigma_{11}\sigma_{22}(1-\rho_{12}^2)$$

이므로 이변량 정규분포의 확률밀도함수는 다음과 같다.

$$f(\boldsymbol{x}) = \frac{1}{2\pi\sqrt{\sigma_{11}\sigma_{22}(1-\rho_{12}^2)}}$$

$$\times \exp\left\{-\frac{1}{2(1-\rho_{12}^2)}\left[\left(\frac{x_1-\mu_1}{\sqrt{\sigma_{11}}}\right)^2+\left(\frac{x_2-\mu_2}{\sqrt{\sigma_{22}}}\right)^2-2\rho_{12}\left(\frac{x_1-\mu_1}{\sqrt{\sigma_{11}}}\right)\left(\frac{x_2-\mu_2}{\sqrt{\sigma_{22}}}\right)\right]\right\}$$

$$-\infty < x_1 < \infty,\ -\infty < x_2 < \infty \tag{4.6}$$

$\rho_{12}=0$이면 결합확률밀도함수가 서로 독립인 확률변수 $X_1 \sim N(\mu_1,\ \sigma_1^2)$, $X_2 \sim N(\mu_2,\ \sigma_2^2)$의 확률밀도함수의 곱으로 표현된다.

이변량인 경우, $\mu_1=\mu_2=0$, $\sigma_1^2=\sigma_2^2=1$, 상관계수 $\rho=0.5$를 갖는 이변량 정규분포(bivariate normal distribution)를 SAS 프로그램을 이용하여 그려보면 확률밀도함수는 [그림 4.1]에, 등고선그림은 [그림 4.2]에서와 같이 나타난다.

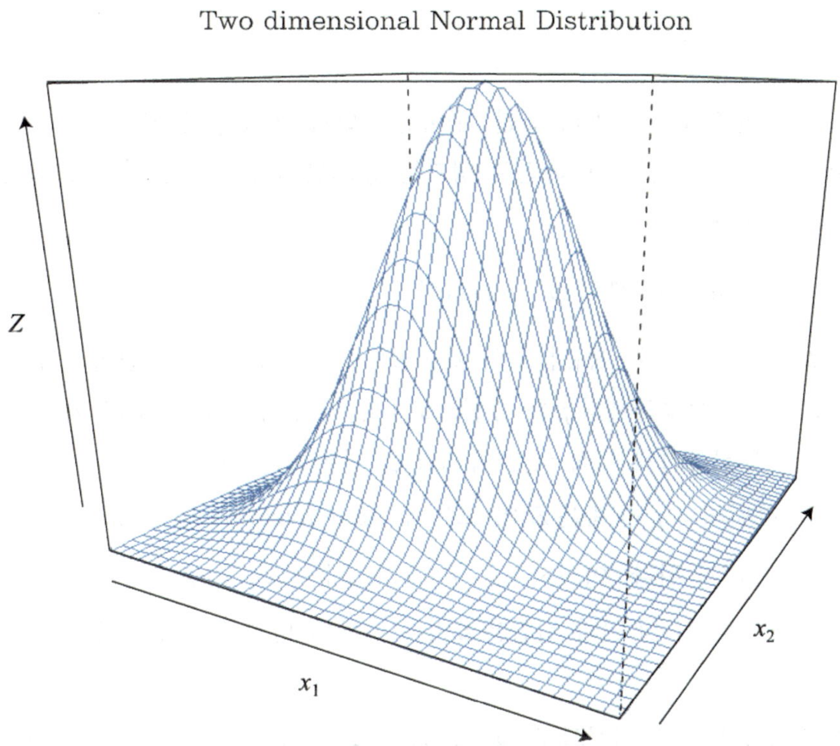

[그림 4.1] 상관계수$\rho=0.5$를 갖는 이변량 정규분포의 확률밀도함수

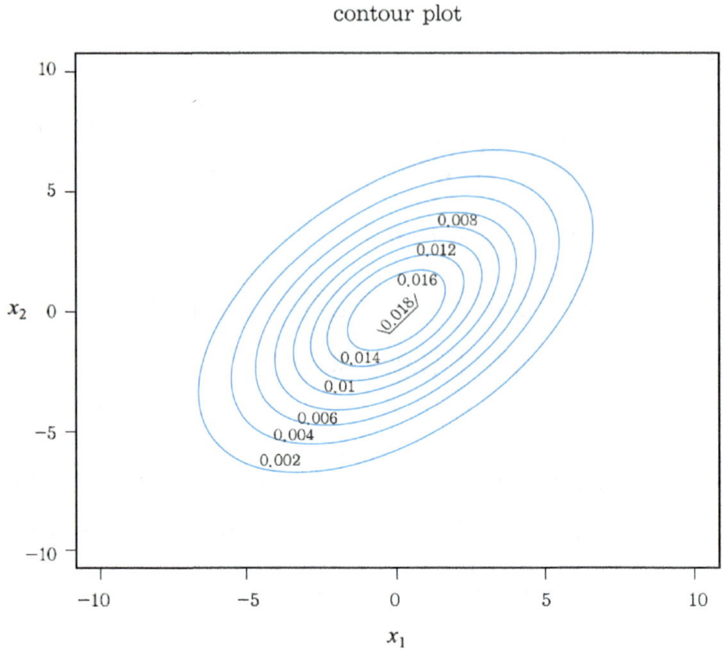

[그림 4.2] 상관계수$\rho = 0.5$인 이변량 정규분포의 확률밀도함수의 등고선그림

$f(\boldsymbol{x}) = c^2$을 만족시키는 벡터 $\boldsymbol{x}$를 구하면 모평균벡터 $\boldsymbol{\mu}$를 중심으로 하는 타원(ellipse)이 되고 $c > 0$ 값이 변하면서 생기는 등고선(contour)은 다음의 조건을 만족하는 벡터들의 집합으로

$$\{\boldsymbol{x} \ : \ (\boldsymbol{x} - \boldsymbol{\mu})' \boldsymbol{\Sigma}^{-1} (\boldsymbol{x} - \boldsymbol{\mu}) = c^2\} \tag{4.7}$$

이 된다. 그러므로 p-차원 정규분포의 확률밀도함수 $f(\boldsymbol{x}) = c^2$을 만족시키는 p-차원 벡터 $\boldsymbol{x}$들을 구하면 모평균벡터 $\boldsymbol{\mu}$를 중심으로 하는 타원체(ellipsoid)가 되며 c 값이 변하면서 생기는 동심타원체는 식 (4.7)의 조건을 만족하는 벡터들의 집합이 된다. 동일한 값을 갖는 타원체의 p개 축은 $\boldsymbol{\Sigma}$의 고유벡터(eigenvector) 방향 $\pm c\sqrt{\lambda_i}\boldsymbol{e}_i$ 이며 축의 길이는 $2c\sqrt{\lambda_i}$ 가 된다. 여기서 λ_i, $i = 1, \ldots, p$는 $\Sigma \boldsymbol{e}_i = \lambda_i \boldsymbol{e}_i$ 를 만족하는 $\boldsymbol{\Sigma}$의 고유값이다. 그러므로 식 (4.7)의 집합은 $\boldsymbol{\Sigma}$의 고유벡터 방향에 p개의 축이 있는 타원체를 형성한다.

또한 $\boldsymbol{X}$가 정규분포를 따르므로 $(\boldsymbol{x} - \boldsymbol{\mu})' \boldsymbol{\Sigma}^{-1} (\boldsymbol{x} - \boldsymbol{\mu})$는 자유도 p인 카이제곱분포를 따르므로 다음의 확률

$$P\left\{(\boldsymbol{x}-\boldsymbol{\mu})'\boldsymbol{\Sigma}^{-1}(\boldsymbol{x}-\boldsymbol{\mu}) \leqq \chi_p^2(\alpha)\right\}=1-\alpha \tag{4.8}$$

을 얻을 수 있다.

▶R에서 **outer()** 함수를 사용하여 값을 계산하고 **persp()** 함수를 사용하여 투시도를, **contour()** 함수를 사용하여 등고선그림을 그린다.

```
# bivariate normal probability density #
 mu1<-0      # setting the expected value of x1
 mu2<-0      # setting the expected value of x2
 s11<-10     # setting the variance of x1
 s12<-15     # setting the covariance between x1 and x2
 s22<-10     # setting the variance of x2
 rho<-0.5    # setting the correlation coefficient between x1 and x2
 x1<-seq(-10,10,length=41)  # generating the vector series x1
 x2<-x1                     # copying x1 to x2

 f<-function(x1,x2){
  term1<-1/(2*pi*sqrt(s11*s22*(1-rho^2)))
  term2<--1/(2*(1-rho^2))
  term3<-(x1-mu1)^2/s11
  term4<-(x2-mu2)^2/s22
  term5<- 2*rho*((x1-mu1)*(x2-mu2))/(sqrt(s11)*sqrt(s22))
  term1*exp(term2*(term3+term4-term5))
}            # setting up the function of the multivariate normal density

z<-outer(x1,x2,f)      # calculating the density values

#  Graph 1 : 투시도(3-D plot)  <그림 4.1>
win.graph()
 persp(x1, x2, z, main="Two dimensional Normal Distribution" , theta=30)
#  Graph 2 : 등고선 그림(contour plot) <그림 4.2>
win.graph()
 contour(x1,x2,z, xlab="x1", ylab="x2", main="contour plot")
```

4.2 다변량 정규분포의 성질

이 절에서는 다변량 정규분포를 따르는 확률변수 또는 확률벡터들의 특성에 대해 좀 더 자세히 알아보고자 한다. 자세한 증명은 생략하기로 하지만 다변량 정규분포에 관한 특성들을 이해하고 기억하길 바란다.

성질 4.1 (선형결합식의 분포)

$\boldsymbol{X} \sim N_p(\boldsymbol{\mu}, \boldsymbol{\Sigma})$일 때,

(i) 상수벡터 $\boldsymbol{a} = (a_1, a_2, \dots, a_p)'$에 대해 선형결합식(linear combination) $\boldsymbol{a}'\boldsymbol{X} = a_1X_1 + a_2X_2 + \cdots + a_pX_p$는 평균 $\boldsymbol{a}'\boldsymbol{\mu}$, 분산 $\boldsymbol{a}'\boldsymbol{\Sigma}\boldsymbol{a}$를 갖는 일변량 정규분포를 따른다. 즉

$$\boldsymbol{a}'\boldsymbol{X} \sim N(\boldsymbol{a}'\boldsymbol{\mu}, \ \boldsymbol{a}'\boldsymbol{\Sigma}\boldsymbol{a}) \tag{4.9}$$

이다.

(ii) $q \times p$ 상수행렬 $\boldsymbol{A}$, $p \times 1$ 상수벡터 $\boldsymbol{d}$에 대해

$$\boldsymbol{A}\boldsymbol{X} \sim N_q(\boldsymbol{A}\boldsymbol{\mu}, \boldsymbol{A}\boldsymbol{\Sigma}\boldsymbol{A}'), \tag{4.10}$$

$$\boldsymbol{X} + \boldsymbol{d} \sim N_p(\boldsymbol{\mu} + \boldsymbol{d}, \boldsymbol{\Sigma}) \tag{4.11}$$

의 분포를 갖는다.

성질 4.2 (표준화 변수)

$\boldsymbol{X} \sim N_p(\boldsymbol{\mu}, \Sigma)$일 때,

표준화 벡터(standardized vector)

$$\boldsymbol{Z} = \boldsymbol{\Sigma}^{-1/2}(\boldsymbol{X} - \boldsymbol{\mu}) \tag{4.12}$$

는 $N_p(\boldsymbol{0}, \boldsymbol{I})$을 따른다. 여기서 $\boldsymbol{\Sigma} = \boldsymbol{\Sigma}^{1/2}\boldsymbol{\Sigma}^{1/2}$이며 $\boldsymbol{\Sigma}^{1/2}$는 $\boldsymbol{\Sigma}$의 제곱근행렬로 대칭이다.

성질 4.3 (주변 분포)

p-변량 정규분포를 따르는 확률벡터 $\boldsymbol{X}$를 $q \times 1$벡터 $\boldsymbol{X}_1$과 $(p-q) \times 1$벡터 $\boldsymbol{X}_2$로 분

할할 때

$$\boldsymbol{X}_{p\times 1}=\begin{pmatrix}\boldsymbol{X}_1\\ \boldsymbol{X}_2\end{pmatrix}\text{는 평균벡터 }\boldsymbol{\mu}_{p\times 1}=\begin{pmatrix}\boldsymbol{\mu}_1\\ \boldsymbol{\mu}_2\end{pmatrix}\text{와 공분산행렬 }\boldsymbol{\Sigma}_{p\times p}=\begin{pmatrix}\boldsymbol{\Sigma}_{11} & \boldsymbol{\Sigma}_{12}\\ \boldsymbol{\Sigma}_{21} & \boldsymbol{\Sigma}_{22}\end{pmatrix}$$

을 가지며 $\boldsymbol{X}_1$은 q-변량 정규분포를 따른다. 즉 $\boldsymbol{X}_1 \sim N_q(\boldsymbol{\mu}_1, \boldsymbol{\Sigma}_{11})$이다.

성질 4.4 (조건부 분포)

$\boldsymbol{X}_2=\boldsymbol{x}_2$가 주어졌을 때 $\boldsymbol{\Sigma}_{22}\neq \mathbf{0}$ 일 때, $\boldsymbol{X}_1$의 조건부 분포는 다음과 같다.

$$\boldsymbol{X}_1 \mid \boldsymbol{X}_2=\boldsymbol{x}_2 \sim N(\boldsymbol{\mu}_1+\boldsymbol{\Sigma}_{12}\boldsymbol{\Sigma}_{22}^{-1}(\boldsymbol{x}_2-\boldsymbol{\mu}_2),\ \boldsymbol{\Sigma}_{11}-\boldsymbol{\Sigma}_{12}\boldsymbol{\Sigma}_{22}^{-1}\boldsymbol{\Sigma}_{21}) \tag{4.13}$$

성질 4.5 (정규 확률벡터 합의 분포)

p-변량 정규분포를 따르는 확률벡터 $\boldsymbol{X}$를 같은 크기의 $q\times 1$ 확률벡터 $\boldsymbol{X}_1$과 $q\times 1$ 확률벡터 $\boldsymbol{X}_2$로 분할하여, $\boldsymbol{X}_{p\times 1}=\begin{pmatrix}\boldsymbol{X}_1\\ \boldsymbol{X}_2\end{pmatrix}$가 평균벡터 $\boldsymbol{\mu}_{p\times 1}=\begin{pmatrix}\boldsymbol{\mu}_1\\ \boldsymbol{\mu}_2\end{pmatrix}$와 공분산행렬 $\boldsymbol{\Sigma}_{p\times p}=\begin{pmatrix}\boldsymbol{\Sigma}_{11} & \mathbf{0}\\ \mathbf{0} & \boldsymbol{\Sigma}_{22}\end{pmatrix}$을 가질 때 즉, $\boldsymbol{X}_1$과 $\boldsymbol{X}_2$가 서로 독립일 때, 두 벡터의 합과 차의 분포는 다음과 같다.

$$\boldsymbol{X}_1+\boldsymbol{X}_2 \sim N_q(\boldsymbol{\mu}_1+\boldsymbol{\mu}_2,\ \boldsymbol{\Sigma}_{11}+\boldsymbol{\Sigma}_{22}) \tag{4.14}$$

$$\boldsymbol{X}_1-\boldsymbol{X}_2 \sim N_q(\boldsymbol{\mu}_1-\boldsymbol{\mu}_2,\ \boldsymbol{\Sigma}_{11}+\boldsymbol{\Sigma}_{22}) \tag{4.15}$$

성질 4.6 (독립성)

(i) 확률벡터 $\boldsymbol{X}$의 부분벡터인 $\boldsymbol{X}_1$과 $\boldsymbol{X}_2$에 대해,
공분산행렬 $\boldsymbol{\Sigma}_{12}=\mathbf{0}$이면 $\boldsymbol{X}_1$과 $\boldsymbol{X}_2$는 서로 독립이다.

(ii) 일변량 확률변수 X_j와 X_k에 대해, $j\neq k$,
공분산 $\sigma_{jk}=0$이면 X_j와 X_k는 서로 독립이다.

성질 4.7 (카이제곱 분포)

$\boldsymbol{X} \sim N_p(\boldsymbol{\mu}, \boldsymbol{\Sigma})$이며 $|\boldsymbol{\Sigma}|>0$일 때

(i) $(\boldsymbol{X}-\boldsymbol{\mu})'\boldsymbol{\Sigma}^{-1}(\boldsymbol{X}-\boldsymbol{\mu}) \sim \chi^2_p$ (4.16)

(ii) $P\{\boldsymbol{X} : (\boldsymbol{X}-\boldsymbol{\mu})'\boldsymbol{\Sigma}^{-1}(\boldsymbol{X}-\boldsymbol{\mu}) \leqq \chi_p^2(\alpha)\} = 1-\alpha$

[증명] $Z_i \sim iid\ N(0, 1)$일 때

$$Z_1^2 + Z_2^2 + \cdots + Z_p^2 \sim \chi_p^2$$

를 따르며, 스펙트럼분해에 의하여

$$\boldsymbol{\Sigma}^{-1} = \sum_{i=1}^{p} \frac{1}{\lambda_i} \boldsymbol{e}_i \boldsymbol{e}_i'$$

로 쓸 수 있다. 여기서 $\boldsymbol{\Sigma e}_i = \lambda_i \boldsymbol{e}_i$이고 $\boldsymbol{e}_i \perp \boldsymbol{e}_j,\ i \neq j$ 이므로

$$\boldsymbol{\Sigma}^{-1}\boldsymbol{e}_i = \frac{1}{\lambda_i}\boldsymbol{e}_i\boldsymbol{e}_i'\boldsymbol{e}_i = \frac{1}{\lambda_i}\boldsymbol{e}_i$$

이다. 그러므로

$$(\boldsymbol{X}-\boldsymbol{\mu})'\boldsymbol{\Sigma}^{-1}(\boldsymbol{X}-\boldsymbol{\mu}) = \sum_{i=1}^{p}\frac{1}{\lambda_i}(\boldsymbol{X}-\boldsymbol{\mu})'\boldsymbol{e}_i\boldsymbol{e}_i'(\boldsymbol{X}-\boldsymbol{\mu})$$

$$= \sum_{i=1}^{p}\left[\frac{1}{\sqrt{\lambda_i}}\boldsymbol{e}_i'(\boldsymbol{X}-\boldsymbol{\mu})\right]^2 = \sum_{i=1}^{p} Z_i^2$$

이 되어 카이제곱분포를 따르는 확률변수들의 합이 된다. 표준화 변수

$\boldsymbol{Z} = \boldsymbol{\Sigma}^{-1/2}(\boldsymbol{X}-\boldsymbol{\mu})$는 $\boldsymbol{Z} \sim N_p(\boldsymbol{0}, \boldsymbol{I})$이므로

$P\{\boldsymbol{X} : (\boldsymbol{X}-\boldsymbol{\mu})'\boldsymbol{\Sigma}^{-1}(\boldsymbol{X}-\boldsymbol{\mu}) \leqq \chi_p^2(\alpha)\} = 1-\alpha$

를 얻는다.

성질 4.8

$p \times p$ 행렬 $\boldsymbol{\Sigma}$가 양정치(positive definite)행렬일 때 $\boldsymbol{\Sigma}^{-1}$도 양정치행렬이 된다. 또한 $\boldsymbol{\Sigma e} = \lambda \boldsymbol{e}$일 때 $\boldsymbol{\Sigma}^{-1}\boldsymbol{e} = \dfrac{1}{\lambda}\boldsymbol{e}$이 성립한다.

여기서 λ는 $\boldsymbol{\Sigma}$의 고유값이고 $\boldsymbol{e}$는 그 고유값에 해당하는 고유벡터이다.

[증명] (i) $\boldsymbol{\Sigma}$는 양정치행렬이므로 고유벡터는 $\boldsymbol{0}$ 벡터가 아니다. 즉 $\boldsymbol{e} \neq \boldsymbol{0}$이다.

그러므로 이차형식에서 다음이 성립한다.

$$0 < \boldsymbol{e}'\boldsymbol{\Sigma}\boldsymbol{e} = \boldsymbol{e}'(\boldsymbol{\Sigma}\boldsymbol{e}) = \boldsymbol{e}'\lambda\boldsymbol{e} = \lambda\boldsymbol{e}'\boldsymbol{e} = \lambda$$

그리고

$$\boldsymbol{e} = \boldsymbol{\Sigma}^{-1}(\boldsymbol{\Sigma}\boldsymbol{e}) = \boldsymbol{\Sigma}^{-1}(\lambda\boldsymbol{e}) = \lambda\boldsymbol{\Sigma}^{-1}\boldsymbol{e}$$

이므로

$$\lambda^{-1}\boldsymbol{e} = \boldsymbol{\Sigma}^{-1}\boldsymbol{e}$$

이 성립하므로 $\boldsymbol{\Sigma}^{-1}$의 고유값은 λ^{-1}이 되고 고유벡터는 $\boldsymbol{e}$가 된다.

(ii) $\boldsymbol{\Sigma}$가 양정치행렬이면, $\boldsymbol{x} \neq 0$에 대해

$$\boldsymbol{x}'\boldsymbol{\Sigma}^{-1}\boldsymbol{x} = \boldsymbol{x}'\left(\sum_{i=1}^{p}\frac{1}{\lambda_i}\boldsymbol{e}_i\boldsymbol{e}_i'\right)\boldsymbol{x}$$

$$= \sum_{i=1}^{p}\frac{1}{\lambda_i}\boldsymbol{x}'\boldsymbol{e}_i\boldsymbol{e}_i'\boldsymbol{x}$$

$$= \sum_{i=1}^{p}\frac{1}{\lambda_i}(\boldsymbol{x}'\boldsymbol{e}_i)(\boldsymbol{x}'\boldsymbol{e}_i)' > 0$$

이 성립하므로 $\boldsymbol{\Sigma}^{-1}$는 양정치행렬이 된다.

성질 4.9

$p \times p$ 상수행렬 $\boldsymbol{A}$와 $p \times 1$ 벡터 $\boldsymbol{x}$에 대해

(i) $\boldsymbol{x}'\boldsymbol{A}\boldsymbol{x} = tr(\boldsymbol{x}'\boldsymbol{A}\boldsymbol{x}) = tr(\boldsymbol{A}\boldsymbol{x}\boldsymbol{x}')$ (4.17)

(ii) $tr(\boldsymbol{A}) = \sum_{i=1}^{p}\lambda_i$ (4.18)

여기서 $\lambda_1, \ldots, \lambda_p$는 $\boldsymbol{A}$의 고유값이고 $\boldsymbol{e}_1, \ldots, \boldsymbol{e}_p$는 각 고유값에 해당하는 고유벡터이다.

[증명] (i) 트레이스 성질에 의해 어떤 행렬 $\boldsymbol{B}, \boldsymbol{C}$에 대해 $tr(\boldsymbol{B}\boldsymbol{C}) = tr(\boldsymbol{C}\boldsymbol{B})$이 성립하므로

$$\boldsymbol{x}'\boldsymbol{A}\boldsymbol{x} = tr(\boldsymbol{x}'\boldsymbol{A}\boldsymbol{x}) = tr(\boldsymbol{A}\boldsymbol{x}\boldsymbol{x}')$$

(ii) 스펙트럼분해에 의해 $\boldsymbol{P}\boldsymbol{P}' = \boldsymbol{I}$인 직교행렬에 의해 $\boldsymbol{A} = \boldsymbol{P}'\boldsymbol{\Lambda}\boldsymbol{P}$를 얻을 수 있으며

$$\boldsymbol{A} = [\boldsymbol{e}_1, \cdots, \boldsymbol{e}_p]\begin{pmatrix}\lambda_1 & & \phi \\ & \ddots & \\ \phi & & \lambda_p\end{pmatrix}\begin{pmatrix}\boldsymbol{e}_1 \\ \vdots \\ \boldsymbol{e}_p\end{pmatrix}$$

와 같이 분해하여 쓸 수 있다. 그러므로 다음과 같은 표현을 얻게 된다.

$$tr(\boldsymbol{A}) = tr(\boldsymbol{P}'\Lambda P) = tr(\boldsymbol{\Lambda PP}') = tr(\boldsymbol{\Lambda I}) = tr(\boldsymbol{\Lambda}) = \sum_{i=1}^{p}\lambda_i \tag{4.19}$$

4.3 다변량 정규분포의 모수 추정

p-변량 정규분포를 따르는 $p\times 1$ 확률벡터로 구성된 확률표본에 대해 즉, $\boldsymbol{X}_1, \cdots, \boldsymbol{X}_n \sim iid \;\; N_p(\boldsymbol{\mu}, \boldsymbol{\Sigma})$일 때, 모수 $\boldsymbol{\mu}, \boldsymbol{\Sigma}$에 대해 우도함수를 이용한 최대우도추정량을 구해보자.

$\boldsymbol{X}_1, \cdots, \boldsymbol{X}_n$의 우도함수(likelihood function)는 다음과 같다.

$$L(\boldsymbol{\mu}, \boldsymbol{\Sigma} \mid \boldsymbol{X}_1, \cdots, \boldsymbol{X}_n) \tag{4.20}$$

$$= \prod_{i=1}^{n}\frac{1}{(2\pi)^{p/2}|\boldsymbol{\Sigma}|^{1/2}}\exp\left\{-\frac{1}{2}(\boldsymbol{X}_i-\boldsymbol{\mu})'\boldsymbol{\Sigma}^{-1}(\boldsymbol{X}_i-\boldsymbol{\mu})\right\}$$

$$= \frac{1}{(2\pi)^{np/2}|\boldsymbol{\Sigma}|^{n/2}}\exp\left\{-\frac{1}{2}\sum_{i=1}^{n}(\boldsymbol{X}_i-\boldsymbol{\mu})'\boldsymbol{\Sigma}^{-1}(\boldsymbol{X}_i-\boldsymbol{\mu})\right\}$$

$$= \frac{1}{(2\pi)^{np/2}|\boldsymbol{\Sigma}|^{n/2}}\exp\left\{-\frac{1}{2}tr\left[\boldsymbol{\Sigma}^{-1}\left(\sum_{i=1}^{n}(\boldsymbol{X}_i-\overline{\boldsymbol{X}})(\boldsymbol{X}_i-\overline{\boldsymbol{X}})' + n(\overline{\boldsymbol{X}}-\boldsymbol{\mu})(\overline{\boldsymbol{X}}-\boldsymbol{\mu})'\right)\right]\right\}$$

정리 4.10 $\boldsymbol{X}_1, \cdots, \boldsymbol{X}_n \sim iid \; N_p(\boldsymbol{\mu}, \boldsymbol{\Sigma})$일 때 $\boldsymbol{\mu}, \boldsymbol{\Sigma}$의 최대우도추정량은

$$\hat{\boldsymbol{\mu}} = \overline{\boldsymbol{X}} \tag{4.21}$$

$$\hat{\boldsymbol{\Sigma}} = \frac{1}{n}\sum_{i=1}^{n}(\boldsymbol{X}_i-\overline{\boldsymbol{X}})(\boldsymbol{X}_i-\overline{\boldsymbol{X}})' = \frac{n-1}{n}\boldsymbol{S} \tag{4.22}$$

이다. 그리고 $\overline{\boldsymbol{X}}, \hat{\boldsymbol{\Sigma}}$는 충분통계량(sufficient statistic)이다.

정리 4.11 $\overline{\boldsymbol{X}}$와 $\boldsymbol{S}$의 표본분포(sampling distribution)

(i) $\overline{\boldsymbol{X}} \sim N_p\left(\boldsymbol{\mu}, \frac{1}{n}\boldsymbol{\Sigma}\right)$ (4.23)

(ii) $(n-1)\boldsymbol{S}$ ~ 자유도 $n-1$인 위샤트 분포(Wishart distribution) (4.24)

(iii) $\overline{\boldsymbol{X}}$와 $(n-1)\boldsymbol{S}$는 서로 독립이다. (4.25)

(iv) $(\overline{\boldsymbol{X}}-\boldsymbol{\mu})'\left(\frac{\boldsymbol{\Sigma}}{n}\right)^{-1}(\overline{\boldsymbol{X}}-\boldsymbol{\mu}) \sim \chi_p^2$ (4.26)

(v) $n-p \to \infty$ 이면 $(\overline{\boldsymbol{X}}-\boldsymbol{\mu})'\left(\frac{\boldsymbol{S}}{n}\right)^{-1}(\overline{\boldsymbol{X}}-\boldsymbol{\mu})$는 근사적으로 χ_p^2를 따른다. (4.27)

[참고] 일변량의 경우

$$
\begin{aligned}
(n-1)S^2 &= \sum_{j=1}^{n}(X_j-\overline{X})^2 \sim \sigma^2\chi_{n-1}^2 \\
&= \sigma^2(Z_1^2+\cdots+Z_{n-1}^2) \\
&= (\sigma Z_1)^2+\cdots+(\sigma Z_{n-1})^2
\end{aligned}
$$

여기서 $Z_i \sim iid\ N(0,1)$, $\sigma Z_i \sim iid\ N(0,\sigma^2)$이다. 이와 같은 사실은 표본 공분산행렬에도 일반화 확장 적용된다.

4.4 위샤트 분포

표본공분산행렬은 확률행렬이므로 확률분포를 갖게 된다. 이 절에서는 이와 같은 확률행렬에 대한 분포를 알아보고자 한다.

$\boldsymbol{Z}_j \sim iid\ N_p(\boldsymbol{0}, \boldsymbol{\Sigma})$일 때, 확률벡터의 곱인 $\sum_{j=1}^{n}\boldsymbol{Z}_j\boldsymbol{Z}_j'$는 자유도가 n인 위샤트분포(Wishart distribution)를 따르며 $W_p(n, \boldsymbol{\Sigma})$로 표기한다.

자유도가 $(n-1)$인 위샤트 분포를 따르는 확률행렬 $\boldsymbol{A}$의 확률밀도함수는

$$W_{n-1}(\boldsymbol{A}|\boldsymbol{\Sigma}) = \frac{|\boldsymbol{A}|^{(n-p-2)/2} e^{-tr(\boldsymbol{A}\boldsymbol{\Sigma}^{-1})/2}}{2^{p(n-1)/2} \pi^{p(p-1)/4} |\boldsymbol{\Sigma}|^{(n-1)/2} \prod_{i=1}^{p} \Gamma\left(\frac{1}{2}(n-i)\right)} \tag{4.28}$$

여기서 A는 양정치행렬이고 $\Gamma(\cdot)$는 감마함수이다. Wishart 분포를 따르는 확률행렬의 분포에 관한 성질을 살펴보면

(i) 상수행렬 $\boldsymbol{C}$에 대해 $\boldsymbol{CAC}'$ 는 $W_p(n-1, \boldsymbol{C\Sigma C}')$ 를 따른다.

(ii) $\boldsymbol{A}_i \sim W_{p_i}(n_i, \boldsymbol{\Sigma})$일 때, 이들 확률행렬의 합 $\boldsymbol{A}$는 다음의 위샤트분포를 따른다.

$$\boldsymbol{A} = \sum_{i=1}^{q} \boldsymbol{A}_i \sim W_{\sum_{i=1}^{q} n_i}(\boldsymbol{A}|\boldsymbol{\Sigma}) \tag{4.29}$$

[참고] Wishart 분포는 카이제곱분포의 다변량 형태로 이해하면 된다.
일변량인 경우,

$$X_i \sim iid\ N(\mu, \sigma^2), \quad i = 1, \dots, n$$

$\sum_{i=1}^{n} Z_i^2 = \sum_{i=1}^{n} \frac{(X_i-\mu)^2}{\sigma^2}$ 은 χ_n^2을 따른다.

이에 대한 확장으로 다변량인 경우,

$$\boldsymbol{X}_i \sim iid\ N_p(\boldsymbol{\mu}, \boldsymbol{\Sigma}), \ i = 1, \dots, n$$

$\sum_{i=1}^{n} (\boldsymbol{X}_i - \boldsymbol{\mu})(\boldsymbol{X}_i - \boldsymbol{\mu})'$ 은 $W_p(n, \boldsymbol{\Sigma})$을 따른다.

정리 4.12 (대표본 분포) $p \times 1$ 확률벡터로 구성된 확률표본 $\boldsymbol{X}_1, \dots, \boldsymbol{X}_n$가 서로 독립이고 평균벡터 $\boldsymbol{\mu}$, 공분산행렬 $\boldsymbol{\Sigma}$ 인 동일한 다변량 분포를 따를 때

(i) n이 충분히 크고 n이 p보다 훨씬 크면, $\sqrt{n}(\overline{\boldsymbol{X}} - \boldsymbol{\mu}) \sim N_p(\boldsymbol{0}, \boldsymbol{\Sigma})$이다.

(ii) $n-p$가 충분히 크면, $n(\overline{\boldsymbol{X}} - \boldsymbol{\mu})'\boldsymbol{S}^{-1}(\overline{\boldsymbol{X}} - \boldsymbol{\mu})$는 자유도가 p인 카이제곱 분포를 따른다.

4.5 정규성 평가

확률표본을 구성하는 확률변수들이 정규분포를 따른다는 정규성 가정을 할 수 있다면 정규분포의 성질을 이용하여 여러 가지 추론을 할 수 있다. 그러므로 데이터로부터 정규성을 만족하는지 검토하기 위한 정규성 검정통계량과 그래프적 방법들이 제안되었다. 이 절에서는 정규성에 대한 평가 방법에 대해 살펴보고자 한다.

관측벡터 $\boldsymbol{X}$가 p-변량 정규분포를 따른다는 가정을 검토하고자 할 때

(1) $\boldsymbol{X}$의 주변분포가 모두 정규분포인가?

(2) $\boldsymbol{X}$의 구성성분 $X_i,\ i=1,2,\ \dots,p$들의 선형결합식의 분포가 모두 정규분포인가?

(3) 두 개 구성성분들의 산점도(scatter plot)를 그려보면 타원형인가?

등을 점검하고 정규성을 판단할 수 있다. 그러나 위의 (1), (2), (3)에 대한 점검을 하는 것이 때로는 간단하지 않으며 2차원 이상의 확률벡터에 대해 정규성을 판단하기 위한 강력한 검정(powerful test)을 하기는 더욱이 쉽지 않다. 다변량 정규성 검정은 일변량 정규성 검정에 비해 간단하지 않아 활발히 연구되고 있는 문제이기도 하다.

4.5.1 일변량 변수에 대한 정규성 평가

n개의 확률표본 $X_1,\ X_2,\ \cdots,\ X_n$에 대하여 $X_{(1)} \le X_{(2)} \le \cdots \le X_{(n)}$는 순서통계량(ordered statistics)으로 정의한다. $\left(X_{(i)},\ \dfrac{i-0.5}{n}\right)$의 그림은 경험분포함수(empirical distribution function)를 나타낸다.

$q_{(i)}$는 i번째 사분위수(quantiles)일 때

$$P[Z \le q_{(i)}] = \int_{-\infty}^{q_{(i)}} \frac{1}{\sqrt{2\pi}} e^{-\frac{z^2}{2}} dz = p_{(i)} \ . \qquad (4.30)$$

분위수대분위수 그림(Q-Q plot : Quantile-Quantile plot)은 $(q_{(i)}, X_{(i)})$을 2차원 평면에 나타낸 것이며 경험분포와 이론적 분포가 일치하면 선형관계를 갖는 것으로 판단된다. 그러므로 선형관계에서 멀어질수록 이론적 분포와 거리가 있는 것으로 판단할 수 있다. 정규확률그림에서 놓여진 점들이 45° 기울기의 직선근처에 있으면 정규성을

크게 벗어나지 않는다고 할 수 있다.

≪예제 4.2≫ A 지역의 주민을 대상으로 가장의 나이(age)와 수입(income)을 조사한 결과 얻은 [표 4.1] 자료에 대해 일변량 정규성을 점검하고자 한다.

▶표 4.1 나이와 연수입 자료

표본 번호	나 이	수입 (단위:100만원)
1	68	4
2	58	45
3	45	35
4	50	25
5	33	28
6	24	11
7	58	10
8	22	9
9	47	20
10	30	35

$\boldsymbol{X}'$ = (나이, 수입)에 대한 표본평균벡터와 표본공분산행렬을 구하면 다음과 같다.

$$\overline{\boldsymbol{X}} = \begin{pmatrix} 43.5 \\ 22.2 \end{pmatrix},\ \boldsymbol{S} = \begin{pmatrix} 245.83 & 0.67 \\ 0.67 & 185.96 \end{pmatrix}$$

```
> a= read.csv("C:/data/나이와수입.csv", header=T)
> attach(a)
> b=a[,2:3]
> m=mean(b)    #평균벡터
> m
   age income
  43.5   22.2
> S=cov(b)   #공분산행렬
> S
              age      income
age    245.8333333   0.6666667
income   0.6666667 185.9555556
```

나이가 일변량 정규분포를 따르는지 정규확률그림을 그리기 위해 다음의 [표 4.2]를 작성하였고 **qqnorm()**과 **qqline()** 함수를 이용하여 [그림 4.3]의 Q-Q 그림을 그렸다. 그림에서 나이에 대한 순서통계량과 표준정규분포의 사분위수간에 선형성을 크게 벗어나지 않음을 볼 수 있다.

▶표 4.2 나이(age) 순서통계량과 정규분포 사분위수

순서 i	나이 관측값의 순서 통계량 $x_{(i)}$	경험 누적 확률 $\frac{i-0.5}{n}$	정규분포의 사분위수 $q_{(i)}$
1	22	0.05	-1.645
2	24	0.15	-1.036
3	30	0.25	-0.674
4	33	0.35	-0.385
5	45	0.45	-0.126
6	47	0.55	0.126
7	50	0.65	0.385
8	58	0.75	0.674
9	58	0.85	1.036
10	68	0.95	1.645

[프로그램 4.1] Q-Q 그림

```
n=length(age)
t=seq(1,n)
age_s = sort(age)   ;  income_s = sort(income)
edf=(t -0.5)/n
q=qnorm( edf, 0, 1)
cbind( t, age_s, edf, q)      # 표 4.2
cbind( t, income_s, edf, q)   # 표 4.3

qqnorm(age)     # normal Q-Q plot   그림 4.3
qqline(age)       # normal quantile line

qqnorm(income)    # normal Q-Q plot  그림 4.4
qqline(income)     # normal quantile line
```

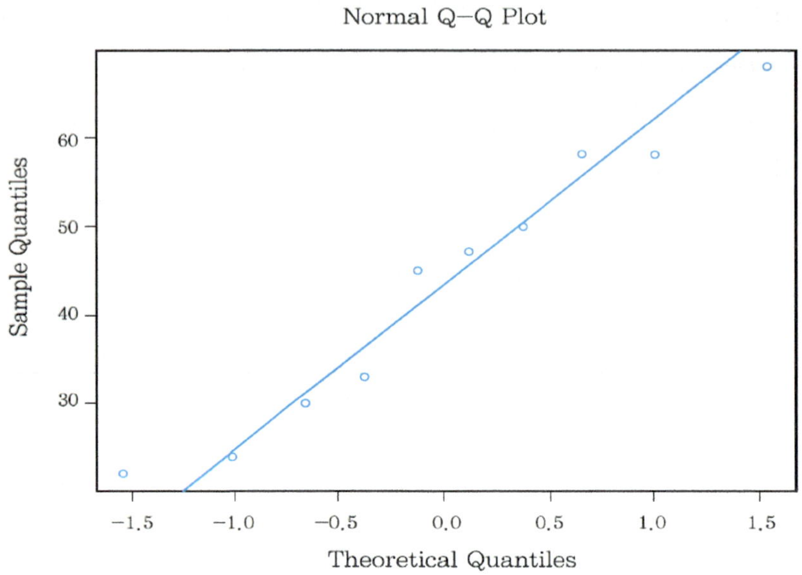

[그림 4.3] 나이에 대한 정규확률그림

수입 변수가 일변량 정규분포를 따르는지 정규확률그림을 그리기 위해 다음의 [표 4.3]을 작성하였고 **R** 프로그램을 이용하여 [그림 4.4]의 Q–Q 그림을 얻었다. 그림에서 수입에 대한 순서통계량이 표준정규분포의 사분위수간의 선형성을 크게 벗어나지 않음을 볼 수 있어 정규성을 크게 벗어나지 않음을 알 수 있다.

▶표 4.3 수입(income) 순서통계량과 정규분포 사분위수

순서 i	수입 관측값의 순서 통계량 $x_{(i)}$	경험 누적 확률 $\frac{i-0.5}{n}$	정규분포의 사분위수 $q_{(i)}$
1	4	0.05	-1.645
2	9	0.15	-1.036
3	10	0.25	-0.674
4	11	0.35	-0.385
5	22	0.45	-0.126
6	25	0.55	0.126
7	28	0.65	0.385
8	35	0.75	0.674
9	35	0.85	1.036
10	45	0.95	1.645

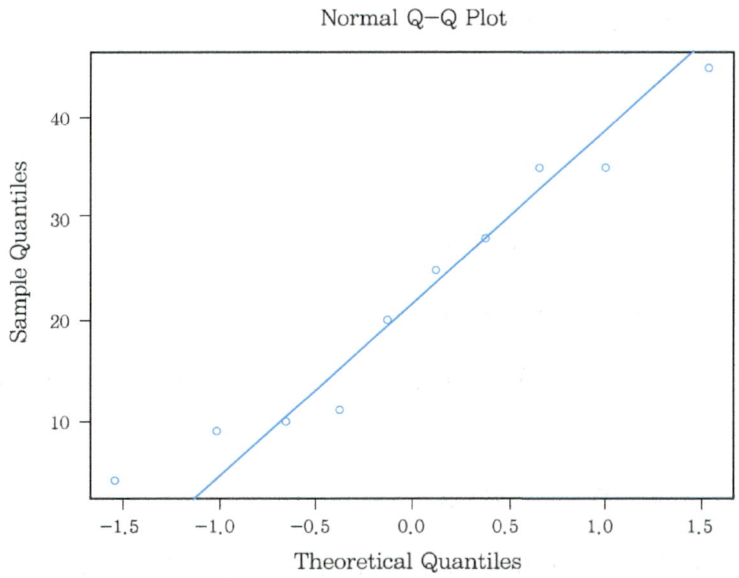

[그림 4.4] 수입에 대한 정규확률그림

Q-Q 그림에서의 이변량인 $(q_{(i)},\ X_{(i)})$에 대해 Pearson 상관계수를 이용하여 선형성에 대한 검정을 할 수 있다. 다음의 가설

H_0 : 정규성이 성립한다. 대해 H_1 : 정규성이 성립하지 않는다.

에 대해 $q_{(i)}$와 $X_{(i)}$의 상관계수 r_Q를 계산하고 r_Q를 이용하여 정규성 검정을 할 수 있다. 여기서 검정통계량은

$$r_Q = \frac{\sum_{i=1}^{n}(X_{(i)}-\overline{X})(q_{(i)}-\overline{q})}{\sqrt{\sum_{i=1}^{n}(X_{(i)}-\overline{X})^2}\sqrt{\sum_{i=1}^{n}(q_{(i)}-\overline{q})^2}} \tag{4.31}$$

이며 유의수준 α에서 검정법은 $r_Q \leq c_\alpha$이면 정규성 귀무가설을 기각한다. 여기서 기각값 c_α는 부록 [표 A.5]에서 표본의 개수를 고려하여 찾아 이용하면 된다.

≪예제 4.3≫ [표 4.1] 자료에 대해 Q-Q 그림에서의 상관계수를 구하여 유의수준 $\alpha = 0.05$에서 정규성 검정을 하고자 한다.

나이에 대해 $r_{Q나이} = 0.9789 \not\leq 0.9198 = c_{0.05,10}$이므로 H_0를 기각하지 못한다. 수입

에 대해 $r_{Q수입} = 0.9759 \not\leq 0.9198 = c_{0.05,10}$이므로 H_0를 기각하지 못한다. 즉 정규성을 벗어난다고 할 수 없다.

4.5.2 다변량 변수벡터에 대한 정규성 평가

p-변량 정규분포를 따르는 관측벡터 $\boldsymbol{x}$에 대해

$$P\left\{\boldsymbol{x} : (\boldsymbol{x}-\boldsymbol{\mu})'\boldsymbol{\Sigma}^{-1}(\boldsymbol{x}-\boldsymbol{\mu}) \leq \chi_p^2(\alpha)\right\} = 1-\alpha$$

이 성립한다. 만약 관측벡터 $\boldsymbol{X}$가 $N_p(\boldsymbol{\mu}, \boldsymbol{\Sigma})$를 따른다면 다음의 거리(표본에 대한 마할라노비스 거리)

$$d^2 = (\boldsymbol{X}-\overline{\boldsymbol{X}})'\boldsymbol{S}^{-1}(\boldsymbol{X}-\overline{\boldsymbol{X}}) \tag{4.32}$$

는 근사적으로 자유도가 p인 카이제곱분포를 따르게 된다. 그러므로 d_i^2을 순서대로 늘어놓고 누적확률이 $\frac{i-0.5}{n}$에 해당하는 자유도가 p인 카이제곱 분포로부터의 사분위수(quantile)를 구해 (사분위수, 거리)의 이차원 공간에 점을 찍어 카이제곱그림을 그릴 수 있다. 그리고 관측벡터가 p-변량 정규분포를 만족한다면 원점을 지나며 기울기가 45° 인 직선의 형태를 나타내게 되므로 이 직선과 비교하여 다변량 정규성을 검토할 수 있다.

카이제곱그림(chi-square plot)을 그리는 순서는 다음과 같다.

(1) d_i^2을 구하고 순서를 매긴다.

$$d_i^2 = (\boldsymbol{X}_i-\overline{\boldsymbol{X}})'\boldsymbol{S}^{-1}(\boldsymbol{X}_i-\overline{\boldsymbol{X}}), \quad i=1,2,\dots,n,$$

$$d_1^2 \leq d_2^2 \leq \cdots \leq d_n^2$$

(2) $\left\{\chi_p^2\left(\frac{i-0.5}{n}\right), \ d_i^2\right\}$ 점을 그린다. 즉 d_i^2과 이론적으로 정규분포를 따를 때의 사분위수를 구해 비교하여 다변량 정규성을 검토한다.

≪예제 4.4≫ [표 4.1] 자료의 두 개 변수에 대해 이변량 정규분포를 따른다고 할 수 있는지 카이제곱그림을 이용하여 검토하고자 한다.

(나이, 수입) 확률벡터가 이변량 정규분포를 따르는지 정규확률그림을 그리기 위해

[표 4.4]를 작성하였고 R 프로그램을 이용하여 [그림 4.5]의 카이제곱그림을 그렸다. 한 점을 제외하고는 마할라노비스 거리의 순서통계량과 자유도가 2인 카이제곱 분포로부터의 사분위수간에 선형성을 크게 벗어나지 않음을 볼 수 있다. 선형성을 크게 벗어나는 점은 이상점(outlier)으로 볼 수 있는지에 대한 통계적 점검이 필요하다.

▶ 표 4.4 마할라노비스 거리제곱 순서통계량과 카이제곱분포 사분위수

순서 i	관측벡터의 마할라노비스 거리 제곱에 대한 순서 통계량 d_i^2	경험 누적 확률 $\frac{i-0.5}{n}$	카이제곱분포의 사분위수 $q_{(i)}$
1	0.076	0.05	0.103
2	0.213	0.15	0.325
3	0.631	0.25	0.575
4	0.890	0.35	0.862
5	1.627	0.45	1.196
6	1.661	0.55	1.597
7	2.215	0.65	2.100
8	2.809	0.75	2.773
9	3.641	0.85	3.794
10	4.236	0.95	5.991

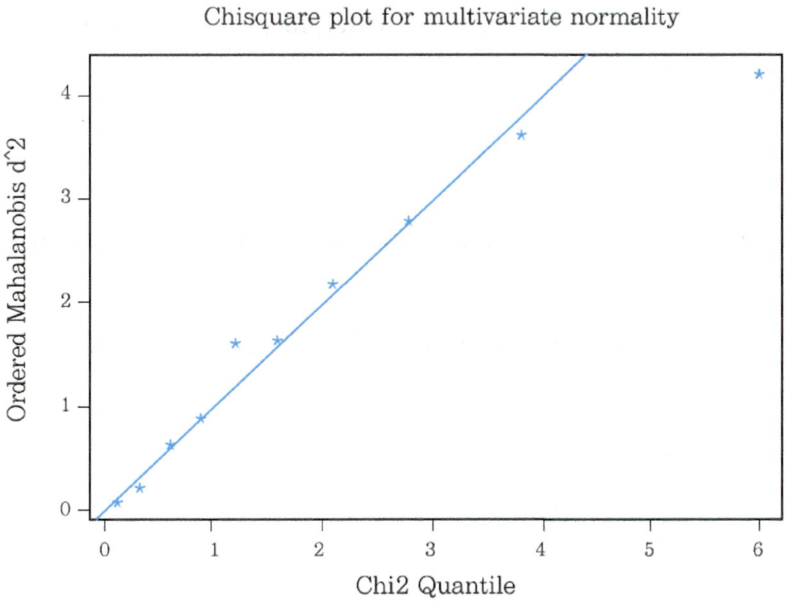

[그림 4.5] (나이, 수입)에 대한 카이제곱그림

[프로그램 4.2] 카이제곱 그림

```
# chisquare plot
chi2.plot<-function(x){
    n=dim(x)[[1]]      # number of observations
    vp=dim(x)[[2]]     # number of variables
    xbar=colMeans(x)
    S=cov(x)
  d=mahalanobis(x, colMeans(x), S)  # Mahalanobis distance^2
  d2=sort(d)
  tt=seq(1,n)
  t= (tt-0.5)/n
  q=qchisq(t, vp)
  plot(q,d2, pch="*", main="Chisquare plot for multivariate normality",
     xlab="chi2 quantile", ylab="ordered Mahalanobis d^2")
  abline(0,1)
  return(list(xbar, S))
 }
chi2.plot(b)
```

카이제곱 그림을 그리기위한 사용자함수 **chi2.plot()**를 만들고 수행시켜 [그림 4.5]와 같은 결과를 얻을 수 있다.

4.5.3 왜도와 첨도를 이용한 정규성 평가

정규분포 형태의 특성상 왜도(skewness)와 첨도(kurtosis)를 이용하여 정규성에 대한 평가를 할 수 있다.

n개의 확률표본 X_1, X_2, $\cdots$, X_n에 대해, 일변량 변수에 대한 왜도와 첨도는 각각

$$\beta_1 = E\left[\left(\frac{X-\mu}{\sigma}\right)^3\right] \tag{4.33}$$

$$\beta_2 = E\left[\left(\frac{X-\mu}{\sigma}\right)^4\right] \tag{4.34}$$

로 정의되며 정규분포를 따른다면 $\beta_1 = 0$, $\beta_2 = 3$이 된다.

Mardia(1970)는 다변량인 경우로 확장하여 다변량 왜도와 첨도를 각각

$$\beta_{1,p} = E[(\boldsymbol{X}-\boldsymbol{\mu})'\boldsymbol{\Sigma}^{-1}(\boldsymbol{X}-\boldsymbol{\mu})]^3 \tag{4.35}$$

$$\beta_{2,p} = E[(\boldsymbol{X}-\boldsymbol{\mu})'\boldsymbol{\Sigma}^{-1}(\boldsymbol{X}-\boldsymbol{\mu})]^2 \tag{4.36}$$

과 같이 정의하고 정규성 검정에 이용하였다. p-변량 확률벡터가 p-변량 정규분포를 따른다면

$$\beta_{1,p} = 0, \quad \beta_{2,p} = p(p+2) \tag{4.37}$$

이 된다. $\beta_{1,p}$와 $\beta_{2,p}$를 추정하기 위해 g_{ij}를 다음과 같이

$$g_{ij} = (\boldsymbol{X}_i - \overline{\boldsymbol{X}})'\hat{\boldsymbol{\Sigma}}^{-1}(\boldsymbol{X}_j - \overline{\boldsymbol{X}}) \tag{4.38}$$

정의한다. 여기서 $\hat{\boldsymbol{\Sigma}} = \frac{1}{n}\sum_{i=1}^{n}(\boldsymbol{X}_i - \overline{\boldsymbol{X}})(\boldsymbol{X}_i - \overline{\boldsymbol{X}})'$으로 $\boldsymbol{\Sigma}$에 대한 최대우도추정량이다. 그러면 $\beta_{1,p}$와 $\beta_{2,p}$의 추정량으로

$$b_{1,p} = \frac{1}{n^2}\sum_{i=1}^{n}\sum_{j=1}^{n} g_{ij}^3 , \tag{4.39}$$

$$b_{2,p} = \frac{1}{n}\sum_{i=1}^{n} g_{ii}^2 \tag{4.40}$$

을 얻는다. 부록 [표 A.6]에 $p=2, 3, 4$인 경우, $b_{1,p}$와 $b_{2,p}$를 이용한 정규성 검정에 대한 기각값이 있다. $p \geq 5$이거나 $n \geq 50$일 때는 $b_{1,p}$의 경우

$$z_1 = \frac{(p+1)(n+1)(n+3)}{6[(n+1)(p+1)-6]} b_{1,p} \tag{4.41}$$

가 근사적으로 자유도가 $\frac{1}{6}p(p+1)(p+2)$인 카이제곱분포를 따르므로 유의수준 α에서 검정법은 $z_1 \geq \chi^2_{p(p+1)(p+2)/6}(\alpha)$이면 H_0를 기각한다.

또한 $b_{2,p}$의 경우

$$z_2 = \frac{b_{2,p} - p(p+2)}{\sqrt{8p(p+2)/n}} \tag{4.42}$$

는 근사적으로 $N(0,1)$을 따르므로 유의수준 α에서 검정법은 $|z_2| \geq z_{\alpha/2}$이면 H_0를 기각한다.

≪예제 4.5≫ [표 4.1] 자료의 두 개 변수에 대해 이변량 정규분포를 따른다고 할 수 있는지를 이변량 왜도와 첨도를 계산하여 검정하고자 한다.

변수가 두 개이므로 $p=2$이며 (나이, 수입)에 대한 왜도와 첨도는 각각

$$b_{1,p}=1.4117,\quad b_{2,p}=6.2528$$

으로 계산되며 유의수준 $\alpha=0.05$에서 $b_{1,p}$에 대한 기각값 3.694를 이용하면 $b_{1,p}=1.4117 \not\geq 3.694$이므로 H_0를 기각하지 못한다. 또한 유의수준 $\alpha=0.05$에서 $b_{2,p}$에 대한 기각값 9.203을 이용하면 $b_{2,p}=6.2528 \not\geq 9.203$이므로 H_0를 기각하지 못하므로 정규성을 벗어난다고 할 수 없다.

4.6 변수변환을 통한 정규성 만족

정규성이 성립한다고 할 수 없을 때, 대체로 두 가지 방법의 동을 취할 수 있는데 첫 번째 방법으로는 정규성 검정 결과를 무시하고 무작정 정규성을 가정하는 것이다. 실제는 검정도 해보지 않고 정규성을 인정하는 경우가 많이 있으며 표본의 크기가 충분히 클 때는 큰 문제가 되지 않을 수도 있으나 결론에 오류 가능성을 배제할 수 없다. 두 번째로는 변수변환(variable transformation)을 통해 정규성을 만족하는 변수를 만들어 보는 것이다. 변수의 행동 특성을 살핀 후 정규성을 만족하도록 적합한 변수 변환 방법을 찾아야 하며 시행착오를 겪을 수밖에 없다. 여기서 변수변환이란 데이터를 다른 단위로 바꾸어 표현하는 것으로 볼 수 있다. 이 절에서는 다변량 자료에 대한 변수변환 방법으로 Box-Cox 변환을 소개하기로 한다.

◑ Box-Cox 변환

Box와 Cox(1964)는 $X>0$인 경우 다음과 같은 변환식

$$X^{(\lambda)}=\begin{cases}\dfrac{X^{\lambda}-1}{\lambda}, & \lambda\neq 0\\ \ln X, & \lambda=0\end{cases} \tag{4.43}$$

을 이용해 정규성을 만족하도록 하는 방법을 제안하였다. 여기서 적절한 λ는

$$l(\lambda) = -\frac{n}{2}\ \ln\left[\frac{1}{n}\sum_{i=1}^{n}(X_i^{(\lambda)} - \overline{X^{(\lambda)}})^2\right] + (\lambda - 1)\sum_{i=1}^{n}\ \ln X_i \tag{4.44}$$

을 최대화하는 상수이다. $X^{(\lambda)}$는 식 (4.43)에서 정의된 것이고

$$\overline{X^{(\lambda)}} = \frac{1}{n}\sum_{i=1}^{n} X_i^{(\lambda)} = \frac{1}{n}\sum_{i=1}^{n}\frac{X_i^{\lambda} - 1}{\lambda} \tag{4.45}$$

로 변화된 $X^{(\lambda)}$들의 산술평균(arithmetic mean)이다. λ를 구하기 위해서는 가능한 λ에 대해 $l(\lambda)$를 계산하면서 비교하여 반복계산을 통해 최적값을 찾아야 한다. 다변량의 경우에는 확률벡터를 이루는 각 변수에 대해 $\lambda_j,\ j = 1, 2,\ \ldots, p$ 를 구하여 $\boldsymbol{X}_i^{(\lambda)}$가 근사적으로 정규성을 만족하도록 해야 한다. 적절한 λ_j는

$$l_j(\lambda) = -\frac{n}{2}\ln\left[\frac{1}{n}\sum_{i=1}^{n}(X_{ij}^{(\lambda_j)} - \overline{X_j^{(\lambda_j)}})^2\right] + (\lambda_j - 1)\sum_{i=1}^{n}\ln X_{ij},$$

$$j = 1, 2,\ \ldots, p$$

를 최대화하는 상수로 구해야 하며 j번째 관측벡터에 대한 변환식은

$$\boldsymbol{X}_i^{(\lambda)} = \begin{pmatrix} \dfrac{X_{i1}^{\lambda_1} - 1}{\lambda_1} \\ \dfrac{X_{i2}^{\lambda_2} - 1}{\lambda_2} \\ \vdots \\ \dfrac{X_{ip}^{\lambda_p} - 1}{\lambda_p} \end{pmatrix}, \quad i = 1, 2,\ \ldots, n \tag{4.46}$$

이다. 여기서 $\boldsymbol{X}_i = (X_{i1}, \cdots, X_{ip})'$.

4.7 R을 이용한 정규성 검토

≪예제 4.6≫ 28 그루 나무를 대상으로 북쪽 동쪽 남쪽 서쪽 방향의 코르크 보오링(depths of cork boring)의 길이를 측정하여 얻은 [표 1.4]의 자료를 이용하여, 각 변

수가 일변량 정규분포를 따르는지를 정규확률그림(normal probability plot)을 통하여 검토하고 4개 변수가 4변량 정규분포를 따르는지를 카이제곱그림(chi-square plot)을 그려 알아보고자 한다.

▶ **summary()** 함수를 이용하여 각 변수의 기초통계량을 얻을 수 있으며 **stem()** 함수로 줄기-잎 그림(stem and leaf plot)을, **boxplot()** 함수로 상자그림을 그린다.
[프로그램 3.2]에서 정의한 **chi2.plot()** 함수로 카이제곱그림을 그린다.

```
> summary(cork)
       N               E                S                 W
 Min.   :30.00  Min.   :29.00  Min.   : 27.00  Min.   :25.00
 1st Qu.:38.50  1st Qu.:35.00  1st Qu.: 34.00  1st Qu.:35.00
 Median :46.50  Median :41.50  Median : 43.00  Median :41.50
 Mean   :50.54  Mean   :46.18  Mean   : 49.68  Mean   :45.21
 3rd Qu.:60.00  3rd Qu.:54.25  3rd Qu.: 66.25  3rd Qu.:58.00
 Max.   :91.00  Max.   :80.00  Max.   :100.00  Max.   :77.00

> stem(tree$N)
  The decimal point is 1 digit(s) to the right of the |
  3 | 0222357999
  4 | 123678
  5 | 0466
  6 | 003
  7 | 289
  8 | 1
  9 | 1
> boxplot(tree$N, xlab="N")

> qqnorm(tree$N)
> qqline(tree$N)
> chi2.plot(cork)
```

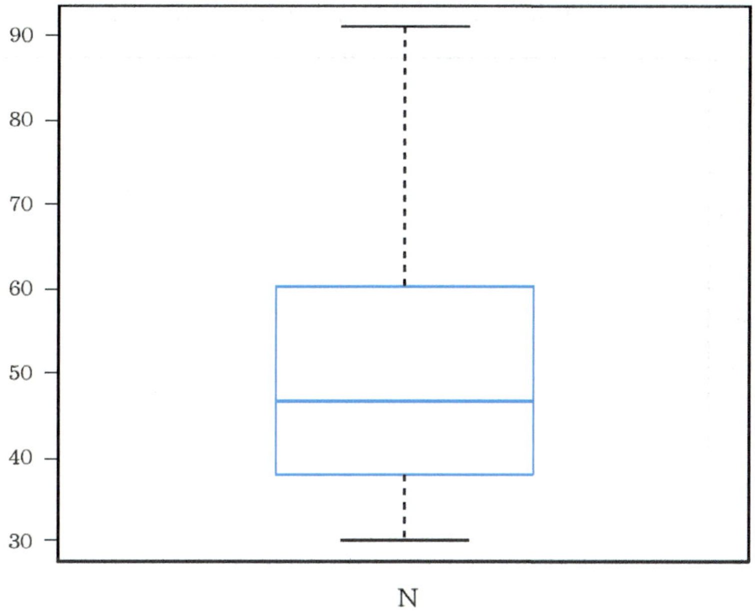

[그림 4.6] Cork 자료의 N에 대한 상자그림

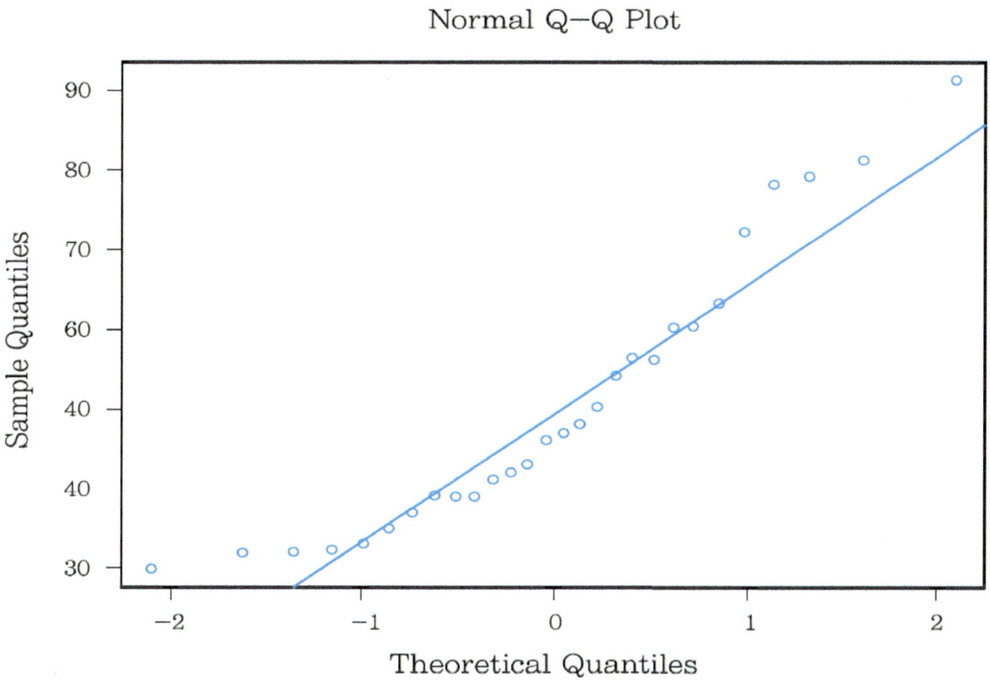

[그림 4.7] Cork 자료의 N에 대한 Q−Q그림

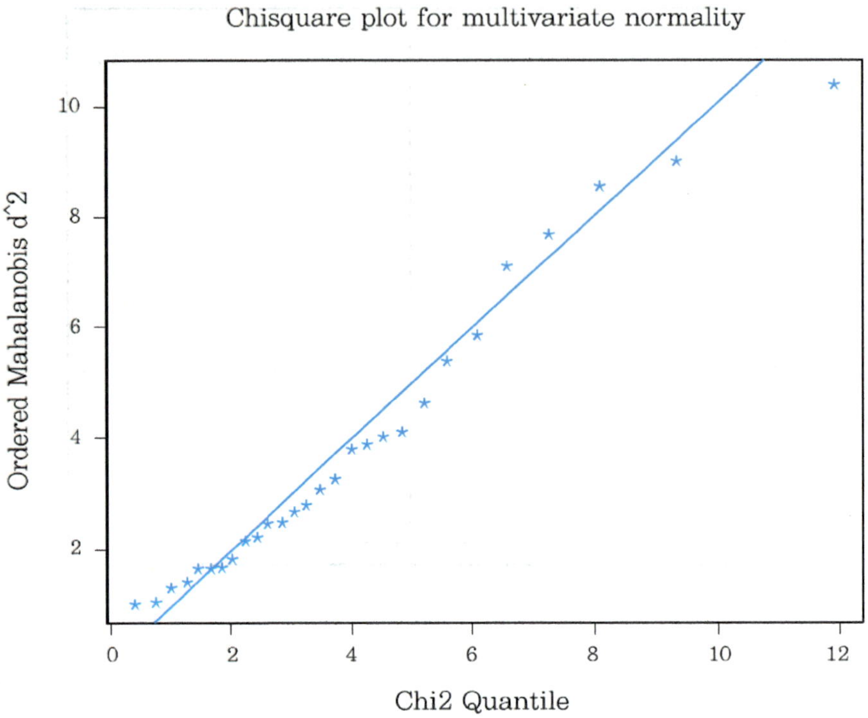

[그림 4.8] Cork 자료에 대한 카이제곱그림

연습문제

4.1 $\mu_1 = 1$, $\mu_2 = 3$, $\sigma_{11} = 2$, $\sigma_{22} = 1$, $\rho_{12} = -0.8$인 이변량 정규분포에 대해

(a) 이변량 정규분포의 확률밀도함수를 써라.

(b) $(\boldsymbol{x}-\boldsymbol{\mu})'\boldsymbol{\Sigma}^{-1}(\boldsymbol{x}-\boldsymbol{\mu})$를 x_1과 x_2의 2차함수식으로 써라.

(c) 90%의 확률을 포함하는, 같은 값의 확률밀도함수를 갖는 등고선그림을 그려라.

4.2 확률벡터 $\boldsymbol{X}' = (X_1, X_2, X_3)$가 3변량 정규분포를 따를 때 즉,
$\boldsymbol{X} \sim N_3(\boldsymbol{\mu}, \boldsymbol{\Sigma})$이며 $\boldsymbol{\mu}$와 $\boldsymbol{\Sigma}$ 도 각각 다음과 같다.

$$\boldsymbol{\mu} = \begin{pmatrix} -3 \\ 1 \\ 4 \end{pmatrix}, \quad \boldsymbol{\Sigma} = \begin{pmatrix} 1 & -2 & 0 \\ -2 & 5 & 0 \\ 0 & 0 & 2 \end{pmatrix}$$

(a) X_1과 X_2는 서로 독립인가? 독립이 아니라면 상관관계는 얼마인가?

(b) X_1과 X_3는 서로 독립인가? 독립이 아니라면 상관관계는 얼마인가?

(c) X_2과 X_3는 서로 독립인가? 독립이 아니라면 상관관계는 얼마인가?

(d) $\begin{pmatrix} X_1 \\ X_2 \end{pmatrix}$와 X_3는 서로 독립인가?

(e) $\dfrac{(X_1 + X_2)}{2}$와 X_3는 서로 독립인가? 독립이 아니라면 상관관계는 얼마인가?

(f) $X_1 - X_2$와 X_3는 서로 독립인가? 독립이 아니라면 상관관계는 얼마인가?

(g) $3X_1 - 2X_2 + X_3$의 분포를 구하여라. (분포의 이름과 모수를 써라)

(h) $(X_1 + 3)^2$은 어떤 분포를 따르는가?

(i) $\boldsymbol{Y} = \boldsymbol{X} - \boldsymbol{\mu}$는 어떤 분포를 따르는가?

(j) $\boldsymbol{Z} = (\boldsymbol{\Sigma}^{1/2})^{-1}(\boldsymbol{X}-\boldsymbol{\mu})$는 어떤 분포를 따르는가?

(k) $H = (\boldsymbol{X}-\boldsymbol{\mu})'\boldsymbol{\Sigma}^{-1}(\boldsymbol{X}-\boldsymbol{\mu})$는 어떤 분포를 따르는가?

(l) $(\boldsymbol{X}-\boldsymbol{\mu})(\boldsymbol{X}-\boldsymbol{\mu})'$는 어떤 분포를 따르는가?

(m) $\boldsymbol{\Sigma}$의 고유값과 고유벡터를 구하여라.

(n) $\boldsymbol{\Sigma}^{-1}$의 고유값과 고유벡터를 구하여라.

4.3 두 모집단의 공분산행렬이 다음과 같을 때 일반화분산과 총분산을 비교하여라.

$$\boldsymbol{\Sigma}_1 = \begin{pmatrix} 14 & 8 & 3 \\ 8 & 5 & 2 \\ 3 & 2 & 1 \end{pmatrix} \qquad \boldsymbol{\Sigma}_2 = \begin{pmatrix} 6 & 6 & 1 \\ 6 & 8 & 2 \\ 1 & 2 & 1 \end{pmatrix}$$

4.4 2001년 한국의 산업별 생산성지표를 조사해서 얻은 [표 4.6]의 이변량 자료

X_1 = 총자본투자효율(%) X_2 = 노동소득 분배율(%)

에 대해

(a) 표본평균벡터 $\overline{\boldsymbol{X}}$ 와 표본공분산행렬 $\boldsymbol{S}$ 를 구하여라.

(b) 각 확률변수가 정규성을 만족하는지 Q-Q 그림을 그려라.

(c) 이변량 정규성을 만족하는지 카이제곱그림을 그려라.

▶표 4.6 2001년 한국 산업별 생산성지표

산업종류	X_1	X_2
어 업	28.2	61.3
광 업	21.3	65.3
제조업	19	51.5
전기가스증기업	15.6	14
건설업	24.5	82.1
도매 및 소매업	17.1	51.7
숙박업	13	51.5
운수업	30	44.8
통신업	28.1	23.8
부동산 및 임대업	18.3	49.8
사업서비스업	47.8	79.9
오락문화운동산업	16.1	42.9
수출기업(제조업)	16.2	53.3
내수기업(제조업)	20.7	50.6
중화학공업(제조업)	17.9	50.5
경공업(제조업)	22.9	54.5
정보통신산업	20.4	43.3
정보통신기술산업	19.8	41.6
정보콘텐츠산업	27.7	57.2

4.5 2001년 한국의 산업별 성장성지표를 조사하여 [표 4.7]의 데이터를 얻었다.

X_1 = 총자산증가율(%)

X_2 = 유형고정자산증가율(%)

X_3 = 유동자산증가율(%)

X_4 = 재고자산증가율(%)

X_5 = 자기자본증가율(%)

X_6 = 매출액증가율(%)

(a) 표본평균벡터 $\overline{\boldsymbol{X}}$와 표본공분산행렬 $\boldsymbol{S}$를 구하여라.

(b) 각 확률변수가 정규성을 만족하는지 일변량 Q-Q 그림을 그리고 검토하여라.

(c) 6변량 정규성을 만족하는지 카이제곱그림을 그리고 검토하여라.

▶표 4.7 2001년도 한국의 산업별 성장성 지표

산 업	X_1	X_2	X_3	X_4	X_5	X_6
어업	0.02	0.16	-0.5	-1.35	7.83	5.75
광업	9.19	4.46	5.71	1.88	67.92	3.08
제조업	-1.81	-1.54	-3.91	-4.55	5.51	1.69
전기가스증기업	7.2	3.34	48.8	5.43	4	11.34
건설업	-6.08	-9.97	-5.42	-10.53	19.31	5.86
도매 및 소매업	3.57	7.78	1.26	2.24	7.5	-3.99
숙박업	0.3	-0.56	-0.98	16.03	1.4	10.26
운수업	-1.51	-5.93	5.95	-0.3	-5.26	5.16
통신업	5.83	0.03	16.77	-5.59	3.93	12.65
부동산 및 임대업	3.63	-0.64	16.1	19.28	2.54	3.79
사업서비스업	6.98	1.07	5	9.14	10	9.51
오락문화운동산업	10.97	8.81	1.05	-14.33	10.08	4.7
수출기업(제조업)	-5.42	-5	-8.53	-11.42	-0.87	-3.95
내수기업(제조업)	0.44	0.66	-1.23	-0.27	8.43	5.16
중화학공업(제조업)	-2.3	-1.9	-4.86	-8.21	3.92	1.13
경공업(제조업)	0	-0.05	-0.84	5.52	11.53	3.64
정보통신산업	0.19	-3.27	-1.64	-16.98	3.88	-3.23
정보통신기술산업	0.2	-3.54	-2.36	-17.8	3.66	-3.87
정보컨텐츠산업	-4.99	0.82	3.84	6.15	6.6	4.35

4.6 4×1 확률벡터 $\boldsymbol{Y}_1, \boldsymbol{Y}_2, \ldots, \boldsymbol{Y}_{20}$ 은 $n=20$ 인 $N_4(\boldsymbol{\mu}, \boldsymbol{\Sigma})$ 인 확률 표본이다.

(a) $\overline{\boldsymbol{Y}}$ 는 어떤 분포를 따르는가?

(b) $19\boldsymbol{S}$ 는 어떤 분포를 따르는가?

4.7 확률벡터 $\boldsymbol{X}' = (X_1,\ X_2,\ X_3,\ X_4)$ 가 4변량 정규분포를 따를 때 즉, $\boldsymbol{X} \sim N_4(\boldsymbol{\mu}, \boldsymbol{\Sigma})$ 이며 $\boldsymbol{\mu}$와 $\boldsymbol{\Sigma}$ 는 각각 다음과 같다.

$$\boldsymbol{\mu} = \begin{pmatrix} \mu_1 \\ \mu_2 \\ \mu_3 \\ \mu_4 \end{pmatrix} = \begin{pmatrix} -2 \\ 1 \\ 4 \\ 3 \end{pmatrix}, \quad \boldsymbol{\Sigma} = \begin{pmatrix} 1 & -8 & 3 & 7 \\ -8 & 9 & -3 & -6 \\ 3 & -3 & 2 & 3 \\ 7 & -6 & 3 & 8 \end{pmatrix}$$

(a) $E[(X_1-\mu_1)(X_3-\mu_3)]$ 를 구하여라.

(b) $E[(X_3-\mu_3)^2]$ 를 구하여라.

(c) $E[(X_1-\mu_1)^2]$ 를 구하여라.

(d) $E[(X_2-\mu_2)(X_4-\mu_4)]$ 를 구하여라.

4.8 다변량 왜도와 첨도를 이용한 정규성 검정을 위한 R 프로그램을 작성하시오.

05 모집단 평균벡터에 관한 추론

5.1 서 론

다변량 정규 모집단으로부터 얻은 확률표본에 대해 모집단의 평균벡터에 대한 추론을 알아보고자 한다. 다변량 정규분포를 포함하여 모집단 분포의 주요 관심 모수인 모평균벡터와 그의 성분에 대한 추론에 대해 설명하고자 한다.

일변량 t-통계량을 사용한 경우의 모평균 문제를 다변량으로 확장한다. 다변량 정규분포를 따르는 데이터에 대해 평균벡터에 대한 가설 검정통계량으로 Hotelling의 T^2 통계량을 소개하고 특성을 설명하고자 한다. 모집단이 다변량 정규분포를 따르는 경우 우도비를 이용한 검정법을 소개하며 모평균벡터에 관한 동시신뢰영역문제를 다루도록 한다.

5.2 Student t-검정과 다변량인 경우로의 확장

5.2.1 Student t-통계량과 Hotelling T^2 통계량

일변량 확률표본 $X_1, X_2, \cdots, X_n$ 이 서로 독립이며 $N(\mu_0, \sigma^2)$ 를 따를 때 모분산에 대한 불편추정량은 $\hat{\sigma}^2 = s^2 = \frac{1}{n-1}\sum_{i=1}^{n}(X_i - \overline{X})^2$ 이다. t-통계량은

$$t = \frac{\overline{X} - \mu_0}{s/\sqrt{n}} \tag{5.1}$$

이며 이것의 제곱을 고려하면

$$t^2 = \frac{(\overline{X} - \mu_0)^2}{(s/\sqrt{n})^2} = n(\overline{X} - \mu_0)(s^2)^{-1}(\overline{X} - \mu_0) \tag{5.2}$$

를 얻는다. 일변량 단일 표본에 대한 t-통계량의 제곱 형태에서 다변량의 경우로 다음과 같이 확장할 수 있다.

다변량 확률표본 $\boldsymbol{X}_1, \boldsymbol{X}_2, \cdots, \boldsymbol{X}_n$이 서로 독립이며 p-변량 정규분포 $N_p(\boldsymbol{\mu}_0, \boldsymbol{\Sigma})$를 따른다 하자. 여기서 모공분산행렬 $\boldsymbol{\Sigma}$는 미지(unknown)일 때, $\boldsymbol{\Sigma}$의 추정통계량으로 $\hat{\boldsymbol{\Sigma}} = \boldsymbol{S}$를 얻는다. 모평균벡터에 대한 추론을 위한 통계량으로

$$T^2 = (\overline{\boldsymbol{X}} - \boldsymbol{\mu}_0)'\left(\frac{\boldsymbol{S}}{n}\right)^{-1}(\overline{\boldsymbol{X}} - \boldsymbol{\mu}_0) = n(\overline{\boldsymbol{X}} - \boldsymbol{\mu}_0)'\boldsymbol{S}^{-1}(\overline{\boldsymbol{X}} - \boldsymbol{\mu}_0) \tag{5.3}$$

를 Hotelling의 T^2 통계량이라 부른다. 여기서 $\boldsymbol{\mu}_{p\times 1}' = (\mu_{10}, \mu_{20}, \ldots, \mu_{p0})$는 모평균벡터이고 j번째 개체에 대한 확률벡터 $\boldsymbol{X}_j' = (X_{1j}, X_{2j}, \cdots, X_{pj})$에 대해 $\overline{\boldsymbol{X}} = \frac{1}{n}\sum_{j=1}^{n}\boldsymbol{X}_j$는 $p\times 1$ 표본평균벡터이며, $\boldsymbol{S}_{p\times p} = \frac{1}{n-1}\sum_{j=1}^{n}(\boldsymbol{X}_j - \overline{\boldsymbol{X}})(\boldsymbol{X}_j - \overline{\boldsymbol{X}})'$ 는 $p\times p$ 표본공분산행렬이다.

5.2.2 Hotelling T^2 통계량의 분포

Hotelling의 T^2 통계량을 살펴보면 다음과 같이

$$\frac{(n-p)}{(n-1)p}T^2 = \frac{n(\overline{\boldsymbol{X}} - \boldsymbol{\mu}_0)'(\overline{\boldsymbol{X}} - \boldsymbol{\mu}_0)/p}{(n-1)\boldsymbol{S}/(n-p)} \quad \begin{matrix} \sim \chi^2_p \\ \sim \chi^2_{n-p} \end{matrix} \tag{5.4}$$

로 볼 수 있으며 분자는 자유도가 p인 카이제곱분포를 따르고 분모는 자유도가 $n-p$인 카이제곱분포를 따른다. 다변량 정규분포의 성질에 의해, 분자와 분모가 서로 독립이므로 위 통계량은 자유도가 p, $n-p$ 인 F-분포, 즉 $F_{p,n-p}$를 따르게 된다. 그러므로 Hotelling의 T^2 통계량은

$$T^2 \sim \frac{(n-1)p}{(n-p)} F_{p,n-p} \tag{5.5}$$

의 분포를 따른다. 다음의 확률을 구하면

$$P\left[T^2 \geq \frac{(n-1)p}{n-p} F_{p,n-p}(\alpha)\right] = \alpha \tag{5.6}$$

이 되며 여기서 $F_{p,n-p}(\alpha)$는 $F_{p,n-p}$를 따르는 확률변수 F 에 대해 $P(F \geq F_{p,n-p}(\alpha))$ $= \alpha$를 만족하는 값이다.

5.3 Σ를 모를 때 $H_0 : \mu = \mu_0$에 대한 Hotelling T^2 검정

5.3.1 소표본 $(n \leq 30)$이며 모분산 σ^2을 모르는 경우

한 개의 정규분포를 따르는 모집단으로부터 얻은 확률표본 $X_1, \cdots, X_n$ 에 대해 특정한 모평균에 대한 가설검정을 하기 위한 검정통계량

$$t = \frac{\overline{X} - \mu_0}{s/\sqrt{n}} \tag{5.7}$$

은 H_0 하에서 t_{n-1}분포를 따르며 모평균에 관한 가설들에 대해 검정법은 다음과 같다.

(i) $H_0 : \mu = \mu_0$에 대해 $H_1 : \mu \neq \mu_0$

유의수준 α에서 검정법은 $|t| \geq t_{n-1}(\alpha/2)$이면 H_0를 기각한다.

(ii) $H_0 : \mu = \mu_0$에 대해 $H_1 : \mu > \mu_0$

유의수준 α에서 검정법은 $t \geq t_{n-1}(\alpha)$이면 H_0를 기각한다.

(iii) $H_0 : \mu = \mu_0$에 대해 $H_1 : \mu < \mu_0$

유의수준 α에서 검정법은 $t \leq -t_{n-1}(\alpha)$이면 H_0를 기각한다.

여기서 $t_{n-1}(\alpha)$는 자유도가 $n-1$인 t 분포를 따르는 확률변수 T에 대해 $P(T \geq t_{n-1}(\alpha))$ $= \alpha$를 만족하는 값이다.

5.3.2 다변량 표본의 경우

한 개 모집단으로부터 서로 독립이고 모평균 벡터 $\boldsymbol{\mu}$, 공분산행렬 $\boldsymbol{\Sigma}$인 p-변량 정규분포를 따르는 n개의 $p\times 1$ 확률벡터 $\boldsymbol{X}_1, \cdots, \boldsymbol{X}_n$을 확률표본으로 얻은 경우, 모평균벡터가 어떤 특정한 모평균벡터 $\boldsymbol{\mu}_0$를 갖는지 검정하고자 할 때의 검정법은 다음과 같다.

(1) 통계적 가설

$$H_0 : \boldsymbol{\mu} = \boldsymbol{\mu}_0 \text{에 대해 } H_1 : \boldsymbol{\mu} \neq \boldsymbol{\mu}_0 \tag{5.8}$$

(2) 검정법 : 유의수준 α에서

$$T^2 = n(\overline{\boldsymbol{X}} - \boldsymbol{\mu}_0)' S^{-1} (\overline{\boldsymbol{X}} - \boldsymbol{\mu}_0) \ \geq \ T^2_{\alpha,p,n-1} = \frac{(n-1)p}{n-p} F_{p,n-p}(\alpha) \tag{5.9}$$

이면 H_0를 기각한다.

[참고] 일변량 t^2통계량은 다음과 같이 분해하여

$$t^2 = \frac{(\bar{x} - \mu_0)^2}{(s/\sqrt{n})^2} = \sqrt{n}(\bar{x} - \mu_0)(s^2)^{-1}\sqrt{n}(\bar{x} - \mu_0)$$

$$= \begin{pmatrix}\text{일변량 정규} \\ \text{확률변수}\end{pmatrix}' \begin{pmatrix}\frac{\text{카이제곱 확률변수}}{\text{자유도}}\end{pmatrix}^{-1} \begin{pmatrix}\text{일변량 정규} \\ \text{확률변수}\end{pmatrix} \tag{5.10}$$

와 같이 쓸 수 있고 다변량의 경우 T^2 통계량은 아래와 같이 비슷한 구조를 가짐을 알 수 있다.

$$T^2 = \sqrt{n}(\overline{\boldsymbol{X}} - \boldsymbol{\mu}_0)' \left[\frac{\sum_{j=1}^{n} (\boldsymbol{X}_j - \overline{\boldsymbol{X}})(\boldsymbol{X}_j - \overline{\boldsymbol{X}})'}{n-1} \right]^{-1} \sqrt{n}(\overline{\boldsymbol{X}} - \boldsymbol{\mu}_0)$$

$$= \begin{pmatrix}\text{다변량 정규} \\ \text{확률벡터}\end{pmatrix}' \begin{pmatrix}\frac{\text{Wishart 확률행렬}}{\text{자유도}}\end{pmatrix}^{-1} \begin{pmatrix}\text{다변량 정규} \\ \text{확률벡터}\end{pmatrix} \tag{5.11}$$

≪예제 5.1≫ 20명의 정상인 여성들의 땀에 관해 측정하여 [표 5.1]의 자료를 얻었다.

X_1 = 땀의 비율(sweat rate)

X_2 = sodium 양

X_3 = potassium 양

$H_0 : \boldsymbol{\mu}' = (4, 50, 10)$에 대해 $H_1 : \boldsymbol{\mu}' \neq (4, 50, 10)$ 가설 검정을 유의수준 5%와 10%에서 수행하고자 한다.

우선 표본평균벡터와 표본공분산행렬을 구하면

$$\overline{\boldsymbol{X}} = \begin{pmatrix} 4.640 \\ 45.400 \\ 9.965 \end{pmatrix}, \quad \boldsymbol{S} = \begin{pmatrix} 2.879 & 10.010 & -1.810 \\ 10.010 & 199.788 & -5.640 \\ -1.810 & -5.640 & 3.628 \end{pmatrix}$$

이고 역행렬은

$$\boldsymbol{S}^{-1} = \begin{pmatrix} 0.586 & -0.022 & 0.258 \\ -0.022 & 0.006 & -0.002 \\ 0.258 & -0.002 & 0.402 \end{pmatrix}$$

이므로

$$T^2 = n(\overline{\boldsymbol{X}} - \boldsymbol{\mu}_0)' \boldsymbol{S}^{-1} (\overline{\boldsymbol{X}} - \boldsymbol{\mu}_0)$$

$$= 20(0.640, \ -4.6, \ -0.035) \begin{pmatrix} 0.586 & -0.022 & 0.258 \\ -0.022 & 0.006 & -0.002 \\ 0.258 & -0.002 & 0.402 \end{pmatrix} \begin{pmatrix} 0.640 \\ -4.6 \\ -0.035 \end{pmatrix}$$

$$= 9.74$$

유의수준 5%에서의 기각값은

$$T^2_{\alpha, p, n-1} = \frac{(n-1)p}{n-p} F_{p, n-p}(\alpha) = \frac{19 \cdot 3}{20-3} F_{3,17}(0.05) = 3.353 \cdot 3.20 = 10.73$$

이고 $T^2 = 9.74 \ngeq 10.73$이므로 H_0를 기각하지 못하여 기존 결과와의 차이가 유의하지 않음을 알 수 있다. 유의수준 10%에서의 기각값은

$$T^2_{\alpha, p, n-1} = \frac{(n-1)p}{n-p} F_{p, n-p}(\alpha) = \frac{19 \cdot 3}{20-3} F_{3,17}(0.10) = 3.353 \cdot 2.44 = 8.18$$

이고 $T^2 = 9.74 \geq 8.18$이므로 H_0를 기각하게 되어 기존 결과와 차이가 있음을 알게 된다. 즉 정하는 유의수준에 따라 검정 결과에 차이가 날 수 있으며 p-값이 0.05와 0.10 사이임을 알 수 있다.

▶표 5.1 땀 자료

개인 번호	X_1	X_2	X_3
1	3.7	48.5	9.3
2	5.7	65.1	8.0
3	3.8	47.2	10.9
4	3.2	53.2	12.0
5	3.1	55.5	9.7
6	4.6	36.1	7.9
7	2.4	24.8	14.0
8	7.2	33.1	7.6
9	6.7	47.4	8.5
10	5.4	54.1	11.3
11	3.9	36.9	12.7
12	4.5	58.8	12.3
13	3.5	27.8	9.8
14	4.5	40.2	8.4
15	1.5	13.5	10.1
16	8.5	56.4	7.1
17	4.5	71.6	8.2
18	6.5	52.8	10.9
19	4.1	44.1	11.2
20	5.5	40.9	9.4

5.3.3 Hotelling T^2 통계량의 불변성

T^2 통계량의 성질 중 불변성에 대해 알아보자. T^2 통계량은 위치와 척도변환에 대해 불변(invariant)이다. 즉, $\boldsymbol{X} \sim N_p(\boldsymbol{\mu}_0, \boldsymbol{\Sigma})$일 때,

정칙행렬 $\boldsymbol{C}$와 상수벡터 $\boldsymbol{d}$에 대해 다음과 같은 변환을 한 후

$$\boldsymbol{Y} = \boldsymbol{CX} + \boldsymbol{d} \tag{5.12}$$

에 대해 $\overline{\boldsymbol{Y}} - \boldsymbol{\mu}_Y = \boldsymbol{C}(\overline{\boldsymbol{X}} - \boldsymbol{\mu}_0)$ 이고, 변환된 변수 $\boldsymbol{Y}$의 기대값과 공분산행렬을 구하면

$$EY = \boldsymbol{\mu}_Y = \boldsymbol{C\mu}_0 + \boldsymbol{d}$$

$$Var(\boldsymbol{Y}) = \boldsymbol{C}Var(\boldsymbol{X})\boldsymbol{C}' = \boldsymbol{C\Sigma C}' \tag{5.13}$$

이므로 $\widehat{Var}(\boldsymbol{Y}) = \boldsymbol{CSC}'$이다. 그러므로 Hotelling의 T^2 통계량을 구하면

$$T_{\boldsymbol{Y}}^2 = n(\overline{\boldsymbol{Y}}-\boldsymbol{\mu}_Y)'\boldsymbol{S}_Y^{-1}(\overline{\boldsymbol{Y}}-\boldsymbol{\mu}_Y) \tag{5.14}$$
$$= n\{\boldsymbol{C}(\overline{\boldsymbol{X}}-\boldsymbol{\mu}_0)\}'\{\boldsymbol{CSC}'\}^{-1}\{\boldsymbol{C}(\overline{\boldsymbol{X}}-\boldsymbol{\mu}_0)\}$$
$$= n(\overline{\boldsymbol{X}}-\boldsymbol{\mu}_0)'\boldsymbol{C}'(\boldsymbol{C}')^{-1}\boldsymbol{S}^{-1}\boldsymbol{C}^{-1}\boldsymbol{C}(\overline{\boldsymbol{X}}-\boldsymbol{\mu}_0)$$
$$= n(\overline{\boldsymbol{X}}-\boldsymbol{\mu}_0)'\boldsymbol{S}^{-1}(\overline{\boldsymbol{X}}-\boldsymbol{\mu}_0)$$
$$= T_{\boldsymbol{X}}^2$$

이 되어 변환 전 변수인 $\boldsymbol{X}$ 에 대한 Hotelling의 T^2 통계량과 같게 된다. 이런 불변성은 통계적 가설 검정에서 바람직한 성질로 여겨진다.

5.4 두 모집단에 대한 Hotelling의 T^2 검정

5.4.1 일변량 표본으로 소표본($n \leq 30$)에서 모분산 $\sigma_1^2 = \sigma_2^2 = \sigma^2$ 이며 σ^2을 모르는 경우

두 개의 모집단으로부터 서로 독립인 확률표본을 얻은 경우 모평균의 비교문제를 고려하고자 한다. 관련 모수와 추정통계량을 [표 5.2]와 같이 정리할 수 있다.

▶표 5.2 두 개의 집단으로부터 얻어진 일변량의 표본 정보

	모집단 1	모집단 2
모평균	μ_1	μ_2
모분산	σ_1^2	σ_2^2
확률표본	$X_{11}, X_{12}, \ldots, X_{1n_1}$	$X_{21}, X_{22}, \ldots, X_{2n_2}$
표본평균	$\overline{X_1} = \dfrac{\sum_{i=1}^{n_1} X_{1i}}{n_1}$	$\overline{X_2} = \dfrac{\sum_{i=1}^{n_2} X_{2i}}{n_2}$
표본분산	$s_1^2 = \dfrac{\sum_{i=1}^{n_1}(X_{1i}-\overline{X_1})^2}{n_1-1}$	$s_2^2 = \dfrac{\sum_{i=1}^{n_2}(X_{2i}-\overline{X_2})^2}{n_2-1}$

두 집단의 분산이 같으므로 합동분산추정량(pooled variance estimator)

$$s_p^2 = \frac{(n_1-1)s_1^2 + (n_2-1)s_2^2}{n_1+n_2-2} \tag{5.15}$$

을 사용한다. 검정통계량

$$t = \frac{(\overline{X_1} - \overline{X_2}) - \delta_0}{s_p\sqrt{\frac{1}{n_1}+\frac{1}{n_2}}} \tag{5.16}$$

은 H_0 하에서 $t_{n_1+n_2-2}$분포를 따르며 두 집단 모평균에 관한 다음의 가설들에 대해 검정법은 다음과 같다.

(i) $H_0 : \mu_1 - \mu_2 = \delta_0$에 대해 $H_1 : \mu_1 - \mu_2 \neq \delta_0$

유의수준 α에서 검정법은 $|t| \geq t_{n_1+n_2-2}(\alpha/2)$이면 H_0를 기각한다.

(ii) $H_0 : \mu_1 - \mu_2 \leq \delta_0$에 대해 $H_1 : \mu_1 - \mu_2 > \delta_0$

유의수준 α에서 검정법은 $t \geq t_{n_1+n_2-2}(\alpha)$이면 H_0를 기각한다.

(iii) $H_0 : \mu_1 - \mu_2 \geq \delta_0$에 대해 $H_1 : \mu_1 - \mu_2 < \delta_0$

유의수준 α에서 검정법은 $t \leq -t_{n_1+n_2-2}(\alpha)$이면 H_0를 기각한다.

5.4.2 다변량 표본이며 $\Sigma_1 = \Sigma_2 = \Sigma$인 경우

두 개 모집단으로부터 서로 독립이고 p변량 정규분포를 따르며 n_1개의 $p\times 1$ 확률벡터로 구성된 $\boldsymbol{X}_{11},\cdots,\boldsymbol{X}_{1n_1}$ 확률표본과 n_2개의 $p\times 1$ 확률벡터로 구성된 $\boldsymbol{X}_{21}, \cdots, \boldsymbol{X}_{2n_2}$ 확률표본을 얻었다.

즉 $\boldsymbol{X}_{1j} \sim iid\ N_p(\boldsymbol{\mu}_1, \boldsymbol{\Sigma}_1)$, $\boldsymbol{X}_{2j} \sim iid\ N_p(\boldsymbol{\mu}_2, \boldsymbol{\Sigma}_2)$ 일 때 두 집단의 모평균벡터가 같은지 검정하고자 한다. 공분산행렬에 대한 가정으로 $\boldsymbol{\Sigma}_1 = \boldsymbol{\Sigma}_2 = \boldsymbol{\Sigma}$ 이며, $\boldsymbol{\Sigma}$는 알려져 있지 않다고 가정한다.

(1) 통계적 가설

$$H_0 : \boldsymbol{\mu}_1 = \boldsymbol{\mu}_2 \text{에 대해 } H_1 : \boldsymbol{\mu}_1 \neq \boldsymbol{\mu}_2 \tag{5.17}$$

(2) 검정법

유의수준 α에서

$$T^2 = (\overline{\boldsymbol{X}}_1 - \overline{\boldsymbol{X}}_2)'\left[\left(\frac{1}{n_1}+\frac{1}{n_2}\right)\boldsymbol{S}_{pl}\right]^{-1}(\overline{\boldsymbol{X}}_1 - \overline{\boldsymbol{X}}_2) \tag{5.18}$$

$$= \frac{n_1 n_2}{n_1+n_2}(\overline{\boldsymbol{X}}_1 - \overline{\boldsymbol{X}}_2)'\boldsymbol{S}_{pl}^{-1}(\overline{\boldsymbol{X}}_1 - \overline{\boldsymbol{X}}_2)$$

$$\geq T^2_{\alpha, p, n_1+n_2-2} = \frac{(n_1+n_2-2)p}{n_1+n_2-p-1}F_{p, n_1+n_2-p-1}(\alpha)$$

이면 H_0를 기각한다. 여기서 $\boldsymbol{S}_1 = \hat{\boldsymbol{\Sigma}}_1$, $\boldsymbol{S}_2 = \hat{\boldsymbol{\Sigma}}_2$

$$\boldsymbol{S}_{pl} = \frac{(n_1-1)\boldsymbol{S}_1 + (n_2-1)\boldsymbol{S}_2}{n_1+n_2-2} \tag{5.19}$$

은 $p \times p$ 합동공분산행렬(pooled covariance matrix)이다.

H_0 하에서 $\overline{\boldsymbol{X}}_1 - \overline{\boldsymbol{X}}_2$의 기대값은

$$E(\overline{\boldsymbol{X}}_1 - \overline{\boldsymbol{X}}_2) = \boldsymbol{\mu}_1 - \boldsymbol{\mu}_2 = \mathbf{0} \tag{5.20}$$

이고, 가정에 의해

$$Cov(\overline{\boldsymbol{X}}_1, \overline{\boldsymbol{X}}_2) = \mathbf{0} \tag{5.21}$$

이며 두 평균벡터 차의 공분산행렬을 구하면

$$Cov(\overline{\boldsymbol{X}}_1 - \overline{\boldsymbol{X}}_2) = Cov(\overline{\boldsymbol{X}}_1) + Cov(\overline{\boldsymbol{X}}_2) \tag{5.22}$$

$$= \frac{1}{n_1}\boldsymbol{\Sigma} + \frac{1}{n_2}\boldsymbol{\Sigma} = \left(\frac{1}{n_1}+\frac{1}{n_2}\right)\boldsymbol{\Sigma}$$

이므로 다음과 같은

$$\widehat{Cov}(\overline{\boldsymbol{X}}_1 - \overline{\boldsymbol{X}}_2) = \left(\frac{1}{n_1}+\frac{1}{n_2}\right)\boldsymbol{S}_{pl} \tag{5.23}$$

추정량을 이용해야 한다. 즉 식 (5.22)에서 공분산행렬 추정량으로 합동공분산행렬 $\boldsymbol{S}_{pl}$이 이용된다.

≪예제 5.2≫ 남자(1) 32명과 여자(2) 32명에 대한 심리 시험 결과가 [표 5.3]과 같이 주어졌다. 성별에 따라 평균벡터 간에 차이가 있는지 검정하고자 한다. 여기서 각 변수는 X_1 =그림 인식, X_2 =문제 인식, X_3 =도구 인식, X_4 =언어력으로 정의된다. 단, 각 집단은 공분산행렬이 같은 다변량 정규분포를 따른다고 가정한다.

$H_0 : \boldsymbol{\mu}_1 = \boldsymbol{\mu}_2$에 대해 $H_1 : \boldsymbol{\mu}_1 \neq \boldsymbol{\mu}_2$ 가설 검정을 유의수준 5%에서 하고자 한다.

두 집단의 표본평균벡터와 표본공분산행렬을 각각 구하면

$$\overline{\boldsymbol{X}_1} = \begin{pmatrix} 15.97 \\ 15.91 \\ 27.19 \\ 22.75 \end{pmatrix}, \quad \boldsymbol{S}_1 = \begin{pmatrix} 5.192 & 4.545 & 6.522 & 5.250 \\ 4.545 & 13.185 & 6.760 & 6.266 \\ 6.522 & 6.760 & 28.673 & 14.468 \\ 5.250 & 6.266 & 14.468 & 16.656 \end{pmatrix}$$

와

$$\overline{\boldsymbol{X}_2} = \begin{pmatrix} 12.34 \\ 13.91 \\ 16.66 \\ 21.94 \end{pmatrix}, \quad \boldsymbol{S}_2 = \begin{pmatrix} 9.136 & 7.549 & 4.864 & 4.151 \\ 7.549 & 18.604 & 10.225 & 5.446 \\ 4.864 & 10.225 & 30.039 & 13.494 \\ 4.151 & 5.446 & 13.494 & 28.00 \end{pmatrix}$$

로 계산된다. 합동공분산행렬을 구해보면

$$\boldsymbol{S}_{pl} = \frac{(n_1-1)\boldsymbol{S}_1 + (n_2-1)\boldsymbol{S}_2}{n_1+n_2-2} = \frac{(32-1)\boldsymbol{S}_1 + (32-1)\boldsymbol{S}_2}{32+32-2}$$

$$= \begin{pmatrix} 7.164 & 6.047 & 5.693 & 4.701 \\ 6.047 & 15.89 & 8.492 & 5.856 \\ 5.693 & 8.492 & 29.36 & 13.98 \\ 4.701 & 5.856 & 13.98 & 22.32 \end{pmatrix}$$

과 같이 계산된다. 검정통계량을 계산하면

$$T^2 = (\overline{\boldsymbol{X}_1} - \overline{\boldsymbol{X}_2})' \left[\left(\frac{1}{n_1} + \frac{1}{n_2} \right) \boldsymbol{S}_{pl} \right]^{-1} (\overline{\boldsymbol{X}_1} - \overline{\boldsymbol{X}_2}) = 97.6015$$

을 얻고, 유의수준 5%에서의 기각치는

$$T^2_{n_1+n_2-2}(\alpha) = \frac{(n_1+n_2-2)p}{n_1+n_2-p-1} F_{p,n_1+n_2-p-1}(\alpha)$$

$$= \frac{62 \cdot 4}{59} F_{4,59}(0.05) \approx \frac{248}{59} F_{4,60}(0.05) = 10.635$$

이고 $T^2 = 97.6015 > 10.635$이므로 H_0를 기각하게 된다. 즉 남녀 간의 평균벡터 차이가 통계적으로 유의하다고 결론지을 수 있다.

▶표 5.3 남자 32명, 여자 32명에 대한 4가지 심리 검사 자료

번호(남자)	X_1	X_2	X_3	X_4	번호(여자)	X_1	X_2	X_3	X_4
1	15	17	24	14	1	13	14	12	21
2	17	15	32	26	2	14	12	14	26
3	15	14	29	23	3	12	19	21	21
4	13	12	10	16	4	12	13	10	16
5	20	17	26	28	5	11	20	16	16
6	15	21	26	21	6	12	9	14	18
7	15	13	26	22	7	10	13	18	24
8	13	5	22	22	8	10	8	13	23
9	14	7	30	17	9	12	20	19	23
10	17	15	30	27	10	11	10	11	27
11	17	17	26	20	11	12	18	25	25
12	17	20	28	24	12	14	18	13	26
13	15	15	29	24	13	14	10	25	28
14	18	19	32	28	14	13	16	8	14
15	18	18	31	27	15	14	8	13	25
16	15	14	26	21	16	13	16	23	28
17	18	17	33	26	17	16	21	26	26
18	10	14	19	17	18	14	17	14	14
19	18	21	30	29	19	16	16	15	23
20	18	21	34	26	20	13	16	23	24
21	13	17	30	24	21	2	6	16	21
22	16	16	16	16	22	14	16	22	26
23	11	15	25	23	23	17	17	22	28
24	16	13	26	16	24	16	13	16	14
25	16	13	23	21	25	15	14	20	26
26	18	18	34	24	26	12	10	12	9
27	16	15	28	27	27	14	17	24	23
28	15	16	29	24	28	13	15	18	20
29	18	19	32	23	29	11	16	18	28
30	18	16	33	23	30	7	7	19	18
31	17	20	21	21	31	12	15	7	28
32	19	19	30	28	32	6	5	6	13

5.4.3 다변량 표본이며 $\Sigma_1 \neq \Sigma_2$인 경우

두 개 모집단으로부터 서로 독립이고 p-변량 정규분포를 따르는 n_1개의 $p\times 1$ 확률벡터 $\boldsymbol{X}_{11}, \cdots, \boldsymbol{X}_{1n_1}$와 n_2개의 $p\times 1$ 확률벡터 $\boldsymbol{X}_{21}, \cdots, \boldsymbol{X}_{2n_2}$를 얻은 경우 즉,

$\boldsymbol{X}_{1j} \sim N_p(\boldsymbol{\mu}_1, \boldsymbol{\Sigma}_1)$, $\boldsymbol{X}_{2j} \sim N_p(\boldsymbol{\mu}_2, \boldsymbol{\Sigma}_2)$를 따르는 경우, 두 집단의 모평균벡터가 같은지 검정하고자 한다. 여기서 $\boldsymbol{\Sigma}_1 \neq \boldsymbol{\Sigma}_2$ 이며 $\boldsymbol{\Sigma}_1$과 $\boldsymbol{\Sigma}_2$ 는 알려져 있지 않다고 가정한다.

H_0 하에서 $\overline{\boldsymbol{X}}_1 - \overline{\boldsymbol{X}}_2$의 기대값과 공분산행렬을 구하면

$$E(\overline{\boldsymbol{X}}_1 - \overline{\boldsymbol{X}}_2) = \boldsymbol{\mu}_1 - \boldsymbol{\mu}_2 = \mathbf{0}$$

$$Cov(\overline{\boldsymbol{X}}_1, \overline{\boldsymbol{X}}_2) = 0$$

$$\begin{aligned} Cov(\overline{\boldsymbol{X}}_1 - \overline{\boldsymbol{X}}_2) &= Cov(\overline{\boldsymbol{X}}_1) + Cov(\overline{\boldsymbol{X}}_2) \\ &= \frac{1}{n_1}\boldsymbol{\Sigma}_1 + \frac{1}{n_2}\boldsymbol{\Sigma}_2 \end{aligned} \tag{5.24}$$

이므로

$$\widehat{Cov} = (\overline{\boldsymbol{X}}_1 - \overline{\boldsymbol{X}}_2) = \frac{1}{n_1}\boldsymbol{S}_1 + \frac{1}{n_2}\boldsymbol{S}_2 \tag{5.25}$$

와 같이 공분산행렬에 대한 추정량을 구할 수 있다. 여기서 $\boldsymbol{S}_1 = \hat{\boldsymbol{\Sigma}}_1$, $\boldsymbol{S}_2 = \hat{\boldsymbol{\Sigma}}_2$이다.

(1) 통계적 가설

$$H_0 : \boldsymbol{\mu}_1 - \boldsymbol{\mu}_2 = \mathbf{0} \text{ 에 대해 } H_1 : \boldsymbol{\mu}_1 - \boldsymbol{\mu}_2 \neq \mathbf{0} \tag{5.26}$$

(2) 검정법

$$T^2 = (\overline{\boldsymbol{X}}_1 - \overline{\boldsymbol{X}}_2)'\left(\frac{\boldsymbol{S}_1}{n_1} + \frac{\boldsymbol{S}_2}{n_2}\right)^{-1}(\overline{\boldsymbol{X}}_1 - \overline{\boldsymbol{X}}_2) \tag{5.27}$$

유의수준 α에서 근사적인 검정법으로 $n_1 - p$, $n_2 - p$가 충분히 클 때, $T^2 \geq \chi_p^2(\alpha)$ 이면 H_0를 기각한다.

이번에는 모평균벡터 차 $\boldsymbol{\mu}_1-\boldsymbol{\mu}_2$에 대한 구간 추정을 고려하고자 한다.

$\boldsymbol{\mu}_1-\boldsymbol{\mu}_2$에 대해 근사적인 $100(1-\alpha)\%$ 신뢰영역은

$$(\overline{\boldsymbol{X}}_1-\overline{\boldsymbol{X}}_2)'\left(\frac{\boldsymbol{S}_1}{n_1}+\frac{\boldsymbol{S}_2}{n_2}\right)^{-1}(\overline{\boldsymbol{X}}_1-\overline{\boldsymbol{X}}_2)\le\chi_p^2(\alpha) \tag{5.28}$$

이 된다. 또한 선형조합 $\boldsymbol{l}'(\boldsymbol{\mu}_1-\boldsymbol{\mu}_2)$에 대한 $100(1-\alpha)\%$ 동시 신뢰영역은

$$\boldsymbol{l}'(\overline{\boldsymbol{X}}_1-\overline{\boldsymbol{X}}_2)\pm\sqrt{\chi_p^2(\alpha)}\sqrt{\boldsymbol{l}'\left(\frac{\boldsymbol{S}_1}{n_1}+\frac{\boldsymbol{S}_2}{n_2}\right)\boldsymbol{l}} \tag{5.29}$$

와 같이 주어진다.

≪예제 5.3≫ Azotobacter라는 유기체를 포함한 토양과 포함하지 않은 토양을 비교하기 위해 다음의 변수들을 측정하여 [표 5.4]의 결과를 얻었다. 두 토양의 성분이 같다고 할 수 있는지 유의수준 5%에서 두 집단에 대한 모평균벡터에 대한 검정을 하고자 한다. 단, 두 집단은 공분산행렬이 다른 다변량 정규분포를 따른다고 할 수 있다고 가정한다. 관측된 변수는 다음과 같다:

$$X_1=\text{pH 산성도},\quad X_2=\text{인산(phosphate) 양},\quad X_3=\text{질소(nitrogen) 양}$$

관심있는 통계적 가설은 $H_0:\boldsymbol{\mu}_1=\boldsymbol{\mu}_2$에 대해 $H_1:\boldsymbol{\mu}_1\neq\boldsymbol{\mu}_2$이므로 Hotelling의 검정을 이용하고자 한다. 우선

$$\overline{\boldsymbol{X}}_1=\begin{pmatrix}7.81\\108.77\\44.92\end{pmatrix},\quad \overline{\boldsymbol{X}}_2=\begin{pmatrix}5.89\\41.90\\20.80\end{pmatrix}$$

$$\boldsymbol{S}_1=\begin{pmatrix}0.461&1.18&4.49\\1.18&3776.4&-17.35\\4.49&-17.35&147.24\end{pmatrix},\quad \boldsymbol{S}_2=\begin{pmatrix}0.148&-0.679&0.209\\-0.679&96.10&20.20\\0.209&20.20&24.18\end{pmatrix}$$

Hotelling의 T^2 검정통계량을 계산하면

$$T^2=(\overline{\boldsymbol{X}}_1-\overline{\boldsymbol{X}}_2)'\left(\frac{\boldsymbol{S}_1}{n_1}+\frac{\boldsymbol{S}_2}{n_2}\right)^{-1}(\overline{\boldsymbol{X}}_1-\overline{\boldsymbol{X}}_2)=96.818$$

이며 근사적인 기각값 $\chi_3^2(0.05)=7.81$을 얻고 $T^2=96.818\geq 7.81$ 이므로 H_0를 기각한다.

▶ 표 5.4 Azotobacter 자료

Azotobacter 있는 경우			Azotobacter 없는 경우		
X_1	X_2	X_3	X_1	X_2	X_3
8.0	60	58	6.2	49	30
8.0	156	68	5.6	31	23
8.0	90	37	5.8	42	22
6.1	44	27	5.7	42	14
7.4	207	31	6.2	40	23
7.4	120	32	6.4	49	18
8.4	65	43	5.8	31	17
8.1	237	45	6.4	31	19
8.3	57	60	5.4	62	26
7.0	94	43	5.4	42	16
8.5	86	40			
8.4	52	48			
7.9	146	52			

5.5 짝지어진 두 개 집단에 대한 검정

5.5.1 짝지어진 두 집단에서 추출된 일변량 표본의 경우

각 개체에 대해 정규분포를 따르는 모집단으로부터 쌍(pair)으로 측정하여 확률표본 (X_1, Y_1), ..., (X_n, Y_n)을 얻은 경우 두 집단(처리)의 모평균이 같은지 검정하고자 한다. 관심 있는 가설

$$H_0 : \mu_1 = \mu_2 \text{ 에 대해 } H_1 : \mu_1 \neq \mu_2$$

은 다음과 같이 쓸 수 있으며,

$$H_0 : \mu_1 - \mu_2 = 0 \text{ 에 대해 } H_1 : \mu_1 - \mu_2 \neq 0 \qquad (5.30)$$

또는

$$H_0 : \delta = 0 \text{ 에 대해 } H_1 : \delta \neq 0$$

로 표현할 수도 있다. [표 5.5]는 짝지어진(paired) 표본의 자료구조를 보여주며 각 개체에 따른 효과를 제거하기 위하여 각 개체에 대해 관측값의 차이를 구하여 이용한다.

▶ 표 5.5 짝지어진 표본의 자료구조

쌍	처리 1	처리 2	차이
1	Y_{11}	Y_{21}	$d_1 = Y_{11} - Y_{21}$
2	Y_{12}	Y_{22}	$d_2 = Y_{12} - Y_{22}$
⋮	⋮	⋮	⋮
n	Y_{1n}	Y_{2n}	$d_n = Y_{1n} - Y_{2n}$

여기서 $d_1, d_2, \cdots, d_n \sim iid \;\; N(\delta, \sigma_\delta^2)$이 되며 차이에 대한 평균과 분산의 추정량은 다음과 같다.

$$\bar{d} = \frac{\sum_{i=1}^{n} d_i}{n}, \quad s_d^2 = \frac{\sum_{i=1}^{n} (d_i - \bar{d})^2}{n-1} \tag{5.31}$$

검정통계량

$$t = \frac{\bar{d} - \delta_0}{s_d / \sqrt{n}} \tag{5.32}$$

은 H_0 하에서 t_{n-1} 분포를 따르며 모평균 차이에 관한 다음의 가설들에 대해 유의수준 α에서의 검정법은 다음과 같다.

(i) $H_0 : \delta = \delta_0$에 대해 $H_1 : \delta \neq \delta_0$

유의수준 α에서 검정법은 $|t| \geq t_{n-1}(\alpha/2)$이면 H_0를 기각한다.

(ii) $H_0 : \delta \leq \delta_0$에 대해 $H_1 : \delta > \delta_0$

유의수준 α에서 검정법은 $t \geq t_{n-1}(\alpha)$ 이면 H_0를 기각한다.

(iii) $H_0 : \delta \geq \delta_0$에 대해 $H_1 : \delta < \delta_0$

유의수준 α에서 검정법은 $t \leq -t_{n-1}(\alpha)$이면 H_0를 기각한다.

5.5.2 짝지어진 두 집단에서 추출된 다변량 표본의 경우

관측값간에 짝지어진 관계로 인해 두 개의 표본이 서로 독립이 아닐 때 두 집단에 대한 T^2 검정은 적당하지 않다. 예를 들어, 한 학생에게 특별한 교육방법 시행 전(before)과 후(after) 2회 3과목 시험이 치러진 경우와, 한 환자에게 약을 투여한 뒤 1시간 후, 3시간 후에 효과와 혈압을 측정한 경우를 들 수 있다. 이러한 경우에는 짝지어진 관계로 인해 각 측정값간의 차이를 구해, 한 개 모집단 문제로 전환하여 보는 것이 타당하다.

▶ 표 5.6 짝지어진 표본의 다변량 자료구조

짝 번호	처리 1	처리 2	차이
1	X_1	Y_1	$d_1 = Y_1 - X_1$
2	X_2	Y_2	$d_2 = Y_2 - X_2$
⋮	⋮	⋮	⋮
n	X_n	Y_n	$d_n = Y_n - X_n$

각 개체에 대해 p-변량 정규분포를 따르는 $p\times 1$ 확률벡터를 쌍(pair)으로 측정하여 $(\boldsymbol{X}_1, \boldsymbol{Y}_1)$, ..., $(\boldsymbol{X}_n, \boldsymbol{Y}_n)$로 확률표본을 얻은 경우 두 집단의 모평균벡터가 같은지 검정하고자 한다.

(1) 통계적 가설

$$H_0 : \boldsymbol{d} = \boldsymbol{\mu}_1 - \boldsymbol{\mu}_2 = 0 \text{에 대해 } H_1 : \boldsymbol{d} = \boldsymbol{\mu}_1 - \boldsymbol{\mu}_2 \neq 0 \tag{5.33}$$

(2) 검정법

유의수준 α에서

$$T^2 = \bar{\boldsymbol{d}}'\left(\frac{\boldsymbol{S}_d}{n}\right)^{-1}\bar{\boldsymbol{d}} = n\bar{\boldsymbol{d}}'\boldsymbol{S}_d^{-1}\bar{\boldsymbol{d}} \geq T^2_{\alpha,p,n-1} = \frac{(n-1)p}{n-p}F_{p,n-p}(\alpha) \tag{5.34}$$

이면 H_0를 기각한다. 여기서

$$\bar{\boldsymbol{d}} = \frac{1}{n}\sum_{i=1}^{n}\boldsymbol{d}_i \quad \boldsymbol{S}_d = \frac{1}{n-1}\sum_{i=1}^{n}(\boldsymbol{d}_i - \bar{\boldsymbol{d}})(\boldsymbol{d}_i - \bar{\boldsymbol{d}})' \tag{5.35}$$

이다.

≪예제 5.4≫ 부식을 방지해주는 두 가지 코팅 방법 A, B에 대한 비교를 하고자 15개의 파이프 양쪽에 각각의 방법으로 코팅을 한 후, 얼마의 시간이 지난 후 부식정도에 대해

X_1 = 부식된 구멍의 최대 깊이, X_2 =부식한 구멍 수

를 측정하여 [표 5.7]의 결과를 얻었다. 짝지어진 두 집단으로 볼 수 있으므로 각 변수의 차이를 계산하여 [표 5.7]에 첨가하였다. 두 가지 코팅 방법에 대한 부식 깊이와 부식 구멍수의 평균벡터가 같은지 유의수준 5%에서 통계적 검정을 하고자 한다.

(1) 통계적 가설

$$H_0 : \boldsymbol{d} = \boldsymbol{\mu}_A - \boldsymbol{\mu}_B = \mathbf{0} \text{에 대해 } H_1 : \boldsymbol{d} = \boldsymbol{\mu}_A - \boldsymbol{\mu}_B \neq \mathbf{0}$$

(2) 검정통계량

차이(difference)에 대한 표본평균벡터 $\bar{\boldsymbol{d}} = \frac{1}{n}\sum_{i=1}^{n}\boldsymbol{d}_i = \begin{pmatrix} 8.000 \\ 3.067 \end{pmatrix}$,

차이에 대한 표본공분산행렬

$$\boldsymbol{S}_d = \frac{1}{n-1}\sum_{i=1}^{n}(\boldsymbol{d}_i - \bar{\boldsymbol{d}})(\boldsymbol{d}_i - \bar{\boldsymbol{d}})' = \begin{pmatrix} 121.571 & 17.071 \\ 17.071 & 21.781 \end{pmatrix}$$

을 얻고 검정통계량은

$$T^2 = \bar{\boldsymbol{d}}'\left(\frac{\boldsymbol{S}_d}{n}\right)^{-1}\bar{\boldsymbol{d}} = n\bar{\boldsymbol{d}}'\boldsymbol{S}_d^{-1}\bar{\boldsymbol{d}} = 10.819$$

이고 기각값은

$$T^2_{p,n-1}(\alpha) = \frac{(n-1)p}{n-p}F_{p,n-p}(\alpha) = \frac{14 \cdot 2}{15-2}F_{2,13}(0.05)$$
$$= 2.154 \cdot 3.81 = 8.207$$

이다. $T^2 = 10.819 > 8.207$이므로 H_0를 기각한다. 그러므로 코팅방법에 따라 부식깊이와 구멍개수의 평균벡터간에 통계적으로 유의한 차이가 있다고 할 수 있다.

▶ 표 5.7 파이프의 코팅 방법에 따른 부식 깊이와 구멍 개수

위치	코팅 A		코팅 B		차이	
	깊이 X_1	개수 X_2	깊이 Y_1	개수 Y_2	깊이 $d_1 = Y_1 - X_1$	개수 $d_2 = Y_2 - X_2$
1	51	35	73	31	22	-4
2	41	14	43	19	2	5
3	43	19	47	22	4	3
4	41	29	53	26	12	-3
5	47	34	58	36	11	2
6	32	26	47	30	15	4
7	24	19	52	29	28	10
8	43	37	38	36	-5	-1
9	53	24	61	34	8	10
10	52	27	56	33	4	6
11	57	14	56	19	-1	5
12	44	19	34	19	-10	0
13	57	30	55	26	-2	-4
14	40	7	65	15	25	8
15	68	13	75	18	7	5

5.6 Hotelling T^2 통계량과 최대우도비 검정

확률벡터 $\boldsymbol{X}$가 p-변량 정규분포를 따를 때 즉 $\boldsymbol{X} \sim N_p(\boldsymbol{\mu}, \boldsymbol{\Sigma})$일 때 우도함수는

$$L(\boldsymbol{\mu}, \boldsymbol{\Sigma}) = \frac{1}{(2\pi)^{np/2}|\boldsymbol{\Sigma}|^{n/2}} \exp\left(-\frac{1}{2}\sum_{j=1}^{n}(\boldsymbol{X}_j - \boldsymbol{\mu})'\boldsymbol{\Sigma}^{-1}(\boldsymbol{X}_j - \boldsymbol{\mu})\right) \tag{5.36}$$

으로 구해지며, 최대우도추정량(MLE : maximum likelihood estimator)을 구하면

$$\hat{\boldsymbol{\mu}} = \overline{\boldsymbol{X}} \tag{5.37}$$

$$\hat{\boldsymbol{\Sigma}} = \frac{1}{n}\sum_{j}(\boldsymbol{X}_j - \overline{\boldsymbol{X}})(\boldsymbol{X}_j - \overline{\boldsymbol{X}})' = \frac{(n-1)}{n}\boldsymbol{S} \tag{5.38}$$

을 얻는다. 이때의 최대우도함수는

$$\max_{\boldsymbol{\mu},\Sigma}\ L(\boldsymbol{\mu},\boldsymbol{\Sigma})=\frac{1}{(2\pi)^{np/2}|\hat{\boldsymbol{\Sigma}}|^{n/2}}\exp\left\{-\frac{np}{2}\right\} \tag{5.39}$$

이 된다. 왜냐하면 지수함수내의 부분은 트레이스를 이용해

$$-\frac{1}{2}\sum_{j=1}^{n}(\boldsymbol{X}_j-\boldsymbol{\mu})'\boldsymbol{\Sigma}^{-1}(\boldsymbol{X}_j-\boldsymbol{\mu}) \tag{5.40}$$

$$=-\frac{1}{2}\sum_{j=1}^{n}tr\left[\boldsymbol{\Sigma}^{-1}(\boldsymbol{X}_j-\boldsymbol{\mu})(\boldsymbol{X}_j-\boldsymbol{\mu})'\right]$$

$$=-\frac{1}{2}tr\left[\boldsymbol{\Sigma}^{-1}\sum_{j=1}^{n}(\boldsymbol{X}_j-\boldsymbol{\mu})(\boldsymbol{X}_j-\boldsymbol{\mu})'\right]$$

로 정리되고 최대우도추정량 $\hat{\boldsymbol{\mu}}=\overline{\boldsymbol{X}}$와 $\hat{\boldsymbol{\Sigma}}=\frac{(n-1)}{n}\boldsymbol{S}$ 를 이용하면 $\boldsymbol{S}^{-1}_{p\times p}n\boldsymbol{S}_{p\times p}$ $=nI_{p\times p}$이 되어 $tr(nI_{p\times p})=np$가 되기 때문이다. 또한 모평균벡터 $\boldsymbol{\mu}_0$가 알려진 경우에는 다음의 최대우도

$$\max_{\boldsymbol{\Sigma}}\ L(\boldsymbol{\mu}_0,\boldsymbol{\Sigma})=\frac{1}{(2\pi)^{np/2}|\hat{\boldsymbol{\Sigma}}_0|^{n/2}}\exp\left(-\frac{np}{2}\right) \tag{5.41}$$

를 가지며 이때의 최대우도추정량은

$$\hat{\boldsymbol{\Sigma}}_0=\frac{1}{n}\sum_{j}(\boldsymbol{X}_j-\boldsymbol{\mu}_0)(\boldsymbol{X}_j-\boldsymbol{\mu}_0)' \tag{5.42}$$

을 얻게 된다.

우도비 검정법의 원리는 다음과 같이 우도비

$$\Lambda=\frac{\max_{\theta\in\Theta_0}L(\theta)}{\max_{\theta\in\Theta}L(\theta)} \tag{5.43}$$

를 구하고, 유의수준 α에서 Λ가 작을수록 H_0를 기각한다.

우도비(likelihood ratio)를 구하면

$$\Lambda = \frac{\max_{\boldsymbol{\Sigma}} L(\boldsymbol{\mu}_0, \boldsymbol{\Sigma})}{\max_{\boldsymbol{\mu}, \boldsymbol{\Sigma}} L(\boldsymbol{\mu}, \boldsymbol{\Sigma})} = \left(\frac{|\hat{\boldsymbol{\Sigma}}|}{|\hat{\boldsymbol{\Sigma}}_0|} \right)^{n/2} \tag{5.44}$$

이고 검정통계량은

$$\Lambda^{\frac{2}{n}} = \frac{|\hat{\boldsymbol{\Sigma}}|}{|\hat{\boldsymbol{\Sigma}}_0|} = \frac{\left| \sum_{j=1}^{n} (\boldsymbol{X}_j - \overline{\boldsymbol{X}})(\boldsymbol{X}_j - \overline{\boldsymbol{X}})' \right|}{\left| \sum_{j=1}^{n} (\boldsymbol{X}_j - \boldsymbol{\mu}_0)(\boldsymbol{X}_j - \boldsymbol{\mu}_0)' \right|} = \Lambda^* \tag{5.45}$$

로 계산된다. 이와 같은 통계량은 Wilks(1946)에 의해 제안되어졌고 Wilks lambda라고 부른다.

유의수준 α에서 우도비 검정법은 $\Lambda^* \leq C_\alpha$이면 H_0를 기각한다. 여기서 C_α는 Λ^*의 오른쪽 꼬리 부분의 확률이 α가 되는 값이다. 또한

$$\begin{aligned}
&\sum_{j=1}^{n} (\boldsymbol{X}_j - \boldsymbol{\mu}_0)(\boldsymbol{X}_j - \boldsymbol{\mu}_0)' \\
&= \sum_{j=1}^{n} (\boldsymbol{X}_j - \overline{\boldsymbol{X}} + \overline{\boldsymbol{X}} - \boldsymbol{\mu}_0)(\boldsymbol{X}_j - \overline{\boldsymbol{X}} + \overline{\boldsymbol{X}} - \boldsymbol{\mu}_0)' \\
&= \sum_{j=1}^{n} (\boldsymbol{X}_j - \overline{\boldsymbol{X}})(\boldsymbol{X}_j - \overline{\boldsymbol{X}})' + \sum_{j=1}^{n} (\overline{\boldsymbol{X}} - \boldsymbol{\mu}_0)(\overline{\boldsymbol{X}} - \boldsymbol{\mu}_0)' \\
&= \sum_{j=1}^{n} (\boldsymbol{X}_j - \overline{\boldsymbol{X}})(\boldsymbol{X}_j - \overline{\boldsymbol{X}})' + n(\overline{\boldsymbol{X}} - \boldsymbol{\mu}_0)(\overline{\boldsymbol{X}} - \boldsymbol{\mu}_0)'
\end{aligned}$$

와 같이 정리하면 $\Lambda^{\frac{2}{n}}$은

$$\Lambda^{\frac{2}{n}} = \left[\frac{\left| \sum_j (\boldsymbol{X}_j - \overline{\boldsymbol{X}})(\boldsymbol{X}_j - \overline{\boldsymbol{X}})' + n(\overline{\boldsymbol{X}} - \boldsymbol{\mu}_0)(\overline{\boldsymbol{X}} - \boldsymbol{\mu}_0)' \right|}{\left| \sum_j (\boldsymbol{X}_j - \overline{\boldsymbol{X}})(\boldsymbol{X}_j - \overline{\boldsymbol{X}})' \right|} \right]^{-1} \tag{5.46}$$

이 되고 다음의 정리 5.1과 5.2를 얻을 수 있다. 정리 5.1은 우도비 검정통계량과 T^2 통계량과의 관계를 정리한 것이다.

정리 5.1 $\boldsymbol{X}_1, \cdots, \boldsymbol{X}_n \sim iid\ N_p(\boldsymbol{\mu}, \boldsymbol{\Sigma})$일 때 모평균벡터에 대한 가설

$H_0 : \boldsymbol{\mu} = \boldsymbol{\mu}_0$에 대해 $H_1 : \boldsymbol{\mu} \neq \boldsymbol{\mu}_0$

에 대한 우도비 검정통계량 Λ와 Hotelling의 T^2 검정통계량에 대해

$$\Lambda^{\frac{2}{n}} = \left(1 + \frac{T^2}{n-1}\right)^{-1} \tag{5.47}$$

이 성립한다.

정리 5.2 $n \to \infty$ 이면 우도비검정통계량은

$$-2\ln\Lambda = -2\ln\left(\frac{\max_{\theta \in \Theta_0} L(\theta)}{\max_{\theta \in \Theta} L(\theta)}\right) \sim \chi^2_{\nu - \nu_0} \tag{5.48}$$

분포를 따른다. 여기서 Θ_0는 H_0 하에서 모수공간(parameter space)이고 Θ_1은 H_1 하에서 모수공간이며 $\Theta = \Theta_0 \bigcup \Theta_1$이다. 여기서 ν는 Θ의 차원수이고 ν_0는 Θ_0의 차원수를 나타낸다.

5.7 모평균벡터의 동시 신뢰영역

모평균벡터의 모든 가능한 선형함수들에 관한 가설을 동시에 검정할 수 있고 제 1종 오류의 확률을 일정수준으로 유지하는 검정방법으로부터 동시 신뢰영역을 구하고자 한다.

$$P[R(\boldsymbol{X})\text{가 } \boldsymbol{\theta}\text{를 포함한다}] = 1 - \alpha$$

를 만족하는 영역 $R(\boldsymbol{X})$를 $\boldsymbol{\theta}$에 대한 $100(1-\alpha)\%$ 신뢰영역(confidence region)이라고 한다.

p-차원 정규 모집단의 모평균벡터 $\boldsymbol{\mu}$에 대해, Hotelling T^2의 분포로부터

$$P\left[n(\overline{\boldsymbol{X}}-\boldsymbol{\mu})'\boldsymbol{S}^{-1}(\overline{\boldsymbol{X}}-\boldsymbol{\mu}) \le \frac{(n-1)p}{n-p}F_{p,n-p}(\alpha)\right] = 1-\alpha \tag{5.49}$$

이 된다. 즉, p-차원 공간에서 $\overline{\boldsymbol{X}}$가 $\left[\frac{(n-1)p}{n-p}F_{p,n-p}(\alpha)\right]^{1/2}$ 이내에 있을 확률이 $1-\alpha$가 된다. 이로부터 다음의 정리를 얻을 수 있다.

> **정리 5.3** p-변량 확률표본 $\boldsymbol{X}_1, \cdots, \boldsymbol{X}_n$은 서로 독립이며 $N_p(\boldsymbol{\mu}, \boldsymbol{\Sigma})$분포를 따르며 $\boldsymbol{\Sigma}$는 양정치행렬일 때, p-차원 정규 모집단의 모평균벡터 $\boldsymbol{\mu}$에 대한 $100(1-\alpha)\%$ 신뢰영역은
>
> $$\left\{\boldsymbol{\mu} \mid n(\overline{\boldsymbol{X}}-\boldsymbol{\mu})'\boldsymbol{S}^{-1}(\overline{\boldsymbol{X}}-\boldsymbol{\mu}) \le \frac{(n-1)p}{n-p}F_{p,n-p}(\alpha)\right\} \tag{5.50}$$
>
> 이다.

이와 같은 신뢰영역에 대해 몇 가지 성질을 살펴보면

(i) 이 신뢰영역은 $\overline{\boldsymbol{X}}$를 중심으로 하는 p-차원 타원체가 되며 축의 길이는 $\boldsymbol{S}$의 고유값 $\lambda_1, \lambda_2, \ldots, \lambda_p$에 의존하며 축의 방향은 $\boldsymbol{S}$의 고유벡터 $\boldsymbol{e}_1, \boldsymbol{e}_2, \ldots, \boldsymbol{e}_p$방향이다.

(ii) 축의 방향과 길이는 다음의 식

$$n(\overline{\boldsymbol{X}}-\boldsymbol{\mu})'\boldsymbol{S}^{-1}(\overline{\boldsymbol{X}}-\boldsymbol{\mu}) \le \frac{(n-1)p}{n-p}F_{p,n-p}(\alpha) = c^2 \tag{5.51}$$

으로부터 축의 길이는

$$\frac{\sqrt{\lambda_i}\,c}{\sqrt{n}} = \sqrt{\lambda_i}\sqrt{\frac{p(n-1)}{n(n-p)}F_{p,n-p}(\alpha)} \tag{5.52}$$

축방향은 고유벡터 $\boldsymbol{e}_i$의 방향이 된다.

(iii) 신뢰영역 타원체의 축의 방향은 $\overline{\boldsymbol{X}}$를 중심으로

$$\pm\sqrt{\lambda_i}\sqrt{\frac{p(n-1)}{n(n-p)}F_{p,n-p}(\alpha)}\,\boldsymbol{e}_i \tag{5.53}$$

이며, 여기서 $\boldsymbol{S}\boldsymbol{e}_i = \lambda_i\boldsymbol{e}_i$, $i=1, 2, \ldots, p$ 이다.

$p=4$인 경우 각 모평균벡터의 신뢰수준 $1-\alpha=0.95$에 대해 이와 같은 방법으로 동시 신뢰영역을 구하면 신뢰수준은 0.95가 된다. 동시 신뢰영역의 신뢰수준을 0.95로 하기위해서는 각 모평균에 대한 신뢰구간을 따로 구할 필요 없이 동시에 구하면 된다.

> **정리 5.4** p-변량 확률표본 $\boldsymbol{X}_1, \cdots, \boldsymbol{X}_n$은 서로 독립이며 $N_p(\boldsymbol{\mu}, \boldsymbol{\Sigma})$분포를 따르고 $\boldsymbol{\Sigma}$는 양정치행렬일 때, $\mathbf{0}$이 아닌 모든 $p\times 1$벡터 $\boldsymbol{l}$에 대해 $\boldsymbol{l}'\boldsymbol{\mu}$에 대한 $100(1-\alpha)\%$
> 신뢰구간은 다음과 같다.
>
> $$\left(\boldsymbol{l}'\overline{\boldsymbol{X}}-\sqrt{\frac{p(n-1)}{n(n-p)}F_{p,n-p}(\alpha)\boldsymbol{l}'\boldsymbol{S}\boldsymbol{l}}\ ,\ \boldsymbol{l}'\overline{\boldsymbol{X}}+\sqrt{\frac{p(n-1)}{n(n-p)}F_{p,n-p}(\alpha)\boldsymbol{l}'\boldsymbol{S}\boldsymbol{l}}\ \right) \tag{5.54}$$

각 모평균의 개별적 신뢰구간을 이용해 동시 신뢰영역을 구해보자. 각 변수에 대해 $100(1-\alpha)\%$ 신뢰구간은

$$\overline{X}_1-t_{n-1}(\alpha/2)\sqrt{\frac{s_{11}}{n}} \le \mu_1 \le \overline{X}_1+t_{n-1}(\alpha/2)\sqrt{\frac{s_{11}}{n}}$$
$$\vdots$$
$$\overline{X}_p-t_{n-1}(\alpha/2)\sqrt{\frac{s_{pp}}{n}} \le \mu_p \le \overline{X}_p+t_{n-1}(\alpha/2)\sqrt{\frac{s_{pp}}{n}}$$

이며 동시신뢰영역을 구하기 위해 다음의 확률을 계산하면

$$P[\boldsymbol{t}\ |\text{모든 } \mu_i\text{들을 포함하는 영역}]=(1-\alpha)\cdots(1-\alpha)=(1-\alpha)^p \tag{5.55}$$

이므로 $p=4$인 경우 각 모평균의 신뢰수준 $1-\alpha=0.95$에 대해 이와 같은 방법으로 신뢰 영역을 구하면 신뢰수준은 0.8145가 된다. 신뢰영역의 신뢰수준을 0.95로 하기위해서는 각 모평균에 대한 신뢰수준을 0.987 정도로 하는 신뢰구간을 구한 후 신뢰구간들의 교집합을 취해야 한다.

이번에는 모평균벡터들에 대한 선형조합 $\boldsymbol{a\mu}=a_1\mu_1+a_2\mu_2+\cdots+a_p\mu_p$에 대해 신뢰영역을 구하고자 한다. m개의 선형조합 $\boldsymbol{a}_1'\boldsymbol{\mu}, \boldsymbol{a}_2'\boldsymbol{\mu}, \ldots, \boldsymbol{a}_m'\boldsymbol{\mu}$ 에 대한 신뢰영역을 구해보자.

C_i를 $\boldsymbol{a}_i'\boldsymbol{\mu}$에 대한 신뢰구문(confidence statement)으로 놓고 신뢰수준을 $P[C_i$가 옳다$]$ $=1-\alpha_i$, $i=1, 2, \ldots, m$이라 할 때, Bonferroni 방법에 의한 신뢰영역을 구해보면

$$P[\text{모든 } C_i\text{가 옳다}] = 1 - P\,[\text{적어도 하나의 } C_i\text{는 틀리다}] \tag{5.56}$$

$$\geq 1 - \sum_{i=1}^{m} P[C_i\text{는 틀리다}]$$

$$= 1 - \sum_{i=1}^{m} (1 - P[C_i\text{는 옳다}])$$

$$= 1 - (\alpha_1 + \alpha_2 + \cdots + \alpha_m).$$

$m=4$인 경우 각 모평균의 신뢰수준 $1-\alpha_i = 0.95$에 대해 Bonferroni 방법으로 신뢰영역을 구하면 신뢰수준은 0.8이 된다. 그러므로 신뢰영역의 신뢰수준을 0.95로 하기위해서는 각 모평균에 대한 신뢰수준을 0.9875 정도로 정해야 한다. 일반적으로 같은 신뢰수준을 얻기 위한 타원체의 동시 신뢰영역이 다른 방법으로 구한 신뢰영역보다 더 넓다.

≪예제 5.5≫ ≪예제 5.1≫에서 사용된 [표 5.1]의 데이터를 이용하여

$X_1 =$ 땀 흘리는 비율(sweat rate)

$X_2 =$ sodium 양

$X_3 =$ potassium 양

의 모평균벡터 $\boldsymbol{\mu} = (\mu_1, \mu_2, \mu_3)'$에 대한 95% 동시신뢰영역을 구하여보자.

$$\left\{\boldsymbol{\mu} \mid n(\overline{\boldsymbol{X}}-\boldsymbol{\mu})'\boldsymbol{S}^{-1}(\overline{\boldsymbol{X}}-\boldsymbol{\mu}) \leq \frac{(n-1)p}{n-p} F_{p,n-p}(\alpha)\right\}$$

$$= \{\boldsymbol{\mu} \mid n(\overline{\boldsymbol{X}}-\boldsymbol{\mu})'\boldsymbol{S}^{-1}(\overline{\boldsymbol{X}}-\boldsymbol{\mu}) \leq 10.73\}$$

를 만족하는 벡터 $\boldsymbol{\mu}$들의 집합이 되며 3차원 공간에서 타원체의 형태로 나타난다. 2차원 공간에서의 신뢰영역을 구하기 위해 다음의 2개 변수

$X_1 =$ 땀의 비율(sweat rate), $X_2 =$ sodium 양

의 모평균벡터 $\boldsymbol{\mu} = (\mu_1, \mu_2)'$에 대한 95% 동시신뢰영역을 구하여보자.

$$\overline{\boldsymbol{X}} = \begin{pmatrix} 4.640 \\ 45.400 \end{pmatrix}, \quad \boldsymbol{S} = \begin{pmatrix} 2.879 & 10.010 \\ 10.010 & 199.788 \end{pmatrix}, \quad \boldsymbol{S}^{-1} = \begin{pmatrix} 0.421 & -0.021 \\ -0.021 & 0.005 \end{pmatrix}$$

이고 $\dfrac{(n-1)p}{n-p}F_{p,n-p}(\alpha) = \dfrac{19 \cdot 2}{20-2}F_{2,18}(0.05) = 2.11 \cdot 3.55 = 7.49$이므로

$$n(\overline{\boldsymbol{X}}-\boldsymbol{\mu})'\boldsymbol{S}^{-1}(\overline{\boldsymbol{X}}-\boldsymbol{\mu}) \le \frac{(n-1)p}{n-p}F_{p,n-p}(\alpha)$$

$$20 \cdot \left[\begin{pmatrix} 4.640 \\ 45.400 \end{pmatrix} - \begin{pmatrix} \mu_1 \\ \mu_2 \end{pmatrix}\right]' \begin{pmatrix} 0.421 & -0.021 \\ -0.021 & 0.005 \end{pmatrix} \left[\begin{pmatrix} 4.640 \\ 45.400 \end{pmatrix} - \begin{pmatrix} \mu_1 \\ \mu_2 \end{pmatrix}\right] \le 7.49$$

$$0.421(\mu_1 - 4.64)^2 + 0.005(\mu_2 - 45.4)^2 - 0.042(\mu_1 - 4.64)(\mu_2 - 45.4) \le 0.375$$

그러므로 모평균벡터 $\boldsymbol{\mu} = (\mu_1, \mu_2)'$에 대한 95% 동시 신뢰영역은

$$\left\{ (\mu_1, \mu_2)' \mid \begin{array}{l} 1.123(\mu_1 - 4.64)^2 + 0.013(\mu_2 - 45.4)^2 \\ \qquad\qquad - 0.112(\mu_1 - 4.64)(\mu_2 - 45.4) \le 1.0 \end{array} \right\}$$

이 되어 위 타원의 부등식을 만족하는 영역이 되고 [그림 5.1]과 같이 나타난다. 만약 동시 신뢰영역을 고려하지 않고 각각의 모수에 대한 신뢰구간을 따로 구하여 교집합으로 구한다면 95%의 신뢰수준을 유지하기 위해 각각의 모수에 대해 97.5%의 신뢰구간을 구해야한다.

$$\overline{X}_i - t_{n-1}(\alpha/2)\sqrt{\frac{S_{ii}}{n}} \le \mu_i \le \overline{X}_i + t_{n-1}(\alpha/2)\sqrt{\frac{S_{ii}}{n}}$$

를 이용해 구하면 $t_{19}(0.0125) = 2.433$이므로

$$\overline{X}_1 \pm 2.433 \cdot \sqrt{\frac{2.879}{20}} = 4.640 \pm 0.923 = (3.717,\ 5.563)$$

$$\overline{X}_2 \pm 2.433 \cdot \sqrt{\frac{199.788}{20}} = 45.4 \pm 7.690 = (37.71,\ 53.09)$$

를 얻어 2차원 공간에서 직사각형 모양의 신뢰영역으로 나타나게 된다.

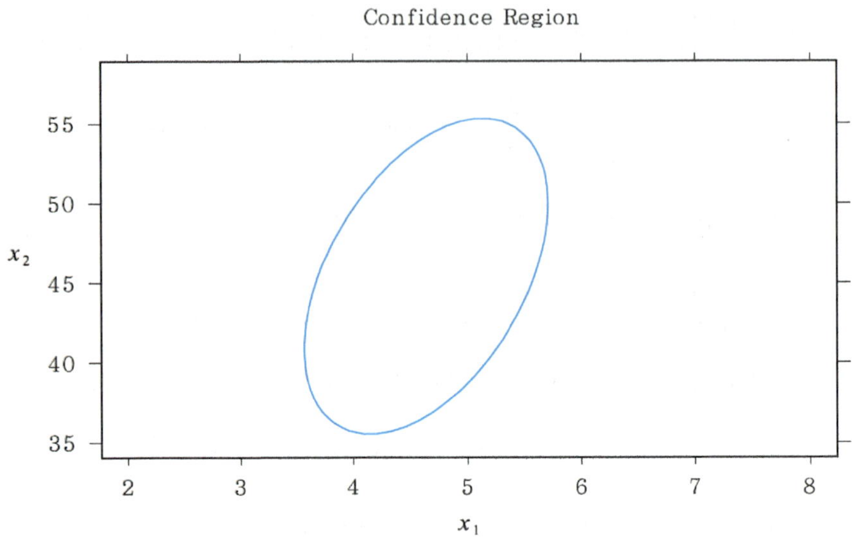

[그림 5.1] 타원의 중심이 (4.64, 45.4)인 $(\mu_1, \mu_2)'$에 대한 95% 동시 신뢰영역

5.8 R을 이용한 Hotelling 검정

≪예제 5.6≫ [표 5.1]의 자료에 대해 **R**을 이용하여

$$H_0 : \boldsymbol{\mu}' = (4,50,10), \quad H_1 : \boldsymbol{\mu}' \neq (4,50,10)$$

문제에 대해 Hotelling의 T^2 검정을 하고자 한다.

▶**R**에서는 직접 Hotelling의 통계량을 출력하지 않지만 6장에서 소개되는 **manova()** 함수와 **summary(·, test="Wilks")** 옵션을 이용하여 Wilks lambda 값을 구할 수 있으며 일집단의 경우

$$T^2 = (n-1)\frac{1-\Lambda^*}{\Lambda^*}$$

를 이용하여 통계량을 계산할 수 있다.

또한 [프로그램 5.1]과 같이 간단한 프로그램을 만들어 활용할 수 있다. 그래프는

library(scatterplot3d)와 **scatterplot3d()** 함수를 사용하여 3차원 산점도를 그릴 수 있다. [프로그램 5.2]를 수행한 결과로 [그림 5.2]를 출력할 수 있다.

[프로그램 5.1] 일집단 Hotelling의 T^2 검정

```
sweat=read.csv("C:/data/sweat.csv", header=T)
sweat
attach(sweat)

x=sweat[,2:4]
p = ncol(x)
xbar =apply(x,2,mean)
xbar
S=cov(x)
S
n= dim(x)[[1]]
mu0=c(4,50,10)

library(MASS)   # for ginv
T2= n* t(xbar-mu0) %*% ginv(S) %*% (xbar-mu0)
T2
f= (n-p)/((n-1)*p )*T2
f
```

[결과 5.1]은 데이터에 대한 평균벡터와 공분산 행렬을 보여주고 Hotelling의 T^2 통계량과 p-값을 보여준다. $p-\text{값} = 0.0649 < 0.05 = \alpha$이므로 귀무가설을 기각한다. [그림 5.2]는 3차원 변수 3 개에 대한 산점도를 보여준다.

[결과 5.1] 일집단 Hotelling의 T^2 검정

```
> x=sweat[,2:4]
> p = ncol(x)
> xbar =apply(x,2,mean)
> xbar
   x1     x2     x3
 4.640 45.400  9.965
> S=cov(x)
> S
          x1        x2          x3
x1  2.879368  10.0100 -1.809053
x2 10.010000 199.7884 -5.640000
x3 -1.809053  -5.6400  3.627658
> n= dim(x)[[1]]
> mu0=c(4,50,10)
>
> library(MASS)   # for ginv
> T2= n* t(xbar-mu0) %*% ginv(S) %*% (xbar-mu0)
> T2
         [,1]
[1,] 9.738773
> f= (n-p)/((n-1)*p )*T2
> f
         [,1]
[1,] 2.904546
> pvalue= 1-pf(f,p,n-p)
> pvalue
           [,1]
[1,] 0.06492834
```

[프로그램 5.2] 3차원 산점도

```
# 3D 산점도
library(scatterplot3d)
scatterplot3d(x, pch="*", main="3d scatterplot")  # 그림 5.2
```

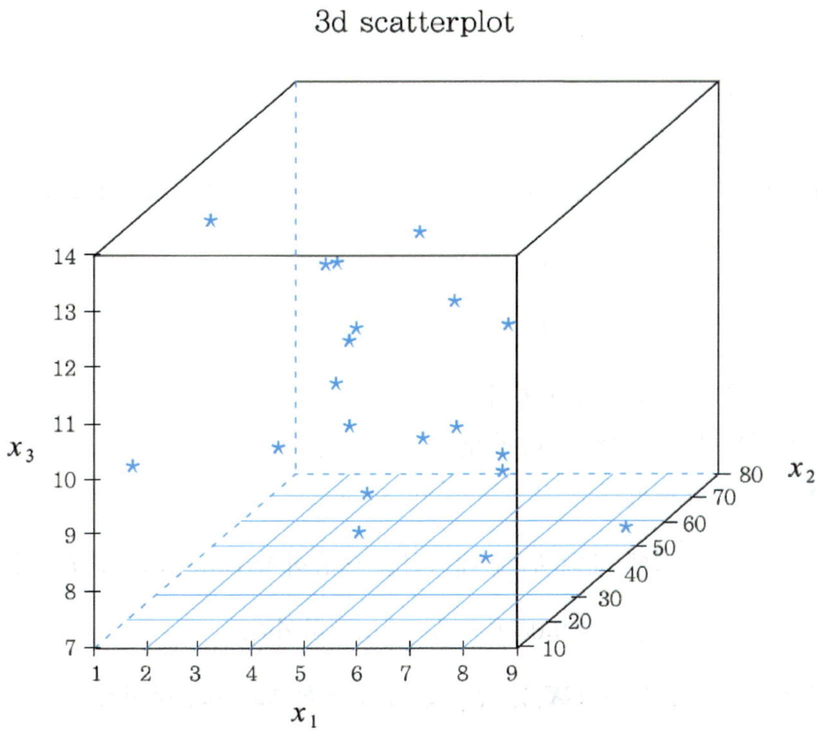

[그림 5.2] 땀 자료에 대한 3차원 산점도

연습문제

5.1 이변량 데이터 $\boldsymbol{X}_i=(X_{i1},\ X_{i2})'$의 관측값은 다음과 같다. $i=1,2,3,4$.

X_{i1} : 2 8 6 8

X_{i2} : 12 9 9 10

(a) 표본평균벡터 $\overline{\boldsymbol{X}}$를 구하여라.

(b) 표본공분산행렬 $\boldsymbol{S}$를 구하여라.

(c) $\boldsymbol{S}^{-1}$를 구하여라.

(d) $H_0:\boldsymbol{\mu}=\begin{pmatrix}7\\11\end{pmatrix}$에 대해 위의 데이터를 이용하여 Hotelling의 T^2 통계량을 이용하여 유의수준 $\alpha=0.05$에서 양측 검정하여라.

(e) $\boldsymbol{C}=\begin{pmatrix}1 & -1\\1 & 1\end{pmatrix}$일 때 $\boldsymbol{CX}_i$를 변수들의 선형식으로 표현하여라.

(f) 행렬 $\boldsymbol{C}$를 통해 변환된 데이터를 계산하여라.

(g) 데이터 $\boldsymbol{CX}$와 $\boldsymbol{C\mu}$를 이용하여 Hotelling의 T^2통계량을 구하여라. (d)에서 구한 T^2과 값을 비교하여라.

(h) 모평균벡터 $\boldsymbol{\mu}$에 대한 95% 동시 신뢰영역을 구하고 그래프로 그려라.

(i) 두 개체 간에 유클리드 거리를 구하여라.

5.2 상수벡터 $\boldsymbol{a}$에 대해 $t^2(\boldsymbol{a})=T^2$임을 보여라.

여기서 $t(\boldsymbol{a})=\dfrac{\boldsymbol{a}'\overline{\boldsymbol{X}}_1-\boldsymbol{a}'\overline{\boldsymbol{X}}_2}{\sqrt{[(n_1+n_2)/n_1n_2]\boldsymbol{a}'\boldsymbol{S}_{pl}\boldsymbol{a}}}$,

$$T^2=\frac{n_1n_2}{n_1+n_2}(\overline{\boldsymbol{X}}_1-\overline{\boldsymbol{X}}_2)'\boldsymbol{S}_{pl}^{-1}(\overline{\boldsymbol{X}}_1-\overline{\boldsymbol{X}}_2)\quad \boldsymbol{a}=\boldsymbol{S}_{pl}^{-1}(\overline{\boldsymbol{X}}_1-\overline{\boldsymbol{X}}_2).$$

5.3 평균벡터 $\boldsymbol{\mu}_1$인 그룹 1에서 n_1 개, 평균벡터 $\boldsymbol{\mu}_2$인 그룹 2에서 n_2 개 관측벡터가 있다. 관심 가설은 $H_0:\boldsymbol{C}(\boldsymbol{\mu}_1-\boldsymbol{\mu}_2)=0$ 에 대해 $H_1:\boldsymbol{C}(\boldsymbol{\mu}_1-\boldsymbol{\mu}_2)\neq 0$ 이다.

여기서 $C = \begin{pmatrix} -1 & 1 & 0 & \cdots \\ 0 & -1 & 1 & \cdots \\ \vdots & & & \vdots \\ 0 & \cdots & -1 & 1 \end{pmatrix}_{(p-1)\times p}$ 일 때

$T^2 = \frac{n_1 n_2}{(n_1+n_2)}(C\overline{X})'(CS_{pl}C')^{-1}C\overline{X}$ 이고 T^2_{p-1, n_1+n_2-2} 분포 따름을 보여라.

5.4 다음에 주어지는 데이터를 이용하여 $\mu' = (6, 11)$에 대해 양측 검정하여라.

$$X = \begin{pmatrix} 3 & 10 \\ 6 & 12 \\ 5 & 14 \\ 10 & 9 \end{pmatrix}$$

5.5 10명의 엔지니어와 9명의 조종사를 대상으로 2개의 시험이 행해진 후 [표 5.9]와 같은 데이터를 얻었다.

X_1 = intelligence, X_2 = sensory motor coordination.

▶ 표 5.9 엔지니어와 조종사 시험 자료

엔지니어		조종사	
X_1	X_2	X_1	X_2
121	54	132	50
108	40	123	64
122	41	129	55
77	80	131	48
140	38	110	42
108	59	89	40
124	72	125	30
130	85	129	58
97	31	141	27
109	57		

(a) 두 집단 각각의 표본평균벡터와 표본공분산행렬을 구하여라.

(b) 두 집단의 공분산행렬이 같다고 가정할 때 모평균벡터가 같다고 할 수 있는지를 검정하여라.

(c) 두 집단의 공분산행렬이 같지 않다고 가정할 때 모평균벡터가 같다고 할 수 있는지를 검정하여라.

5.6 12명의 학생들이 각각 2 군데에 위치한 단어를 찾는데 걸리는 시간을 조사해서 [표 5.10]을 얻었다.

(a) $H_0 : \boldsymbol{\mu} = (30, 25)'$ 를 검정하여라.

(b) H_0가 기각된다면, 개별적으로 각 변수에 대해 t-검정하여라.

▶ 표 5.10 학생들이 2 군데 단어를 찾는 데 걸린 시간

학생번호	X_1	X_2	학생번호	X_1	X_2
1	51	36	7	41	22
2	27	20	8	38	21
3	37	22	9	36	23
4	42	36	10	26	31
5	27	18	11	29	20
6	43	32	12	35	30

5.7 다음의 [표 5.11]의 자료는 경제 주기의 양상을 소비재와 생산재로 분류하여 측정한 것으로 측정 변수는 다음과 같다.

X_1 = 주기의 길이(length of cycle)

X_2 = 가격인상에 대한 백분율(percentage of rising prices)

X_3 = 순환적인 진폭(cyclical amplitude)

X_4 = 변화율(rate of change)

(a) 각 집단의 평균벡터와 공분산행렬을 추정하여라.

(b) 합동공분산행렬을 추정하여라.

(c) 두 집단의 공분산행렬은 같다고 가정할 수 있다고 하였을 때, 소비재의 평균벡터와 생산재 평균벡터가 같다고 할 수 있는지를 검정하여라.

(d) 두 집단의 공분산행렬은 같다고 가정할 수 없다고 하였을 때, 소비재 평균벡터와 생산재 평균벡터가 같다고 할 수 있는지를 검정하여라.

▶ 표 5.11 경제 주기 자료

Item	Consumer Goods X_1	X_2	X_3	X_4	Item	Producer Goods X_1	X_2	X_3	X_4
1	72	50	8	0.5	1	57	57	12.5	0.9
2	66.5	48	15	1.0	2	100	54	17	0.5
3	54	57	14	1.0	3	100	32	16.5	0.7
4	67	60	15	0.9	4	96.5	65	20.5	0.9
5	44	57	14	0.3	5	79	51	18	0.9
6	41	52	18	1.9	6	78.5	53	18	1.2
7	34.5	50	4	0.5	7	48	50	21	1.6
8	34.5	46	8.5	1.0	8	155	44	20.5	1.4
9	24	54	3	1.2	9	84	64	13	0.8
					10	105	35	17	1.8

5.8 20명의 소년이 각각 다른 나이대에 골반부위의 Ramus Bone 길이를 측정하여 [표 5.12]와 같은 데이터를 얻었다. $H_0 : \boldsymbol{\mu} = (48, 49, 50, 51)'$를 양측 검정하여라.

▶ 표 5.12 남자 아동의 Ramus bone 자료

번호	나이 8년 X_1	$8\frac{1}{2}$년 X_2	9년 X_3	$9\frac{1}{2}$년 X_4
1	47.8	48.8	49.0	49.7
2	46.4	47.3	47.7	48.4
3	46.3	46.8	47.8	48.5
4	45.1	45.3	46.1	47.2
5	47.6	48.5	48.9	49.3
6	52.5	53.2	53.3	53.7
7	51.2	53.0	54.3	54.5
8	49.8	50.0	50.3	52.7
9	48.1	50.8	52.3	54.4
10	45.0	47.0	47.3	48.3
11	51.2	51.4	51.6	51.9
12	48.5	49.2	53.0	55.5
13	52.1	52.8	53.7	55.0
14	48.2	48.9	49.3	49.8
15	49.6	50.4	51.2	51.8
16	50.7	51.7	52.7	53.3
17	47.2	47.7	48.4	49.5
18	53.3	54.6	55.1	55.3
19	46.2	47.5	48.1	48.4
20	46.3	47.6	51.3	51.8

5.9 두 종류의 벼룩 딱정벌레에 대해 다음의 4가지를 측정하여 [표 5.13]에 정리하였다. 여기서 변수들은

$X_1 =$ 흉곽배후경계부터 횡단 파인 부분까지 거리 (distance of transverse groove from posterior border of prothorax) (㎛)

$X_2 =$ 겉날개 길이(length of elytra) (in .01 ㎜)

$X_3 =$ 제 2촉각의 접합 길이(length of second antennal joint) (㎛)

$X_4 =$ 제 3촉각의 접합 길이(length of third antennal joint) (㎛)

이다. 두 종류간의 평균벡터간에 차이가 있는지 검정하고자 한다.

(a) T^2 통계량을 이용하여 유의수준 5%에서 양측 검정하여라.

(b) 문제 (a) 에서 검정결과 귀무가설이 기각되는 경우, 각 변수에 대해 t-검정 하여라.

▶ 표 5.13 벼룩딱정벌레 자료

Haltica oleracea					Haltica carduorum				
Experiment Number	X_1	X_2	X_3	X_4	Experiment Number	X_1	X_2	X_3	X_4
1	189	245	137	163	1	181	305	184	209
2	192	260	132	217	2	158	237	133	188
3	217	276	141	192	3	184	300	166	231
4	221	299	142	213	4	171	273	162	213
5	171	239	128	158	5	181	297	163	224
6	192	262	147	173	6	181	308	160	223
7	213	278	136	201	7	177	301	166	221
8	192	255	128	185	8	198	308	141	197
9	170	244	128	192	9	180	286	146	214
10	201	276	146	186	10	177	299	171	192
11	195	242	128	192	11	176	317	166	213
12	205	263	147	192	12	192	312	166	209
13	180	252	121	167	13	176	285	141	200
14	192	283	138	183	14	169	287	162	214
15	200	294	138	188	15	164	265	147	192
16	192	277	150	177	16	181	308	157	204
17	200	287	136	173	17	192	276	154	209
18	181	255	146	183	18	181	278	149	235
19	192	287	141	198	19	175	271	140	192
					20	197	303	170	205

5.10 [표 5.14]는 기관지암에 걸린 다수의 환자를 아스코르브(ascorbate) 산염으로 치료한 집단과 아스코르브 산염으로 치료하지 않은 대조군 환자에 대해 측정하여 얻어진 데이터이다. 짝지어진 Hotelling의 T^2 통계량을 이용하여 두 집단의 평균벡터가 같은지 검정하여라.

Y_1, X_1 = 첫 번째 입원 날짜로부터의 생존시간(날) - 처리군의 생존시간 (survival time from date of first hospital admission)

Y_2, X_2 = 치료하지 않은 날짜로부터의 생존시간(날) - 대조군의 생존시간 (survival time from date of untreatability)

$$\boldsymbol{d} = \begin{bmatrix} Y_1 \\ Y_2 \end{bmatrix} - \begin{bmatrix} X_1 \\ X_2 \end{bmatrix}$$

▶ 표 5.14 기관지암 환자 자료

Ascorbate Patients		Matched Controls	
Y_1	Y_2	X_1	X_2
81	74	72	33
461	423	134	18
20	16	84	20
450	450	98	58
246	87	48	13
166	115	142	49
63	50	113	38
64	50	90	24
155	113	30	18
151	38	260	34
166	156	116	20
37	27	87	27
223	218	69	32
138	138	100	27
72	39	315	39
245	231	188	65

06 다변량 분산분석

6.1 서 론

각 실험단위에 한 개의 반응변수를 측정한 경우 집단(처리 또는 그룹)간 평균비교를 위해 일변량 분산분석을 이용한다. 이 장에서는 2개 이상의 반응변수를 측정한 경우, 즉 관측값이 반응변수벡터로 주어지는 경우, 집단(처리 또는 그룹)간 평균벡터에 대한 비교를 위해 다변량 분산분석(MANOVA: Multivariate ANalysis Of VAriance)으로 확장하고 이에 대해 설명하고자 한다.

6.2 일원배치 일변량 분산분석

g개 모집단에 대해 평균이 같은지 비교하고자 한다. 분산이 동일한 일변량 정규분포를 따르는 g개 집단에서의 각각 n_1, n_2, ..., n_g개의 확률표본에 대해 관측값이 얻어졌으며 이들은 서로 독립이라 가정한다.

$$
\begin{aligned}
&\text{모집단 } 1 \ : \ X_{11},\ X_{12}, \cdots,\ X_{1,n_1} \sim iid\ N(\mu_1,\ \sigma^2) \qquad (6.1)\\
&\text{모집단 } 2 \ : \ X_{21},\ X_{22}, \cdots,\ X_{2,n_2} \sim iid\ N(\mu_2,\ \sigma^2)\\
&\qquad\qquad\quad \vdots\\
&\text{모집단 } g \ : \ X_{g1},\ X_{g2}, \cdots,\ X_{g,n_g} \sim iid\ N(\mu_g,\ \sigma^2)
\end{aligned}
$$

각 관측변수에 대해 다음의 통계적 모형을 고려한다.

$$X_{lj} = \mu + \tau_l + \epsilon_{lj}, \quad l = 1, \ldots, g, \quad j = 1, \ldots, n_l \tag{6.2}$$

여기서

오차항 $\epsilon_{lj} \sim iid\ N(0, \sigma^2)$

μ는 전체평균,

τ_l는 l번째 처리효과로 $\sum_{l=1}^{g} n_l \tau_l = 0$ 을 만족한다(고정효과).

데이터의 변동을 처리에 대한 변동과 오차에 의한 변동으로 아래와 같이 분해하고

$$X_{lj} - \overline{X} = (\overline{X}_l - \overline{X}) + (X_{lj} - \overline{X}_l)$$

제곱합을 구하면

$$\sum_{l=1}^{g}\sum_{j=1}^{n_l}(X_{lj} - \overline{X})^2 = \sum_{l=1}^{g} n_l(\overline{X}_l - \overline{X})^2 + \sum_{l=1}^{g}\sum_{j=1}^{n_l}(X_{lj} - \overline{X}_l)^2 \tag{6.3}$$

총제곱합 = (처리간변동제곱합) + (처리내변동제곱합)

$$TSS = SS_t + SS_e$$

처리내 제곱합(within sum of squares)은

$$SS_e = \sum_{l=1}^{g}\sum_{j=1}^{n_l}(X_{lj} - \overline{X}_l)^2 \tag{6.4}$$

$$= (n_1 - 1)S_1 + (n_2 - 1)S_2 + \cdots + (n_g - 1)S_g$$

이며 오차제곱합을 나타낸다. 여기서 S_i는 i번째 모집단의 표본분산추정량이다.

처리간 제곱합(between sum of squares)은

$$SS_t = \sum_{l=1}^{g} n_l(\overline{X}_l - \overline{X})^2 \tag{6.5}$$

이며 처리평균과 전체평균 간의 차이에 대한 제곱합을 나타낸다. 이러한 결과를 이용해 분산분석표를 만들면 [표 6.1]과 같다.

▶표 6.1 일원배치 일변량 분산분석표

요 인	제곱합	평균제곱합	F-통계량	자유도
처 리	SS_t	$MS_t = SS_t/(g-1)$	$F_t = \dfrac{MS_t}{MS_e}$	$g-1$
오 차	SS_e	$MS_e = SS_e/(\sum_{i=1}^{g} n_l - g)$		$\sum_{l=1}^{g} n_l - g$
총	TSS			$\sum_{l=1}^{g} n_l - 1$

(1) 통계적 가설

$$H_0: \tau_1 = \tau_2 = \cdots = \tau_g = 0 \text{에 대해 } H_1: \text{적어도 한 개의 } \tau_i \neq 0,\ i = 1, \cdots, g \tag{6.6}$$

(2) 검정법

유의수준 α에서

$$F_t \geq F_{g-1, \sum n_l - g}(\alpha) \text{이면 } H_0 \text{를 기각한다.} \tag{6.7}$$

6.3 일원배치 다변량 분산분석

g개 모집단에 대해 모평균벡터에 대한 비교를 위해 일원배치 다변량 분산분석(one-way MANOVA)을 하고자 한다. 예를 들어 2 개 집단에서 2 개 변수들이 [그림 6.1]과 같은 분포를 가질 수 있다. 이와 같은 경우 2 개 집단의 모평균벡터가 같은지에 대한 검정을 할 수 있다.

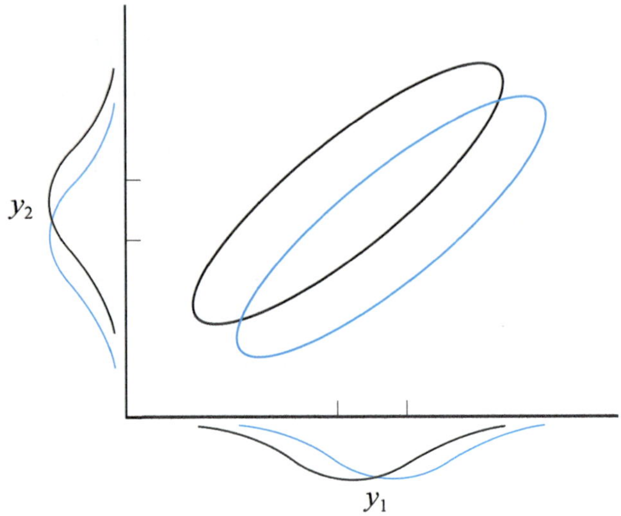

[그림 6.1] 그룹별 Y_1과 Y_2 에 대한 분포 그림

공분산행렬이 같은 다변량 정규분포를 따르는 g개 모집단에서의 각각 $n_1,\ n_2,\ \ldots,\ n_g$ 개의 $p\times 1$ 관측벡터가 얻어졌으며 이들은 서로 독립이라 가정한다.

$$\begin{aligned}
&\text{모집단 } 1 \ : \ \boldsymbol{X}_{11},\ \boldsymbol{X}_{12},\cdots,\boldsymbol{X}_{1,n_1} \sim iid\ N_p(\boldsymbol{\mu}_1,\ \boldsymbol{\Sigma}) \\
&\text{모집단 } 2 \ : \ \boldsymbol{X}_{21},\ \boldsymbol{X}_{22},\cdots,\boldsymbol{X}_{2,n_2} \sim iid\ N_p(\boldsymbol{\mu}_2,\ \boldsymbol{\Sigma}) \\
&\qquad\qquad \vdots \\
&\text{모집단 } g \ : \ \boldsymbol{X}_{g1},\ \boldsymbol{X}_{g2},\cdots,\boldsymbol{X}_{g,n_g} \sim iid\ N_p(\boldsymbol{\mu}_g,\ \boldsymbol{\Sigma})
\end{aligned} \tag{6.8}$$

각 관측벡터에 대해 다음의 통계적 모형을 고려한다:

$$\boldsymbol{X}_{lj} = \boldsymbol{\mu} + \boldsymbol{\tau}_l + \boldsymbol{\epsilon}_{lj}, \quad l = 1,\ \ldots,\ g, \quad j = 1,\ \ldots,\ n_l \tag{6.9}$$

여기서

오차벡터 $\boldsymbol{\epsilon}_{lj} \sim iid\ N_p(\boldsymbol{0},\ \boldsymbol{\Sigma})$

$\boldsymbol{\mu}$는 전체평균,

$\boldsymbol{\tau}_l$은 l번째 처리효과이며 $\sum_{l=1}^{g} n_l \boldsymbol{\tau}_l = \boldsymbol{0}$을 만족한다.

데이터의 변동을 처리에 대한 변동과 오차에 의한 변동으로

$$\boldsymbol{X}_{lj}-\overline{\boldsymbol{X}}=(\overline{\boldsymbol{X}}_l-\overline{\boldsymbol{X}})+(\boldsymbol{X}_{lj}-\overline{\boldsymbol{X}}_l) \tag{6.10}$$

와 같이 분해하고 제곱합행렬을 구하면

$$\sum_{l=1}^{g}\sum_{j=1}^{n_l}(\boldsymbol{X}_{lj}-\overline{\boldsymbol{X}})(\boldsymbol{X}_{lj}-\overline{\boldsymbol{X}})' \tag{6.11}$$

$$=\sum_{l=1}^{g}n_l(\overline{\boldsymbol{X}}_l-\overline{\boldsymbol{X}})(\overline{\boldsymbol{X}}_l-\overline{\boldsymbol{X}})' \qquad \text{(처리간 변동 제곱합)}$$

$$+\sum_{l=1}^{g}\sum_{j=1}^{n_l}(\boldsymbol{X}_{lj}-\overline{\boldsymbol{X}}_l)(\boldsymbol{X}_{lj}-\overline{\boldsymbol{X}}_l)'\ . \qquad \text{(처리내 변동 제곱합)}$$

처리내 제곱합(within sum of squares)은

$$\boldsymbol{E}=\sum_{l=1}^{g}\sum_{j=1}^{n_l}(\boldsymbol{X}_{lj}-\overline{\boldsymbol{X}}_l)(\boldsymbol{X}_{lj}-\overline{\boldsymbol{X}}_l)' \tag{6.12}$$

이며 오차제곱합행렬(error sum of squares)을 나타낸다.

처리간 제곱합(between sum of squares)은

$$\boldsymbol{B}=\sum_{l=1}^{g}n_l(\overline{\boldsymbol{X}}_l-\overline{\boldsymbol{X}})(\overline{\boldsymbol{X}}_l-\overline{\boldsymbol{X}})' \tag{6.13}$$

이며 처리평균과 전체평균간의 변동으로 처리제곱합행렬을 나타낸다. 이러한 결과를 이용해 [표 6.2]와 같은 다변량 분산분석표를 만들 수 있다.

▶표 6.2 일원배치 다변량 분산분석표

요인	제곱합과 교차곱행렬	자유도
처 리	$\boldsymbol{B}=\sum_{l=1}^{g}n_l(\overline{\boldsymbol{X}}_l-\overline{\boldsymbol{X}})(\overline{\boldsymbol{X}}_l-\overline{\boldsymbol{X}})'$	$g-1$
오 차	$\boldsymbol{E}=\sum_{l=1}^{g}\sum_{j=1}^{n_l}(\boldsymbol{X}_{lj}-\overline{\boldsymbol{X}}_l)(\boldsymbol{X}_{lj}-\overline{\boldsymbol{X}}_l)'$	$\sum_{l=1}^{g}n_l-g$
총	$\boldsymbol{B}+\boldsymbol{E}$	$\sum_{l=1}^{g}n_l-1$

관심 있는 귀무가설은 집단 간의 모평균벡터에 차이가 없다. 즉 집단(처리)에 따른 효과가 없다는 것으로 다음과 같이 표현할 수 있다.

(1) 통계적 가설

$$H_0 : \boldsymbol{\tau}_1 = \boldsymbol{\tau}_2 = \cdots = \boldsymbol{\tau}_g = \mathbf{0}\text{에 대해 } H_1 \text{ : 적어도 한 개의 } \boldsymbol{\tau}_l \neq \mathbf{0},\ l = 1, \cdots, g \tag{6.14}$$

(2) 검정법

유의수준 α에서 다음의 Wilks lambda 통계량 Λ 에 대해

$$\Lambda = \frac{|\boldsymbol{E}|}{|\boldsymbol{B} + \boldsymbol{E}|}, \tag{6.15}$$

검정법은 $\Lambda \leqq \Lambda_{p,g-1,N-g}(\alpha)$이면 H_0를 기각한다. 단, $N = \sum_{i=1}^{g} n_i$이다. (6.16)

여기서 $\Lambda_{p,g-1,N-g}$는 Wilks lambda의 분포이며 기각값은 부록 [표 A.7]에 나와 있다.

(3) Wilks lambda의 분포

근사적으로는 H_0 하에서 N이 충분히 크면 $\left(N = \sum_{i=1}^{g} n_i\right)$

$$\Lambda^* = -\frac{(N-1-p-g)}{2} \ln \Lambda \tag{6.17}$$

는 자유도가 $p(g-1)$인 카이제곱 분포를 따른다. 그러므로 근사적인 검정법은

$$\Lambda^* \geq \chi^2_{pg-p}(\alpha)\text{이면 } H_0\text{를 기각한다.} \tag{6.18}$$

[표 6.3]은 몇 가지 특별한 경우의 Wilks lambda 통계량 Λ의 정확한 분포를 보여준다.

▶표 6.3 Wilks Lambda 통계량 Λ의 분포

변수개수	집단 수 (처리 수)	다변량 정규 자료의 표본 분포
$p=1$	$g \geq 2$	$\left(\frac{\sum_{l=1}^{g} n_l - g}{g-1}\right)\left(\frac{1-\Lambda}{\Lambda}\right) \sim F_{g-1, \sum_{l=1}^{g} n_l - g}$
$p=2$	$g \geq 2$	$\left(\frac{\sum_{l=1}^{g} n_l - g - 1}{g-1}\right)\left(\frac{1-\sqrt{\Lambda}}{\sqrt{\Lambda}}\right) \sim F_{2(g-1), 2(\sum_{l=1}^{g} n_l - g - 1)}$
$p \geq 1$	$g=2$	$\left(\frac{\sum_{l=1}^{g} n_l - p - 1}{p}\right)\left(\frac{1-\Lambda}{\Lambda}\right) \sim F_{p, 2(\sum_{l=1}^{g} n_l - p - 1)}$
$p \geq 1$	$g=3$	$\left(\frac{\sum_{l=1}^{g} n_l - p - 2}{p}\right)\left(\frac{1-\sqrt{\Lambda}}{\sqrt{\Lambda}}\right) \sim F_{2p, 2(\sum_{l=1}^{g} n_l - p - 2)}$

≪예제 6.1≫ 세 종류 사과나무의 성장성을 비교하기위해 각각 8 그루씩 꺾꽂이 나무의 뿌리줄기(rootstock)를 심은 후 4년 뒤 나무줄기의 둘레(X_1)와 자란 길이(X_2)를 측정하여 [표 6.4]의 데이터를 얻었다.(단위 : cm, m)

3종류에 따른 모평균벡터를 각각 $\boldsymbol{\mu}_1$, $\boldsymbol{\mu}_2$, $\boldsymbol{\mu}_3$라고 할 때, 통계적 모형은

$$\boldsymbol{X}_{lj} = \boldsymbol{\mu} + \boldsymbol{\tau}_l + \boldsymbol{\epsilon}_{lj}, \quad l = 1, 2, 3, \quad j = 1, \ldots, 8$$

여기서

$\boldsymbol{\epsilon}_{lj} \sim iid\ N_2(\mathbf{0}, \boldsymbol{\Sigma})$

$\boldsymbol{\mu}$는 전체평균,

$\boldsymbol{\tau}_l$는 l번째 나무종류효과, $\sum_{l=1}^{3} n_l \boldsymbol{\tau}_l = \mathbf{0}$

처리제곱합행렬을 구하면

$$\boldsymbol{B} = \sum_{l=1}^{3} 8(\overline{\boldsymbol{X}}_l - \overline{\boldsymbol{X}})(\overline{\boldsymbol{X}}_l - \overline{\boldsymbol{X}})' = \begin{pmatrix} 1.013 & 0.589 \\ 0.589 & 0.343 \end{pmatrix}$$

오차제곱합행렬을 구하면

$$\boldsymbol{E} = \sum_{l=1}^{3}\sum_{j=1}^{8}(\boldsymbol{X}_{lj} - \overline{\boldsymbol{X}}_{l})(\boldsymbol{X}_{lj} - \overline{\boldsymbol{X}}_{l})'$$

$$= \begin{pmatrix} 9.565 & 5.418 \\ 5.418 & 4.614 \end{pmatrix}$$

를 얻고 결과를 분산분석표로 정리하면 [표 6.5]와 같다.

▶표 6.4 사과나무 뿌리 줄기자료

꺾꽂이나무(rootstock) 종류	번호	X_1	X_2
1	1	11.1	2.57
	2	11.9	2.93
	3	10.9	2.87
	4	12.5	3.84
	5	11.1	3.03
	6	10.8	2.34
	7	11.1	3.21
	8	11.6	3.04
2	1	10.5	2.07
	2	11.7	2.89
	3	11.1	3.38
	4	12.5	3.91
	5	11.7	2.78
	6	11.5	3.02
	7	11.7	3.38
	8	11.9	3.45
3	1	10.7	2.51
	2	9.9	2.32
	3	10.6	2.67
	4	10.2	2.39
	5	11.5	3.02
	6	12.0	3.09
	7	12.0	3.31
	8	11.7	3.23

▶표 6.5 사과나무 종류 비교를 위한 다변량 분산분석표

요인	제곱합과 교차곱행렬	자유도
처리	$\boldsymbol{B} = \begin{pmatrix} 1.013 & 0.589 \\ 0.589 & 0.343 \end{pmatrix}$	$g-1=2$
오차	$\boldsymbol{E} = \begin{pmatrix} 9.565 & 5.418 \\ 5.418 & 4.614 \end{pmatrix}$	$\sum_{l=1}^{g} n_l - g = 21$
총	$\boldsymbol{B}+\boldsymbol{E} = \begin{pmatrix} 10.578 & 6.007 \\ 6.007 & 4.957 \end{pmatrix}$	$\sum_{l=1}^{g} n_l - 1 = 23$

관심있는 통계적 가설

$$H_0 : \boldsymbol{\tau}_1 = \boldsymbol{\tau}_2 = \boldsymbol{\tau}_3 = \mathbf{0} \quad \text{에 대해} \quad H_1 : \text{적어도 한 개의 } \boldsymbol{\tau}_l \neq 0$$

에 대해 Wilks lambda 검정통계량을 계산하면

$$\Lambda = \frac{|\boldsymbol{E}|}{|\boldsymbol{B}+\boldsymbol{E}|} = \frac{14.778}{16.353} = 0.904$$

유의수준 $\alpha = 0.05$에서 기각값은 $\Lambda_{2,2,21}(0.05) = 0.629$이고 $\Lambda = 0.904 \not\leq 0.629$ 이므로 H_0를 기각하지 못한다. 즉 나무 종류간의 성장에 통계적으로 유의한 차이가 있다고 할 수 없다.

6.4 많이 사용되는 4개의 통계량

일원배치 분산분석의 가설에 대해 널리 사용되는 4가지 검정통계량을 소개하고자 한다.

행렬 $\boldsymbol{E}^{-1}\boldsymbol{B}$의 고유값을 순서대로 늘어놓은 것을 $\lambda_1 > \lambda_2 > \cdots > \lambda_s$이라 할 때 여기서

$p =$ 변수의 개수

$\nu_B = H_0$ 하에서 자유도(처리에 대한 자유도) $= g-1$

$\nu_E =$ 오차에 대한 자유도

$s = \min(\nu_B, p)$

(1) Wilks lambda

검정통계량은

$$\Lambda = \prod_{i=1}^{s} \frac{1}{1+\lambda_i} = \frac{|\boldsymbol{E}|}{|\boldsymbol{B}+\boldsymbol{E}|} \tag{6.19}$$

이며 Λ가 작을수록 H_0를 기각한다. 유의수준 α에서 검정법은

$$\Lambda \le \Lambda_{p,g-1,\sum_{i=1}^{g} n_i - g}(\alpha) \text{이면 } H_0\text{를 기각한다.} \tag{6.20}$$

여기서 $\Lambda_{p,g-1,\sum_i n_i - g}(\alpha)$는 Wilks lambda 분포에서의 기각값이며 부록 [표 A.7]에서 찾을 수 있다.

(2) Pillai 검정

Pillai 검정통계량은

$$V^{(S)} = \sum_{i=1}^{s} \frac{\lambda_i}{1+\lambda_i} = tr\left[(\boldsymbol{E}+\boldsymbol{B})^{-1}\boldsymbol{B}\right] \tag{6.21}$$

로 정의되며 $V^{(S)}$가 클수록 H_0를 기각한다. 유의수준 α에서 검정법은

$$V^{(S)} \ge V_{m,N}(\alpha) \text{이면 } H_0\text{를 기각한다.} \tag{6.22}$$

여기서 $m = \frac{1}{2}(|\nu_B - p| - 1)$, $N = \frac{1}{2}(\nu_E - p - 1)$이고 $V_{m,N}(\alpha)$는 Pillai 검정통계량의 분포에서 기각값으로 부록 [표 A.8]에서 찾을 수 있다.

(3) Lawley – Hotelling 검정

Lawley – Hotelling 검정통계량은

$$U^{(S)} = \sum_{i=1}^{s} \lambda_i = tr(\boldsymbol{E}^{-1}\boldsymbol{B}) \tag{6.23}$$

로 정의되며 $U^{(S)}$가 클수록 H_0를 기각한다. 유의수준 α에서 검정법은

$$U^{(S)} \ge U_{\nu_B,\nu_E}(\alpha) \text{이면 } H_0\text{를 기각한다.} \tag{6.24}$$

여기서 ν_B는 처리에 대한 자유도이고, ν_E는 오차에 대한 자유도이다. $U_{\nu_B,\,\nu_E}(\alpha)$는 Lawley-Hotelling 검정통계량의 분포에서의 기각값으로 부록 [표 A.9]에서 찾을 수 있다.

(4) Roy의 최대근 검정

Roy의 검정통계량은

$$\theta = \frac{\lambda_1}{1+\lambda_1} \tag{6.25}$$

이며 θ가 클수록 H_0를 기각한다. 유의수준 α에서 검정법은

$$\theta \ \geq \ R_{m,N}(\alpha)\text{이면 } H_0\text{를 기각한다.} \tag{6.26}$$

여기서 $m=\frac{1}{2}(|\nu_B-p|-1)$, $N=\frac{1}{2}(\nu_E-p-1)$이고 $R_{m,N}(\alpha)$는 Roy의 검정통계량 분포에서의 기각값으로 부록 [표 A.10]에서 찾을 수 있다.

≪예제 6.1≫에서 Wilks Labmda를 이용한 검정을 다루었다. 이번에는 ≪예제 6.1≫의 같은 자료에 대해 Pillai 검정, Lawley - Hotelling 검정과 Roy의 최대근 검정통계량을 구해보고자 한다.

≪예제 6.2≫ ≪예제 6.1≫의 자료와 결과를 이용하여 Pillai 통계량을 계산해보자.

$\boldsymbol{E}^{-1}\boldsymbol{B}$ 의 고유값을 구해보면 $\lambda_1=0.077$, $\lambda_2=0.029$이며

$$V^{(S)}=\sum_{i=1}^{2}\frac{\lambda_i}{1+\lambda_i}=\frac{0.077}{1+0.077}+\frac{0.029}{1+0.029}=0.997$$

로 계산된다.

≪예제 6.3≫ ≪예제 6.1≫의 자료와 결과를 이용하여 Lawley - Hotelling 통계량을 계산해 보자. 고유값을 구해보면 $\lambda_1=0.077$, $\lambda_2=0.029$이 얻어지며 $U^{(S)}=\sum_{i=1}^{2}\lambda_i$ $=0.077+0.029=0.106$ 로 계산된다.

≪예제 6.4≫ ≪예제 6.1≫의 자료와 결과를 이용하여 Roy 통계량을 계산해보자.

$$\theta = \frac{\lambda_1}{1+\lambda_1} = \frac{0.077}{1+0.077} = 0.071$$

로 계산된다.

6.5 공분산행렬에 대한 동일성 검정

6.5.1 한 개 모집단의 경우

우선 한 개의 모집단으로부터 확률표본이 얻어진 경우 그 모집단이 기존의 공분산행렬 또는 특정한 공분산행렬을 갖는다고 할 수 있는지를 검정하고자 한다.

p-변량 확률표본 $\boldsymbol{X}_1, \ \ldots, \ \boldsymbol{X}_n \sim iid\, N_p(\boldsymbol{\mu}, \ \boldsymbol{\Sigma})$을 얻었을 때, 관심있는 가설은

$$H_0 \ : \boldsymbol{\Sigma} = \boldsymbol{\Sigma}_0 \text{ 에 대해 } H_1 \ : \boldsymbol{\Sigma} \neq \boldsymbol{\Sigma}_0 \tag{6.27}$$

이다.

자연로그 ln을 취해 우도비를 이용하여 계산하면 검정통계량

$$\Lambda^* = (n-1)\left\{ \ln|\boldsymbol{\Sigma}_0| - \ln|\boldsymbol{S}_n| + tr(\boldsymbol{S}_n \boldsymbol{\Sigma}_0^{-1}) - p \right\} \tag{6.28}$$

을 얻게 된다. 귀무가설 H_0 하에서 근사적으로 Λ^*는 자유도가 $p(p+1)/2$인 카이제곱분포 $\chi^2_{p(p+1)/2}$를 따른다. 그러므로 유의수준 α에서 검정법은

$$\Lambda^* \geq \chi^2_{p(p+1)/2}(\alpha) \text{이면 } H_0 \text{를 기각한다.} \tag{6.29}$$

6.5.2 여러 개 모집단의 경우

일원배치 분산분석 문제에서 g개 모집단이 있는 경우($g \geq 2$)를 고려하고자 한다. g개 모집단에 대해 평균벡터를 비교해 보자. 공분산행렬이 같고 다변량 정규분포를 따르는 g개 집단에서 각각 $n_1, n_2, \ldots, n_g$개의 확률표본에 대해 $p \times 1$관측벡터가 얻어졌으며 이들은 서로 독립이라 한다.

$$\begin{aligned}
&\text{모집단 } 1: \boldsymbol{X}_{11},\ \boldsymbol{X}_{12},\ \ldots,\ \boldsymbol{X}_{1,n_1} \sim iid\ N_p(\boldsymbol{\mu}_1,\ \boldsymbol{\Sigma}_1) \\
&\text{모집단 } 2: \boldsymbol{X}_{21},\ \boldsymbol{X}_{22},\ \ldots,\ \boldsymbol{X}_{2,n_2} \sim iid\ N_p(\boldsymbol{\mu}_2,\ \boldsymbol{\Sigma}_2) \\
&\quad \vdots \qquad\qquad \vdots \\
&\text{모집단 } g: \boldsymbol{X}_{g1},\ \boldsymbol{X}_{g2},\ \ldots,\ \boldsymbol{X}_{g,n_g} \sim iid\ N_p(\boldsymbol{\mu}_g,\ \boldsymbol{\Sigma}_g)
\end{aligned} \tag{6.30}$$

이제 각 모집단의 공분산행렬이 같다고 할 수 있는지에 대한 검정을 하고자 한다. 관심있는 가설은

$$\begin{aligned}
&H_0: \boldsymbol{\Sigma}_1 = \boldsymbol{\Sigma}_2 = \cdots = \boldsymbol{\Sigma}_g \quad (\text{공분산행렬이 모두 같다}) \\
&H_1: \text{적어도 한 개의 } \boldsymbol{\Sigma}_i \text{ 는 서로 다르다.}
\end{aligned} \tag{6.31}$$

이다. 각각 $n_1,\ n_2,\ \ldots,\ n_g$개씩의 서로 독립인 $N_p(\boldsymbol{\mu}_i,\ \boldsymbol{\Sigma}_i)$를 따르는 확률표본에 대해 우도비를 구하면

$$LR = \frac{|\widehat{\boldsymbol{\Sigma}}_1|^{\frac{n_1}{2}}\,|\widehat{\boldsymbol{\Sigma}}_2|^{\frac{n_2}{2}} \cdots |\widehat{\boldsymbol{\Sigma}}_g|^{\frac{n_g}{2}}}{|\widehat{\boldsymbol{\Sigma}}_{pool}|^{\sum_{i=1}^{g}\frac{n_i}{2}}} \tag{6.32}$$

여기서

$$\widehat{\boldsymbol{\Sigma}}_i = \frac{1}{n_i}\sum_{j=1}^{n_i}(\boldsymbol{X}_{ij} - \overline{\boldsymbol{X}}_{i\cdot})(\boldsymbol{X}_{ij} - \overline{\boldsymbol{X}}_{i\cdot})' = \frac{1}{n_i}\boldsymbol{W}_i \tag{6.33}$$

$$\widehat{\boldsymbol{\Sigma}}_{pool} = \frac{1}{\sum_{i=1}^{g}(n_i - 1)}\sum_{i=1}^{g} W_i \tag{6.34}$$

이며 $\widehat{\boldsymbol{\Sigma}}_{pool}$는 $\widehat{\boldsymbol{\Sigma}}_i$들을 합동시켜 얻은 합동공분산행렬이다. 그러므로 우도비 검정에 의해

$$\begin{aligned}
M &= \frac{|\boldsymbol{S}_1|^{\frac{\nu_1}{2}}\,|\boldsymbol{S}_2|^{\frac{\nu_2}{2}} \cdots |\boldsymbol{S}_g|^{\frac{\nu_g}{2}}}{|\boldsymbol{S}_{pl}|^{\sum_i \frac{n_i}{2}}} \qquad (6.35) \\
&= \left(\frac{|\boldsymbol{S}_1|}{|\boldsymbol{S}_{pl}|}\right)^{\frac{\nu_1}{2}} \left(\frac{|\boldsymbol{S}_2|}{|\boldsymbol{S}_{pl}|}\right)^{\frac{\nu_2}{2}} \cdots \left(\frac{|\boldsymbol{S}_g|}{|\boldsymbol{S}_{pl}|}\right)^{\frac{\nu_g}{2}}
\end{aligned}$$

여기서 $\nu_i = n_i - 1$, $\boldsymbol{S}_i = \dfrac{\boldsymbol{W}_i}{\nu_i}$

$$\boldsymbol{S}_{pl} = \frac{\sum_{i=1}^{g} \nu_i \boldsymbol{S}_i}{\sum_{i=1}^{g} \nu_i} \qquad (\nu_i > p) \tag{6.36}$$

이며, 만약 $\boldsymbol{S}_1 = \boldsymbol{S}_2 = \cdots = \boldsymbol{S}_g = \boldsymbol{S}_{pl}$이면 $M=1$이 되고, $\boldsymbol{S}_i$들 간에 차이가 클수록 0에 가까워진다.

Box(1949, 1950)는 다음과 같은 근사적인 χ^2검정과 근사적인 F-검정을 제안하였으며 이것을 Box의 M-검정법이라고 한다.

H_0 하에서 $n_i \to \infty$일 때

$$u = -2(1-c_1)\ln \mathrm{M} \tag{6.37}$$

는 근사적으로 $\chi^2_{(g-1)p(p+1)/2}$ 분포를 따른다. 여기서

$$c_1 = \left[\sum_{i=1}^{g} \frac{1}{\nu_i} - \frac{1}{\sum_{i=1}^{g} \nu_i}\right]\left[\frac{2p^2+3p-1}{6(p+1)(g-1)}\right] \tag{6.38}$$

이다. 유의수준 α에서 Box의 M-검정법은

$$u \ \geq \ \chi^2_{(g-1)p(p+1)/2}(\alpha)\text{이면 } H_0\text{를 기각한다.} \tag{6.39}$$

또한 F 근사를 위해서

$$c_2 = \frac{(p-1)(p+2)}{6(g-1)}\left[\sum_{i=1}^{g} \frac{1}{\nu_i^2} - \frac{1}{\left(\sum_{i=1}^{g} \nu_i\right)^2}\right] \tag{6.40}$$

$$a_1 = \frac{1}{2}(g-1)p(p+1), \qquad a_2 = \frac{a_1+2}{|c_2 - c_1^2|}$$

$$b_1 = \frac{1-c_1-a_1/a_2}{a_1}, \qquad b_2 = \frac{1-c_1+2/a_2}{a_2}$$

라 정의할 때,

(i) $c_2 > c_1^2$이면 $F = -2b_1 \ln M$은 근사적으로 F_{a_1, a_2}분포를 따른다.

(ii) $c_2 < c_1^2$이면 $F = -\dfrac{2a_2 b_2 \ln M}{a_1(1+2b_2)\ln M}$은 근사적으로 F_{a_1, a_2}분포를 따른다.

각 집단에서의 표본의 크기가 같으면 즉 $\nu_1 = \nu_2 = \cdots = \nu_g = \nu$이면

$$c_1 = \frac{(g+1)(2p^2+3p-1)}{6g\nu(p+1)}, \quad c_2 = \frac{(p-1)(p+2)(g^2+g+1)}{6g^2\nu^2} \tag{6.41}$$

이 된다.

≪예 6.5≫ [표 6.4] 데이터에 대해 3개 그룹의 공분산행렬이 같은지 검정하고자 한다. 각 그룹의 표본의 크기는 $n_1 = n_2 = n_3 = 8$이며 각 표본공분산행렬은

$$\boldsymbol{S}_1 = \begin{pmatrix} 0.339 & 0.202 \\ 0.202 & 0.199 \end{pmatrix}, \quad \boldsymbol{S}_2 = \begin{pmatrix} 0.342 & 0.259 \\ 0.259 & 0.307 \end{pmatrix}, \quad \boldsymbol{S}_3 = \begin{pmatrix} 0.685 & 0.314 \\ 0.314 & 0.154 \end{pmatrix}$$

이다. 합동공분산행렬을 구하면

$$\boldsymbol{S}_{pl} = \frac{(n_1-1)\boldsymbol{S}_1 + (n_2-1)\boldsymbol{S}_2 + (n_3-1)\boldsymbol{S}_3}{n_1+n_2+n_3-3} = \frac{7(\boldsymbol{S}_1+\boldsymbol{S}_2+\boldsymbol{S}_3)}{21}$$

$$= \frac{1}{3}\begin{pmatrix} 1.366 & 0.775 \\ 0.775 & 0.66 \end{pmatrix}$$

이고 $|\boldsymbol{S}_1| = 0.027$, $|\boldsymbol{S}_2| = 0.038$, $|\boldsymbol{S}_3| = 0.007$, $|\boldsymbol{S}_{pl}| = 0.0335$ 이므로

$$M = \left(\frac{|\boldsymbol{S}_1|}{|\boldsymbol{S}_{pl}|}\right)^{\frac{\nu_1}{2}} \left(\frac{|\boldsymbol{S}_2|}{|\boldsymbol{S}_{pl}|}\right)^{\frac{\nu_2}{2}} \left(\frac{|\boldsymbol{S}_3|}{|\boldsymbol{S}_{pl}|}\right)^{\frac{\nu_3}{2}}$$

$$= \left(\frac{0.027}{0.0335}\right)^{7/2} \cdot \left(\frac{0.038}{0.0335}\right)^{7/2} \cdot \left(\frac{0.007}{0.0335}\right)^{7/2} = 0.00271$$

으로 계산된다.

$$c_1 = \left[\sum_{i=1}^{3}\frac{1}{\nu_i} - \frac{1}{\sum_{i=1}^{3}\nu_i}\right]\left[\frac{2p^2+3p-1}{6(p+1)(3-1)}\right] = \left(\frac{3}{7} - \frac{1}{21}\right) \cdot 0.361 = 0.1375$$

이고 $u=-2(1-c_1)\ln M=10.196$ 으로 계산된다. 유의수준 $\alpha=0.05$에서 Box의 M-검정법은 $u=10.196 \not\geq \chi_6^2(0.05)=12.59$이므로 H_0를 기각하지 못한다. 그러므로 세 집단의 공분산행렬에 유의한 차이가 있다고 할 수 없다.

6.6 이원배치 다변량 분산분석

요인이 한 개인 경우 처리간의 평균벡터를 비교하고 문제로 앞 장에서 일원 배치 분산분석에서 다루었다. 이번에는 반응에 영향을 미치는 요인이 두 개인 경우의 평균벡터 비교에 대한 문제를 고려하고자 한다. 요인이 두 개이므로 두 요인간의 상호작용을 고려한 이원배치 다변량 분산분석(two-way MANOVA)에 대한 통계적 모형은

$$\boldsymbol{X}_{lkr}=\boldsymbol{\mu}+\boldsymbol{\tau}_l+\boldsymbol{\beta}_k+\boldsymbol{\gamma}_{lk}+\boldsymbol{e}_{lkr} \qquad (6.42)$$

$$l=1,2,\ldots,g, \qquad k=1,2,\ldots,b, \qquad r=1,2,\ldots,n$$

이다. 여기서

$\boldsymbol{\tau}_l$는 첫 번째 요인1 효과

$\boldsymbol{\beta}_k$는 두 번째 요인2 효과

$\boldsymbol{\gamma}_{lk}$는 요인1과 요인2의 상호작용효과(interaction effect)

$$\sum_{l=i}^{g}\boldsymbol{\tau}_l=\sum_{l=1}^{b}\boldsymbol{\beta}_k=\sum_{l=1}^{g}\boldsymbol{\gamma}_{lk}=\sum_{k=1}^{b}\boldsymbol{\gamma}_{lk}=\boldsymbol{0}$$

오차항 $\boldsymbol{e}_{lkr}\sim iid\ N_p(\boldsymbol{0},\boldsymbol{\Sigma})$ 인 확률 변수이다.

관측벡터 $\boldsymbol{X}_{lkr}$을 다음과 같이

$$\boldsymbol{X}_{lkr}-\overline{\boldsymbol{X}}=(\overline{\boldsymbol{X}}_{l\cdot\cdot}-\overline{\boldsymbol{X}})+(\overline{\boldsymbol{X}}_{\cdot k\cdot}-\overline{\boldsymbol{X}})+(\overline{\boldsymbol{X}}_{lk\cdot}-\overline{\boldsymbol{X}}_{l\cdot\cdot}-\overline{\boldsymbol{X}}_{\cdot k\cdot}+\overline{\boldsymbol{X}})$$
$$+(\boldsymbol{X}_{lkr}-\overline{\boldsymbol{X}}_{lk\cdot})$$

요인에 의한 편차로 분해하여 요인1에 의한 효과, 요인 2에 의한 효과, 상호작용효과와 처리내 절차로 분해할 수 있으며 이런 원인들에 의한 변동을 다음과 같은 제곱합과 교

차제곱합(SSCP: Sum of Squares and cross Products)으로 분해할 수 있다.

$$\sum_{l=1}^{g}\sum_{k=1}^{b}\sum_{r=1}^{n}(\boldsymbol{X}_{lkr}-\overline{\boldsymbol{X}})(\boldsymbol{X}_{lkr}-\overline{\boldsymbol{X}})'$$

$$=\sum_{l=1}^{g}bn(\overline{\boldsymbol{X}}_{l\cdot\cdot}-\overline{\boldsymbol{X}})(\overline{\boldsymbol{X}}_{l\cdot\cdot}-\overline{\boldsymbol{X}})'$$

$$+\sum_{k=1}^{b}gn(\overline{\boldsymbol{X}}_{\cdot k\cdot}-\overline{\boldsymbol{X}})(\overline{\boldsymbol{X}}_{\cdot k\cdot}-\overline{\boldsymbol{X}})'$$

$$+\sum_{l=1}^{g}\sum_{k=1}^{b}n(\overline{\boldsymbol{X}}_{lk\cdot}-\overline{\boldsymbol{X}}_{l\cdot\cdot}-\overline{\boldsymbol{X}}_{\cdot k\cdot}+\overline{\boldsymbol{X}})(\overline{\boldsymbol{X}}_{lk\cdot}-\overline{\boldsymbol{X}}_{l\cdot\cdot}-\overline{\boldsymbol{X}}_{\cdot k\cdot}+\overline{\boldsymbol{X}})'$$

$$+\sum_{l=1}^{g}\sum_{k=1}^{b}\sum_{r=1}^{n}(\boldsymbol{X}_{lkr}-\overline{\boldsymbol{X}}_{lk\cdot})(\boldsymbol{X}_{lkr}-\overline{\boldsymbol{X}}_{lkr})'$$

$$=\boldsymbol{SSP}_A+\boldsymbol{SSP}_B+\boldsymbol{SSP}_{int}+\boldsymbol{SSP}_E$$

여기서

$\overline{\boldsymbol{X}}$ 는 전체평균

$\overline{\boldsymbol{X}}_{l\cdot\cdot}$ 는 요인1의 l번째 수준에서 관측벡터의 평균

$\overline{\boldsymbol{X}}_{\cdot k\cdot}$ 는 요인2의 k번째 수준에서 관측벡터의 평균

$\overline{\boldsymbol{X}}_{lk\cdot}$ 는 요인1의 l번째 수준과 요인2의 k번째 수준에서 관측벡터의 평균

을 나타낸다. 이와 같은 요인에 따른 분해에 의하여 이원배치 다변량 분산분석표는 [표 6.6]과 같이 쓸 수 있다.

▶ 표 6.6 이원배치 다변량 분산분석표

요 인	제곱합과 교차곱행렬	자유도
요 인1 요 인2 상호작용 오 차	$\boldsymbol{SSP}_A$ $\boldsymbol{SSP}_B$ $\boldsymbol{SSP}_{int}$ $\boldsymbol{SSP}_E$	$g-1$ $b-1$ $(g-1)(b-1)$ $gb(n-1)$
총	$\boldsymbol{SSP}_{cor}$	$gbn-1$

여기서 전체평균에 의해 수정된(corrected) 제곱합행렬은

$$\boldsymbol{SSP}_{cor} = \sum_{l=1}^{g}\sum_{k=1}^{b}\sum_{r=1}^{n}(\boldsymbol{X}_{lkr}-\overline{\boldsymbol{X}})(\boldsymbol{X}_{lkr}-\overline{\boldsymbol{X}})' \ ,$$

요인1에 의한 변동을 나타내는 제곱합과 교차곱행렬은

$$\boldsymbol{SSP}_{A} = \sum_{l=1}^{g} bn(\overline{\boldsymbol{X}}_{l\cdot\cdot}-\overline{\boldsymbol{X}})(\overline{\boldsymbol{X}}_{l\cdot\cdot}-\overline{\boldsymbol{X}})' \ ,$$

요인2에 의한 변동을 나타내는 제곱합과 교차곱행렬

$$\boldsymbol{SSP}_{B} = \sum_{k=1}^{b} gn(\overline{\boldsymbol{X}}_{\cdot k\cdot}-\overline{\boldsymbol{X}})(\overline{\boldsymbol{X}}_{\cdot k\cdot}-\overline{\boldsymbol{X}})' \ ,$$

요인1과 요인2에 의한 상호작용에 대한 변동을 나타내는 제곱합과 교차곱행렬은

$$\boldsymbol{SSP}_{int} = \sum_{l=1}^{g}\sum_{k=1}^{b} n(\overline{\boldsymbol{X}}_{lk\cdot}-\overline{\boldsymbol{X}}_{l\cdot\cdot}-\overline{\boldsymbol{X}}_{\cdot k\cdot}+\overline{\boldsymbol{X}})$$
$$\times(\overline{\boldsymbol{X}}_{lk\cdot}-\overline{\boldsymbol{X}}_{l\cdot\cdot}-\overline{\boldsymbol{X}}_{\cdot k\cdot}+\overline{\boldsymbol{X}})',$$

절차 변동을 나타내는 제곱합과 교차곱행렬은

$$\boldsymbol{SSP}_{E} = \sum_{l=1}^{g}\sum_{k=1}^{b}\sum_{r=1}^{n}(\boldsymbol{X}_{lkr}-\overline{\boldsymbol{X}}_{lk\cdot})(\boldsymbol{X}_{lkr}-\overline{\boldsymbol{X}}_{lk\cdot})'$$

이다.

이제 관심있는 가설들에 대해 검정을 해보자.

(1) 요인1의 처리효과가 동일한지에 대한 검정

$H_0 : \boldsymbol{\tau}_1 = \boldsymbol{\tau}_2 = \ldots = \boldsymbol{\tau}_g = \mathbf{0}$ 에 대해 $H_1 H_1 : /:$ 적어도 한 개의 $\boldsymbol{\tau}_l \neq \mathbf{0}$ 이다. (6.43)

에 대해 검정통계량

$$\Lambda_1 = \frac{|\boldsymbol{SSP}_E|}{|\boldsymbol{SSP}_A + \boldsymbol{SSP}_E|} \tag{6.44}$$

을 사용한다. 검정법은 Λ_1이 작을수록 H_0를 기각한다.

유의수준 α에서 검정법으로 $\Lambda_1 \le \Lambda_{p,g-1,gb(n-1)}(\alpha)$ 이면 H_0를 기각한다. 근사적으로, 유의수준 α에서 $-\left[gb(n-1)-\dfrac{p+1-(g-1)}{2}\right]\ln\Lambda_1 \ge \chi^2_{(g-1)p}(\alpha)$이면 H_0를 기각한다.

(2) 요인2의 처리효과가 동일한지에 대한 검정

$$H_0 : \boldsymbol{\beta}_1 = \boldsymbol{\beta}_2 = \ldots = \boldsymbol{\beta}_g = \mathbf{0} \text{에 대해 } H_1 : H_1 : /\text{적어도 한 개의 } \boldsymbol{\beta}_j \neq \mathbf{0} \text{ 이다.} \tag{6.45}$$

에 대해 검정통계량

$$\Lambda_2 = \frac{|\boldsymbol{SSP}_E|}{|\boldsymbol{SSP}_B + \boldsymbol{SSP}_E|} \tag{6.46}$$

을 사용한다. 검정법은 Λ_2가 작을수록 H_0를 기각한다.

유의수준 α에서 검정법으로 $\Lambda_2 \le \Lambda_{p,b-1,gb(n-1)}(\alpha)$ 이면 H_0를 기각한다. 근사적으로, 유의수준 α에서 $-\left[gb(n-1)-\dfrac{p+1-(b-1)}{2}\right]\log\Lambda_2 \ge \chi^2_{(b-1)p}(\alpha)$이면 H_0를 기각한다.

(3) 요인1과 요인2의 상호작용효과가 동일한지에 대한 검정

$$H_0 : \boldsymbol{\gamma}_{11} = \boldsymbol{\gamma}_{12} = \ldots = \boldsymbol{\gamma}_{gb} = \mathbf{0} \quad \text{(상호작용 효과 없다)} \tag{6.47}$$

에 대해 H_1 : 적어도 한 개의 $\boldsymbol{\gamma}_{lk} \neq \mathbf{0}$ 이다.
의 가설에 대하여 검정통계량

$$\Lambda_{12} = \frac{|\boldsymbol{SSP}_E|}{|\boldsymbol{SSP}_{int} + \boldsymbol{SSP}_E|} \tag{6.48}$$

을 사용한다. 검정법으로 Λ_{12}가 작을수록 H_0를 기각한다.

유의수준 α에서 $\Lambda_{12} \le \Lambda_{p,(g-1)(b-1),gb(n-1)}(\alpha)$ 이면 H_0를 기각한다.

근사적으로, 유의수준 α 에서

$$-\left[gb(n-1)-\frac{p+1-(g-1)(b-1)}{2}\right]\ln\Lambda_{12} \geq \chi^2_{(g-1)(b-1)p}(\alpha)$$ 이면 H_0를 기각한다.

≪예제 6.6≫ 회전 속도(rotational velocity)와 윤활유(lubricant)의 2개 요인이 대해 4번 반복한 2×4 요인 실험 설계로 실험하여 철강조각에 대해 힘(torque)과 긴 장력(strain)을 측정하여 [표 6.7]과 같은 데이터를 얻었다. 각 요인의 효과와 상호작용효과에 대해 검정하고자한다.

▶표 6.7 회전속도와 윤활유에 따른 철강 데이터

회전속도	윤활유 B1 X_1	B1 X_2	B2 X_1	B2 X_2	B3 X_1	B3 X_2	B4 X_1	B4 X_2
A1	7.80	90.4	9.00	82.5	7.28	79.6	7.60	94.1
	7.10	88.9	8.43	92.4	8.96	95.1	7.00	86.6
	7.89	85.9	7.65	82.4	7.75	90.2	7.82	85.9
	7.82	88.8	7.70	87.4	7.80	88.0	7.80	88.8
A2	7.12	85.1	8.19	66.0	7.15	81.2	7.06	81.2
	7.06	89.0	8.25	74.5	7.15	72.0	7.04	79.9
	7.45	75.9	7.45	83.1	7.70	79.9	7.52	86.4
	7.45	77.9	7.45	86.4	7.45	71.9	7.70	76.4

통계적 모형은 다음과 같다.

$$\boldsymbol{X}_{lkr} = \boldsymbol{\mu} + \boldsymbol{\tau}_l + \boldsymbol{\beta}_k + \boldsymbol{\gamma}_{lk} + \boldsymbol{e}_{lkr}$$

$$l = 1,2, \qquad k = 1,2,3,4, \qquad r = 1,2,3,4$$

이고 $g=2, \quad b=4, \quad n=4$ 이다.

여기서

$\boldsymbol{\tau}_l$은 첫 번째 요인인 회전속도 효과

$\boldsymbol{\beta}_k$는 두 번째 요인인 윤활유 효과

$\boldsymbol{\gamma}_{lk}$는 회전속도와 윤활유에 따른 상호작용효과

$$\sum_{l=i}^{2}\boldsymbol{\tau}_l = \sum_{l=1}^{4}\boldsymbol{\beta}_k = \sum_{l=1}^{2}\boldsymbol{\gamma}_{lk} = \sum_{k=1}^{4}\boldsymbol{\gamma}_{lk} = \boldsymbol{0}$$

오차항 $\boldsymbol{e}_{lkr} \sim iid\ N_2(\mathbf{0}, \boldsymbol{\Sigma})$ 인 확률변수이다.

▶ 표 6.8 철강데이터에 대한 이원배치 다변량 분산분석표

요 인	제곱합과 교차곱행렬	자유도
요인1(회전속도)	$\boldsymbol{SSP}_A = \begin{pmatrix} 1.205 & 27.208 \\ 27.208 & 614.251 \end{pmatrix}$	$g-1=1$
요인2(윤활유)	$\boldsymbol{SSP}_B = \begin{pmatrix} 1.694 & -9.862 \\ -9.862 & 74.874 \end{pmatrix}$	$b-1=3$
상호작용	$\boldsymbol{SSP}_{int} = \begin{pmatrix} 0.132 & 1.585 \\ 1.585 & 32.244 \end{pmatrix}$	$(g-1)(b-1)=3$
오 차	$\boldsymbol{SSP}_E = \begin{pmatrix} 4.897 & -1.890 \\ -1.890 & 736.390 \end{pmatrix}$	$gb(n-1)=24$
총	$\boldsymbol{SSP}_{cor} = \begin{pmatrix} 7.928 & 17.041 \\ 17.041 & 1457.759 \end{pmatrix}$	$gbn-1=31$

이제 관심있는 가설들에 대해 검정을 해보자.

(1) 요인1(회전속도)의 효과가 동일한지에 대한 검정

$$H_0 : \boldsymbol{\tau}_1 = \boldsymbol{\tau}_2 = \mathbf{0} \text{에 대해 } H_1 : \boldsymbol{\tau}_1 \neq \boldsymbol{\tau}_2$$

검정통계량은

$$\Lambda_1 = \frac{|\boldsymbol{SSP}_E|}{|\boldsymbol{SSP}_A + \boldsymbol{SSP}_E|} = \frac{\left|\begin{pmatrix} 4.897 & -1.890 \\ -1.890 & 736.390 \end{pmatrix}\right|}{\left|\begin{pmatrix} 6.102 & 25.318 \\ 25.318 & 1350.641 \end{pmatrix}\right|}$$

$$= \frac{4.897(736.390) - (1.890)^2}{6.102(1350.641) - 25.318^2} = \frac{3602.5397}{7600.6103} = 0.474$$

이다. 유의수준 $\alpha = 0.05$ 에서 $\Lambda_1 = 0.474 \leq \Lambda_{2,1,24}(0.05) = 0.771$ 이므로 H_0를 기각한다. 그러므로 회전 속도가 철강의 반응에 유의한 영향을 미친다.

(2) 요인2(윤활유)의 효과가 동일한지에 대한 검정

$$H_0 : \beta_1 = \beta_2 = \beta_3 = \beta_4 = 0 \text{에 대해 } H_1 : \text{적어도 한 개의 } \beta_k \neq 0 \text{이다.}$$

검정통계량은

$$\Lambda_2 = \frac{|SSP_E|}{|SSP_B + SSP_E|} = \frac{3602.5397}{\left|\begin{pmatrix} 6.591 & -11.752 \\ -11.752 & 811.264 \end{pmatrix}\right|}$$

$$= \frac{3602.5397}{6.591(811.264) - 11.752^2} = \frac{3602.5397}{5208.9315} = 0.691$$

이고 유의수준 $\alpha = 0.05$ 에서 기각값은 $\Lambda_{p,b-1,gb(n-1)}(\alpha) = \Lambda_{2,3,24}(0.05) = 0.591$ 이다. $\Lambda_2 = 0.685 \not\leq \Lambda_{2,3,24}(0.05) = 0.591$ 이므로 H_0를 기각할 수 없다. 즉 윤활유간의 차이는 유의하지 않다.

(3) 요인1과 요인2의 상호작용효과가 존재하는지에 대한 검정

$$H_0 : \gamma_{11} = \gamma_{12} = \ldots = \gamma_{24} = 0 \quad (\text{상호작용 효과 없다})$$

에 대해 H_1 : 적어도 한 개의 $\gamma_{lk} \neq 0$ 이다.
검정통계량은

$$\Lambda_{12} = \frac{|SSP_E|}{|SSP_{int} + SSP_E|} = \frac{3602.5397}{\left|\begin{pmatrix} 5.029 & -0.305 \\ -0.305 & 768.634 \end{pmatrix}\right|}$$

$$= \frac{3602.5397}{5.029(768.634) - 0.305^2} = \frac{3602.5397}{3865.3673} = 0.932,$$

유의수준 $\alpha = 0.05$ 에서 기각값은 $\Lambda_{2,3,24}(0.05) = 0.591$ 이고
$\Lambda_{12} = 0.932 \not\leq \Lambda_{2,3,24}(0.05) = 0.591$ 이므로 H_0를 기각할 수 없다. 즉 회전속도와 윤활유간의 상호작용효과는 유의하지 않다.

6.7 R을 이용한 다변량 분산분석

≪예제 6.7≫ 세 그룹의 토끼에 대해 결핵균을 투입하여 몸 상태에 따른 결핵균 성장에 관련한 측정값으로 [표 6.9]의 자료를 얻었다. 여기서 각 그룹은

G_1 : 대조 그룹(control)

G_2 : 신진 대사 기능 저하 그룹(metabolic depression)

G_3 : 신진 대사 활성 그룹(heightened metabolic activity)

이며 측정 변수는 다음과 같다.

X_1 = 결핵만 간상균 수(number of bacilli)

X_2 = 결핵 크기(tubercle size in millimeters)

▶표 6.9 토끼의 결핵에 대한 신진대사 효과 비교자료

G_1		G_2		G_3	
X_1	X_2	X_1	X_2	X_1	X_2
24.0	3.5	7.4	3.5	16.4	3.2
13.3	3.5	13.2	3.0	24.0	2.5
12.2	4.0	8.5	3.0	53.0	1.5
14.0	4.0	10.1	3.0	32.7	2.6
22.2	3.6	9.3	2.0	42.8	2.0
16.1	4.3	8.5	2.5		
27.9	5.2	4.3	1.5		

▶ **aov()** 함수를 이용하여 일변량 분산분석, **manova()** 함수를 이용하여 다변량 분산분석을 할 수 있으며 **plotmeans()** 함수를 사용하여 그룹별 평균 그림을 그릴 수 있다. 그룹을 나타내는 변수는 **factor()** 함수를 사용하여 범주형 변수로 정해 놓은 후 분산분석을 한다.

[프로그램 6.1] 일변량 일원배치 분산분석

```
rabbit=read.csv("C:/data/rabbit.csv", header=T)
rabbit ; attach(rabbit)
group <- factor(group)  # factor 지정 필요

tapply(x1, group, mean)  # groupwise mean for x1
tapply(x1, group, var)   # groupwise variance
tapply(x2, group, mean)  # groupwise mean for x2
tapply(x2, group, var)   # groupwise variance

## oneway ANOVA
ax1=aov(x1~group)
summary(ax1)        # display Type I ANOVA table

TukeyHSD(ax1)               # Tukey Honestly Significant Differences
pairwise.t.test(x1, group)  # pairwise multiple comparison

# Plot Means with Error Bars
library(gplots)
group <- factor(group)
plotmeans(x1~group,xlab="group", ylab="x1",
     main="Mean Plot \n with 95% CI")
plot(ax1, which=1)      # Residual plot
plot(ax1, which=2)      # Normal Q-Q plot for residuals

ax2=aov(x2~group) ; summary(ax2) ; TukeyHSD(ax2)
```

▶표 6.10 그룹별 평균과 분산

```
> group = factor(group)     # factor 지정 필요
> tapply(x1, group, mean)   # groupwise mean for x1
        1         2         3
18.528571  8.757143 33.780000

> tapply(x1, group, var)    # groupwise variance
        1         2          3
 37.505714  7.279524 212.412000

> tapply(x2, group, mean)   # groupwise mean for x2
       1        2        3
4.014286 2.642857 2.360000

> tapply(x2, group, var)    # groupwise variance
        1         2         3
0.3647619 0.4761905 0.4130000
```

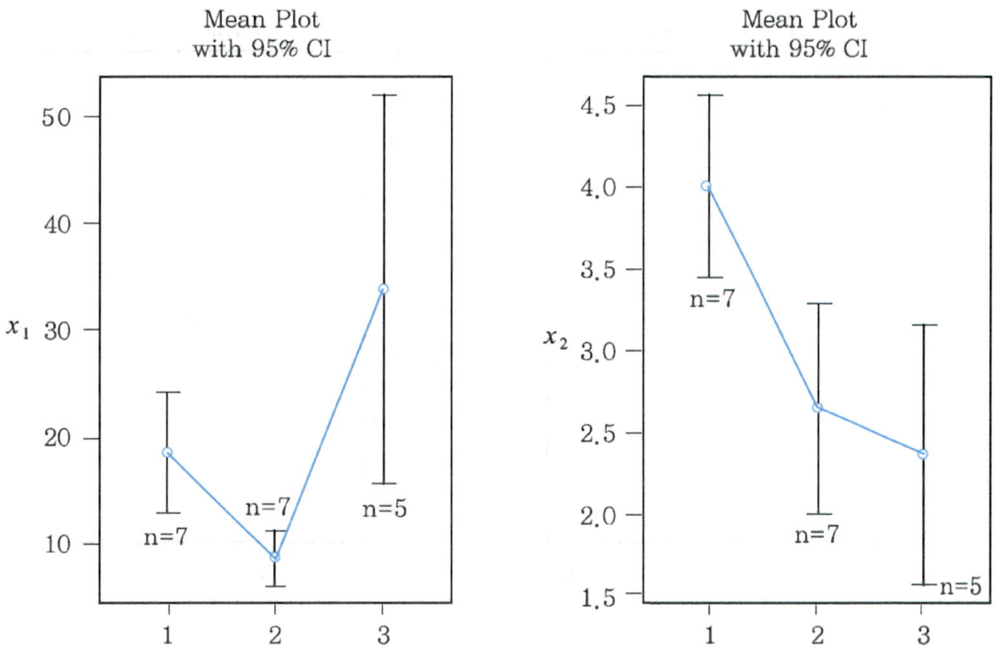

[그림 6.2] 그룹별 x1과 x2에 대한 평균 그림

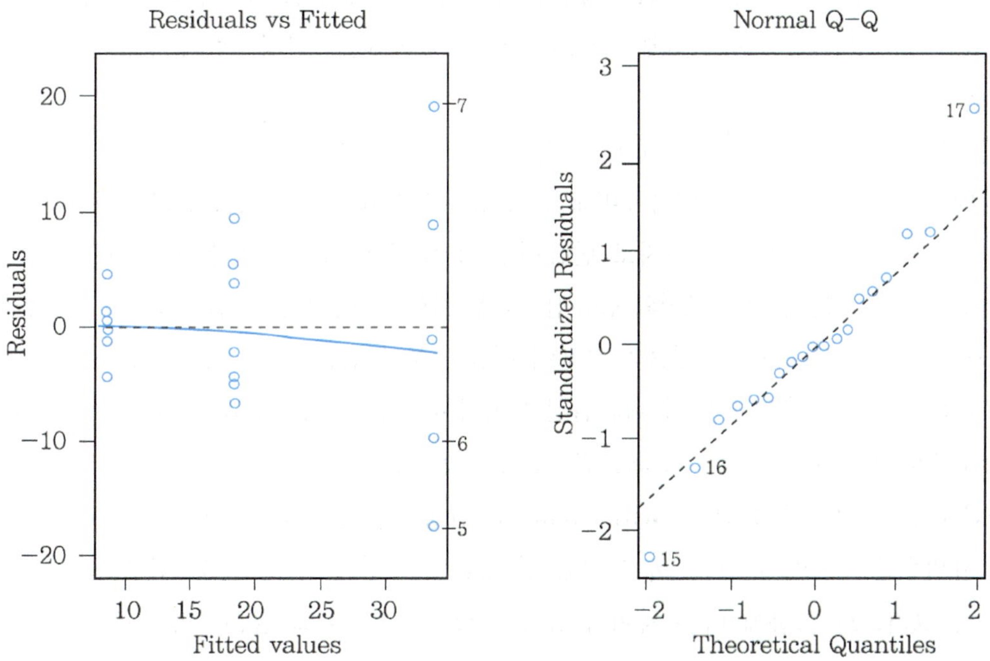

[그림 6.3](1) x1 변수에 대한 잔차 그림과 잔차에 대한 정규성 Q-Q 그림

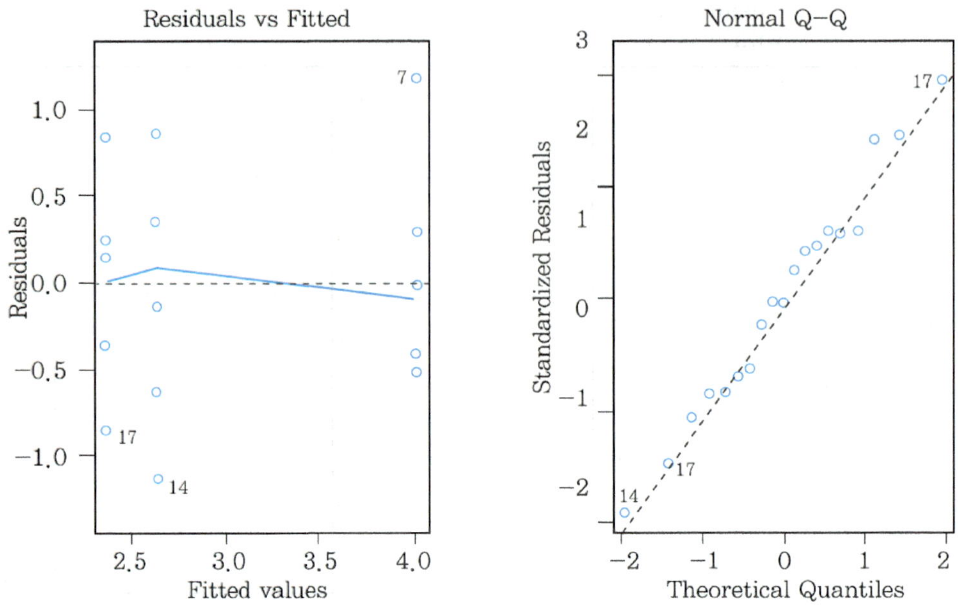

[그림 6.3](2) x2 변수에 대한 잔차 그림과 잔차에 대한 정규성 Q–Q 그림

[표 6.10]에서는 그룹별로 x1과 x2에 대한 평균과 분산을 보여준다. [그림 6.2]는 그룹별 평균그림을, 그림 6.3에서는 x1과 x2 각각에 대한 잔차그림과 정규성 Q–Q 그림을 보여준다.

[결과 6.1]에는 반응변수 x1에 대한 일변량 분산분석 결과를 보여주며 그룹간의 차이가 매우 유의하다. Tukey의 다중비교 결과 유의수준 5%에서 그룹1과 그룹2는 같은 그룹으로 묶일 수 있다. 마찬가지로 반응변수 x2에 대한 결과를 얻을 수 있다.

[표 6.11]은 그룹별 평균벡터와 공분산행렬을 보여주며 [그림 6.4]는 그룹이 표시된 산점도를 보여주어 그룹별 개체들의 분포에 대한 정보를 얻을 수 있다. [결과 6.2]는 그룹에 따른 효과가 있는지에 대해 test 옵션에 따라 4가지 검정법 즉 Wilks lambda, Pillai, Hotelling–Lawley, Roy의 최대근 검정법에 대한 검정통계량, F 분포로 근사시킨 통계량과 p–값을 보여주고 있다. Wilks lambda 검정의 p–값$=6.44\times10^{-6} < 0.0001$ 이므로 유의수준 $\alpha=0.05$에서 'H_0 : 그룹 간 평균벡터 차이가 없다' 는 귀무가설을 기각한다. 그러므로 그룹에 따른 차이가 통계적으로 유의하다고 결론지어질 수 있다. [표 6.12]에서는 오차제곱합행렬 $\boldsymbol{E}$ 와 처리제곱합행렬 $\boldsymbol{B}$ 를 보여주며 행렬 $\boldsymbol{E}^{-1}\boldsymbol{B}$에 대한 고유값과 고유벡터를 알려준다.

[결과 6.1] 일변량 분산분석 결과

```
> ax1=aov(x1~group)
> summary(ax1)       # display Type I ANOVA table
            Df  Sum Sq Mean Sq F value    Pr(>F)
group        2 1828.15  914.07  13.077 0.0004307 ***
Residuals   16 1118.36   69.90
---
Signif. codes:  0 '***' 0.001 '**' 0.01 '*' 0.05 '.' 0.1 ' ' 1
> TukeyHSD(ax1) # where fit ax1 comes from aov()
  Tukey multiple comparisons of means
    95% family-wise confidence level
Fit: aov(formula = x1 ~ group)
$group
         diff        lwr       upr     p adj
2-1 -9.771429 -21.302564  1.759707 0.1041078
3-1 15.251429   2.619702 27.883155 0.0173045
3-2 25.022857  12.391131 37.654583 0.0002918
```

```
> ax2=aov(x2~group) ; summary(ax2)
            Df  Sum Sq Mean Sq F value    Pr(>F)
group        2 10.0391  5.0196  11.991 0.0006577 ***
Residuals   16  6.6977  0.4186
---
Signif. codes:  0 '***' 0.001 '**' 0.01 '*' 0.05 '.' 0.1 ' ' 1
>  TukeyHSD(ax2)
  Tukey multiple comparisons of means
    95% family-wise confidence level
Fit: aov(formula = x2 ~ group)
$group
          diff       lwr        upr     p adj
2-1 -1.3714286 -2.263798 -0.4790591 0.0030071
3-1 -1.6542857 -2.631827 -0.6767440 0.0013155
3-2 -0.2828571 -1.260399  0.6946846 0.7399202
```

[프로그램 6.2] 다변량 일원배치 분산분석

```
# groupwise mean vector and covariance matrix
colMeans( rabbit[(group==1), 2:3])
cov( rabbit[(group==1), 2:3])
colMeans( rabbit[(group==2), 2:3])
cov( rabbit[(group==2), 2:3])
colMeans( rabbit[(group==3), 2:3])
cov( rabbit[(group==3), 2:3])

group.num=as.numeric(group)
plot( x1,x2, pch=group.num, main="scatterplot with specified group")
  text( x1,x2,  labels=group.num, adj=0, cex=1)   # 그림 6.4

## oneway MANOVA with 2 Dependent Variables ##
group <- factor(group)        # factor 지정 필요
y=cbind(x1, x2)              # response vector
fit=manova( y ~ group)

summary(fit, test="Wilks")     # Wilks' lambda
summary(fit, test="Pillai")     # Pillai's trace
summary(fit, test="Roy")       # Roy's greatest root
summary(fit, test="Hotelling")  # Hotelling-Lawley trace

# Anova SSCP matrix
 n=length(x1)                  # number of samples
 E=(n-1)* cov(fit$residuals)     # SSCP matrix for error
 E
 B=(n-1)* cov(fit$fitted.values)  # SSCP matrix for treatments
 B
 test=solve(E)%*%B              # E^{-1}B
 eigen(test)
```

▶표 6.11 토끼 그룹별 평균벡터와 공분산행렬

```
> # groupwise mean vector and covariance matrix
> colMeans( rabbit[(group==1), 2:3])
       x1        x2
18.528571  4.014286
> cov( rabbit[(group==1), 2:3])
          x1        x2
x1 37.505714 1.4878571
x2  1.487857 0.3647619
> colMeans( rabbit[(group==2), 2:3])
      x1       x2
8.757143 2.642857
> cov( rabbit[(group==2), 2:3])
          x1        x2
x1 7.2795238 0.9321429
x2 0.9321429 0.4761905
> colMeans( rabbit[(group==3), 2:3])
   x1    x2
33.78  2.36
> cov( rabbit[(group==3), 2:3])
       x1     x2
x1 212.412 -9.001
x2  -9.001  0.413
```

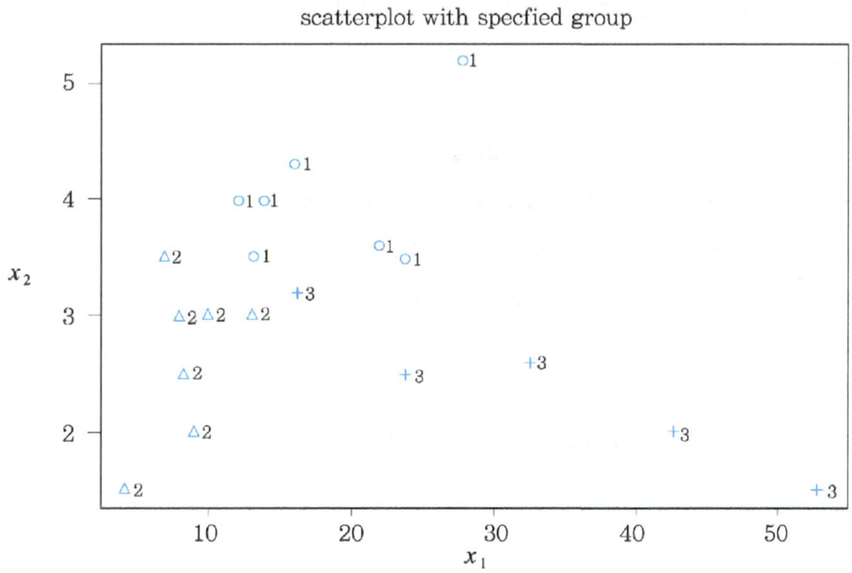

[그림 6.4] 그룹이 표시된 산점도

[결과 6.2] 일원배치 다변량 분산분석 결과

```
> fit=manova( y ~ group)
> summary(fit, test="Wilks")      # Wilks' lambda
        Df  Wilks approx F num Df den Df   Pr(>F)
group    2  0.149   11.927      4     30 6.44e-06 ***
Residuals 16
---
Signif. codes:  0 '***' 0.001 '**' 0.01 '*' 0.05 '.' 0.1 ' ' 1
> summary(fit, test="Pillai")     # Pillai's trace
        Df  Pillai approx F num Df den Df    Pr(>F)
group    2  1.2269  12.6965      4     32 2.686e-06 ***
Residuals 16
---
Signif. codes:  0 '***' 0.001 '**' 0.01 '*' 0.05 '.' 0.1 ' ' 1
> summary(fit, test="Roy")        # Roy's greatest root
        Df     Roy approx F num Df den Df    Pr(>F)
group    2  1.7215  13.7717      2     16 0.0003323 ***
Residuals 16
---
Signif. codes:  0 '***' 0.001 '**' 0.01 '*' 0.05 '.' 0.1 ' ' 1
> summary(fit, test="Hotelling") # Hotelling-Lawley trace
        Df Hotelling-Lawley approx F num Df den Df    Pr(>F)
group    2           3.1868  11.1537      4     28 1.542e-05 ***
Residuals 16
---
Signif. codes:  0 '***' 0.001 '**' 0.01 '*' 0.05 '.' 0.
```

▶표 6.12 오차제곱합행렬 E 와 처리제곱합행렬 B

```
> # Anova SSCP matrix
> n=length(x1)     # number of samples
> E=(n-1)* cov(fit$residuals)    # SSCP matrix for error
> E
         x1         x2
x1 1118.359 -21.484000
x2  -21.484   6.697714
> B=(n-1)* cov(fit$fitted.values)  # SSCP matrix for treatments
> B
           x1        x2
x1 1828.14689 -24.95495
x2  -24.95495  10.03913
> test=solve(E)%*%B                # E^{-1}B
> eigen(test)
$values
[1] 1.721459 1.465316
$vectors
          [,1]        [,2]
[1,] 0.1229872 -0.03443585
[2,] 0.9924083  0.99940691
```

≪예제 6.8≫ [표 6.4] 데이터에 대해 3개 그룹의 공분산행렬이 같은지 R 프로그램을 활용하여 검정하고자 한다.

[프로그램 6.3]은 일원배치 다변량 데이터에 대해 공분산행렬에 대한 동일성 검정 프로그램이며 아랫 부분에는 MANOVA 검정 프로그램도 보여준다. [결과 6.3]은 Box의 M 검정법에 대한 검정통계량 값과 p-값을 보여준다.

[프로그램 6.3] 다변량 일원배치 공분산행렬에 대한 동일성 검정

```
rootstock=read.csv("C:/data/rootstock_manova.csv", header=T)
attach(rootstock)
p=2   # number of variables
g=3   # number of groups

g1= rootstock[(rootstock$group==1),2:3]
s1= cov(g1)  ;   s1=round(s1, digits=3)       # group1 cov
g2= rootstock[(rootstock$group==2),2:3]
s2= cov(g2) ;   s2=round(s2, digits=3)        # group2 cov
g3= rootstock[(rootstock$group==3),2:3]
s3= cov(g3)  ;   s3=round(s3, digits=3)       # group3 cov

n1=nrow(g1) ; n2=nrow(g2) ; n3=nrow(g3)
spool=( (n1-1)*s1 + (n2-1)*s2 + (n3-1)*s3 )/(n1+n2+n3-3)
spool=round(spool, digits=3)                 # pooled cov

M1= ( det(s1)/det(spool) )^{(n1-1)/2}
M2= ( det(s2)/det(spool) )^{(n2-1)/2}
M3= ( det(s3)/det(spool) )^{(n3-1)/2}
M=M1*M2*M3                       # Box's M test

v1=n1-1 ; v2=n2-1 ; v3=n3-1 ;   v=c(v1,v2,v3)
 temp1= sum(1/v)   ; temp2=(2*p^2 + 3* p -1)/(6*(p+1)*(g-1))
c1= (temp1-1/sum(v))*temp2
u= -2*(1-c1)*log(M)                    # test statistic
df= (g-1)*p*(p+1)/2
p.value=pchisq(u, df, lower.tail=FALSE)      # p-값
s1 ; s2; s3;  spool
u ;  p.value

# MANOVA test #
group <- factor(rootstock$group)  # factor 지정 필요
y=cbind(x1,x2)                   # response vector
fit=manova( y ~ group)
summary(fit, test="Wilks")        # Wilks' lambda
```

[결과 6.3] 일원배치 공분산행렬에 대한 동일성 검정

```
> s1 ; s2; s3; spool
      x1    x2
x1 0.339 0.202
x2 0.202 0.199
      x1    x2
x1 0.342 0.259
x2 0.259 0.307
      x1    x2
x1 0.685 0.314
x2 0.314 0.154
      x1    x2
x1 0.455 0.258
x2 0.258 0.220
> u
[1] 10.19572
> p.value
[1] 0.1166482
```

≪예제 6.9≫ ≪예제 6.6≫의 회전 속도(rotational velocity)와 윤활유(lubricant)의 2개 요인에 대해 4번 반복한 2×4 요인 실험 설계로 얻은 [표 6.7] 데이터에 대해 **R**을 이용하여 이원배치 다변량 분산분석을 하고자한다.

이원배치 분산분석의 경우 일원배치 분산분석의 경우에 비해 요인의 수와 요인간의 상호작용을 포함한 모형을 고려하게 되며 요인이 여러 개인 경우에도 마찬가지로 확장된 모형을 고려하게 된다.

▶ 요인을 나타내는 각 변수는 **factor()** 함수를 사용하여 범주형 변수로 정한 후 **aov()** 또는 **manova()** 함수 모형에서 관심있는 효과를 포함시킨다. 요인 **A**와 요인 **B**의 상호작용효과는 **A:B** 로 표현하며 **A*B** 는 **A+B+A:B** 와 같이 상호작용을 포함한 완전모형을 의미한다.

[프로그램 6.4]는 이원배치 다변량 분산분석 프로그램 예이며 [결과 6.4](1)은 각 변수에 대한 분석으로 이원배치 일변량 분산분석 결과를 보여준다. [결과 6.4](2)에서는 반응변수 벡터에 대한 분석으로 이원배치 다변량 분산분석 결과를 보여주는데

p-값을 살펴보면 유의수준 0.05에서 회전속도(rot) 효과만 유의하고 윤활유(lubricant) 효과와 상호작용 효과는 유의하지 않음을 알 수 있다. [그림 6.5]는 변수 X_1에 대한 두 요인간의 상호작용 그림으로 평행일수록 상호작용효과가 없음을 나타낸다.

[프로그램 6.4] 다변량 이원배치 분산분석

```
iron<- read.csv("C:/data/iron_2manova.csv", header=T)
attach(iron)
rot= factor(rot)  # factor 지정 필요
lub= factor(lub)

## Two-way ANOVA with interaction
tx1=aov(x1~ rot + lub + rot:lub )
 summary(tx1)
tx2=aov(x2~ rot + lub + rot:lub)
 summary(tx2)

# Two-way Interaction Plot for x1
par(mfrow=c(1,2))
interaction.plot( rot,   lub, x1, type="b", col=c(1:3),
   leg.bty="o", leg.bg="beige", lwd=2, pch=c(18,24,22),
   xlab="Rotation Speed", ylab="Lubricant", main="Interaction Plot : x1")
interaction.plot( lub, rot,    x1, type="b", col=c(1:3),
   leg.bty="o", leg.bg="beige", lwd=2, pch=c(18,24,22),
   ylab="Rotation Speed", xlab="Lubricant", main="Interaction Plot : x1")

## Two-way MANOVA with interaction
x=cbind(x1, x2)  # response vector
fit = manova(x ~ rot + lub + rot:lub)   # manova(x ~ rot*lub)
 summary(fit, test="Wilks")        # Wilks' lambda
 summary(fit, test="Pillai")        # Pillai's trace
 summary(fit, test="Roy")          # Roy's greatest root
 summary(fit, test="Hotelling")     # Hotelling-Lawley trace
```

[결과 6.4](1) 이원배치 일변량 분산분석 결과

```
> ## Two-way ANOVA with interaction
> tx1=aov(x1~ rot + lub + rot:lub )
> summary(tx1)
            Df Sum Sq Mean Sq F value  Pr(>F)
rot          1 1.2051  1.2051  5.9069 0.02293 *
lub          3 1.6941  0.5647  2.7678 0.06368 .
rot:lub      3 0.1324  0.0441  0.2163 0.88412
Residuals   24 4.8965  0.2040
---
Signif. codes:  0 '***' 0.001 '**' 0.01 '*' 0.05 '.' 0.1 ' ' 1
>
> tx2=aov(x2~ rot + lub + rot:lub)
> summary(tx2)
            Df Sum Sq Mean Sq F value    Pr(>F)
rot          1 614.25  614.25 20.0193 0.0001581 ***
lub          3  74.87   24.96  0.8134 0.4990176
rot:lub      3  32.24   10.75  0.3503 0.7892768
Residuals   24 736.39   30.68
---
Signif. codes:  0 '***' 0.001 '**' 0.01 '*' 0.05 '.' 0.1 '
```

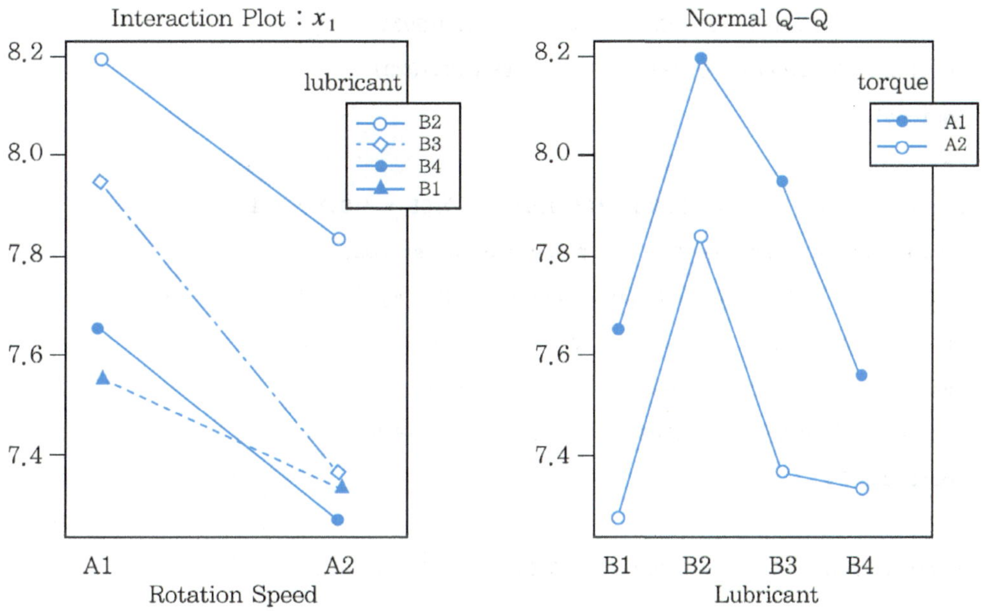

[그림 6.5] x1에 대한 회전속도와 윤활유의 상호작용 그림

[결과 6.4](2) 이원배치 다변량 분산분석 결과

```
> ## Two-way MANOVA with interaction
> rot= factor(rot) # factor 지정 필요
> lub= factor(lub)
> x=cbind(x1, x2)   # response vector
> fit <- manova(x ~ rot + lub + rot:lub)    # manova(x ~ rot*lub)
> summary(fit, test="Wilks")      # Wilks' lambda
          Df  Wilks approx F num Df den Df   Pr(>F)
rot        1 0.4740  12.7636      2     23 0.0001867 ***
lub        3 0.6916   1.5524      6     46 0.1827862
rot:lub    3 0.9319   0.2751      6     46 0.9458304
Residuals 24
---
Signif. codes:  0 '***' 0.001 '**' 0.01 '*' 0.05 '.' 0.1 ' ' 1
> summary(fit, test="Pillai")      # Pillai's trace
          Df Pillai approx F num Df den Df   Pr(>F)
rot        1 0.5260  12.7636      2     23 0.0001867 ***
lub        3 0.3141   1.4905      6     48 0.2015936
rot:lub    3 0.0685   0.2838      6     48 0.9418287
Residuals 24
---
Signif. codes:  0 '***' 0.001 '**' 0.01 '*' 0.05 '.' 0.1 ' ' 1
> summary(fit, test="Roy")         # Roy's greatest root
          Df    Roy approx F num Df den Df   Pr(>F)
rot        1 1.1099  12.7636      2     23 0.0001867 ***
lub        3 0.4181   3.3448      3     24 0.0359080 *
rot:lub    3 0.0651   0.5204      3     24 0.6722819
Residuals 24
---
Signif. codes:  0 '***' 0.001 '**' 0.01 '*' 0.05 '.' 0.1
```

연습문제

6.1 6.2절의 기호를 이용하여 다음을 증명하여라.

(a) $\sum_{i=1}^{g}\sum_{j=1}^{n}(X_{ij}-\overline{X_{i.}})^2=\sum_{i=1}^{g}\sum_{j=1}^{n}X_{ij}^2-\sum_{i=1}^{g}X_{i.}^2/n$

(b) $n\sum_{i=1}^{g}(\overline{X}_{i.}-\overline{X}_{..})^2=\sum_{i=1}^{g}X_{i.}^2/n-X_{..}^2/gn$

6.2 오차제곱합이 다음과 같이 분해됨을 증명하여 식(6.4)가 성립함을 보여라.

$$SS_e=\sum_{l=1}^{g}\sum_{j=1}^{n_l}(X_{lj}-\overline{X}_l)(X_{lj}-\overline{X}_l)'$$
$$=(n_1-1)S_1+(n_2-1)S_2+\cdots+(n_g-1)S_g$$

6.3 Wilks lambda가 다음과 같이 $\boldsymbol{E}^{-1}\boldsymbol{B}$의 고유값으로 표현됨을 보여라.

$$\Lambda=\prod_{i=1}^{s}\frac{1}{1+\lambda_i}$$

6.4 다음의 (a)와 (b)를 증명하고 (c)를 밝혀라.

(a) $\boldsymbol{B}=\Sigma_{i=1}^{g}n_i(\overline{\boldsymbol{X}}_{i.}-\overline{\boldsymbol{X}}_{..})(\overline{\boldsymbol{X}}_{i.}-\overline{\boldsymbol{X}}_{..})'=\Sigma_{i=1}^{g}\frac{1}{n_i}\boldsymbol{X}_{i.}\boldsymbol{X}_{i.}'-\frac{1}{N}\boldsymbol{X}_{..}\boldsymbol{X}_{..}'$

(b) $\boldsymbol{E}=\sum_{i=1}^{g}\sum_{j=1}^{n_i}(\boldsymbol{X}_{ij}-\overline{\boldsymbol{X}}_{i.})(\boldsymbol{X}_{ij}-\overline{\boldsymbol{X}}_{i.})'=\sum_{i=1}^{g}\sum_{j=1}^{n_i}\boldsymbol{X}_{ij}\boldsymbol{X}_{ij}'-\sum_{i=1}^{g}\frac{1}{n_i}\boldsymbol{X}_{i.}\boldsymbol{X}_{i.}'$

(c) $\boldsymbol{BE}^{-1}$와 $\boldsymbol{E}^{-1}\boldsymbol{B}$의 고유값이 같음을 보여라.

6.5 두 개의 그룹만을 고려할 때, $\boldsymbol{B}=\sum_{i=1}^{2}n_i(\overline{\boldsymbol{X}}_{i.}-\overline{\boldsymbol{X}}_{..})(\overline{\boldsymbol{X}}_{i.}-\overline{\boldsymbol{X}}_{..})$ 가 다음과 같이 표현됨을 보여라.

$$\boldsymbol{B} = \frac{n_1 n_2}{n_1+n_2}(\overline{\boldsymbol{X}}_{1.} - \overline{\boldsymbol{X}}_{2.})(\overline{\boldsymbol{X}}_{1.} - \overline{\boldsymbol{X}}_{2.})'$$

여기서 $\overline{\boldsymbol{X}}_{..} = \dfrac{n_1\overline{\boldsymbol{X}}_{1.} + n_2\overline{\boldsymbol{X}}_{2.}}{n_1+n_2}$ 이다.

6.6 3개의 그룹 1, 2, 3을 비교하기 위해 각각 10명, 20명, 50명에 대해 3개의 변수를 관측하여 다음의 결과를 얻었다.

표본평균벡터 :

$$\overline{\boldsymbol{X}}_1 = \begin{pmatrix} 3 \\ 2 \\ 1 \end{pmatrix}, \quad \overline{\boldsymbol{X}}_2 = \begin{pmatrix} 4 \\ 1 \\ 1 \end{pmatrix}, \quad \overline{\boldsymbol{X}}_3 = \begin{pmatrix} 4 \\ 2 \\ 2 \end{pmatrix}$$

표본공분산행렬 :

$$\boldsymbol{S}_1 = \begin{pmatrix} 0.3 & & \\ 0.01 & 0.2 & \\ 0.01 & 0.03 & 0.1 \end{pmatrix}, \quad \boldsymbol{S}_2 = \begin{pmatrix} 0.5 & & \\ 0.11 & 0.3 & \\ 0.04 & 0.007 & 0.2 \end{pmatrix}, \quad \boldsymbol{S}_3 = \begin{pmatrix} 0.32 & & \\ 0.30 & 0.7 & \\ 0.01 & -0.03 & 0.4 \end{pmatrix}$$

(a) MANOVA 모형을 써라.

(b) 전체평균벡터를 구하여라.

(c) 오차제곱합행렬을 구하여라.

(d) 처리제곱합행렬을 구하여라.

(e) MANOVA 표를 만들어라.

(f) 3개의 그룹간의 평균벡터가 같다고 할 수 있는지 검정하고자 한다. 귀무가설과 대립가설을 써라.

(g) (f)의 가설에 대해 Wilks lambda 통계량을 이용하여 유의수준 5%에서 검정하여라.

6.7 다음 자료는 생선을 주재료로 하여 세 가지 다른 요리법으로 생선의 질을 평가한 자료이다. 각 요리 방법에 따라 12마리 생선을 가지고 각각 4가지 부분에서 요리법을 평가하여 자료를 수집하여 [표 6.13]을 얻었다. 반응변수로는

$X_1 =$ 향(aroma)

$X_2 =$ 맛(flavor)

$X_3 =$ 육질(texture)

$X_4 =$ 수분정도(moisture)

이며 3가지 요리법에 대해 비교하고자 한다.

(a) MANOVA를 위한 통계적 모형을 써라.

(b) 다변량분산분석표를 만들어라.

(c) 유의수준 $\alpha = 0.05$에서 세 가지 요리방법간에 반응평균벡터간에 차이가 있는지 가설 검정하여라.

(d) 각 변수에 대해 일변량 분산분석표를 만들고 방법에 차이가 있는지 유의수준 $\alpha = 0.05$에서 가설 검정하여라.

(e) 유의수준 $\alpha = 0.05$에서 공분산행렬에 대한 동일성 검정하여라.

▶표 6.13 세 가지 생선 요리법 평가자료

방법 1				방법 2				방법 3			
X_1	X_2	X_3	X_4	X_1	X_2	X_3	X_4	X_1	X_2	X_3	X_4
5.4	6.0	6.3	6.7	5.0	5.3	5.3	6.5	4.8	5.0	6.5	7.0
5.2	6.2	6.0	5.8	4.8	4.9	4.2	5.6	5.4	5.0	6.0	6.4
6.1	5.9	6.0	7.0	3.9	4.0	4.4	5.0	4.9	5.1	5.9	6.5
4.8	5.0	4.9	5.0	4.0	5.1	4.8	5.8	5.7	5.2	6.4	6.4
5.0	5.7	5.0	6.5	5.6	5.4	5.1	6.2	4.2	4.6	5.3	6.3
5.7	6.1	6.0	6.6	6.0	5.5	5.7	6.0	6.0	5.3	5.8	6.4
6.0	6.0	5.8	6.0	5.2	4.8	5.4	6.0	5.1	5.2	6.2	6.5
4.0	5.0	4.0	5.0	5.3	5.1	5.8	6.4	4.8	4.6	5.7	5.7
5.7	5.4	4.9	5.0	5.9	6.1	5.7	6.0	5.3	5.4	6.8	6.6
5.6	5.2	5.4	5.8	6.1	6.0	6.1	6.2	4.6	4.4	5.7	5.6
5.8	6.1	5.2	6.4	6.2	5.7	5.9	6.0	4.5	4.0	5.0	5.9
5.3	5.9	5.8	6.0	5.1	4.9	5.3	4.8	4.4	4.2	5.6	5.5

6.8 두 종류의 비료(fertilizer)(A)와 4 개의 사과(apple)(B) 종류에 대해 2 개의 반응변수를 측정하여 [표 6.14]의 데이터를 얻었다. 여기서

X_1 = total nitrogen

X_2 = calcium

이다. 고정효과 모형으로 주효과에 대해 검정하고자 한다.

(a) MANOVA를 위한 통계적 모형을 써라.

(b) 이원배치 다변량분산분석표를 만들어라.

(c) 유의수준 $\alpha = 0.05$ 에서 주효과에 대한 검정을 하여라.

(d) 유의수준 $\alpha = 0.05$ 에서 상호작용효과에 대한 검정을 하여라.

▶ 표 6.14 비료와 사과 자료

Ferilizer / Apple	A1		A2	
	X_1	X_2	X_1	X_2
B1	7.80	90.4	7.12	85.1
	7.10	88.9	7.06	89.0
	7.89	85.9	7.45	75.9
	7.82	88.8	7.45	77.9
	7.20	85.7	7.22	76.4
B2	9.00	82.5	8.19	66.0
	8.43	92.4	8.25	74.5
	7.65	82.4	7.45	83.1
	7.70	87.4	7.45	86.4
	8.52	92.4	7.89	67.7
B3	7.28	79.6	7.15	81.2
	8.96	95.1	7.15	72.0
	7.75	90.2	7.70	79.9
	7.80	88.0	7.45	71.9
	7.95	86.6	7.38	80.4
B4	7.60	94.1	7.06	81.2
	7.00	86.6	7.04	79.9
	7.82	85.9	7.52	86.4
	7.80	88.8	7.70	76.4
	7.35	85.9	7.10	78.5

6.8 파종일(S)과 콩의 품종(V)에 따른 수확성에 대해 알아보고자 4×3 요인실험설계를 하여 5반복 측정데이터를 [표 6.15]와 같이 얻었다. 반응변수로는

$X_1 =$ 조기(early) 수확량

$X_2 =$ 조기(early) 특정한 잎의 면적

$X_3 =$ 전체 수확량

$X_4 =$ 평균적인 특정한 잎의 면적

이 측정되었다.

(a) MANOVA를 위한 통계적 모형을 써라.

(b) 이원배치 다변량분산분석표를 만들어라.

(c) 파종일 효과에 대한 가설 검정을 하여라.

(d) 유의수준 $\alpha = 0.05$ 에서 콩의 품종 효과에 대한 가설 검정을 하여라.

(e) 유의수준 $\alpha = 0.05$ 에서 파종일과 콩의 품종의 상호작용 효과에 대한 가설 검정을 하여라.

▶ 표 6.15 콩 자료

S	V		X_1	X_2	X_3	X_4	S	V		X_1	X_2	X_3	X_4
1	1	1	59.3	4.5	38.4	295	3	1	1	68.1	3.4	42.2	280
		2	60.3	4.5	38.6	302			2	68.0	2.9	42.4	284
		3	60.9	5.3	37.2	318			3	68.5	3.3	41.5	286
		4	60.6	5.8	38.1	345			4	68.6	3.1	41.9	284
		5	60.4	6.0	38.8	325			5	68.6	3.3	42.1	268
1	2	1	59.3	6.7	37.9	275	3	2	1	64.0	3.6	40.9	233
		2	59.4	4.8	36.6	290			2	63.4	3.9	41.4	248
		3	60.0	5.1	38.7	295			3	63.5	3.7	41.6	244
		4	58.9	5.8	37.5	296			4	63.4	3.7	41.4	266
		5	59.5	4.8	37.0	330			5	63.5	4.1	41.1	244
1	3	1	59.4	5.1	38.7	299	3	3	1	68.0	3.7	42.3	293
		2	60.2	5.3	37.0	315			2	68.7	3.5	41.6	284
		3	60.7	6.4	37.4	304			3	68.7	3.8	40.7	277
		4	60.5	7.1	37.0	302			4	68.4	3.5	42.0	299
		5	60.1	7.8	36.9	308			5	68.6	3.4	42.4	285
2	1	1	63.7	5.4	39.5	271	4	1	1	69.8	1.4	48.4	265
		2	64.1	5.4	39.2	284			2	69.5	1.3	47.8	247
		3	63.4	5.4	39.0	281			3	69.5	1.3	46.9	231
		4	63.2	5.3	39.0	291			4	69.9	1.3	47.5	268
		5	63.2	5.0	39.0	270			5	70.3	1.1	47.1	247
2	2	1	60.6	6.8	38.1	248	4	2	1	66.6	1.8	45.7	205
		2	61.0	6.5	38.6	264			2	66.5	1.7	46.8	239
		3	60.7	6.8	38.8	257			3	67.1	1.7	46.3	230
		4	60.6	7.1	38.6	260			4	65.8	1.8	46.3	235
		5	60.3	6.0	38.5	261			5	65.6	1.9	46.1	220
2	3	1	63.8	5.7	40.5	282	4	3	1	70.1	1.7	48.1	253
		2	63.2	6.1	40.2	284			2	72.3	0.7	47.8	249
		3	63.3	6.0	40.0	291			3	69.7	1.5	46.7	226
		4	63.2	5.9	40.0	299			4	69.9	1.3	47.1	248
		5	63.1	5.4	39.7	295			5	69.8	1.4	46.7	236

07 주성분분석

7.1 서 론

주성분분석은 여러 개의 반응변수로 얻어진 다변량 데이터에 대해, 분산-공분산 구조를 변수들의 선형결합식(주성분: principal component)으로 설명하고자 하는 접근방법이다. 주성분분석의 목적은 (1) 차원 축소 (2) 변동이 큰 축 탐색 (3) 주성분을 통한 데이터의 해석 등에 있다고 할 수 있다.

반응변수들의 선형결합식 또는 선형변환되어 형성된 주성분은 서로 독립적인 새로운 변수이며 p개의 변수에 포함된 전체 변동을 m개($m \le p$)의 주성분으로 대신하여 설명한다. 어떤 다변량 데이터에 대해, 예를 들어 2개의 주성분으로 전체 변동의 대부분을 설명하도록 변환될 수 있다면 정보의 손실을 최소화하면서 저차원 공간에서 데이터를 해석할 수 있게 되어 차원 축약 뿐만 아니라 해석에 대한 이점도 얻을 수 있다. 또한 차원 축소 결과로 얻어지는 주성분점수(principal score)는 원래 변수에 대한 정보 축약과 함께 새로운 변수값으로 또 다른 통계적 분석, 예를 들어, 군집분석, 회귀분석, 다변량 분산분석 등에 이용될 수 있다.

주성분분석은 Pearson(1901)에 의해 처음 연구되기 시작하였으며 그 후 Hotelling(1933) 이래 더욱 발전되었다. Pearson(1901)은 p-차원 공간에 놓이는 데이터에 대해 가장 잘 적합하는 직선이나 평면을 찾는데 관심이 있었고 기하학적 최적화 문제로 접근하였다. 32년 후 Hotelling(1933)은 원래 p개 변수의 값을 대신 결정할 수 있는 저차원의 독립변수들의 집합이 존재할 것이라는 아이디어로부터 출발하여 원래 변수들의 분산을 최대로 설명하는 성분을 구하게 되었고 이와 같은 성분들을 '주성분(principal component)'이라고 부르게 되었다. Girshick(1939)은 표본주성분 계수에 대한 근사적인 분포를 밝

혔으며 그 이후로 주성분분석의 이론과 응용이 활발히 진행되어 농학, 생물학, 화학, 기후학, 인구학, 생태학, 경제학, 식품영양학, 지질학, 기상학, 해양학, 심리학, 교육학 등 여러 분야에서 활발하게 응용되고 있다.

7.2 주성분의 정의와 개념

$p \times 1$ 확률벡터 $\boldsymbol{X} = (X_1, X_2, \ldots, X_p)'$가 모평균벡터 $\boldsymbol{\mu}$와 모공분산행렬 $\boldsymbol{\Sigma}$를 가진다고 하자. 이러한 확률벡터는 수학적으로 p-차원에 놓이게 되며 원래 변수의 선형결합 또는 회전 변환을 통해 p개의 새로운 좌표축을 형성할 수 있다. 이때 생기는 새로운 축은 데이터의 변동을 최대로 설명해주는 동시에 공분산 구조에 대한 해석을 용이하게 하도록 만들어질 수 있는데 이것을 주성분(principal component)이라 한다.

첫 번째 주성분(제1 주성분)은 변동(variability)을 최대로 설명해주는 방향으로 변수들의 선형결합식이다. 두 번째 주성분(제2 주성분)은 첫 번째 주성분 다음으로 변동을 가장 많이 설명해주는 변수들의 선형결합식이며 첫 번째 주성분과는 독립이다. 이와 같이 찾아진 p개의 주성분들은 새로운 축을 형성하며, 주성분과 이들이 설명하는 변동량, 주성분, 주성분점수 등은 변수들로 표현된 시스템에 대한 이해를 돕는다.

7.2.1 주성분의 정의

확률벡터 $\boldsymbol{X}' = (X_1, X_2, \ldots, X_p)$ 의 공분산행렬 $\boldsymbol{\Sigma}$ 는 고유값 $\lambda_1 \geq \lambda_2 \geq \cdots \geq \lambda_p \geq 0$을 갖고 각 고유값에 해당하는 고유벡터 $\boldsymbol{e}_1, \boldsymbol{e}_2, \ldots, \boldsymbol{e}_p$를 가진다. 다음과 같은 p개의 선형결합식을 생각해 보자.

$$Y_1 = \boldsymbol{l}_1{}'\boldsymbol{X} = l_{11}X_1 + l_{21}X_2 + \ldots + l_{p1}X_p \tag{7.1}$$

$$Y_2 = \boldsymbol{l}_2{}'\boldsymbol{X} = l_{12}X_1 + l_{22}X_2 + \ldots + l_{p2}X_p$$

$$\vdots \qquad\qquad \vdots$$

$$Y_i = \boldsymbol{l}_i{}'\boldsymbol{X} = l_{1i}X_1 + l_{2i}X_2 + \ldots + l_{pi}X_p$$

$$\vdots \qquad\qquad \vdots$$

$$Y_p = \boldsymbol{l}_p{}'\boldsymbol{X} = l_{1p}X_1 + l_{2p}X_2 + \ldots + l_{pp}X_p$$

여기서 $\boldsymbol{l}_i{}' = (l_{1i},\ l_{2i},\ \ldots,\ l_{pi})$ 이며 선형결합식들의 분산은

$$Var(Y_i) = \boldsymbol{l}_i{}'\boldsymbol{\Sigma}\boldsymbol{l}_i,\quad i = 1,\ \ldots,\ p \tag{7.2}$$

$$Cov(Y_i, Y_k) = \boldsymbol{l}_i{}'\boldsymbol{\Sigma}\boldsymbol{l}_k,\ \ i, k = 1,\ \ldots,\ p \tag{7.3}$$

이 된다. 이로부터 주성분은 아래의 과정을 통해 구할 수 있다.

(1) 첫 번째 주성분은 $\boldsymbol{l}_1{}'\boldsymbol{l}_1 = 1$을 만족하는 $p\times 1$ 벡터 $\boldsymbol{l}_1$에 대해 $Var(\boldsymbol{l}_1{}'\boldsymbol{X})$를 최대로 하는 선형결합식 $\boldsymbol{l}_1{}'\boldsymbol{X}$로 구한다.

(2) 두 번째 주성분은 $\boldsymbol{l}_2{}'\boldsymbol{l}_2 = 1$을 만족하는 $p\times 1$ 벡터 $\boldsymbol{l}_2$에 대해 $Var(\boldsymbol{l}_2{}'\boldsymbol{X})$를 최대로 하며 또한 $Cov(\boldsymbol{l}_1{}'\boldsymbol{X},\ \boldsymbol{l}_2{}'\boldsymbol{X}) = 0$인 선형결합식 $\boldsymbol{l}_2{}'\boldsymbol{X}$ 로 구한다.

(i) i번째 주성분은 $\boldsymbol{l}_i{}'\boldsymbol{l}_i = 1$을 만족하는 $p\times 1$ 벡터 $\boldsymbol{l}_i$에 대해 $Var(\boldsymbol{l}_i{}'\boldsymbol{X})$를 최대로 하며, 앞에서 구한 $(i-1)$개의 주성분들과는 직교하도록 $Cov(\boldsymbol{l}_i{}'\boldsymbol{X},\ \boldsymbol{l}_j{}'\boldsymbol{X}) = 0,\ j = 1,\cdots,i-1$ 인 선형결합식 $\boldsymbol{l}_i{}'\boldsymbol{X}$로 구한다.

(p) 마지막으로 p번째 주성분은 $\boldsymbol{l}_p{}'\boldsymbol{l}_p = 1$을 만족하는 $p\times 1$ 벡터 $\boldsymbol{l}_p$에 대해 $Var(\boldsymbol{l}_p{}'\boldsymbol{X})$를 최대로 하며, 앞에서 구한 $(p-1)$개의 주성분들과는 직교하도록 $Cov(\boldsymbol{l}_p{}'\boldsymbol{X},\boldsymbol{l}_p{}'\boldsymbol{X}) = 0,\ j = 1,\ \cdots,\ p-1$인 선형결합식 $\boldsymbol{l}_p{}'\boldsymbol{X}$로 구한다.

이와 같이 정의된 주성분을 구하기 위해 수학적으로 Lagrange 기법을 이용하면 $\boldsymbol{l}_1 = \boldsymbol{e}_1$, 즉 $\boldsymbol{\Sigma}$ 의 첫 번째 고유벡터로 구해져 첫 번째 주성분의 계수가 되며 설명하는 분산의 양은 첫 번째 고유값으로 나타난다. 마찬가지로 $\boldsymbol{l}_i = \boldsymbol{e}_i$이며 p개의 서로 독립적인 주성분은 가능한 선형결합들 중 주성분들로 인한 분산의 합이 최소가 되도록 한다.

다음의 정리 7.1을 이용하여 주성분을 구할 수 있고 정리 7.2는 주성분을 이용하더라도 원래 변수들의 총분산이 변하지 않음을 보여준다.

정리 7.1 확률벡터 $\boldsymbol{X}' = (X_1,\ X_2,\ \ldots,\ X_p)$의 공분산행렬 $\boldsymbol{\Sigma}$는 고유값 $\lambda_1 \geqq \lambda_2 \geqq \cdots \geqq \lambda_p \geqq 0$을 갖고 각 고유값에 해당하는 고유벡터 $\boldsymbol{e}_1,\ \boldsymbol{e}_2,\ \ldots,\ \boldsymbol{e}_p$를 갖는다. 즉 고유값-고유벡터를 짝지으면 $(\lambda_1,\ \boldsymbol{e}_1),\ (\lambda_2,\ \boldsymbol{e}_2),\ \ldots,\ (\lambda_p,\ \boldsymbol{e}_p)$이다.
i번째 주성분은

$$Y_i = \boldsymbol{e}_i{}'\boldsymbol{X} = e_{1i}X_1 + e_{2i}X_2 + \ldots + e_{pi}X_p \tag{7.4}$$

이고 i번째 주성분의 분산, 다른 주성분과의 공분산은

$$Var(Y_i) = \boldsymbol{e}_i{}'\boldsymbol{\Sigma}\boldsymbol{e}_i = \lambda_i, \quad i = 1,2,\ldots,p \tag{7.5}$$

$$Cov(Y_i,\ Y_j) = \boldsymbol{e}_i{}'\boldsymbol{\Sigma}\boldsymbol{e}_j = 0, \quad i \neq j \tag{7.6}$$

이 된다.

[증명] 식 (2.53)을 이용하면

$$\max_{\boldsymbol{a} \neq 0} \frac{\boldsymbol{a}'\boldsymbol{\Sigma}\boldsymbol{a}}{\boldsymbol{a}'\boldsymbol{a}} = \lambda_1$$

을 얻고 $\boldsymbol{a} = \boldsymbol{e}_1$으로 구해진다. 또한 $\boldsymbol{e}_1{}'\boldsymbol{e}_1 = 1$이므로

$$\max_{\boldsymbol{a} \neq 0} \frac{\boldsymbol{a}'\boldsymbol{\Sigma}\boldsymbol{a}}{\boldsymbol{a}'\boldsymbol{a}} = \lambda_1 = \frac{\boldsymbol{e}_1{}'\boldsymbol{\Sigma}\boldsymbol{e}_1}{\boldsymbol{e}_1{}'\boldsymbol{e}_1} = Var(Y_1)$$

이다. 식 (2.54)를 이용하면

$$\max_{a \perp e_1, \ldots, e_k} \frac{\boldsymbol{a}'\boldsymbol{\Sigma}\boldsymbol{a}}{\boldsymbol{a}'\boldsymbol{a}} = \lambda_{k+1}, \quad k = 1,\ 2,\ \ldots,\ p-1.$$

$\boldsymbol{a} = \boldsymbol{e}_{k+1}$ 로 선택하면 $\boldsymbol{e}_{k+1}{}'\boldsymbol{e}_i = 0,\quad i = 1,\ 2,\ \ldots,\ k,\quad k = 1,\ 2,\ \ldots,\ p-1$

$$\frac{\boldsymbol{e}_{k+1}{}'\boldsymbol{\Sigma}\boldsymbol{e}_{k+1}}{\boldsymbol{e}_{k+1}{}'\boldsymbol{e}_{k+1}} = \boldsymbol{e}_{k+1}{}'\boldsymbol{\Sigma}\boldsymbol{e}_{k+1} = \lambda_{k+1} = Var(Y_{k+1})$$

를 얻는다. $i \neq k$ 에 대해

$$Cov(Y_i, Y_k) = \boldsymbol{e}_i{}'\boldsymbol{\Sigma}\boldsymbol{e}_k = \boldsymbol{e}_i{}'\lambda_k\boldsymbol{e}_k = \lambda_k\boldsymbol{e}_i{}'\boldsymbol{e}_k = 0$$

이 되어 주성분들이 서로 직교한다.

정리 7.2 전체변이는 공분산행렬 - ρ의 고유값들의 합으로 표현된다. 즉,

$$\sum_{i=1}^{p} Var(X_i) = \sigma_{11} + \sigma_{22} + \cdots + \sigma_{pp} = \lambda_1 + \lambda_2 + \cdots + \lambda_p = \sum_{i=1}^{p} Var(Y_i) \tag{7.7}$$

[증명] 대각행렬 Λ와 고유벡터로 이루어진 직교행렬 $\boldsymbol{P} = [\boldsymbol{e}_1, \boldsymbol{e}_2, \ldots, \boldsymbol{e}_p]$에 대해 $\boldsymbol{\Sigma} = \boldsymbol{P\Lambda P}'$로 표현된다. $\boldsymbol{PP}' = \boldsymbol{P}'\boldsymbol{P} = \boldsymbol{I}$이며 $\boldsymbol{\Sigma}$는 양정치행렬이므로 스펙트럼 분해(spectral decomposition)에 의해

$$tr(\boldsymbol{\Sigma}) = tr(\boldsymbol{P\Lambda P}') = tr(\boldsymbol{\Lambda PP}') = tr(\boldsymbol{\Lambda}) = \lambda_1 + \cdots + \lambda_p \tag{7.8}$$

이므로 정리 7.2의 결과를 얻는다.

그러므로 i번째 주성분에 의해 설명되는 전체분산의 비율은

$$\frac{i\text{번째 주성분에 의해 설명되는 분산}}{\text{전체 분산}} = \frac{\lambda_i}{\lambda_1 + \ldots + \lambda_p}, \quad i = 1, 2, \ldots, p \tag{7.9}$$

으로 구해진다.

정리 7.3 Y_i(i번째 주성분)와 X_k(원래 데이터의 k번째 확률변수)의 상관계수는

$$\rho_{Y_i, X_k} = \frac{e_{ki}\sqrt{\lambda_i}}{\sqrt{\sigma_{kk}}}, \quad i, k = 1, \ldots, p \tag{7.10}$$

이다. 여기서 e_{ki}는 $\boldsymbol{e}_i$의 k번째 성분이다.

[증명] k번째 성분이 1인 벡터 $\boldsymbol{l}_k{}' = [0, 0, 0, \ldots, 0, 1, 0, \ldots, 0]$를 이용해 X_k를 $X_k = \boldsymbol{l}_k{}'\boldsymbol{X}$로 표현한 후 $\boldsymbol{\Sigma}\boldsymbol{e}_i = \lambda_i\boldsymbol{e}_i$인 사실을 이용하여 공분산을 구하면

$$Cov(X_k, Y_i) = Cov(\boldsymbol{l}_k{}'\boldsymbol{X},\ \boldsymbol{e}_i{}'\boldsymbol{X}) = \boldsymbol{l}_k{}' Cov(\boldsymbol{X},\ \boldsymbol{X})\boldsymbol{e}_i \tag{7.11}$$
$$= \boldsymbol{l}_k{}'\boldsymbol{\Sigma}\boldsymbol{e}_i = \boldsymbol{l}_k{}'\lambda_i\boldsymbol{e}_i$$
$$= \lambda_i\boldsymbol{l}_k{}'\boldsymbol{e}_i = \lambda_i e_{ki}$$

이 된다. 여기서 $\boldsymbol{e}_i = (e_{1i},\ e_{2i},\ \ldots,\ e_{pi})'$이다.

또한 상관계수 정의에 의하여

$$Corr(X_k, Y_i) = \frac{Cov(X_k, Y_i)}{\sqrt{Var(X_k)}\sqrt{Var(Y_i)}} = \frac{\lambda_i e_{ki}}{\sqrt{\sigma_{kk}}\sqrt{\lambda_i}} = \frac{e_{ki}\sqrt{\lambda_i}}{\sqrt{\sigma_{kk}}} \tag{7.12}$$

이 된다.

≪예제 7.1≫ 두 변수 X_1과 X_2에 대해 관측값을 얻은 후 표본공분산행렬 $\boldsymbol{S} = \begin{pmatrix} 7 & 1 \\ 1 & 7 \end{pmatrix}$를 얻었을 때 주성분을 구해보자.

$\boldsymbol{S}$의 고유값을 구하기 위해

$$|\boldsymbol{S} - \lambda\boldsymbol{I}| = \begin{vmatrix} 7-\lambda & 1 \\ 1 & 7-\lambda \end{vmatrix} = (7-\lambda)^2 - 1 = \lambda^2 - 14\lambda + 48 = (\lambda-6)(\lambda-8) = 0$$

을 풀면 고유값은 $\lambda_1 = 8$과 $\lambda_2 = 6$으로, 이에 대한 고유벡터를 다음과 같이 얻는다.

(i) $\lambda_1 = 8$

$$\boldsymbol{S} - \lambda_1\boldsymbol{I} = \begin{pmatrix} 7 & 1 \\ 1 & 7 \end{pmatrix} - \begin{pmatrix} 8 & 0 \\ 0 & 8 \end{pmatrix} = \begin{pmatrix} -1 & 1 \\ 1 & -1 \end{pmatrix}$$

이므로

$$\begin{pmatrix} -1 & 1 \\ 1 & -1 \end{pmatrix}\begin{pmatrix} y \\ z \end{pmatrix} = \begin{pmatrix} 0 \\ 0 \end{pmatrix}$$

을 풀면 된다. 즉 연립방정식 $y - z = 0$을 풀어 고유벡터 $\boldsymbol{x}_1 = \begin{pmatrix} y \\ z \end{pmatrix} = \begin{pmatrix} 1 \\ 1 \end{pmatrix}$을 얻는다.

$L_{\boldsymbol{x}_1} = \sqrt{2}$ 이므로 단위고유벡터는 $\boldsymbol{e}_1 = \begin{pmatrix} 1/\sqrt{2} \\ 1/\sqrt{2} \end{pmatrix}$ 가 된다.

(ii) $\lambda_2 = 6$

$$\boldsymbol{S} - \lambda_2\boldsymbol{I} = \begin{pmatrix} 7 & 1 \\ 1 & 7 \end{pmatrix} - \begin{pmatrix} 6 & 0 \\ 0 & 6 \end{pmatrix} = \begin{pmatrix} 1 & 1 \\ 1 & 1 \end{pmatrix}$$

이므로

$$\begin{pmatrix} 1 & 1 \\ 1 & 1 \end{pmatrix}\begin{pmatrix} y \\ z \end{pmatrix} = \begin{pmatrix} 0 \\ 0 \end{pmatrix}$$

즉 $y+z=0$을 풀면 된다. $z=-y$ 이므로 고유벡터 $\boldsymbol{x}_2 = \begin{pmatrix} y \\ z \end{pmatrix} = \begin{pmatrix} 1 \\ -1 \end{pmatrix}$을 얻는다.

$L_{\boldsymbol{x}_2} = \sqrt{2}$ 이므로 단위 고유벡터는 $\boldsymbol{e}_2 = \begin{pmatrix} 1/\sqrt{2} \\ -1/\sqrt{2} \end{pmatrix}$가 된다. 첫 번째와 두 번째 고유벡터는 각각 $\boldsymbol{e}_1 = (0.707,\ 0.707)'$, $\boldsymbol{e}_2 = (0.707,\ -0.707)'$이므로

첫 번째 주성분, 두 번째 주성분은 각각

$$Y_1 = 0.707X_1 + 0.707X_2$$

$$Y_2 = 0.707X_1 - 0.707X_2$$

을 얻게 된다. 첫 번째 주성분은 두 변수의 가중평균형태를 나타내며 두 번째 주성분은 두 변수의 대비(contrast)를 나타낸다. 그리고 첫 번째 주성분에 대해

$$\frac{8}{8+6} = 0.571$$

으로 전체 분산의 57% 정도를 설명한다.

7.2.2 주성분의 기하학적 의미

모집단 주성분은 분석 모집단 공분산행렬을 고려하여 최적의 직교 선형결합식을 찾는 것이다. [그림 7.1]의 산점도를 보면 X_1과 X_2 간의 선형상관성이 높음을 알 수 있다. 공분산행렬을 고려하여 주성분 축을 찾으면 원래 변수들의 좌표축이 직교회전변환되어 나타나며 제1주성분 축의 데이터 변이에 비해 제2주성분 축의 데이터 변이가 상대적으로 작음을 알 수 있다. 또한 주성분 좌표축의 데이터는 원래 좌표축의 변수에 비해 랜덤하게 펼쳐지게 된다. 따라서 원래의 변수들에 비해 새로운 선형결합이며 서로 직교하는 주성분들은 통계적인 추론과 해석에 많은 편리한 점을 제공한다.

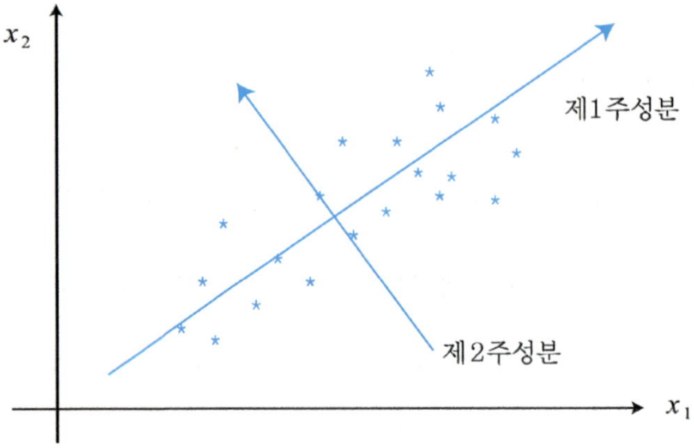

[그림 7.1] 데이터와 주성분

다변량 정규분포를 따르는 확률변수의 경우 주성분의 의미를 살펴보자.

$\boldsymbol{X} \sim N_p(\boldsymbol{\mu}, \boldsymbol{\Sigma})$를 따를 때

$$(\boldsymbol{x}-\boldsymbol{\mu})'\boldsymbol{\Sigma}^{-1}(\boldsymbol{x}-\boldsymbol{\mu}) = c^2 \text{는 } \boldsymbol{\mu}\text{를 중심으로 축이 } \pm c\sqrt{\lambda_i}\boldsymbol{e_i}$$

인 타원체(ellipsoid)이다. 일반성을 잃지 않고 $\boldsymbol{\mu} = \mathbf{0}$으로 놓아보자. 그러면

$$c^2 = \boldsymbol{x}'\boldsymbol{\Sigma}^{-1}\boldsymbol{x} = \frac{1}{\lambda_1}(\boldsymbol{e}_1'\boldsymbol{x})^2 + \frac{1}{\lambda_2}(\boldsymbol{e}_2'\boldsymbol{x})^2 + \ldots + \frac{1}{\lambda_p}(\boldsymbol{e}_p'\boldsymbol{x})^2 = \sum_{i=1}^{p}\frac{y_i^2}{\lambda_i}$$

여기서 $y_i = \boldsymbol{e}_i'\boldsymbol{x}$ 으로 $\boldsymbol{e}_1$, …, $\boldsymbol{e}_p$ 방향으로의 축이 된다. λ_1이 가장 큰 고유값일 때 주축은 $\boldsymbol{e}_1$ 방향이 된다.

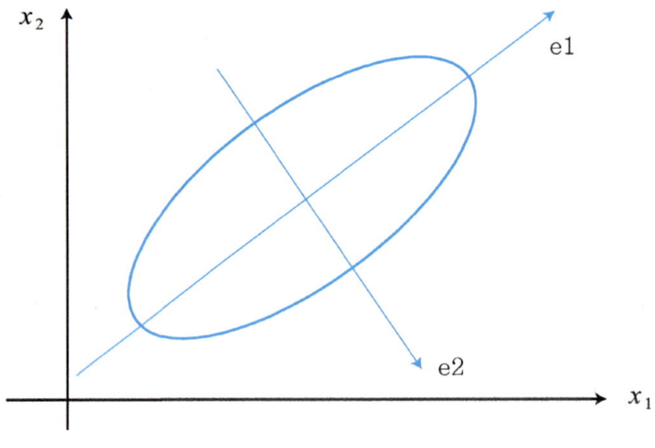

[그림 7.2] $\rho = 0.5$인 경우 등고선 타원에서의 제1 주성분 e_1과 제2 주성분 e_2

7.3 상관행렬을 이용한 주성분분석

일반적으로 데이터의 본래의 의미를 해석하려 하면 표본공분산행렬 $\boldsymbol{S}$ 를 이용해 주성분분석을 하게 된다. 그러나 변수의 단위가 다르거나 또는 분산의 차이가 큰 경우, 표본 공분산행렬 $\boldsymbol{S}$ 대신 표본상관행렬 $\boldsymbol{R}$ 을 이용해 주성분을 구하면 해석하는데 편리한 이점이 있다. $\boldsymbol{S}$를 사용할 경우 분산이 큰 변수가 주성분의 압도적인 비중을 차지할 수 있으므로 분석의 균형을 유지하기 위해서도 표본상관행렬 $\boldsymbol{R}$을 이용할 필요가 있다.

주성분 계수는 척도변환에 따라 변하므로, 공분산행렬을 이용한 경우의 주성분 결과와 상관행렬을 이용해 얻은 주성분 결과에 차이가 나며 설명하는 변동의 비율도 차이가 난다. 이 절에서는 상관행렬을 이용한 주성분에 대해 살펴보기로 한다.

표준화 변수들에 대해서 주성분을 구해보도록 하자. 우선 각 변수를 표준화하면

$$Z_1 = \frac{X_1 - \mu_1}{\sqrt{\sigma_{11}}} \tag{7.13}$$

$$Z_2 = \frac{X_2 - \mu_2}{\sqrt{\sigma_{22}}}$$

$$\vdots$$

$$Z_p = \frac{X_p - \mu_p}{\sqrt{\sigma_{pp}}}$$

를 얻으며 벡터로 표현하면

$$\boldsymbol{Z} = (\boldsymbol{V}^{1/2})^{-1}(\boldsymbol{X} - \boldsymbol{\mu}) \tag{7.14}$$

이다. 여기서

$$\boldsymbol{V}^{1/2} = \begin{pmatrix} \sqrt{\sigma_{11}} & 0 & \cdots & 0 \\ 0 & \sqrt{\sigma_{22}} & \cdots & 0 \\ \vdots & \vdots & \ddots & \vdots \\ 0 & 0 & \cdots & \sqrt{\sigma_{pp}} \end{pmatrix}$$

$$Y_i = \boldsymbol{e}_i{}'\boldsymbol{Z} = \boldsymbol{e}_i{}'(\boldsymbol{V}^{1/2})^{-1}(\boldsymbol{X} - \boldsymbol{\mu}) \tag{7.15}$$

$E(\boldsymbol{Z})=\mathbf{0}$, $Cov(\boldsymbol{Z})=\boldsymbol{I}$가 되며 $\boldsymbol{V}^{1/2}\boldsymbol{\rho}\boldsymbol{V}^{1/2}=\boldsymbol{\Sigma}$, $\boldsymbol{\rho}=\boldsymbol{V}^{-1/2}\boldsymbol{\Sigma}\boldsymbol{V}^{-1/2}$ 즉, $\boldsymbol{\Sigma}$는 분산의 대각행렬 $\boldsymbol{V}^{1/2}$과 상관행렬 $\boldsymbol{\rho}$로부터 얻어진다.

정리 7.4 표준화 변수들로 구성한 벡터 $\boldsymbol{Z}'=(Z_1, \ldots, Z_p)$에 대해 주성분을 구하면 i번째 주성분은

$$Y_i=\boldsymbol{e}_i'\boldsymbol{Z}=\boldsymbol{e}_i'(\boldsymbol{V}^{1/2})^{-1}(\boldsymbol{X}-\boldsymbol{\mu}) \tag{7.16}$$

이 된다. 주성분에 대한 총분산은

$$\sum_{i=1}^{p} Var(Y_i)=\sum_{i=1}^{p} Var(Z_i)=1+\cdots+1=p \tag{7.17}$$

이며, i번째 주성분 Y_i와 k번째 표준화 변수 Z_k의 상관계수는

$$\rho_{Y_i, Z_k}=\frac{e_{ki}\sqrt{\lambda_i}}{\sqrt{Var(Z_k)}}=e_{ki}\sqrt{\lambda_i} \tag{7.18}$$

이 된다. 또한 표준화 변수로부터 구한 주성분에 대하여 i번째 주성분에 의해 설명되는 전체분산의 비율은

$$\frac{i\text{번째 주성분에 의해 설명되는 분산}}{\text{전체 분산}}=\frac{\lambda_i}{p},\ i=1, 2, \ldots, p \tag{7.19}$$

이다.

주성분분석에서 표본상관행렬 $\boldsymbol{R}$을 사용할 경우 몇 가지 주의점을 살펴보자.

(i) $\boldsymbol{R}$에 의한 주성분과 $\boldsymbol{S}$에 의한 주성분이 설명하는 분산의 양이 다르다.

(ii) $\boldsymbol{R}$에 의한 주성분과 $\boldsymbol{S}$에 의한 주성분 계수가 다르다.

(iii) $\boldsymbol{R}$ 자체가 척도 불변이므로 $\boldsymbol{R}$에 의한 주성분은 척도 불변이다(scale invariant).

(iv) $\boldsymbol{R}$에 의한 주성분은 유일하지 않다.

≪예제 7.2≫ 다음의 이변량 데이터에 대해 표본상관행렬 $\boldsymbol{R}$을 이용하여 주성분을 구해보자.

$$\boldsymbol{R}=\begin{pmatrix}1 & r\\ r & 1\end{pmatrix},\quad r>0$$

고유값을 구하면 $\lambda_1 = 1 + r$, $\lambda_2 = 1 - r$이고 첫 번째 고유벡터는

$$\boldsymbol{e}_1 = (0.707,\quad 0.707)',$$

두 번째 고유벡터 $\boldsymbol{e}_2 = (0.707,\ -0.707)'$ 가 되어

첫 번째 주성분, 두 번째 주성분은 각각

$$Y_1 = 0.707\left(\frac{X_1 - \overline{X_1}}{s_1}\right) + 0.707\left(\frac{X_2 - \overline{X_2}}{s_2}\right)$$

$$Y_2 = 0.707\left(\frac{X_1 - \overline{X_1}}{s_1}\right) - 0.707\left(\frac{X_2 - \overline{X_2}}{s_2}\right)$$

이 된다. 주성분을 구성하는 각 계수는 r에 의존하지 않는다. 즉, $r = 0.01$이든 $r = 0.99$ 이든 주성분의 계수에는 영향을 미치지 않고 분산의 설명비율에만 영향을 미친다.

일반적으로 $p > 2$인 경우, $\boldsymbol{R}$로부터의 주성분은 상관계수 실제 값보다는 상관계수들의 상대적인 비(relative ratio)에 의존한다. 그러므로 상대비율이 같은 $\boldsymbol{R}$ 에 대해 같은 주성분이 얻어지므로 유일하지 않은 주성분을 얻게 되어 해석에 주의할 필요가 있다.

≪예제 7.3≫ 두 변수 X_1과 X_2를 갖는 이변량 데이터에 대해 표본공분산행렬 $\boldsymbol{S} = \begin{pmatrix} 1 & 6 \\ 6 & 100 \end{pmatrix}$, 표본상관행렬 $\boldsymbol{R} = \begin{pmatrix} 1 & 0.6 \\ 0.6 & 1 \end{pmatrix}$ 을 얻었을 때 각각 주성분을 구하고 비교해보자.

$\boldsymbol{S}$의 고유값을 구하면

$$|\boldsymbol{S} - \lambda \boldsymbol{I}| = \begin{vmatrix} 1-\lambda & 6 \\ 6 & 100-\lambda \end{vmatrix} = (1-\lambda)(100-\lambda) - 36 = \lambda^2 - 101\lambda + 64 = 0$$

을 풀어 고유값과 고유벡터를 구하면

$$\lambda_1 = 100.363,\quad e_1{}' = (0.060, 0.998)$$

$$\lambda_2 = 0.64,\quad e_2{}' = (0.998, -0.060)$$

이다. X_2의 분산이 X_1의 분산의 100배이므로 첫 번째 주성분인

$Y_1 = 0.060X_1 + 0.998X_2$가 전체분산에서 설명하는 비율은

$$\frac{\lambda_1}{\lambda_1 + \lambda_2} = \frac{100.363}{101} = 0.9937$$

으로 전체분산의 대부분을 설명한다.

$\boldsymbol{R}$의 고유값을 구하기 위해

$$|\boldsymbol{R} - \lambda \boldsymbol{I}| = \begin{vmatrix} 1-\lambda & 0.6 \\ 0.6 & 1-\lambda \end{vmatrix} = (1-\lambda)^2 - 0.36 = \lambda^2 - 2\lambda + 0.64 = 0$$

을 풀어 고유값과 고유벡터를 구하면

$$\delta_1 = 1.6, \quad \boldsymbol{f}_1' = (0.707,\ 0.707)$$

$$\delta_2 = 0.4, \quad \boldsymbol{f}_2' = (0.707,\ -0.707)$$

이다. 표준화된 X_1의 분산과 표준화된 X_2의 분산이 같으며 첫 번째 주성분인 $U_1 = 0.707Z_1 + 0.707Z_2$가 전체분산에서 설명하는 비율은

$$\frac{\delta_1}{\delta_1 + \delta_2} = \frac{1.6}{2} = 0.8$$

로 표본공분산행렬로부터 구한 첫 번째 주성분의 설명 비율보다 낮아지며 차이가 남을 알 수 있다. 주성분 U_1과 U_2를 원래 변수 X_1과 X_2로 표현하면

$$U_1 = 0.707\left(\frac{X_1 - \overline{X_1}}{1}\right) + 0.707\left(\frac{X_2 - \overline{X_2}}{10}\right)$$

$$= 0.707X_1 + 0.07X_2 - 0.707\left(\overline{X_1} + \frac{\overline{X_2}}{10}\right),$$

$$U_2 = 0.707X_1 - 0.07X_2 - 0.707\left(\overline{X_1} - \frac{\overline{X_2}}{10}\right)$$

과 같이 구할 수 있어 $\boldsymbol{S}$로부터 구한 주성분과는 차이가 남을 알 수 있다. 또한 $0.707(0.707) - 0.07(0.07) = 0.49 \neq 0$으로 원래 변수로 표현했을 때 두 주성분이 직교하지 않음을 알 수 있다.

7.4 주성분에 의한 표본 변동 설명

모평균벡터 $\boldsymbol{\mu}$ 와 모공분산행렬 $\boldsymbol{\Sigma}$를 가진 모집단으로부터 n개의 p-차원 확률표본 $\boldsymbol{X}' = (X_1, X_2, \ldots, X_p)$에 대한 표본주성분을 구하고자 한다. 분석의 목적은 표본주성분을 이용해 모집단 주성분의 추정치를 구하여 모집단에 대한 해석을 하는 것이다. 추정 과정은 모집단 공분산행렬 $\boldsymbol{\Sigma}$ 의 추정량인 표본공분산행렬 $\boldsymbol{S}$ 를 이용하고 또한 모집단 상관행렬 $\boldsymbol{\rho}$의 추정량인 표본상관행렬 $\boldsymbol{R}$을 주성분분석에 이용하면 된다. 이렇게 추정된 표본주성분은 확률변수가 되어 모집단 주성분으로의 확률적 수렴 등의 통계적 성질을 밝힐 수 있다. 이 부분에 대한 자세한 증명은 생략하기로 하지만 결과들은 이해하기 바란다.

확률표본 $\boldsymbol{X}_1, \boldsymbol{X}_2, \cdots, \boldsymbol{X}_n$ 에 대한 표본공분산행렬 $\boldsymbol{S} = s_{ij}$는 고유값 $\hat{\lambda}_1 > \hat{\lambda}_2 > \cdots > \hat{\lambda}_p > 0$와 각 고유값에 해당하는 고유벡터 $\hat{\boldsymbol{e}}_1, \hat{\boldsymbol{e}}_2, \cdots, \hat{\boldsymbol{e}}_p$ 를 가진다. 즉 $\boldsymbol{S}$ 의 고유값-고유벡터를 다음과 같이 짝지을 수 있다.

$$(\hat{\lambda}_1, \hat{\boldsymbol{e}}_1), \ \ldots, \ (\hat{\lambda}_p, \hat{\boldsymbol{e}}_p)$$

정리 7.5 i번째 표본주성분은

$$Y_i = \hat{\boldsymbol{e}}_i'\boldsymbol{X} = \hat{e}_{1i}X_i + \hat{e}_{2i}X_2 + \cdots + \hat{e}_{pi}X_p, \quad i = 1, 2, \ldots, p \tag{7.20}$$

이고, i번째 표본주성분의 분산, 다른 주성분과의 공분산은

$$Var(Y_i) = \hat{\lambda}_i, \quad i = 1, 2, \ldots, p, \tag{7.21}$$

$$Cov(Y_i, Y_j) = 0, \quad i \neq j \tag{7.22}$$

표본총분산 $= \sum_{i=1}^{p} s_{ii} = \hat{\lambda}_1 + \hat{\lambda}_2 + \cdots + \hat{\lambda}_p$ 가 되며,

i번째 표본주성분 Y_i 와 X_k (원래 데이터의 k번째 확률변수)의 상관계수는

$$Corr(Y_i, X_k) = \frac{\hat{e}_{ki}\sqrt{\hat{\lambda}_i}}{\sqrt{s_{kk}}}, \quad i, \ k = 1, 2, \ldots, p \tag{7.23}$$

이다.

7.5 표본고유값과 표본고유벡터의 대수적 성질

7.5.1 표본고유값과 표본고유벡터의 분포

표본주성분은 근사적으로 모집단 주성분을 추정한다. 모집단 주성분은 $\boldsymbol{\Sigma}$ 또는 $\boldsymbol{\rho}$ 로부터 얻어진 $(\lambda_i, \boldsymbol{e}_i)$에 의존한다. 표본주성분은 $\boldsymbol{S}$ 또는 $\boldsymbol{R}$ 로부터 얻어진 $(\hat{\lambda}_i, \hat{\boldsymbol{e}}_i)$에 의존한다. Anderson(1963)과 Girshick(1939)은 표본주성분들과 관련하여 다음의 성질들을 증명하였다.

정리 7.6 (표본고유값과 표본고유벡터에 대한 성질)

확률표본 $\boldsymbol{X}_1, \boldsymbol{X}_2, \ldots, \boldsymbol{X}_n$은 공분산행렬 $\boldsymbol{\Sigma}$ 를 가지는 p-변량 정규분포를 따른다. $\boldsymbol{\Sigma}$는 고유값 $\lambda_1 > \lambda_2 > \cdots > \lambda_p > 0$와 각 고유값에 해당하는 고유벡터 $\boldsymbol{e}_1, \boldsymbol{e}_2, \ldots, \boldsymbol{e}_p$를 가질 때

(i) $\boldsymbol{\lambda}' = (\lambda_1, \ldots, \lambda_p)$일 때 $n \to \infty$ 이면 근사적으로

$$\sqrt{n}(\hat{\boldsymbol{\lambda}} - \boldsymbol{\lambda}) \sim N_p(\boldsymbol{0}, 2\boldsymbol{\Lambda}^2) \tag{7.24}$$

이다. 여기서

$$\boldsymbol{\Lambda} = \begin{pmatrix} \lambda_1 & 0 & \cdots & 0 \\ 0 & \lambda_2 & \cdots & 0 \\ \vdots & & \ddots & \vdots \\ 0 & \cdots & \cdots & \lambda_p \end{pmatrix} \tag{7.25}$$

이다. 또한 근사적으로

$$\hat{\lambda}_i \sim N\left(\lambda_i, \frac{2\lambda_i^2}{n-1}\right) \tag{7.26}$$

을 따른다.

(ii) $n \to \infty$ 이면, 근사적으로

$$\sqrt{n}(\hat{\boldsymbol{e}}_i - \boldsymbol{e}_i) \sim N_p(\boldsymbol{0}, \boldsymbol{E}_i) \tag{7.27}$$

$$\text{여기서 } \boldsymbol{E}_i = \lambda_i \sum_{k=1, k \neq i}^{p} \frac{\lambda_k}{(\lambda_k - \lambda_i)^2} \boldsymbol{e}_k \boldsymbol{e}_k{}' \text{ 이다.} \tag{7.28}$$

(iii) 표본고유값 $\hat{\lambda}_i$와 표본고유벡터 $\hat{\boldsymbol{e}}_i$는 서로 독립이다.

(iv) 표본고유값벡터 $\hat{\boldsymbol{\lambda}}$와 표본고유벡터 $\hat{\boldsymbol{e}}$는 서로 독립이다.

(v) 모집단 고유값 λ_i에 대한 $100(1-\alpha)\%$ 신뢰구간은

$$\frac{\hat{\lambda}_i}{1 + z_{\alpha/2}\sqrt{\dfrac{2}{n-1}}} \le \lambda_i \le \frac{\hat{\lambda}_i}{1 - z_{\alpha/2}\sqrt{\dfrac{2}{n-1}}} \tag{7.29}$$

왜냐하면 근사적으로

$$\frac{\hat{\lambda}_i - \lambda_i}{\lambda_i\sqrt{\dfrac{2}{n-1}}} \sim N(0,\ 1) \tag{7.30}$$

이 되므로

$$P\left(\left| \frac{\hat{\lambda}_i - \lambda_i}{\lambda_i\sqrt{\dfrac{2}{n-1}}} \right| \le z_{\alpha/2} \right) = 1 - \alpha \tag{7.31}$$

이기 때문이다. 여기서 z_α는 $N(0,1)$을 따르는 확률변수 Z에 대해 $P(Z \geq z_\alpha) = \alpha$를 만족하는 값이다.

7.5.2 등상관구조에 대한 검정

두 변수간의 상관관계가 ρ로 동일한 경우, $\boldsymbol{\Sigma}$의 고유값이 두 종류로만 구해지며 중복 고유값이 여러 개 있게 되어, 지금까지의 주성분에 대한 결과들이 유효하지 않다. 식 (7.32)의 귀무가설을 만족하는 등상관구조의 공분산행렬을 가진다면 고유값은

$$\sigma^2[1+(p-1)\rho] = \lambda_1 > \lambda_2 = \lambda_3 = ... = \lambda_p = \sigma^2(1-\rho)$$

이 되어 $(p-1)$개의 고유값이 같아지므로 첫 번째 주성분이 중요 변동을 설명하고 나머지 주성분은 같은 양의 분산을 설명하는 '잡음(noise)' 으로 간주되기도 한다. 그러므로 이와 같은 등상관구조(equal correlation structure)를 가지는지 판단하기 위하여 다음과 같이 검정을 하고자 한다. 즉 $Corr(X_i,\ X_k) = \rho,\ \ i \neq k$인 경우 다음의 가설을 고려한다.

$$H_0 : \boldsymbol{\rho} = \boldsymbol{\rho}_{0_{p\times p}} = \begin{pmatrix} 1 & \rho & \cdots & \rho \\ \rho & 1 & \cdots & \rho \\ \vdots & \vdots & \ddots & \vdots \\ \rho & \rho & \cdots & 1 \end{pmatrix} \text{에 대해 } H_1 : \boldsymbol{\rho} \neq \boldsymbol{\rho}_0 \tag{7.32}$$

가설검정을 하기 위해 우선 표본상관행렬

$$\boldsymbol{R} = \begin{pmatrix} 1 & r_{12} & \cdots & r_{1p} \\ r_{21} & 1 & \cdots & r_{2p} \\ \vdots & \vdots & & \vdots \\ r_{p1} & r_{p2} & \cdots & 1 \end{pmatrix} \tag{7.33}$$

을 구하고, 비대각선 요소들의 평균

$$\overline{r_k} = \frac{1}{p-1}\sum_{i=1}^{p} r_{ik}, \qquad i \neq k \tag{7.34}$$

과 전체 평균

$$\bar{r} = \frac{2}{p(p-1)}\sum\sum_{i<k} r_{ik} \tag{7.35}$$

을 구한 후,

$$\hat{\gamma} = \frac{(p-1)^2[1-(1-\bar{r})^2]}{p-(p-2)(1-\bar{r})^2} \tag{7.36}$$

을 구한다. 검정통계량

$$T = \frac{(n-1)}{(1-\bar{r})^2}\left[\sum\sum_{i<k}(r_{ik}-\bar{r})^2 - \hat{\gamma}\sum_{k=1}^{p}(\overline{r_k}-\bar{r})^2\right] \tag{7.37}$$

은 H_0 하에서 근사적으로 카이제곱분포를 따른다. 유의수준 α에서 검정법은

$$T \geq \chi^2_{(p+1)(p-2)/2}(\alpha)\text{이면 } H_0\text{를 기각한다.} \tag{7.38}$$

[참고] $\boldsymbol{\rho} = \boldsymbol{\rho}_{0_{p\times p}} = \begin{pmatrix} 1 & \rho & \rho \\ \rho & 1 & \rho \\ \rho & \rho & 1 \end{pmatrix}$

일 경우 고유값을 구하면 $\lambda_1 = 1+2\rho$, $\lambda_2 = \lambda_3 = 1-\rho$ (중근)이 된다.

7.6 주성분 그래프

2차원 좌표축에 표현할 수 있는 첫 번째 주성분과 두 번째 주성분은 원래 데이터에 대한 중요한 특성을 나타낼 수 있다. 따라서 주성분 그래프(principal component graph)로부터 두 주성분간의 관계와 패턴을 도출할 수 있으며 또한 전체 데이터가 주성분을 통해 변화되어 나타내는 관계도 알 수 있다.

처음 몇 개의 주성분은, 분산 또는 공분산 구조를 왜곡시키는 이상점(outlier)의 영향을 많이 받는다. 그리고 마지막 몇 개의 주성분은 인공적인 차원을 유도하는 이상값에 의해 민감하게 변한다.

7.7 주성분 개수의 선택

주성분분석시 원래 데이터에 대한 정보의 손실을 최소화하기 위해서는 적절한 개수의 주성분을 선택해야 한다. 전체 변이의 대부분을 설명하기 위하여 설정해야 할 주성분의 개수를 결정하는 몇 가지 기준들에 대해 설명하기로 한다.

(1) 전체 변이에의 공헌도(percentage of total variance)

전체 변이의 70~90%가 되도록 주성분의 수를 결정한다. i번째 주성분이 설명하는 분산 양을 λ_i라 하자. m개의 주성분을 결정하고자 할 때, 공분산행렬을 이용할 경우에

$$100 \times \frac{\sum_{i=1}^{m} \lambda_i}{\sum_{i=1}^{p} \lambda_i} = 100 \times \frac{\sum_{i=1}^{m} \lambda_i}{\sum_{i=1}^{p} s_{ii}},$$

상관행렬을 이용한 경우에는

$$\frac{100}{p} \times \sum_{i=1}^{m} \lambda_i$$

이 70 ~90%가 되는 m으로 정한다.

(2) 평균 고유값(average eigenvalues)

고유값들의 평균

$$\overline{\lambda} = \sum_{i=1}^{p} \frac{\lambda_i}{p} \tag{7.39}$$

을 구한 후 고유값이 평균값 이상이 되는 주성분을 설정한다. 상관행렬을 사용한 경우 평균 고유값은 1이 된다.

(3) 스크리 그래프(scree graph)

2차원 좌표축에 (고유값 순서, 고유값 크기)로 $(i,\ \lambda_i)$ 점을 찍고 점간을 선분으로 연결한다. 값이 큰 고유값부터 크기순으로 점을 찍을 때 값의 차이가 크면 가파른 경사가 되고 고유값의 변화가 작으면 내리막 경사가 완만해진다. 가파른 정도를 보고 큰 고유값과 작은 고유값을 구분하여 자연스럽게 적절한 개수를 정한다. [그림 7.3]을 보면 두 개의 고유값이 크며 가파른 경사를 형성한다. 나머지 고유값들은 기울기의 변화가 작으며 완만한 경사를 형성하므로 앞의 두 주성분의 비중이 큼을 알 수 있다. 그러나 그래프로 명확한 구별이 어려울 때는 (1)과 (2)의 방법을 동시에 고려하여 적절한 주성분 개수를 선택해야 한다.

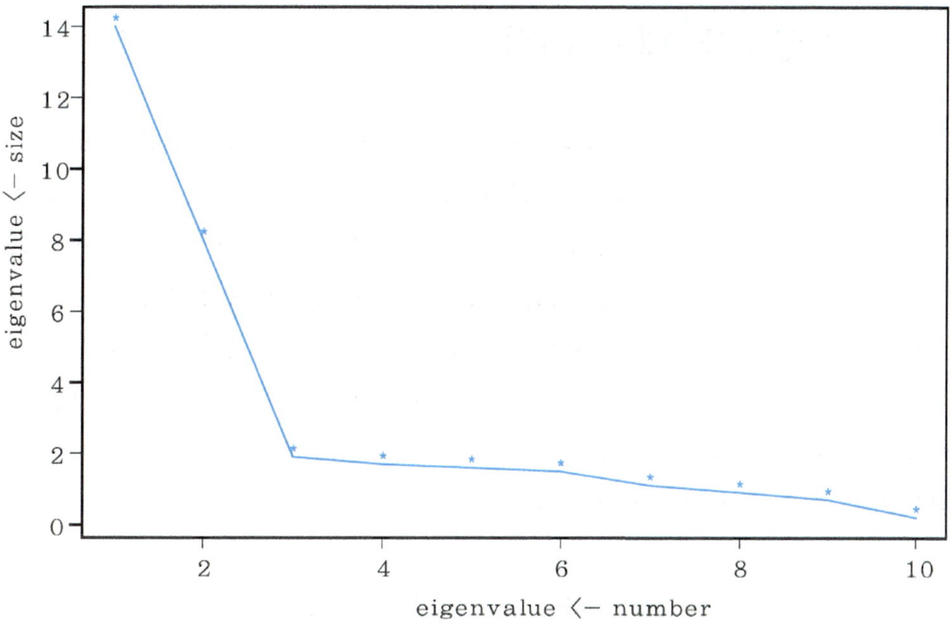

[그림 7.3] 이상적인 스크리그래프

7.8 마지막 주성분으로부터의 정보

일반적으로 전체 변이의 대부분을 설명하는 처음 몇 개의 주성분에 대해 강조하게 되고 해석에 관심을 기울인다. 그러나 마지막 몇 개의 주성분, 즉 전체 변이를 거의 설명하지 않는 주성분으로부터도 유용한 정보를 얻을 수 있다.

예를 들어 마지막 주성분이 설명하는 분산의 양이 0 또는 거의 0 이라고 하자. 이들 변수들 간의 선형 관계를 나타내는 주성분이 상수값을 가진다는 의미이고 변수들 간의 공선성(collinearity)을 나타내어 유용한 정보로 활용될 수 있다. 즉 X_i가 표준화된 변수로 평균이 0이라면 Y_5의 분산설명량이 0일 때

$$Y_5 = e_{51}X_1 + e_{52}X_2 + \cdots + e_{55}X_5 = 0$$

이 되어 X_5가 X_1, X_2, X_3, X_4에 의존함을 알 수 있다.

7.9 주성분에 대한 해석

주성분은 척도 불변(scale invariant)이 아니다. 따라서 공분산행렬을 이용하여 주성분분석을 수행한 결과와 상관행렬을 이용하여 주성분분석을 수행한 결과가 차이가 나므로 해석에도 차이가 나게 된다. 일반적으로 변수들의 측정단위가 다르거나 분산값이 크게 차이가 날 때는 공분산행렬보다는 상관행렬을 이용하여 주성분분석을 하는 것이 데이터를 해석하는데 편리하지만 데이터의 상황에 맞도록 적절한 선택을 해야 한다.

주성분은 변수들의 선형결합식으로 구해지기 때문에 주성분을 구성하는 변수들의 계수 구조를 파악하여 적절하게 해석해야하며 명확한 정형화된 해석 방법이 있는 것은 아니다. 주성분의 해석 예로 ≪예제 7.4≫를 참고하기 바란다.

≪예제 7.4≫ 다음의 [표 7.1]은 38명의 학생(여자 20명, 남자 18명)을 대상으로 신체적 크기를 조사하고 표본상관행렬을 이용하여 주성분분석을 한 결과 얻은 주성분계수들이다. [표 7.1]의 결과로부터 주성분을 해석해보고자 한다.

▶표 7.1 신체 해부학적 자료에 대한 주성분분석결과

	여자				남자		
주성분번호	1	2	3	주성분번호	1	2	3
손(hand)	0.33	0.56	0.03	손(hand)	0.23	0.62	0.64
손목(wrist)	0.26	0.62	0.11	손목(wrist)	0.29	0.53	-0.42
키(height)	0.40	-0.44	-0.00	키(height)	0.43	-0.20	0.04
팔뚝(forearm)	0.41	-0.05	-0.12	팔뚝(forearm)	0.33	-0.53	0.38
머리(head)	0.27	-0.19	0.80	머리(head)	0.41	-0.09	-0.51
가슴(chest)	0.45	-0.26	-0.55	가슴(chest)	0.44	0.08	-0.01
허리(waist)	0.47	0.03	-0.03	허리(waist)	0.46	-0.07	0.09
고유값	3.72	1.37	0.97	고유값	4.17	1.26	0.66
누적변동비율(%)	53.2	72.7	86.5	누적변동비율(%)	59.6	73.6	87.0

남녀 집단별로 살펴보면, 첫 번째 주성분과 두 번째 주성분은 주성분계수의 경향이

비슷하며 세 번째 주성분은 계수의 부호에 차이를 보인다. 첫 번째 주성분은 신체크기들의 가중평균을 나타내며 전반적인 신체 크기 변동의 주요 변동을 나타내는 축이 됨을 알 수 있다. 두 번째 주성분을 살펴보면 여자의 경우 키에 비해 큰 손을 가질수록 두 번째 주성분 값이 커지며, 남자의 경우 키와 팔뚝에 비해 큰 손을 가질수록 두 번째 주성분 값이 커지므로 키와 손의 대비를 나타내는 축으로 생각할 수 있다.

주성분에 대한 이해와 좀 더 쉬운 해석을 위해 다음과 같은 척도변환을 고려한다. 각 주성분에서 계수의 절대값이 가장 큰 값이 1이 되도록 척도변환을 한 후 그 계수의 비중이 0.25 ~ 0.50 이 되는 계수에는 (부호)로 표시하고 비중이 0.5 이상인 것에는 부호로만 표시하면 [표 7.2]와 같은 결과를 얻을 수 있다.

▶ 표 7.2 [표 7.1] 결과에 대한 간략표

주성분번호	여자 1	여자 2	여자 3	주성분번호	남자 1	남자 2	남자 3
손(hand)	+	+		손(hand)	+	+	+
손목(wrist)	+	+		손목(wrist)	+	+	−
키(height)	+	−		키(height)	+	(−)	
팔뚝(forearm)	+			팔뚝(forearm)	+	−	+
머리(head)	+	(−)	+	머리(head)	+		−
가슴(chest)	+	(−)	−	가슴(chest)	+		
허리(waist)	+			허리(waist)	+		
누적변동비율(%)	53.2	72.7	86.5	누적변동비율(%)	59.6	73.6	87.0

[표 7.1]과 [표 7.2]를 같이 보면 세 번째 주성분은 성별에 따른 차이가 가장 눈에 띄는 주성분으로 남녀의 신체적 특성에 기인한 것으로 여겨진다. 여자의 경우 머리와 가슴의 대비축으로, 남자의 경우에는 머리와 손목 그리고 팔뚝과 손의 대비를 나타낸다.

두 집단을 합한 데이터를 이용하여 주성분분석을 할 수 있고 전체 데이터를 이용한 결과와 비교하는 것도 의미가 있겠다. 전체를 합한 데이터만 이용할 경우, 집단간 차이가 크면 세분된 결과가 상쇄되어 집단의 특성을 나타내지 못할 수도 있으므로 분석시 유의해야 한다.

7.10 R을 이용한 주성분분석

≪예제 7.5≫ 형제들의 머리 크기(head size in brothers) 자료를 [표 7.3]과 같이 얻었다. 주성분을 구하고 의미를 해석하고자 한다.

▶ 표 7.3 형제들의 머리 크기 자료

첫 번째 아들	두 번째 아들	첫 번째 아들	두 번째 아들
191	179	195	201
181	185	183	188
176	171	208	192
189	190	197	189
188	197	192	187
179	186	183	174
174	186	190	195
188	187	163	161
195	183	186	173
181	182	175	165
192	185	174	178
176	176	197	200
190	187		

▶**princopm()** 함수를 이용하여 주성분분석을 할 수 있으며 **library(graphics)**와 함께 **screeplot()**를 이용해 스크리 그래프를 그리며 **biplot()**을 이용해 주성분 축으로 한 이변량 그림을 그릴 수 있다.

[프로그램 7.1]은 형제 머리 크기 자료에 대한 주성분분석 프로그램이며 [결과 7.1]의 (1)에서는 단순통계량으로 각 변수의 평균벡터, 공분산행렬, 상관행렬 을 보여준다. (2)에서는 공분산행렬과 상관행렬의 고유값과 고유벡터를 보여주며 (3)에서는 각 주성분의 설명량 등을 보여준다. 상관행렬을 이용한 경우 표본 주성분은

첫 번째 주성분 $Y_1 = 0.707 \times firstson$ 머리크기 $+ 0.707 \times secondson$ 머리크기

두 번째 주성분 $Y_2 = -0.707 \times firstson$ 머리크기 $+ 0.707 \times secondson$ 머리크기

이며 첫 번째 주성분이 전체분산의 85% 정도를 설명하고 있다. Y_1은 두 변수의 가중

평균을 나타내며, Y_2 는 두 변수의 차를 나타내는 성분이다. (4)는 각 주성분의 표준편차, 주성분계수, 각 개체에 대한 주성분 값을 보여준다.

[프로그램 7.1] 형제들의 머리 크기 자료에 대한 주성분분석

```
son=read.csv("C:/data/son_prin.csv", header=T)
son
attach(son)

m=colMeans(son)
S=cov(son)
R=cor(son)
eigen(S)     # eigen values and vectors of S
eigen(R)     # eigen values and vectors of R

p_cor=princomp(son, cor=TRUE) # with correlation matrix
summary(p_cor)
attributes(p_cor)
p_cor$sdev      # the standard deviations of the principal components
p_cor$loadings  # the matrix of variable loadings
p_cor$scores    # the scores of the principal components for data

all=cbind(son, p_cor$scores)
all
all[ order(p_cor$scores[,1]), ] # sort by the first princomp

###### scatterplot, scree plot and Biplot #####
plot(first, second, pch="*", main="scatterplot of head sizes")        #그림 7.4
library(graphics)
screeplot(p_cor,npcs=2, type="lines",main="scree plot-correlation") #그림 7.5
biplot(p_cor)                                                        #그림 7.6

p_cov=princomp(son)   # with covariance matrix
summary(p_cov)
p_cov$sdev
p_cov$loadings
p_cov$scores
```

[결과 7.1] 형제들의 머리 크기 자료에 대한 주성분분석 결과

```
    (1)
> m=colMeans(son) ; m
 first second
185.72 183.88
> S=cov(son)  ; S
        first   second
first  95.29333  69.17333
second 69.17333 100.94333
> R=cor(son)  ; R
         first    second
first  1.0000000 0.7052915
second 0.7052915 1.0000000
```

```
    (2)
> eigen(S)     # eigen values and vectors of S
$values
[1] 167.34933  28.88734
$vectors
          [,1]       [,2]
[1,] 0.6925296 -0.7213894
[2,] 0.7213894  0.6925296

> eigen(R)     # eigen values and vectors of R
$values
[1] 1.7052915 0.2947085
$vectors
          [,1]       [,2]
[1,] 0.7071068 -0.7071068
[2,] 0.7071068  0.7071068
```

```
    (3)
> p_cor=princomp(son, cor=TRUE)
> summary(p_cor)
Importance of components:
                          Comp.1    Comp.2
Standard deviation      1.3058681 0.5428706
Proportion of Variance 0.8526457 0.1473543
Cumulative Proportion  0.8526457 1.0000000
```

```
(4)
> p_cor$sdev
   Comp.1    Comp.2
1.3058681 0.5428706

> p_cor$loadings  # the matrix of variable
Loadings:
       Comp.1 Comp.2
first   0.707 -0.707
second  0.707  0.707
               Comp.1 Comp.2
SS loadings       1.0    1.0
Proportion Var    0.5    0.5
Cumulative Var    0.5    1.0

> p_cor$scores
           Comp.1      Comp.2
 [1,]  0.03981389 -0.74088227
 [2,] -0.26849706  0.42939800
 [3,] -1.64377574 -0.20658508
 [4,]  0.68209332  0.19711540
 [5,]  1.11097919  0.77386040
 [6,] -0.34452540  0.64908790
 [7,] -0.71417321  1.01873570
 [8,]  0.39267142  0.05555263
 [9,]  0.62285524 -0.74927741
[10,] -0.48398939  0.21390567
[11,]  0.54472811 -0.38382717
  ⋮
[25,]  1.99183757  0.32398668
```

```
        (5)
> all[ order(p_cor$scores[,1]), ]
   first second       Comp.1      Comp.2
21   163    161 -3.32316780  0.03619144
23   175    165 -2.14868996 -0.56364018
3    176    171 -1.64377574 -0.20658508
24   174    178 -1.28881942  0.44408948
12   176    176 -1.28462185  0.15256881
19   183    174 -0.91077648 -0.50859967
22   186    173 -0.76081858 -0.80221913
7    174    186 -0.71417321  1.01873570
10   181    182 -0.48398939  0.21390567
6    179    186 -0.34452540  0.64908790
2    181    185 -0.26849706  0.42939800
1    191    179  0.03981389 -0.74088227
15   183    188  0.09485440  0.49703121
8    188    187  0.39267142  0.05555263
13   190    187  0.54053054 -0.09230650
11   192    185  0.54472811 -0.38382717
9    195    183  0.62285524 -0.74927741
4    189    190  0.68209332  0.19711540
18   192    187  0.68838967 -0.24016562
5    188    197  1.11097919  0.77386040
20   190    195  1.11517676  0.48233972
17   197    189  1.20169902 -0.46615187
14   195    201  1.91580923  0.54367658
25   197    200  1.99183757  0.32398668
16   208    192  2.23041653 -1.06388471
```

[결과 7.1](5)는 첫 번째 주성분에 의해 개체들을 오름차순으로 정렬한 결과로 주성분과의 관계, 원래 변수들과의 관계에 대한 정보를 얻을 수 있다. 마찬가지로 각 주성분에 의해 정렬시킨 후 원래 변수와의 관계에 대한 정보를 얻을 수 있다.

```
      (6)
> p_cov=princomp(son)   # with covariance matrix
> summary(p_cov)
Importance of components:
                         Comp.1    Comp.2
Standard deviation     12.6749894 5.2661034
Proportion of Variance  0.8527934 0.1472066
Cumulative Proportion   0.8527934 1.0000000
> p_cov$sdev
  Comp.1    Comp.2
12.674989  5.266103
> p_cov$loadings

Loadings:
       Comp.1 Comp.2
first   0.693 -0.721
second  0.721  0.693
               Comp.1 Comp.2
SS loadings       1.0    1.0
Proportion Var    0.5    0.5
Cumulative Var    0.5    1.0
```

[결과 7.1](6)은 표본공분산행렬을 이용하여 주성분분석을 한 결과이며

첫 번째 주성분 $Y_1 = 0.693 \times firstson$ 머리크기 $+ 0.721 \times secondson$ 머리크기

두 번째 주성분 $Y_2 =- 0.721 \times firstson$ 머리크기 $+ 0.693 \times secondson$ 머리크기

이며 첫 번째 주성분이 전체 분산의 85.28%정도를 설명하고 있다. 이 경우와 같이 두 변수의 단위가 일치할 때는 주성분분석 결과에 큰 차이가 없으나, 변수들의 단위가 다를 경우에는 상관행렬을 이용하는 것이 해석하기 편리하다.

[그림 7.4]는 두 변수의 산점도로서 두 변수간의 관계를 알 수 있다. [그림 7.5]는 첫 번째 주성분과 두 번째 주성분의 그래프로 각 개체에 대한 두 주성분 값을 알 수 있으며 두 주성분의 관계를 볼 수 있는데 거의 랜덤하게 퍼져있음을 알 수 있다.

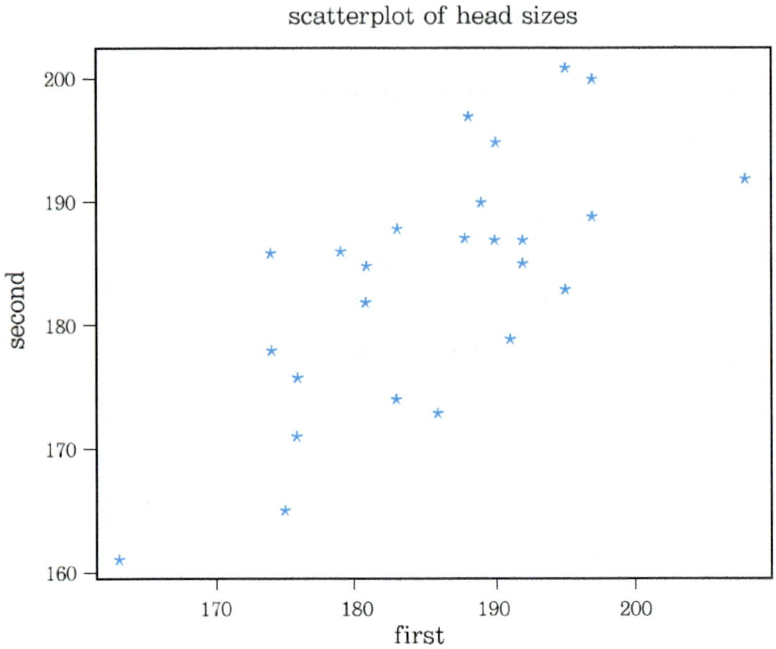

[그림 7.4] 머리 크기 자료의 원래 변수의 산점도

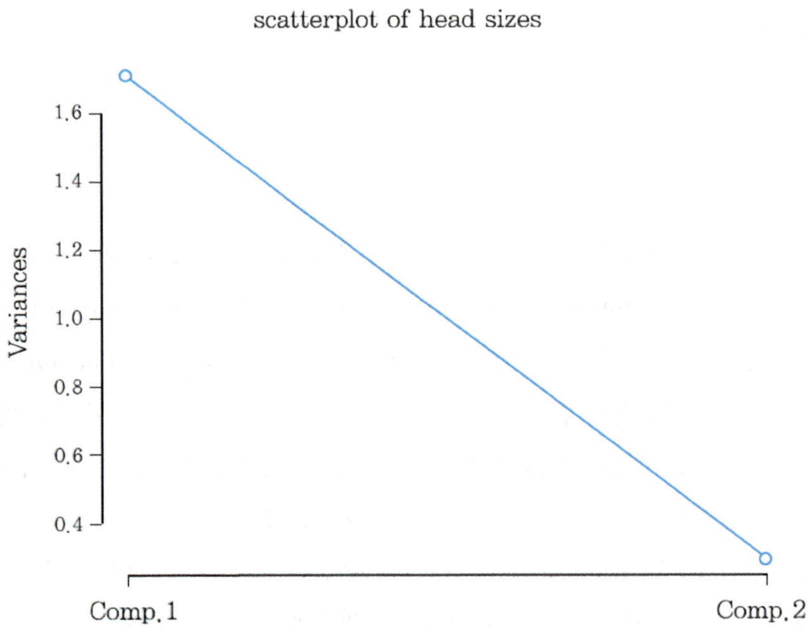

[그림 7.5] 머리 크기 자료의 상관행렬에 대한 스크리 그래프

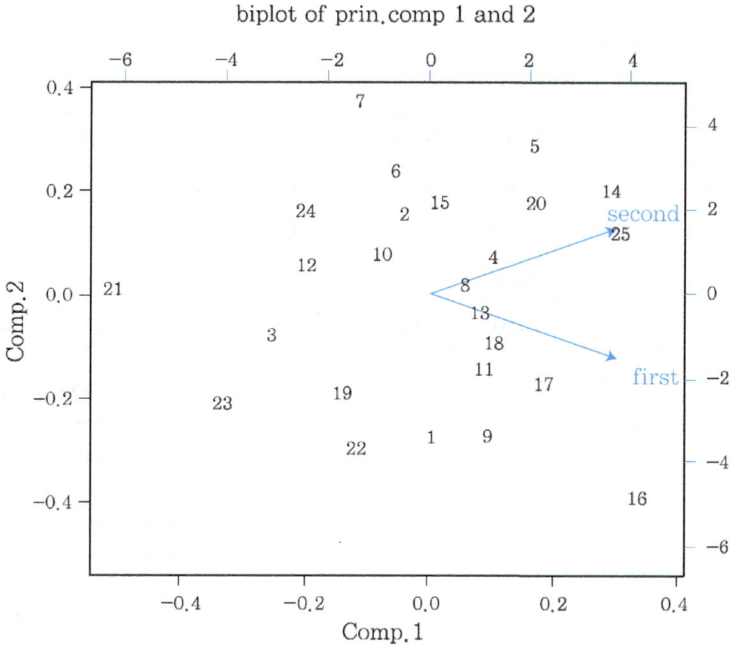

[그림 7.6] 머리 크기 자료의 상관행렬이용한 주성분 그래프

≪예제 7.6≫ [표 5.3]의 심리검사자료에 대해 공분산행렬을 이용한 주성분분석을 하고자 한다. ≪예제 5.2≫에서 보면 남녀 집단간에 반응평균벡터간에 통계적으로 유의한 차이가 있으므로 집단별 주성분분석을 하고자 한다.

[표 7.4]에서 보면 첫 번째 주성분은 측정변수들의 가중평균형태를 나타낸다. 두 번째 주성분을 보면 성별에 따른 차이가 있으며 전체에 대한 결과와도 차이가 남을 볼 수 있다. 여자의 경우 X_2와 X_4의 대비로 나타나고 남자의 경우에는 X_2와 X_3의 대비로 나타남을 볼 수 있다. 그러나 전체 자료에 대한 주성분분석 결과를 보면 X_3와 X_4의 대비로 나타남을 볼 수 있다. [그림 7.7]의 스크리 그래프를 보면 두 번째 이후로 경사가 완만해지는 것을 볼 수 있다. 또한 평균고유값을 구하면 여자의 경우 21.44, 남자의 경우 15.92이다. 두 개의 주성분으로 여자의 경우 78.6%, 남자의 경우 85.88%의 변동에 대한 설명비율을 보여주므로 이 두 개의 주성분으로의 축약하여 설명할 수 있음을 알 수 있다. [그림 7.8]은 집단별 주성분그래프를 보여주며 산포가 랜덤하게 퍼져있는 것을 볼 수 있다. 분석 결과를 얻기 위한 R 프로그램으로는 [프로그램 7.2]를 참고하면 된다.

▶ 표 7.4 심리자료에 대한 주성분분석 결과

주성분 번호	여자				주성분 번호	남자			
	1	2	3	4		1	2	3	4
X_1	-0.217	-0.273	0.373	0.860	X_1	-0.237	0.205		0.949
X_2	-0.388	-0.621	0.465	-0.498	X_2	-0.312	0.851	-0.331	-0.263
X_3	-0.681	-0.171	-0.708		X_3	-0.756	-0.476	-0.441	
X_4	-0.582	0.715	0.378		X_4	- 0.525		0.834	-0.146
고유값	48.96	18.46	13.54	4.81	고유값	43.56	11.14	6.47	2.52
누적변동 비율(%)	57.07	78.60	94.38	100	누적변동 비율(%)	68.39	85.88	96.04	100

주성분번호	전체			
	1	2	3	4
X_1	-0.274		0.327	0.904
X_2	-0.284	0.185	0.854	-.394
X_3	-0.856	-.409	-.271	-.163
X_4	-0.333	0.894	-.300	
고유값	72.72	16.11	13.11	4.29
누적변동비율(%)	68.45	83.61	95.96	100

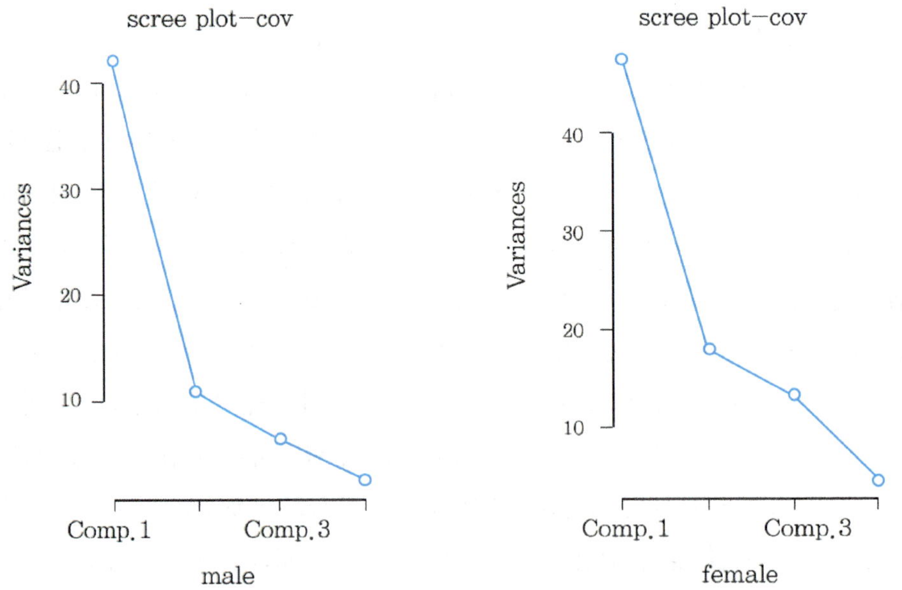

[그림 7.7] 남녀 집단별 스크리 그래프

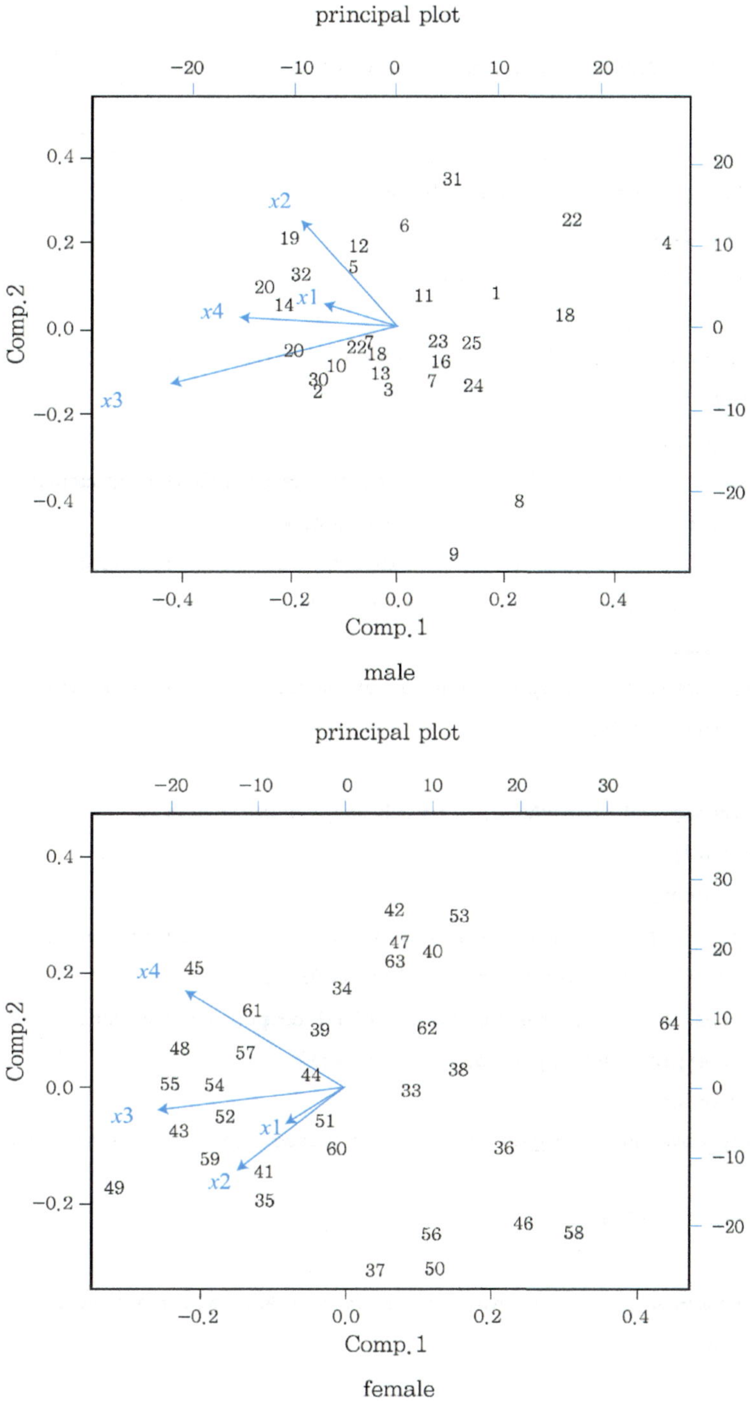

[그림 7.8] 남녀 집단별 주성분 그래프

[프로그램 7.2] 남녀 심리 자료에 대한 주성분분석

```
pschy=read.csv("C:/data/pschy.csv", header=T)
pschy
attach(pschy)
 ps=pschy[, -1]   # except gender column
ps1=ps[pschy$gender==1,]    # male
ps2=ps[pschy$gender==2,]    # female

p_cov1=princomp(ps1, cor=FALSE)   # with cov matrix  : male
summary(p_cov1)
attributes(p_cov1)
p_cov1$sdev      # the standard deviations of the principal components
p_cov1$loadings  # the matrix of variable loadings
p_cov1$scores    # the scores of the principal components for data
###### scatterplot, scree plot and Biplot #####
library(graphics)
screeplot(p_cov1,npcs=4,type="lines",main="scree plot-cov",sub="male") #그림 7.7
biplot(p_cov1)    #그림 7.8

p_cov2=princomp(ps2, cor=FALSE)   # with cov  matrix : female
summary(p_cov2)
attributes(p_cov2)
p_cov2$sdev      # the standard deviations of the principal components
p_cov2$loadings  # the matrix of variable loadings
p_cov2$scores    # the scores of the principal components for data
###### scatterplot, scree plot and Biplot #####
library(graphics)
screeplot(p_cov2,npcs=4,type="lines",main="scree plot-cov",sub="female")   #그림
7.7
biplot(p_cov2)   #그림 7.8

p_cov=princomp(ps)   # with covariance matrix  : All male and female
summary(p_cov)
p_cov$sdev
p_cov$loadings
p_cov$scores
```

[결과 7.2] 심리 자료에 대한 주성분분석 결과

```
> p_cov1$loadings
Loadings:
   Comp.1 Comp.2 Comp.3 Comp.4
x1 -0.237  0.205         0.950
x2 -0.312  0.851 -0.331 -0.263
x3 -0.756 -0.476 -0.441
x4 -0.525         0.834 -0.146
               Comp.1 Comp.2 Comp.3 Comp.4
SS loadings      1.00   1.00   1.00   1.00
Proportion Var   0.25   0.25   0.25   0.25
Cumulative Var   0.25   0.50   0.75   1.00
> summary(p_cov1)
Importance of components:
                          Comp.1    Comp.2    Comp.3     Comp.4
Standard deviation     6.4963237 3.2848316 2.5041099 1.56274496
Proportion of Variance 0.6839343 0.1748660 0.1016216 0.03957813
Cumulative Proportion  0.6839343 0.8588003 0.9604219 1.00000000

> p_cov2$loadings
Loadings:
   Comp.1 Comp.2 Comp.3 Comp.4
x1 -0.217 -0.273  0.373  0.860
x2 -0.388 -0.621  0.466 -0.498
x3 -0.681 -0.171 -0.708
x4 -0.582  0.715  0.378
               Comp.1 Comp.2 Comp.3 Comp.4
SS loadings      1.00   1.00   1.00   1.00
Proportion Var   0.25   0.25   0.25   0.25
Cumulative Var   0.25   0.50   0.75   1.00
> summary(p_cov2)
Importance of components:
                          Comp.1    Comp.2    Comp.3     Comp.4
Standard deviation     6.8866378 4.2292468 3.6214532 2.16043839
Proportion of Variance 0.5707436 0.2152547 0.1578310 0.05617076
Cumulative Proportion  0.5707436 0.7859982 0.9438292 1.00000000
```

```
> summary(p_cov)
Importance of components:
                          Comp.1    Comp.2    Comp.3     Comp.4
Standard deviation     8.4605675 3.9823127 3.5929697 2.05607785
Proportion of Variance 0.6844839 0.1516474 0.1234444 0.04042438
Cumulative Proportion  0.6844839 0.8361312 0.9595756 1.00000000

> p_cov$loadings
Loadings:
   Comp.1 Comp.2 Comp.3 Comp.4
x1 -0.274         0.327  0.904
x2 -0.284  0.185  0.854 -0.394
x3 -0.856 -0.409 -0.271 -0.163
x4 -0.333  0.894 -0.300
               Comp.1 Comp.2 Comp.3 Comp.4
SS loadings      1.00   1.00   1.00   1.00
Proportion Var   0.25   0.25   0.25   0.25
Cumulative Var   0.25   0.50   0.75   1.00
```

연습문제

7.1 표본공분산행렬$(\boldsymbol{S} - \lambda \boldsymbol{I})\boldsymbol{a} = 0$에서 구해진 고유값과 고유벡터로 $\lambda = \boldsymbol{a}'\boldsymbol{S}\boldsymbol{a}/\boldsymbol{a}'\boldsymbol{a}$임을 보여라.

7.2 2개 변수의 상관행렬이 $\boldsymbol{R} = \begin{pmatrix} 1 & r \\ r & 1 \end{pmatrix}$ 일 때 $\boldsymbol{R}$의 고유값이 $1 \pm r$ 임을 보이고 주성분을 구하여라.

7.3 $\boldsymbol{S}$가 다음과 같은 대각행렬일 때

$$\boldsymbol{S} = \begin{pmatrix} s_{11} & 0 & \cdots & 0 \\ 0 & s_{22} & \cdots & 0 \\ \vdots & \vdots & & \vdots \\ 0 & 0 & \cdots & s_{pp} \end{pmatrix},$$

고유벡터는 $a_j' = (0, \ \dots, 0, 1, 0, \ \dots, 0)$ 임을 보여라.

7.4 원래 변수 X_i와 주성분 Y_i, $i = 1, \ \dots, p$에 대해

$$r^2_{X_i Y_1} + r^2_{X_i Y_2} + \dots + r^2_{X_i Y_p} = R^2_{X_i | Y_1, \ \dots, \ Y_p}$$

이 성립함을 보여라.

7.5 표본공분산행렬이 다음과 같을 때

$$\boldsymbol{S} = \begin{pmatrix} 4 & 3 \\ 3 & 4 \end{pmatrix}$$

표본주성분을 구하고 각 주성분이 설명하는 비율을 구하여라.

7.6 표본공분산행렬이 다음과 같을 때

$$\boldsymbol{S} = \begin{pmatrix} 4 & 2 & 0 \\ 2 & 9 & 6 \\ 0 & 6 & 16 \end{pmatrix}$$

표본주성분을 구하고 각 주성분이 설명하는 비율을 구하여라. 또한 표본상관행렬을 이용하여 표본주성분을 구하고 설명비율을 구하여라.

7.7 표본상관행렬이 $\boldsymbol{S} = \begin{pmatrix} 1 & -0.4 \\ -0.4 & 1 \end{pmatrix}$ 일 때 표본주성분을 구하고 각 주성분이 설명하는 비율을 구하여라.

7.8 두 변수 X_1과 X_2를 갖는 이변량 데이터에 대해

$$\text{표본공분산행렬 } \boldsymbol{S} = \begin{pmatrix} 1 & 18 \\ 18 & 400 \end{pmatrix},\ \text{표본상관행렬 } \boldsymbol{R} = \begin{pmatrix} 1 & 0.6 \\ 0.6 & 1 \end{pmatrix}$$

을 얻었을 때 각각 주성분을 구하고 비교하여라.

7.9 정상적인 남자와 여자 64명을 대상으로 하는 심리실험에서 시각적 자극에 대해 0.5, 1, 3, 6, 15초 후의 반응을 측정하여 다음의 표본상관행렬을 얻었다.

$$\begin{pmatrix} 1 & 0.71 & 0.58 & 0.56 & 0.65 \\ & 1 & 0.71 & 0.60 & 0.69 \\ & & 1 & 0.75 & 0.71 \\ & \text{대칭} & & 1 & 0.74 \\ & & & & 1 \end{pmatrix}$$

(a) 한 주성분에 의해 가장 많이 설명되는 분산양은 얼마인가?

(b) 첫 번째 주성분과 두 번째 주성분을 구하여라.

7.10 공분산행렬 $\boldsymbol{S}$ 가 각 변수의 분산으로 구성된 대각행렬일 경우

$$\boldsymbol{S} = \begin{pmatrix} s_{11} & 0 & 0 \cdots & 0 \\ 0 & s_{22} & 0 \cdots & 0 \\ \vdots & \vdots & \vdots \quad \vdots & \vdots \\ 0 & 0 & 0 \cdots & s_{pp} \end{pmatrix}$$

i 번째 고유벡터는 i번째 성분만 1인 $\boldsymbol{e}_i' = (0,\cdots,0,1,0,\cdots,0)$임을 보여라.

7.11 다음은 노동자들에게서 측정한 6개의 혈액학(hematology)변수 자료이다.

X_1 = 헤모글로빈 농도(hemoglobin concentration)

X_2 = 적혈구 부피(packed cell volume)

X_3 = 백혈구 수(white blood cell count)

X_4 = 림프구 수(lymphocyte count)

X_5 = 호중구 수(neutrophil count)

X_6 = 혈장 납농도(serum lead concentration)

(a) 한 주성분에 의해 가장 많이 설명되는 분산양은 얼마인가?

(b) 첫 번째 주성분과 두 번째 주성분을 구하고 의미를 설명하여라.

(c) 첫 번째 주성분과 두 번째 주성분을 그래프에 그리고 설명하여라.

(d) 첫 번째와 두 번째 주성분에 의해 설명되는 분산의 비율은 얼마인가?

(e) 스크리 그래프를 그리고 적절한 주성분 개수를 제안하여라.

▶ 표 7.5 혈액 자료

번호	X_1	X_2	X_3	X_4	X_5	X_6	번호	X_1	X_2	X_3	X_4	X_5	X_6
1	13.4	39	4100	14	25	17	27	15.5	45	5200	16	30	20
2	14.6	46	5000	15	30	20	28	14.5	43	3900	18	18	25
3	13.5	42	4500	19	21	18	29	14.4	45	6000	23	32	21
4	15.0	46	4600	23	16	18	30	14.6	44	4700	23	21	27
5	14.6	44	5100	17	31	19	31	15.3	45	7900	43	23	23
6	14.0	44	4900	20	24	19	32	14.9	45	3400	17	15	24
7	16.4	49	4300	21	17	18	33	15.8	47	6000	23	32	21
8	14.8	44	4400	16	26	29	34	14.4	44	7700	31	39	23
9	15.2	46	4100	27	13	27	35	14.7	46	3700	11	23	23
10	15.5	48	8400	34	42	36	36	14.8	43	5200	25	19	22
11	15.2	47	5600	26	27	22	37	15.4	45	6000	30	25	18
12	16.9	50	5100	28	17	23	38	16.2	50	8100	32	38	18
13	14.8	44	4700	24	20	23	39	15.0	45	4900	17	26	24
14	16.2	45	5600	26	25	19	40	15.1	47	6000	22	33	16
15	14.7	43	4000	23	13	17	41	16.0	46	4600	20	22	22
16	14.7	42	3400	9	22	13	42	15.3	48	5500	20	23	23
17	16.5	45	5400	18	32	17	43	14.5	41	6200	20	36	21
18	15.4	45	6900	28	36	24	44	14.2	41	4900	26	20	20
19	15.1	45	4600	17	29	17	45	15.0	45	7200	40	25	25
20	14.2	46	4200	14	25	28	46	14.2	46	5800	22	31	22
21	15.9	46	5200	8	34	16	47	14.9	45	8400	61	17	17
22	16.0	47	4700	25	14	18	48	16.2	48	3100	12	15	18
23	17.4	50	8600	37	39	17	49	14.5	45	4000	20	18	20
24	14.3	43	5500	20	31	19	50	16.4	49	6900	25	22	24
25	14.8	44	4200	15	24	29	51	14.7	44	7800	38	34	16
26	14.9	43	4300	9	32	17							

7.12 당뇨병 환자에 대한 [표 7.2]의 자료를 이용하여 주성분분석을 하고자 한다. 주성분을 구하고 주성분의 의미를 설명하라. 상관행렬 $\boldsymbol{R}$을 사용하고 적당한 주성분 개수는 스크리 그래프와 고유값 등을 고려하여 정하여라.

7.13 다음의 [표 7.6]에 주어진 기상자료를 이용하여 주성분분석을 하고자 한다.

Y_1 = 하루 중 최고 기온(maximum daily air temperature)

Y_2 = 하루 중 최저 기온(minimum daily air temperature)

Y_3 = 기온곡선 면적(integrated area under soil temperature curve)

Y_4 = 하루 중 최고 지표 기온(maximum daily soil temperature)

Y_5 = 하루 중 최저 지표 기온(minimum daily soil temperature)

Y_6 = 지표기온곡선 면적(integrated area under soil temperature curve)

Y_7 = 하루 중 최고 상대습도(maximum daily relative humidity)

Y_8 = 하루 중 최저 상대습도(minimum daily relative humidity)

Y_9 = 상대습도 면적(integrated area under daily humidity curve)

Y_{10} = 풍량(total wind, measured in miles per day)

Y_{11} = 증발(evaporation)

(a) 표본공분산행렬 $\boldsymbol{S}$를 사용하여 주성분을 구하여라.

(b) 표본상관행렬 $\boldsymbol{R}$을 사용하여 주성분을 구하여라.

(c) 한 주성분에 의해 가장 많이 설명되는 분산양은 얼마인가?

(d) 첫 번째 주성분과 두 번째 주성분을 구하고 의미를 설명하여라.

(e) 첫 번째와 두 번째 주성분 그래프를 그리고 관계를 설명하여라.

(f) 첫 번째와 세 번째 주성분 그래프를 그리고 관계를 설명하여라.

(g) 두 번째와 세 번째 주성분 그래프를 그리고 관계를 설명하여라.

(h) 첫 번째와 두 번째 주성분에 의해 설명되는 분산의 비율은 얼마인가?

(i) 스크리 그래프를 그리고 적절한 주성분 개수를 제안하여라.

(j) 첫 번째 주성분과 두 번째 주성분의 주성분그래프를 그려라.

▶ 표 7.6 기상자료

Y_1	Y_2	Y_3	Y_4	Y_5	Y_6	Y_7	Y_8	Y_9	Y_{10}	Y_{11}
84	65	147	85	59	151	95	40	398	273	30
84	65	149	86	61	159	94	28	345	140	34
79	66	142	83	64	152	94	41	368	318	33
81	67	147	83	65	158	94	50	406	282	26
84	68	167	88	69	180	93	46	379	311	41
74	66	131	77	67	147	96	73	478	446	4
73	66	131	78	69	159	96	72	462	294	5
75	67	134	84	68	159	95	70	464	313	20
84	68	161	89	71	195	95	63	430	455	31
86	72	169	91	76	206	93	56	406	604	36
88	73	176	91	76	206	94	66	393	610	43
90	74	187	94	76	211	94	51	385	520	47
88	72	171	94	75	211	96	54	405	663	45
58	72	171	92	70	201	95	51	392	467	45
81	69	154	87	68	167	95	61	448	184	11
79	68	149	83	68	162	95	59	436	177	10
84	69	160	87	66	173	95	42	392	173	30
84	70	160	87	68	177	94	44	392	76	29
84	70	168	88	70	169	95	48	396	72	23
77	67	147	83	66	170	97	60	431	183	16
87	67	166	92	67	196	96	44	379	76	37
89	69	171	92	72	199	94	48	393	230	50
89	72	180	94	72	204	95	48	394	193	36
93	72	186	92	73	201	94	47	386	400	54
93	74	188	93	72	206	95	47	389	339	44
94	75	199	94	72	208	96	45	370	172	41
93	74	193	95	73	214	95	50	396	238	45
93	74	196	95	70	210	96	45	380	118	42
96	75	198	95	71	207	93	40	365	93	50
95	76	202	95	69	202	93	39	357	269	48
84	73	173	96	69	173	94	58	418	128	17
91	71	170	91	69	168	94	44	420	423	20
88	72	179	89	70	189	93	50	399	415	15
89	72	179	95	71	210	98	46	389	300	42
91	72	182	96	73	208	95	43	384	193	44
92	74	196	97	75	215	96	46	389	195	41
94	75	192	96	69	198	95	36	380	215	49
96	75	195	95	67	196	97	24	354	185	53
93	76	198	94	75	211	93	43	364	466	53
88	74	188	92	73	198	95	52	405	399	21
88	74	178	90	74	197	95	61	447	232	1
91	72	175	94	70	205	94	42	380	275	44
92	72	190	95	71	209	96	44	379	166	44
92	73	189	96	72	208	93	42	372	189	46
94	75	194	95	71	208	93	43	373	164	47
96	76	202	96	71	208	94	40	368	139	50

7.14 Hartigan(1975)은 미국 주요 도시에서 인구 100,000 명당 범죄율을 조사하여 [표 7.7]의 결과를 얻었다. 주성분분석을 하여라.

(a) 표본상관행렬 $\boldsymbol{R}$을 구하여라.

(b) 표본상관행렬 $\boldsymbol{R}$을 사용하여 주성분을 구하여라.

(c) 한 주성분에 의해 가장 많이 설명되는 분산양은 얼마인가?

(d) 첫 번째 주성분과 두 번째 주성분을 구하고 의미를 설명하여라.

(e) 첫 번째와 두 번째 주성분 그래프를 그리고 관계를 설명하여라.

(f) 첫 번째와 세 번째 주성분 그래프를 그리고 관계를 설명하여라.

(g) 두 번째와 세 번째 주성분 그래프를 그리고 관계를 설명하여라.

(h) 첫 번째와 두 번째 주성분에 의해 설명되는 분산의 비율은 얼마인가?

(i) 적절한 주성분 개수를 제안하여라.

▶ 표 7.7 미국 50개주 범죄자료

번호	state	murder	rape	robbery	assault	burglary	larceny	autoaccident
1	Alabama	14.2	25.2	96.8	278.3	1135.5	1881.9	280.7
2	Alaska	10.8	51.6	96.8	284.0	1331.7	3369.8	753.3
3	Arizona	9.5	34.2	138.2	312.3	2346.1	4467.4	439.5
4	Arkansas	8.8	27.6	83.2	203.4	972.6	1862.1	183.4
5	California	11.5	49.4	287.0	358.0	2139.4	3499.8	663.5
6	Colorado	6.3	42.0	170.7	292.9	1935.2	3903.2	477.1
7	Connecticut	4.2	16.8	129.5	131.8	1346.0	2620.7	593.2
8	Delaware	6.0	24.9	157.0	194.2	1682.6	3678.4	467.0
9	Florida	10.2	39.6	187.9	449.1	1859.9	3840.5	351.4
10	Georgia	11.7	31.1	140.5	256.5	1351.1	2170.2	297.9
11	Hawaii	7.2	25.5	128.0	64.1	1911.5	3920.4	489.4
12	Idaho	5.5	19.4	39.6	172.5	1050.8	2599.6	237.6
13	Illinois	9.9	21.8	211.3	209.0	1085.0	2828.5	528.6
14	Indiana	7.4	26.5	123.2	153.5	1086.2	2498.7	377.4
15	Iowa	2.3	10.6	41.2	89.8	812.5	2685.1	219.9
16	Kansas	6.6	22.0	100.7	180.5	1270.4	2739.3	244.3
17	Kentucky	10.1	19.1	81.1	123.3	872.2	1662.1	245.4
18	Louisiana	15.5	30.9	142.9	335.5	1165.5	2469.9	337.7
19	Maine	2.4	13.5	38.7	170.0	1253.1	2350.7	246.9
20	Maryland	8.0	34.8	292.1	358.9	1400.0	3177.7	428.5
21	Massachusetts	3.1	20.8	169.1	231.6	1532.2	2311.3	1140.1

▶ 표 7.7 (연속) 미국 50개주 범죄자료

번호	state	murder	rape	robbery	assault	burglary	larceny	autoaccident
22	Michigan	9.3	38.9	261.9	274.6	1522.7	3159.0	545.5
23	Minnesota	2.7	19.5	85.9	85.8	1134.7	2559.3	343.1
24	Mississippi	14.3	19.6	65.7	189.1	915.6	1239.9	144.4
25	Missouri	9.6	28.3	189.0	233.5	1318.3	2424.2	378.4
26	Montana	5.4	16.7	39.2	156.8	804.9	2773.2	309.2
27	Nebraska	3.9	18.1	64.7	112.7	760.0	2316.1	249.1
28	Nevada	15.8	49.1	323.1	355.0	2453.1	4212.6	559.2
29	New Hampshire	3.2	10.7	23.2	76.0	1041.7	2343.9	293.4
30	New Jersey	5.6	21.0	180.4	185.1	1435.8	2774.5	511.5
31	New Mexico	8.8	39.1	109.6	343.4	1418.7	3008.6	259.5
32	New York	10.7	29.4	472.6	319.1	1728.0	2782.0	745.8
33	North Carolina	10.6	17.0	61.3	318.3	1154.1	2037.8	192.1
34	North Dakota	0.9	9.0	13.3	43.8	446.1	1843.0	144.7
35	Ohio	7.8	27.3	190.5	181.1	1216.0	2696.8	400.4
36	Oklahoma	8.6	29.2	73.8	205.0	1288.2	2228.1	326.8
37	Oregon	4.9	39.9	124.1	286.9	1636.4	3506.1	388.9
38	Pennsylvania	5.6	19.0	130.3	128.0	877.5	1624.1	333.2
39	Rhode Island	3.6	10.5	86.5	201.0	1489.5	2844.1	791.4
40	South Carolina	11.9	33.0	105.9	485.3	1613.6	2342.4	245.1
41	South Dakota	2.0	13.5	17.9	155.7	570.5	1704.4	147.5
42	Tennessee	10.1	29.7	145.8	203.9	1259.7	1776.5	314.0
43	Texas	13.3	33.8	152.4	208.2	1603.1	2988.7	397.6
44	Utah	3.5	20.3	68.8	147.3	1171.6	3004.6	334.5
45	Vermont	1.4	15.9	30.8	101.2	1348.2	2201.0	265.2
46	Virginia	9.0	23.3	92.1	165.7	986.2	2521.2	226.7
47	Washington	4.3	39.6	106.2	224.8	1605.6	3386.9	360.3
48	West Virginia	6.0	13.2	42.2	90.9	597.4	1341.7	163.3
49	Wisconsin	2.8	12.9	52.2	63.7	846.9	2614.2	220.7
50	Wyoming	5.4	21.9	39.7	173.9	811.6	2772.2	282.0

7.15 1999-2000년 정규시즌 한국 프로농구(KBL)의 각 선수별 기록으로 총 45게임 중 30게임 이상에 출전한 67명의 선수들에 대한 자료인 [표 7.8]을 이용하여 주성분분석을 하여라. 각 선수에 대해 포지션과 국적 그리고 연속형 변수로 출전게임 수(X_1), 총득점(X_2), 2점슛(X_3), 3점슛(X_4), 리바운드(X_5), 어시스트(X_6), 가로채기(X_7), 자유투(X_8), 블록킹(X_9) 등 9개 변수로 구성되어 있다.

▶표 7.8 한국 프로농구 선수 자료

선수	포지션	국적	X_1	X_2	X_3	X_4	X_5	X_6	X_7	X_8	X_9
강기중	1	1	38	142	30	21	19	43	108	30	1
강동희	1	1	38	455	87	70	71	124	292	84	6
강 혁	1	1	41	225	48	33	30	77	47	30	0
김상식	1	1	40	315	52	47	70	62	84	35	0
김성철	2	1	45	573	145	58	109	139	76	48	5
김승기	1	1	38	178	47	21	21	34	43	33	0
김영만	2	1	31	531	154	44	91	60	67	22	0
김재훈	3	1	44	108	25	13	19	52	20	7	2
김택훈	2	1	36	108	27	14	12	74	30	18	24
타운젠트	3	2	34	773	328	16	69	307	88	17	23
하니발	2	2	45	720	238	43	115	261	188	70	20
홀	3	2	45	764	322	0	120	155	65	69	100
로프튼	3	2	45	908	331	37	135	400	116	80	10
브룩스	2	2	44	831	339	0	153	389	41	36	66
호프	3	2	42	951	348	10	225	512	108	43	77
문경은	2	1	41	705	103	118	145	87	84	35	8
박규현	1	1	38	164	40	20	24	29	37	40	7
박상관	3	1	41	67	28	0	11	58	12	12	6
박재헌	3	1	39	208	91	0	26	128	32	27	17
박훈근	2	1	45	532	173	32	90	167	127	45	15
싱글턴	3	2	44	989	367	19	198	468	95	66	62
변청운	2	1	45	335	57	64	29	104	36	39	3
봉하민	2	1	35	112	24	17	13	53	18	25	3
서장훈	3	1	45	1091	417	18	203	452	67	37	35
신기성	1	1	45	614	109	94	114	179	272	115	8
양경민	2	1	43	496	110	79	39	95	42	40	6
양희승	2	1	45	612	155	57	131	151	61	39	7
이버츠	2	2	45	1205	501	29	156	93	78	47	2
오성식	1	1	44	353	81	36	83	104	199	45	3
우지원	2	1	45	848	175	102	192	117	114	40	7
루즈그린	3	2	45	699	309	0	81	512	68	25	0
유도훈	1	1	38	446	104	54	76	151	283	66	9
이상민	1	1	38	446	104	54	76	151	283	66	8
이은호	2	1	41	356	141	0	74	167	13	36	5
이창수	3	1	44	273	116	0	41	126	19	30	14
존스	3	2	45	802	210	90	112	238	186	91	114
정인교	1	1	43	793	195	106	125	220	88	33	18
정재근	2	1	34	310	102	15	61	70	50	21	3

▶표 7.8 (연속) 한국 프로농구자료

선수	포지션	국적	X_1	X_2	X_3	X_4	X_5	X_6	X_7	X_8	X_9
콥	3	2	45	965	378	20	149	388	153	83	32
맥도웰	2	2	45	1039	412	14	173	598	211	75	32
조상현	2	1	45	773	196	87	120	99	102	60	3
조성원	2	1	45	777	133	134	109	62	83	54	10
조우현	2	1	39	562	115	87	71	79	108	35	5
와센버그	3	2	45	1048	419	0	210	379	146	76	5
주희정	1	1	45	412	107	39	81	205	252	87	7
추승균	2	1	45	632	200	50	82	117	80	49	6
그레이	3	2	45	660	227	45	71	319	127	31	22
저머니	3	2	34	729	319	1	88	410	82	39	60
허 재	1	1	39	644	148	73	129	169	207	76	7
현주엽	3	1	42	933	311	42	185	234	299	51	10
홍사붕	1	1	38	475	122	42	105	110	145	55	3
황성인	1	1	45	460	99	69	55	134	214	71	8
헌터	3	2	45	948	269	80	170	269	124	111	20
허 영	2	1	38	170	20	36	22	39	63	23	4
하상윤	1	1	35	173	35	29	16	45	44	20	0
최명도	1	1	43	167	17	33	34	35	42	23	0
조신영	1	1	35	124	45	5	19	47	73	22	3
최 호	1	1	32	152	37	20	18	20	26	12	5
조동현	1	1	41	429	124	28	97	116	88	56	9
정진영	1	1	45	514	143	49	81	125	255	66	2
정낙영	1	1	45	161	48	11	32	86	128	52	3
장창곤	2	1	37	142	26	26	12	75	28	22	12
이지승	2	1	42	63	9	11	12	28	14	13	12
이인규	2	1	38	131	16	25	24	53	59	18	1
위성우	2	1	31	134	15	31	11	22	11	11	10
다운스	3	2	44	716	227	59	85	303	115	63	35
신종석	2	1	38	189	48	22	27	47	25	23	18

08 인자분석

8.1 서 론

인자분석(factor analysis)은 공분산 구조를 몇 개의 관측불가능한 '인자(factor)'로 설명하려는 것으로 변수들 간에 내재하고 있는 공통의 구조를 파악하고, 데이터의 특성을 몇 개의 인자로 축약하여 설명하고자 하는 것이 인자분석의 목적이라 할 수 있다. 즉, 인자분석은 여러 개 변수들의 상관성 구조를 나타내는 몇 개의 인자로 분석하는 것으로 인자분석을 통하여 데이터 분석자는 인자가 형성하는 차원과 그 차원에서의 변수의 위치 및 의미를 파악할 수 있다. 변수들에 내재되어 있는 공통의 인자로서 데이터를 설명함으로써 분석에 필요한 변수의 차원을 줄일 수 있다. 앞서 7장에서 배운 주성분분석에서 주성분은 관측된 변수들의 선형결합식으로 정의되는 반면, 인자분석에서는 변수들이 공통인자들의 선형결합식으로 정의된다는 측면에서 구별된다.

인자분석에서는 모든 변수들이 동시에 고려되어 인자를 찾게 되며 각 인자는 다른 변수들과의 관계로 설명된다. 인자는 변수들을 최대한으로 설명할 수 있도록 구하게 되며 또한 각 인자는 전체 관측치의 함수 형태로 전체 변수에 의존적인 변수로 볼 수 있다.

최근 10여 년간 인자분석은 특히 경영학, 사회학, 심리학 관련분야에서 활발히 사용되고 있다. 이러한 분야에서는 일반적으로 변수의 개수가 많고 관계가 연계되어 있어, 변수간의 구조(structure)와 변수내 연관성(interrelationship of the variables)에 대한 집중적 해석이 매우 중요하기 때문이다.

인자분석은 Spearman(1904)에 의해 시작되었으며 그는 인자가 한 개인 단일 인자모형(single factor model)을 고려했다. 그러나 한 개의 인자만으로는 내재적 관계를 모두 설명하기에는 부족하여, Garnett(1919), Thursotne(1931) 등에 의해 여러 개의 인자를 동시에 고려하는 다중 인자모형(multiple common factor model)으로 확장하게 되었다.

8.2 다중 인자모형

$p\times 1$ 확률벡터 $\boldsymbol{X}=(X_1,\ X_2,\ \ldots,\ X_p)'$가 다음과 같이 모평균벡터 $\boldsymbol{\mu}$와 모공분산행렬 $\boldsymbol{\Sigma}$를 가진다. 또한 $\boldsymbol{X}$는 m개의 공통인자(common factor) $F_1,\ F_2,\ \ldots,\ F_m$과 특수인자(specific factor) $\epsilon_1,\epsilon_2,\ldots,\epsilon_p$의 선형결합으로 표현된다고 가정한다.

$$
\begin{aligned}
X_1-\mu_1 &= l_{11}F_1+l_{12}F_2+\cdots+l_{1m}F_m+\epsilon_1 \\
X_2-\mu_2 &= l_{21}F_1+l_{22}F_2+\cdots+l_{2m}F_m+\epsilon_2 \\
&\ \ \vdots \qquad\qquad \vdots \\
X_p-\mu_p &= l_{p1}F_1+l_{p2}F_2+\cdots+l_{pm}F_m+\epsilon_p
\end{aligned}
\tag{8.1}
$$

여기서 l_{ij}는 i번째 변수의 j번째 인자의 적재값이며 $F_1,\ \ldots,\ F_m$와 $\epsilon_1,\ \ldots,\ \epsilon_p$는 $p+m$개의 관측불가능한(unobservable) 확률변수이다. 이와 같이 m개의 공통인자를 포함한 인자모형을 $m-$인자모형이라고 부르기로 한다.

8.2.1 직교인자모형

$m-$인자모형은 변수들에 잠재하는 공통인자들과 유일한 부분을 설명하는 특수 인자들의 선형결합으로 표현한다. 그리고 통계적인 추론을 위해 몇 가지 가정을 만족하는 직교인자모형(orthogonal common factor model)을 고려하도록 하자.

$$\boldsymbol{X}-\boldsymbol{\mu}=\boldsymbol{LF}+\boldsymbol{\epsilon} \tag{8.2}$$

여기서 각 벡터는

$$\boldsymbol{X}=\begin{pmatrix}X_1\\X_2\\\vdots\\X_p\end{pmatrix},\ \boldsymbol{\mu}=\begin{pmatrix}\mu_1\\\mu_2\\\vdots\\\mu_p\end{pmatrix},\ \boldsymbol{F}=\begin{pmatrix}F_1\\F_2\\\vdots\\F_m\end{pmatrix},\ \boldsymbol{L}=\begin{pmatrix}l_{11}&l_{12}&\cdots&l_{1m}\\l_{21}&l_{22}&\cdots&l_{2m}\\\vdots&\vdots&&\vdots\\l_{p1}&l_{p2}&\cdots&l_{pm}\end{pmatrix},\ \boldsymbol{\epsilon}=\begin{pmatrix}\epsilon_1\\\epsilon_2\\\vdots\\\epsilon_p\end{pmatrix} \tag{8.3}$$

으로

μ_i는 X_i의 기대값

ϵ_i는 i번째 특수인자(specific factor)

F_j는 j번째 공통인자(common factor)

l_{ij}는 i번째 변수의 j번째 인자의 적재값

$\boldsymbol{L} = \{l_{ij}\}$은 인자적재행렬(matrix of factor loadings)

이다. 직교인자모형에 대해 다음과 같은 가정(assumption)을 한다.

$$E(\boldsymbol{F}) = \boldsymbol{0}_{m \times 1} \tag{8.4}$$

$$Cov(\boldsymbol{F}) = E(\boldsymbol{FF}') = \boldsymbol{I}_{m \times m} \tag{8.5}$$

$$E(\boldsymbol{\epsilon}) = \boldsymbol{0}_{p \times 1} \tag{8.6}$$

$$Cov(\boldsymbol{\epsilon}) = E(\boldsymbol{\epsilon\epsilon}') = \boldsymbol{\Psi}_{p \times p} = \begin{pmatrix} \psi_1 & 0 & \cdots & 0 \\ 0 & \psi_2 & \cdots & 0 \\ \vdots & \vdots & \ddots & \vdots \\ 0 & 0 & \cdots & \psi_p \end{pmatrix} \tag{8.7}$$

$\boldsymbol{F}$와 $\boldsymbol{\varepsilon}$는 서로 독립이다(즉 인자들이 서로 직교한다). 즉

$$Cov(\boldsymbol{\epsilon}, \boldsymbol{F}) = E(\boldsymbol{\epsilon F}') = \boldsymbol{0}_{p \times m} \tag{8.8}$$

이며, 이와 같은 가정을 만족하는 모형을 직교인자모형이라고 한다.

예를 들어, 변수가 5개($p = 5$)이고 공통인자가 2개($m = 2$)인 경우 인자모형은 다음과 같이 표현될 수 있다:

$$X_1 - \mu_1 = l_{11}F_1 + l_{12}F_2 + \epsilon_1$$

$$X_2 - \mu_2 = l_{21}F_1 + l_{22}F_2 + \epsilon_2$$

$$X_3 - \mu_3 = l_{31}F_1 + l_{32}F_2 + \epsilon_3$$

$$X_4 - \mu_4 = l_{41}F_1 + l_{42}F_2 + \epsilon_4$$

$$X_5 - \mu_5 = l_{51}F_1 + l_{52}F_2 + \epsilon_5$$

8.2.2 인자모형에서 공분산행렬의 분해

변수들의 공분산행렬을 구하기 위해 다음과 같이 정리한 후 기대값을 구하면

$$(\boldsymbol{X}-\boldsymbol{\mu})(\boldsymbol{X}-\boldsymbol{\mu})' = (\boldsymbol{LF}+\boldsymbol{\epsilon})(\boldsymbol{LF}+\boldsymbol{\epsilon})' \tag{8.9}$$
$$= (\boldsymbol{LF}+\boldsymbol{\epsilon})((\boldsymbol{LF})'+\boldsymbol{\epsilon}')$$
$$= \boldsymbol{LF}(\boldsymbol{LF})' + \boldsymbol{\epsilon}(\boldsymbol{LF})' + \boldsymbol{LF\epsilon}' + \boldsymbol{\epsilon\epsilon}'$$

$$\boldsymbol{\Sigma} = Cov(\boldsymbol{X}) = E(\boldsymbol{X}-\boldsymbol{\mu})(\boldsymbol{X}-\boldsymbol{\mu})' \tag{8.10}$$
$$= \boldsymbol{L}E(\boldsymbol{FF}')\boldsymbol{L}' + E(\boldsymbol{\epsilon F}')\boldsymbol{L}' + \boldsymbol{L}E(\boldsymbol{F\epsilon}') + E(\boldsymbol{\epsilon\epsilon}')$$
$$= \boldsymbol{LL}' + \boldsymbol{\Psi}$$

와 같이 계산된다. 즉, 공분산행렬을 인자적재행렬과 특수인자의 공분산행렬로 인자분해(factorial decomposition)됨을 알 수 있다.

변수와 공통인자간의 공분산을 구하면

$$Cov(\boldsymbol{X},\boldsymbol{F}) = E[(\boldsymbol{X}-\boldsymbol{\mu})\boldsymbol{F}'] = \boldsymbol{L}E(\boldsymbol{FF}') + E(\boldsymbol{\epsilon F}') = \boldsymbol{L} \tag{8.11}$$

으로 인자적재행렬로 나타내어진다.

원래 변수의 분산은 인자적재값들로 다음과 같이

$$\sigma_{ii} = Var(X_i) = l_{i1}^2 + \cdots + l_{im}^2 + \psi_i \tag{8.12}$$
$$= h_{ii}^2 + \psi_i$$
$$= \text{공통분산} + \text{특수분산}, \quad i = 1, 2, \ldots, p$$

나타낼 수 있다. 즉, 원래 변수의 분산은 공통인자들에 의한 공통분산과 특수인자에 의한 특수분산으로 분해되어 표현된다. 여기서

$$h_i^2 = l_{i1}^2 + \cdots + l_{im}^2 \tag{8.13}$$

를 공통성(communality) 또는 공통분산(common variance)이라 하고 ψ_i를 특수성 또는 특수분산(specific variance)이라 한다.

변수들 간의 공분산은 $i = 1, 2, \ldots, p$, $k = 1, 2, \ldots, p$, $i \neq j$에 대해

$$Cov(X_i, X_k) = l_{i1}l_{k1} + \cdots + l_{im}l_{km}, \tag{8.14}$$

으로 인자적재값의 곱들의 합으로 표현된다.

변수와 공통인자간의 공분산은

$$Cov(X_i,\ F_j) = l_{ij} \tag{8.15}$$

으로 공통인자의 인자적재값으로 표현된다.

식 (8.7)에서 $Cov(\boldsymbol{\epsilon}) = \boldsymbol{\Psi} = diag(\psi_1,\ \psi_2,\ \ldots,\ \psi_p)$라는 가정은 원래 변수 X_i들 간의 공분산은 공통인자에만 의존한다고 간주하는 것이다. 식 (8.10)에서 구한

$$\boldsymbol{\Sigma} = \boldsymbol{L}\boldsymbol{L}' + \boldsymbol{\Psi} \tag{8.16}$$

에서 보면 인자적재행렬을 통해 $\boldsymbol{L}\boldsymbol{L}'$에서 인자구조가 나타남을 알 수 있다.

8.2.3 인자적재행렬의 비유일성

인자의 개수가 $m > 1$인 경우 인자적재행렬은 $m \times m$ 직교행렬 $\boldsymbol{T}$를 이용하여 표현할 수 있다. 직교행렬 $\boldsymbol{T}$는 $\boldsymbol{T}\boldsymbol{T}' = \boldsymbol{T}'\boldsymbol{T} = \boldsymbol{I}$를 만족하므로

$$\boldsymbol{X} - \boldsymbol{\mu} = \boldsymbol{L}\boldsymbol{F} + \boldsymbol{\epsilon} = \boldsymbol{L}\boldsymbol{T}\boldsymbol{T}'\boldsymbol{F} + \boldsymbol{\epsilon} = \boldsymbol{L}^*\boldsymbol{F}^* + \boldsymbol{\epsilon} \tag{8.17}$$

여기서

$$\boldsymbol{L}^* = \boldsymbol{L}\boldsymbol{T} \tag{8.18}$$

$$\boldsymbol{F}^* = \boldsymbol{T}'\boldsymbol{F} \tag{8.19}$$

$$E(\boldsymbol{F}^*) = \boldsymbol{T}'E(\boldsymbol{F}) = \boldsymbol{0} \tag{8.20}$$

$$Cov(\boldsymbol{F}^*) = \boldsymbol{T}'Cov(\boldsymbol{F})\boldsymbol{T} = \boldsymbol{T}'\boldsymbol{T} = \boldsymbol{I}_{m \times m} \tag{8.21}$$

이다.

분산을 공분산행렬 $\boldsymbol{L}^*$를 이용해 표현하면

$$\boldsymbol{\Sigma} = \boldsymbol{L}\boldsymbol{L}' + \boldsymbol{\Psi} = \boldsymbol{L}\boldsymbol{T}\boldsymbol{T}'\boldsymbol{L}' + \boldsymbol{\Psi} = \boldsymbol{L}^*\boldsymbol{L}^{*\prime} + \boldsymbol{\Psi} \tag{8.22}$$

가 되어 공분산행렬이 변하지 않음을 알 수 있다. 그러나 직교행렬 $\boldsymbol{T}$의 형태에 따라 인자적재행렬은 변할 수 있으므로 인자적재행렬은 항상 유일하지는 않음을 알 수 있다.

8.2.4 인자모형의 척도불변성

확률벡터 $\boldsymbol{X}$에, 정칙행렬 $\boldsymbol{A}$를 이용하여 다음과 같이 선형변환을 했을 때

$$\boldsymbol{Z} = \boldsymbol{A}\boldsymbol{X} + \boldsymbol{b} \tag{8.23}$$

식 (8.2)의 다중인자모형은

$$\begin{aligned} \boldsymbol{Z} - \boldsymbol{\mu}_Z &= \boldsymbol{A}\boldsymbol{X} - \boldsymbol{A}\boldsymbol{\mu} = \boldsymbol{A}\boldsymbol{L}\boldsymbol{F} + \boldsymbol{A}\boldsymbol{\epsilon} \\ &= \boldsymbol{L}_Z\boldsymbol{F} + \boldsymbol{\epsilon}_Z \end{aligned} \tag{8.24}$$

으로 각 인자에 척도변환행렬 $\boldsymbol{A}$가 곱해진 형태를 포함한다. 여기서

$$\boldsymbol{\mu}_Z = \boldsymbol{A}\boldsymbol{\mu} + \boldsymbol{b} \tag{8.25}$$

$$\boldsymbol{L}_Z = \boldsymbol{A}\boldsymbol{L} \tag{8.26}$$

이다. $\boldsymbol{Z}$의 공분산행렬을 구하면

$$Cov(\boldsymbol{Z}) = \boldsymbol{\Sigma}_Z = \boldsymbol{A}\boldsymbol{\Sigma}\boldsymbol{A}' = \boldsymbol{A}\boldsymbol{L}\boldsymbol{L}'\boldsymbol{A} + \boldsymbol{A}\boldsymbol{\Psi}\boldsymbol{A}' = \boldsymbol{L}_Z\boldsymbol{L}_Z + \boldsymbol{\Psi}_Z \tag{8.27}$$

여기서 $\boldsymbol{\Psi}_Z = \boldsymbol{A}\boldsymbol{\Psi}$ 이다. 즉 변수에 적용된 선형변환식이 인자적재행렬에도 적용됨을 알 수 있다.

분산행렬이 $\boldsymbol{D}_\sigma = diag\,(\sigma_1,\ \sigma_2,\ \ldots,\ \sigma_p)$인 경우 특히 표준화 변수 $\boldsymbol{D}_\sigma^{-1}(\boldsymbol{X}-\boldsymbol{\mu})$를 이용한 인자모형을 세우면 상관행렬 $\boldsymbol{\rho}$는

$$\boldsymbol{\rho} = \boldsymbol{L}_Z\boldsymbol{L}_Z' + \boldsymbol{\Psi}_Z \tag{8.28}$$

와 같이 표현된다.

8.2.5 인자모형의 기하학적 표현

인자(factor)와 변수(variable)의 기하학적인 설명을 위해서 인자를 축(axis)으로 변수를 선(line) 또는 벡터(vector)로 표현하고 좌표평면에 그림을 그려보자. 변수가 어떤 인자 축에 가까이 놓일수록 변수와 인자간의 관련성이 크다. 벡터로 표현되는 변수의 방향과 길이는 인자패턴(factor pattern)에 의존한다. 서로 독립인 인자축이 서로 90°의 각을 형성하면 직교(orthogonal)한다고 한다. 또한 인자축의 비직교회전을 통해 직교하지 않는 인자축을 형성할 수도 있다. 다음의 예제들을 통해 변수들의 인자적재값

들과 기하학적 표현에 대해 설명하고자 한다.

≪예제 8.1≫ 두 개의 인자적재값이 각각 0.2, 0.6인 변수의 기하학적인 표현에 대해 알아보자.

두 개의 직교인자와 한 개 변수에 대해 2차원 좌표평면에 표현한 [그림 8.1]을 보면 변수 X는 인자 A와 인자 B에 대한 비중이 모두 양(positive)으로 나타나는 1사분면에 위치하며 인자 A에 대한 비중은 0.6이고 인자 B에 대한 비중은 0.2이다. 변수 벡터의 길이는, 피타고라스정리에 의해 구하면, $h^2 = 0.2^2 + 0.6^2 = 0.4$로 공통인자에 의한 분산(공통성)을 나타낸다.

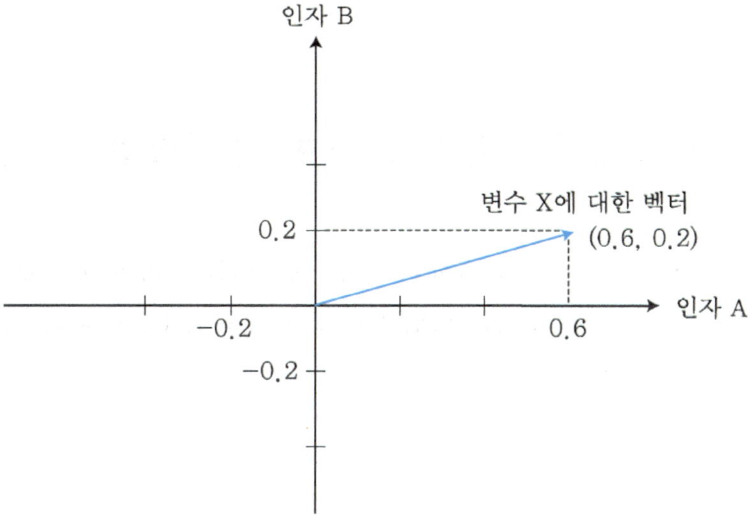

[그림 8.1] 두 개의 직교인자와 한 개 변수에 대한 그림

≪예제 8.2≫ 4개 변수가 2개의 공통인자 A, B로 표현되는 인자모형에서 인자적재값을 이용하여 그래프로 그린 결과 [그림 8.2]와 같을 때 그림이 나타내는 바를 알아보자.

원점으로부터의 벡터로 표현된 각 변수의 위치는 각 인자와의 관련성에 대한 정보를 주며 벡터의 길이는 공통성을 나타낸다. 특히 변수 X_3는 인자 A축에 나타나므로 인자 A로만 설명될 수 있음을 보여준다.

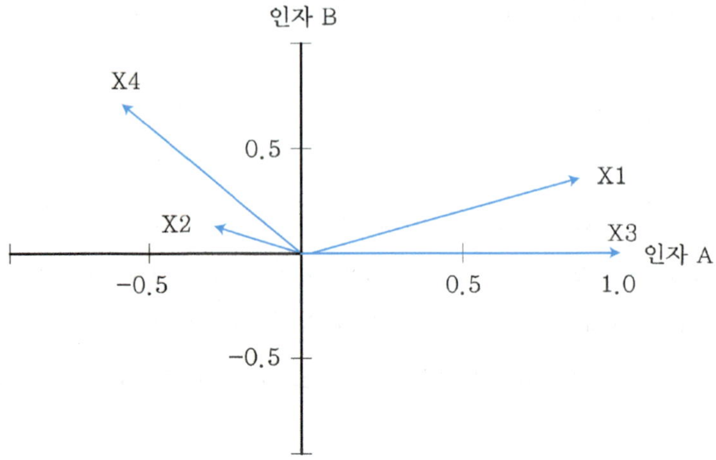

[그림 8.2] 2개의 직교인자와 4개 변수에 대한 그림

8.3 인자적재와 공통성에 대한 추정방법

인자분석의 목적은 공통인자를 정하고 인자적재행렬을 구하여 해석하는데 있다. 이 절에서는 인자적재행렬을 추정하는 방법으로 (1) 주성분법 (2) 주축인자법 (3) 최대우도법을 설명하기로 한다.

8.3.1 주성분법

인자적재행렬은 식 (8.16)과 같이, 공분산행렬의 분해로부터 얻을 수 있으므로 스펙트럼분해 방법을 통한 주성분을 구하는 방법으로 접근할 수 있다. 또한 상관행렬에 대해서도 마찬가지로 적용할 수 있다.

공분산행렬을 스펙트럼분해하면

$$\begin{aligned}\boldsymbol{\Sigma} &= \lambda_1 \boldsymbol{e}_1 \boldsymbol{e}_1' + \lambda_2 \boldsymbol{e}_2 \boldsymbol{e}_2' + \ldots + \lambda_p \boldsymbol{e}_p \boldsymbol{e}_p' \\ &= \left[\sqrt{\lambda_1}\boldsymbol{e}_1 \,|\, \sqrt{\lambda_2}\boldsymbol{e}_2 \,|\, \ldots \,|\, \sqrt{\lambda_p}\boldsymbol{e}_p\right] \begin{bmatrix} \sqrt{\lambda_1}\boldsymbol{e}_1' \\ \sqrt{\lambda_2}\boldsymbol{e}_2' \\ \vdots \\ \sqrt{\lambda_p}\boldsymbol{e}_p' \end{bmatrix}\end{aligned} \tag{8.29}$$

으로 표현할 수 있다. 여기서 $\lambda_1 \geq \lambda_2 \geq \cdots \geq \lambda_p \geq 0$는 $\boldsymbol{\Sigma}$의 고유값 $\boldsymbol{e}_i$는 $\boldsymbol{\Sigma}$의 고유벡터로 $\boldsymbol{\Sigma e}_i = \lambda_i \boldsymbol{e}_i$을 만족한다.

만약 $m = p$이면, 즉 $\psi_i = 0$, $i = 1, \ldots, p$라 하면

$$\underset{p \times p}{\Sigma} = \boldsymbol{LL}' + 0 = \boldsymbol{LL}' \tag{8.30}$$

이 되어 인자적재값과 주성분계수의 값이 일치하게 된다.

그러나 인자분석의 목적은 원래 변수의 개수보다 적은 몇 개의 공통인자로 공분산구조를 설명하고자 하는 것이므로 $\lambda_{m+1}\boldsymbol{e}_{m+1}\boldsymbol{e}_{m+1}' + \cdots + \lambda_p \boldsymbol{e}_p \boldsymbol{e}_p'$의 $\boldsymbol{\Sigma}$에 대한 기여율 및 특수분산을 무시할 수 있다면, 근사적으로 $\boldsymbol{\Sigma}$를 m개의 인자로 표현할 수 있어

$$\begin{aligned}
\boldsymbol{\Sigma} &\approx \lambda_1 \boldsymbol{e}_1 \boldsymbol{e}_1' + \lambda_2 \boldsymbol{e}_2 \boldsymbol{e}_2' + \ldots + \lambda_m \boldsymbol{e}_m \boldsymbol{e}_m' \\
&= [\sqrt{\lambda_1}\,\boldsymbol{e}_1 \mid \sqrt{\lambda_2}\,\boldsymbol{e}_2 \mid \ldots \mid \sqrt{\lambda_m}\,\boldsymbol{e}_m] \begin{bmatrix} \sqrt{\lambda_1}\,\boldsymbol{e}_1' \\ \cdot \\ \cdot \\ \cdot \\ \sqrt{\lambda_m}\,\boldsymbol{e}_m' \end{bmatrix} \\
&= \underset{(p \times m)}{\boldsymbol{L}}\underset{(m \times p)}{\boldsymbol{L}'}
\end{aligned} \tag{8.31}$$

와 같이 분해하여 추정할 수 있다. 특수성을 추정하려면, 공분산행렬이 $\boldsymbol{\Sigma} = \boldsymbol{LL}' + \boldsymbol{\Psi}$가 되므로 특수성을

$$\psi_i = \sigma_{ii} - \sum_{j=1}^{m} l_{ij}^2, \quad i = 1, \ldots, p \tag{8.32}$$

와 같이 추정할 수 있다. 식 (8.30)과 식 (8.31)을 보면 특수인자에 의한 변동을 거의 무시하고자 하며, 결과는 주성분분석에서 구한 주성분계수와 인자적재값이 일치한다.

표본공분산행렬 $\boldsymbol{S} = \hat{\boldsymbol{\Sigma}}$을 이용하여 주성분법(principal component method)에 의한 인자적재행렬 추정방법을 정리해 보자.

$\boldsymbol{S}$가 고유값 $\hat{\lambda}_1 \geq \hat{\lambda}_2 \geq \cdots \geq \hat{\lambda}_p \geq 0$을 갖고 각 고유값에 해당하는 고유벡터 $\boldsymbol{e}_1, \boldsymbol{e}_2, \ldots, \boldsymbol{e}_p$를 가진다고 할 때

$$\boldsymbol{S} = \tilde{\boldsymbol{L}}\tilde{\boldsymbol{L}}' + \tilde{\boldsymbol{\Psi}} \tag{8.33}$$

로 놓을 수 있으며 여기서

$$\widetilde{\boldsymbol{L}} = [\sqrt{\widehat{\lambda}_1}\boldsymbol{e}_1 | \sqrt{\widehat{\lambda}_2}\boldsymbol{e}_2 | \ \dots \ | \sqrt{\widehat{\lambda}_m}\boldsymbol{e}_m] \tag{8.34}$$

$$\widetilde{\boldsymbol{\Psi}}_{p\times p} = \begin{pmatrix} \widetilde{\psi}_1 & 0 & \cdots & 0 \\ 0 & \widetilde{\psi}_2 & \cdots & 0 \\ \vdots & \vdots & \ddots & \vdots \\ 0 & 0 & \cdots & \widetilde{\psi}_p \end{pmatrix} \tag{8.35}$$

이며 특수성은 $\widetilde{\psi}_i = s_{ii} - \widetilde{h}_i^2$으로 추정되고 공통성은 $\widetilde{h}_i^2 = \widetilde{l}_{i1}^2 + \widetilde{l}_{i2}^2 + \dots + \widetilde{l}_{im}^2$으로 구해진다.

i번째 인자에 의해 설명되는 분산 비율은

$$\frac{\widehat{\lambda}_i}{s_{11}+s_{22}+\cdots+s_{pp}} \tag{8.36}$$

이 되며, 표본상관행렬 $\boldsymbol{R}$을 사용했을 경우에는

$$\frac{\widehat{\lambda}_i}{p} \tag{8.37}$$

이 된다.

8.3.2 주축인자법

주성분법을 이용하여 구한 초기 인자적재행렬로부터 수정된 인자적재행렬을 구하는 방법으로 주축인자법(principal factor method 또는 principal axis method)을 설명하고자 한다.

주성분법에 의해 공통성 또는 특수성을 추정한 후 이에 대한 정보를 이용하여 다시 인자적재행렬을 구하고자 한다.

$p\times p$인 공분산행렬, 상관행렬로부터 주성분법의 결과를 이용하여 조정된(adjusted) 공분산행렬, 조정된 상관행렬에 대해 각각 다음의 근사적인 관계식

$$\boldsymbol{S} - \widehat{\boldsymbol{\Psi}} \approx \boldsymbol{LL}' \tag{8.38}$$

$$\boldsymbol{R} - \widehat{\boldsymbol{\Psi}} \approx \boldsymbol{LL}' \tag{8.39}$$

을 쓸 수 있다. 여기서 $\boldsymbol{L}$은 $p\times m$인 인자적재행렬이다.

$\boldsymbol{S} - \widehat{\boldsymbol{\Psi}}$의 대각선상의 성분은 공통성으로

$$\widetilde{h}_i^2 = s_{ii} - \widetilde{\psi}_i, \quad i = 1, 2, \ldots, p \tag{8.40}$$

이며 $\boldsymbol{R} - \hat{\boldsymbol{\Psi}}$ 의 대각선상의 성분은 공통성으로

$$\widetilde{h}_i^2 = 1 - \widetilde{\psi}_i, \quad i = 1, 2, \ldots, p \tag{8.41}$$

이다.

식 (8.40)에 의하면 $\widetilde{h}_i^2$는 X_i를 제외한 나머지 $(p-1)$개의 변수들과 공통으로 설명하는 분산의 양을 나타내므로 다시 표현하기도 한다.

$\boldsymbol{R} - \hat{\boldsymbol{\Psi}}$에 대해서, 공통성에 대한 초기추정량은

$$\widetilde{h}_i^2 = R_i^2 = 1 - \frac{1}{r^{ii}} \tag{8.42}$$

로 사용한다. 여기서 r^{ii}는 $\boldsymbol{R}^{-1}$의 i번째 대각선상의 성분이며 R_i^2은 X_i와 나머지 $(p-1)$개의 변수들과의 다중상관계수제곱(squared multiple correlation: SMC)이 된다.

마찬가지로 $\boldsymbol{S} - \hat{\boldsymbol{\Psi}}$ 에 대해서, 공통성에 대한 초기추정량은

$$\widetilde{h}_i^2 = s_{ii} - \frac{1}{s^{ii}} = s_{ii}R_i^2 \tag{8.43}$$

로 쓸 수 있다. 여기서 s^{ii}는 $\boldsymbol{S}^{-1}$의 i번째 대각선상의 성분이다.

조정된(adjusted) 공분산행렬 또는 조정된 상관행렬을 이용하여 다시 주성분법을 적용하여 공통성과 특수성을 구하고 이것을 새로운 초기값으로 하고 조정한 후 식(8.38) 또는 식 (8.39)를 이용하여 다시 주성분법을 적용한다. 이와 같은 과정을 공통성의 추정값이 수렴할 때까지 반복한다.

데이터에 따라서는 반복적 계산에도 불구하고 공통성이 수렴하지 않을 경우도 있으며 계산상의 문제로 인해 공통성이 s^{ii}값보다 커질 경우도 있으므로 결과를 주의해서 볼 필요가 있다.

8.3.3 최대우도법

공통인자 $\boldsymbol{F}$와 특수인자 $\boldsymbol{\epsilon}$이 정규분포를 따른다고 가정하면 우도함수를 구할 수 있으므로 인자적재행렬에 대해 최대우도추정량을 구할 수 있다.

n개의 확률표본 $\boldsymbol{X}_1, \ldots, \boldsymbol{X}_n$에 대한 우도함수는

$$
\begin{aligned}
& L(\boldsymbol{\mu}, \boldsymbol{\Sigma} \mid \boldsymbol{X}_1, \ldots, \boldsymbol{X}_n) \\
&= (2\pi)^{-\frac{np}{2}} |\boldsymbol{\Sigma}|^{-\frac{n}{2}} \\
&\quad \times \exp\left\{-\frac{1}{2} tr\left[\boldsymbol{\Sigma}^{-1}\left(\sum_{j=1}^{n}(\boldsymbol{X}_j-\overline{\boldsymbol{X}})(\boldsymbol{X}_j-\overline{\boldsymbol{X}})'+n(\boldsymbol{X}_j-\overline{\boldsymbol{X}})(\boldsymbol{X}_j-\overline{\boldsymbol{X}})\right)\right]\right\} \\
&= (2\pi)^{-\frac{(n-1)p}{2}} |\boldsymbol{\Sigma}|^{-\frac{(n-1)}{2}} \exp\left\{-\frac{1}{2} tr\left[\boldsymbol{\Sigma}^{-1}\sum_{j=1}^{n}(\boldsymbol{X}_j-\overline{\boldsymbol{X}})(\boldsymbol{X}_j-\overline{\boldsymbol{X}})'\right]\right\} \\
&\quad \times (2\pi)^{-\frac{p}{2}} |\boldsymbol{\Sigma}|^{-\frac{1}{2}} \exp\left\{-\frac{n}{2}(\overline{\boldsymbol{X}}-\boldsymbol{\mu})'\boldsymbol{\Sigma}^{-1}(\overline{\boldsymbol{X}}-\boldsymbol{\mu})\right\}
\end{aligned}
\tag{8.44}
$$

이고 $\boldsymbol{\Sigma} = \boldsymbol{L}\boldsymbol{L}' + \boldsymbol{\Psi}$이므로 $\boldsymbol{L}$과 $\boldsymbol{F}$에 의존하여 표현된다.

계산의 편리성을 위해 $\boldsymbol{L}$에게 다음의 유일성 조건

$$
\boldsymbol{L}'\boldsymbol{\Psi}^{-1}\boldsymbol{L} = \boldsymbol{\Delta} \quad (\text{대각행렬}) \tag{8.45}
$$

을 부여하여, 최대우도를 만족시키는 $\boldsymbol{L}$과 $\boldsymbol{\Psi}$의 최대우도추정량 $\hat{\boldsymbol{L}}$, $\hat{\boldsymbol{\Psi}}$을 수치해석적인 알고리듬을 이용하여 반복적 계산을 통해 구할 수 있다.

최대우도방법의 장점은 8.2.4절에서 언급한대로 $\hat{\boldsymbol{L}}$이 척도 불변하다는 것이다. 즉 변수 X_i가 c_iX_i로 변화되었을 때 원래 인자적재값 $\widehat{l_{i1}}, \widehat{l_{i2}}, \ldots, \widehat{l_{im}}$에도 마찬가지로 $c_i\widehat{l_{i1}}, c_i\widehat{l_{i2}}, \ldots, c_i\widehat{l_{im}}$ 으로 변환된다.

표본상관행렬 $\boldsymbol{R}$을 이용하여 인자분석을 할 경우, 각 변수 X_i에 $1/\sqrt{s_{ii}}$를 이용한 척도변환으로 생각하면 되므로 표본공분산행렬 $\boldsymbol{S}$에 대해 최대우도법을 적용하여 구한 인자적재값에 같은 척도변환을 해주면 된다. 그러나 주성분을 이용해 구한 인자적재값에는 성립하지 않는다.

최대우도방법의 다른 장점은 $m-$인자모형의 적합성에 대한 통계적 검정을 할 수 있는 것으로 적절한 인자 개수 선택에 이용할 수 있다.

8.3.4 Heywood 상황

인자에 대한 공통분산은 다중상관계수의 제곱이 되므로 그 범위는 0에서 1 사이가 된다. 그러나 최대우도법을 이용할 경우 공통성에 대한 초기추정값은 다중상관계수제곱(SMC)을 취하지만 반복적 수치적 계산과정에 따르다보면 공통성이 1이거나 1을 초과하는 현상이 나타난다. 공통성이 1인 경우를 Heywood 상황, 공통성이 1을 초과하는 경우를 ultra-Heywood 상황이라고 한다. 이런 경우는 특수분산의 추정값이 0 또는 음수(-)가 되는 경우로 인자분석의 결과가 유효하지 않게 된다. 이러한 상황이 발생하는 원인으로는 (1) 공통성에 관한 부적절한 초기 추측값 (2) 공통인자수가 너무 많거나 (3) 공통인자수가 너무 적거나 (4) 안정적인 추정값을 계산하기에 부족한 양의 데이터가 있거나 (5) 공통인자모형 적합이 부적절한 데이터 등 여러 복합적인 원인을 들 수 있다.

최대우도추정법은 다른 방법에 비해 Heywood 상황이 발생하기 쉬운 편이다. 반복적인 계산과정에서 높은 공통성을 가진 변수에게 더 높은 비중에 부여되고 이것은 다시 공통성을 증가시키는 결과를 가져오기 때문이다.

8.4 인자개수 결정

원래 데이터를 내재하는 공통인자들을 통해 나타내고자 할 때 적절한 개수의 인자를 선택해야한다. 설명에 필요한 인자의 개수를 결정하는 몇 가지 기준들에 대해 설명하기로 한다.

(1) 총 변이에의 공헌도(percentage of total variance)

공통인자들에 의해 설명되는 분산의 비율이 전체 변이의 70~90%가 되도록 공통인자의 개수를 결정한다.

(2) 평균 고유값(average eigenvalues)

고유값들의 평균

$$\bar{\lambda} = \sum_{i=1}^{p} \frac{\lambda_i}{p} \tag{8.46}$$

을 구한 후 고유값이 평균값 이상이 되는 주성분을 보유한다. 상관행렬을 사용한 경우 평균 고유값은 1이 된다.

(3) 스크리 그래프

2차원 좌표축에 (고유값 순서, 고유값 크기)로 $(i,\ \lambda_i)$ 점을 찍고 점간을 선분으로 연결한다. 값이 큰 고유값부터 크기순으로 점이 찍히며 값의 차이가 크면 가파른 경사를 나타내고 고유값의 변화가 작으면 내리막 경사가 완만해진다. 큰 고유값과 작은 고유값을 구분하는 방법으로, 가파른 정도를 보고 가파른 부분에 해당하는 고유값까지로 인자의 개수를 정한다.

(4) 적절한 인자의 개수를 정하고 다음의 검정을 통해 인자의 개수를 선택할 수 있다.

관심있는 귀무가설은 인자의 개수가 m개를 만족하는 모형이다. 즉

$$H_0 : \boldsymbol{\Sigma} = \boldsymbol{LL}' + \boldsymbol{\Psi} \tag{8.47}$$

($\boldsymbol{L}$은 $p \times m$ 행렬 즉 인자가 m개인 인자모형을 만족한다.)

에 대해 대립가설은

$$H_1 : \boldsymbol{\Sigma} \neq \boldsymbol{LL}' + \boldsymbol{\Psi} \tag{8.48}$$

이다.

데이터에 대해 다변량 정규분포 가정을 할 수 있는 경우, 위의 가설 검정 문제에 대해 우도비

$$LR = \left(\frac{|\hat{\boldsymbol{\Sigma}}|}{|\hat{\boldsymbol{\Sigma}}_0|} \right)^{\frac{n}{2}} \tag{8.49}$$

를 계산한다. 여기서 H_0 하에서 최대우도추정량 $\hat{\boldsymbol{\Sigma}}_0 = \hat{\boldsymbol{L}}\hat{\boldsymbol{L}}' + \hat{\boldsymbol{\Psi}}$과 전체 가설 공간 $H_0 \bigcup H_1$ 하에서의 최대우도추정량 $\hat{\boldsymbol{\Sigma}}$를 구한 후 우도비를 이용한다.

Bartlett(1951)은 다음의 검정통계량

$$T_m = \left(n - \frac{2p + 4m + 11}{6} \right) \ln \left(\frac{|\hat{L}\hat{L}' + \hat{\Psi}|}{|S|} \right) \tag{8.50}$$

이 H_0 하에서 근사적으로 자유도 $v = \frac{1}{2}\left[(p-m)^2 - p - m\right]$인 카이제곱분포를 따른다는 것을 이용해 카이제곱검정을 제안하였다. 즉 유의수준 α에서 검정법은 $T_m \geq \chi_v^2(\alpha)$ 이면 H_0를 기각한다.

H_0가 기각되지 않으면 $\hat{\boldsymbol{L}}\hat{\boldsymbol{L}}' + \hat{\boldsymbol{\Psi}}$은 적절한 인자모형이 되므로 모형에서 가정한 인자의 개수로 인자모형을 설정하고 해석하면 된다.

H_0가 기각되면 $\hat{\boldsymbol{L}}\hat{\boldsymbol{L}}' + \hat{\boldsymbol{\Psi}}$은 부적절한 인자모형이 되므로 인자의 개수를 늘려 다시 검정해야 한다.

8.5 인자적재의 회전

초기 인자적재행렬에 대해 직교회전(orthogonal rotation)을 하더라도 인자적재행렬은 공분산(또는 상관) 구조에 대해 같은 양을 설명한다는 것을 8.2.3절에서 설명하였다. 그러므로 적절한 변환을 통해 인자에 대한 해석이 용이한 단순한 구조를 만들 필요가 있으며 이러한 구조를 얻기 위해 회전변환을 시도할 수 있다. 회전변환의 종류로 직교행렬을 이용한 직교회전(orthogonal rotation)과 비직교행렬을 이용한 사각회전(oblique rotation)이 있으며 본 절에서는 이에 대해 설명하고자 한다.

초기 인자적재행렬의 해석상 어려움이 발생할 경우가 있다. 예를 들어, 한 변수가 여러 개의 인자에 큰 적재값을 갖게 되면 여러 개의 인자가 한 변수와 큰 연관성을 갖게 되어 인자에 대한 해석을 복잡하게 만든다. 이때 해석의 편리를 위해 인자회전을 시도하여 단순한 구조가 되도록 변환을 할 수 있다. 여기서 단순한 구조란 변수들이 한 인자에 대표적으로 큰 적재값을 갖게 되어 그 인자를 설명하는데 비중 있는 변수가 되도록 만드는 것이다.

회전변환의 기하학적 목적은 인자적재값이 인자축에 놓이게 하는 것이다. 인자의 축에 놓이는 변수, 즉 그 인자에서만 비중인 높은 변수들을 파악해 인자를 해석할 수 있게 된다. 그러나 회전변환을 하더라도 항상 단순한 구조를 얻는 것은 아니므로 여러 변환을 시도해보고 인자의 구조를 파악해야 한다.

[그림 8.3]에서 보면 6개 변수의 위치가 인자축에서 떨어져 있으므로 해석하기가 쉽지 않다. 직교행렬을 이용하여 인자축을 회전한 후 [그림 8.4]를 보면 변수들이 인자축에 가깝게 위치하므로 어떤 변수에 어느 인자가 비중 있게 포함되고 있는지 알 수 있다.

[그림 8.5]는 사각회전의 예를 보여주는 그림으로 2개의 인자축이 서로 직교하지 않는다. 사각회전을 할 경우 인자패턴(인자적재 : factor pattern)과 인자구조(factor structure)를 구하게 된다. 여기서 인자구조란 변수와 인자간의 상관계수를 구하는 것으로 기하학적인 이해를 위해 [그림 8.6]을 참고하면 된다.

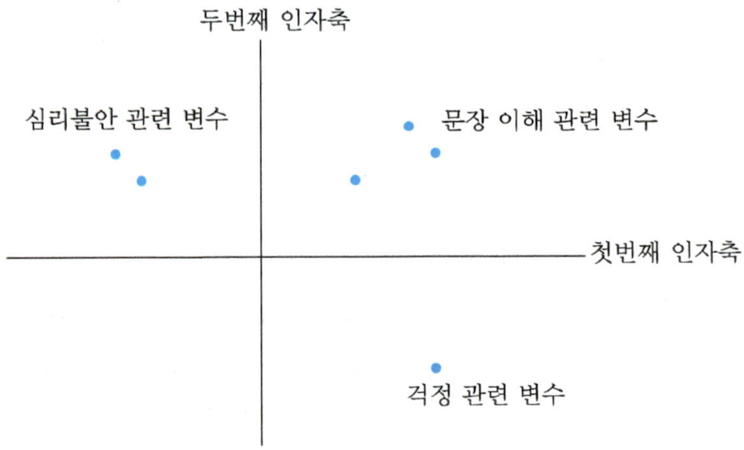

[그림 8.3] 개인 심리검사에 대한 6개 변수와 2개 인자축

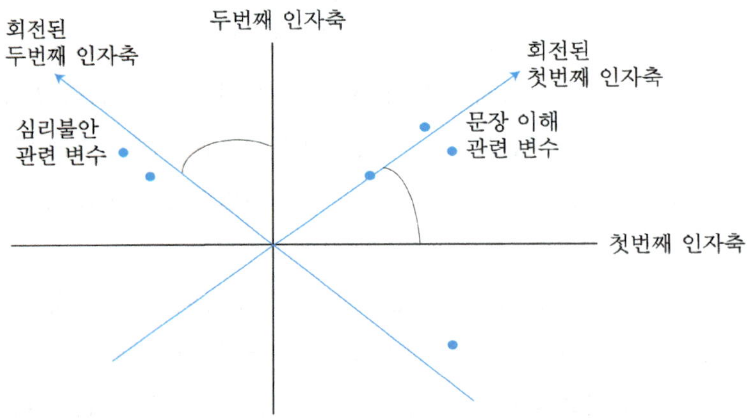

[그림 8.4] 개인 심리검사에 대한 6개 변수와 직교 회전된 인자축

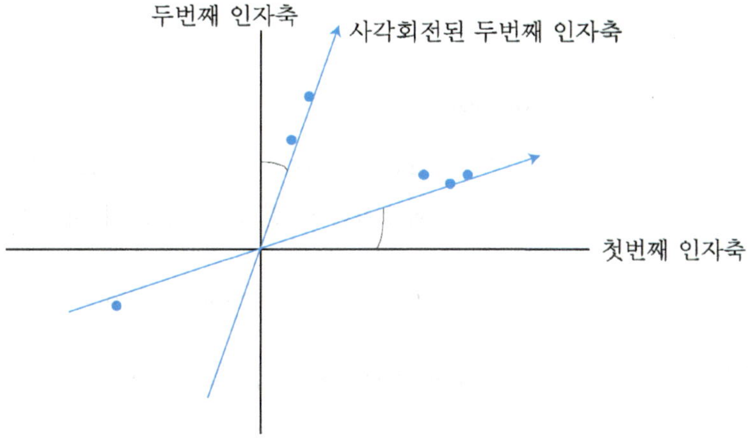

[그림 8.5] 5개 변수와 2개 사각회전된 인자축

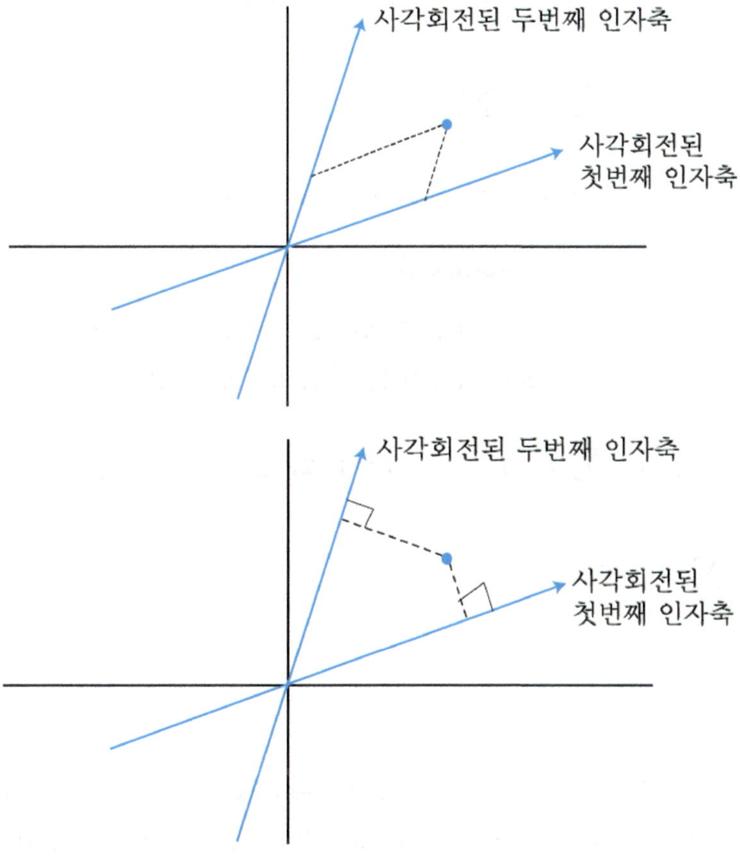

[그림 8.6] 인자패턴(factor pattern)과 인자구조(factor structure)

8.5.1 직교회전

(1) 베리맥스 회전(Varimax Rotation)

Kaiser(1958)는 varimax 기준으로 단순화 구조를 만드는 방법을 제안했다. 인자적재값들의 제곱을 취해 이들의 분산을 최대화하여 인자적재값들의 차이가 많이 나도록 하는 것이다. 계산의 원칙을 설명하면 $\hat{l}_{ij}^{*} = \frac{\hat{l}_{ij}}{h_i}$ 로 적재값을 공통성으로 나누었을 때,

다음의 적재값의 제곱들의 분산이 최대화되도록 $\hat{l}_{ij}^{*}$ 을 구한다. 즉

$$\text{Maximize} \sum_{j=1}^{m}(\widehat{l_{ij}^{*2}} - \overline{\widehat{l_i^{*}}^{2}})^2 = \left[\sum_{i-1}^{p}\widehat{l_{ij}^{*4}} - (\sum_{i=1}^{p}\widehat{l_{ij}^{*2}})^2/p\right], \quad j=1, \ldots, m \quad (8.51)$$

여기서 $\overline{\widehat{l_j^{*2}}} = \sum_{i=1}^{p}\widehat{l_{ij}^{*2}}/p$이다. 그러므로 베리맥스방법은

$$V = \frac{1}{m}\sum_{j=1}^{m}\left[\sum_{i-1}^{p}\widehat{l_{ij}^{*4}} - (\sum_{i=1}^{p}\widehat{l_j^{*2}})^2/p\right] \quad (8.52)$$

를 최대화하는 직교행렬 $\boldsymbol{T}$를 찾아 변환하는 방법이다.

(2) 쿼티맥스 회전(Quartimax Rotation)

인자적재행렬의 각 행에 놓인 적재값 즉 한 변수가 각 공통인자에서 차지하는 비중의 제곱에 대해 분산을 최대화하도록 변환하는 방법으로 반복적인 계산을 하게 된다. 즉

$$\text{Maximize} \sum_{j=1}^{m}(\widehat{l_{ij}^{2}} - \widehat{l_i^{2}})^2, \qquad i=1, 2, \ldots, p \quad (8.53)$$

여기서 $\widehat{l_i^2} = \sum_{j=1}^{m}\widehat{l_{ij}^{2}}\,/\,m$이다.

8.5.2 비직교회전

공통인자들이 서로 독립이라고 가정하면 직교회전이 적절하지만 해석의 편리를 위해 비직교회전(nonorthogonal : oblique rotation)을 종종 사용하기도 한다.

변수들을 겹치지 않는 그룹으로 분류할 수 있다고 가정하면 축이 서로 직교하는 직

교회전을 통해 결과를 얻는 것이 좋다. 사각회전은 회전 후 축이 서로 직교하지 않으며 그룹을 통과하는 축으로 형성된다. 사각회전을 통해 비록 회전된 축이 서로 직교하지는 않으나 축 위에 인자적재값들이 놓이게 될 수 있어 해석상 이점을 얻을 수 있다.

사각회전에서 변환행렬 $\boldsymbol{Q}$는 비직교행렬(nonorthogonal)이며 비정칙(nonsingular) 행렬이다.

식 (8.19)에서 직교행렬 대신 비직교행렬 $\boldsymbol{Q}$를 이용하면

$$\boldsymbol{F}^* = \boldsymbol{Q}'\boldsymbol{F}, \tag{8.54}$$

$$\boldsymbol{L}^* = \boldsymbol{L}\boldsymbol{Q} \tag{8.55}$$

이고

$$Cov(\boldsymbol{F}^*) = \boldsymbol{Q}'\boldsymbol{I}\boldsymbol{Q} = \boldsymbol{Q}'\boldsymbol{Q} \neq \boldsymbol{I} \tag{8.56}$$

으로 즉 비직교행렬에 의해 변환된 인자 $\boldsymbol{F}^*$는 독립이 아니다.

비직교회전인 사각회전을 이용하는 방법으로 Oblimin, Oblimax, Covarmin, Quatimin, Biquartimin, Orthoblique, Promax 방법 등이 있다.

Quartimin 방법은 회전된 인자간의 공분산이 최소가 되도록 비직교행렬을 구한다. Covarmin 방법은 Varimax 방법과 같은 원칙으로 사각회전을 시도하며 Biquartimin 방법은 Quartimin 방법과 Covarmin 방법을 절충하여 구한다. Orthoblique은 직교회전후 다시 사각회전을 한다.

Promax 방법은 Varimax 회전으로부터 또는 미리 가정할 수 있는 목표하는 행렬(target matrix)을 정해놓고 Procrustes 과정을 통해 사각회전을 구한다. Procrustes 는 그리스 신화에 나오는 여관주인으로 누구든지 맞출 수 있는 쇠침대를 갖고 있다. 침대보다 키가 큰사람은 다리를 잘라 길이를 맞추고, 키가 작은 사람은 다리를 잡아 늘려 침대에 맞추었다고 한다. Procrustes 과정(Procrustean process)이라 이름이 붙은 이유는 가정해 놓은 인자적재행렬로 맞추기 위해 적절한 비직교회전변환을 통해 가변적으로 적당한 사각행렬을 구해내기 때문이며, 또한 가정된 행렬을 참고삼아 추정해 내기 때문이다.

8.6 인자점수

8.2절에서 설명한대로 다중인자모형에서 F_1, F_2, ..., F_m은 관측불가능한 인자이다. 그러나 실제 데이터 분석자들은 공통인자를 파악한 후 이들에 대한 점수를 얻고자 할 때가 종종 있다. 이 절에서는 관측불가능한 공통인자에 대한 추정으로 인자점수를 구하는 방법을 알아보고자 하며, 가중최소제곱법(weighted least squares method)과 회귀적 방법(regression method)을 소개한다.

j번째 개체에 대하여 m개 공통인자에 대한 벡터로 $\boldsymbol{f}_j = (f_{j1}, f_{j2}, ..., f_{jm})'$, $j = 1, 2, ..., n$라고 놓자. 이에 대한 추정값을 인자점수(factor score)라 하고 $\widehat{\boldsymbol{f}}_j = (\widehat{f_{j1}}, \widehat{f_{j2}}, ..., \widehat{f_{jm}})'$로 표현하자.

8.6.1 가중최소제곱법

인자모형 $\boldsymbol{X} - \boldsymbol{\mu} = \boldsymbol{L}\boldsymbol{F} + \boldsymbol{\epsilon}$에 대한 적합으로 인자적재행렬 $\boldsymbol{L}$과 평균벡터 $\boldsymbol{\mu}$ 그리고 $Var(\epsilon_i) = \psi_i$를 구한 후 이들의 추정값을 이용하여 인자점수를 추정할 수 있다.

Bartlett(1937)는 특수인자의 분산이 서로 다른 것에 대한 가중값을 고려하여 가중최소제곱법을 제안하였다.

$$\begin{aligned}\sum_{i=1}^{p}\frac{\epsilon_i^2}{\psi_i} &= \boldsymbol{\epsilon}'\boldsymbol{\Psi}^{-1}\boldsymbol{\epsilon} \\ &= (\boldsymbol{X}-\boldsymbol{\mu}-\boldsymbol{L}\boldsymbol{f})'\boldsymbol{\Psi}^{-1}(\boldsymbol{X}-\boldsymbol{\mu}-\boldsymbol{L}\boldsymbol{f}) \\ &= \boldsymbol{f}'\boldsymbol{L}'\boldsymbol{\Psi}^{-1}\boldsymbol{L}\boldsymbol{f} + \boldsymbol{f}'\boldsymbol{L}'\boldsymbol{\Psi}^{-1}(\boldsymbol{X}-\boldsymbol{\mu}) + (\boldsymbol{X}-\boldsymbol{\mu})\boldsymbol{\Psi}^{-1}\boldsymbol{f}\boldsymbol{L} \\ &\quad - (\boldsymbol{X}-\boldsymbol{\mu})'\boldsymbol{\Psi}^{-1}(\boldsymbol{X}-\boldsymbol{\mu})\end{aligned} \tag{8.57}$$

을 최소화하도록

$$\hat{\boldsymbol{f}} = (\hat{\boldsymbol{L}}'\hat{\boldsymbol{\Psi}}^{-1}\hat{\boldsymbol{L}})^{-1}\hat{\boldsymbol{L}}'\hat{\boldsymbol{\Psi}}^{-1}(\boldsymbol{X} - \hat{\boldsymbol{\mu}}) \tag{8.58}$$

을 구한다. 그러면 각 개체에 대해 $j = 1, ..., n$

$$\hat{\boldsymbol{f}}_j = (\hat{\boldsymbol{L}}'\hat{\boldsymbol{\Psi}}^{-1}\hat{\boldsymbol{L}})^{-1}\hat{\boldsymbol{L}}'\hat{\boldsymbol{\Psi}}^{-1}(\boldsymbol{X}_j - \hat{\boldsymbol{\mu}}) \quad (8.59)$$

$$= \hat{\boldsymbol{\Delta}}^{-1}\hat{\boldsymbol{L}}'\hat{\boldsymbol{\Psi}}^{-1}(\boldsymbol{X}_j - \overline{\boldsymbol{X}})$$

를 이용하여 인자점수를 계산할 수 있다. 여기서 $\hat{\boldsymbol{\mu}} = \overline{\boldsymbol{X}}$를 이용하고 최대우도법의 경우에는 유일성조건

$$\hat{\boldsymbol{L}}'\hat{\boldsymbol{\Psi}}^{-1}\hat{\boldsymbol{L}} = \hat{\boldsymbol{\Delta}} \quad (8.60)$$

이 만족하도록 구한다.

Bartlett 방법은 인자점수와 인자가 높은 상관관계를 갖게 되며 추정된 인자점수는 불편추정량(unbiased estimator)이다.

8.6.2 회귀적 방법

인자들을 변수들의 다중회귀식

$$\boldsymbol{F} = \boldsymbol{B}\boldsymbol{X} + \boldsymbol{\epsilon} \quad (8.61)$$

으로 놓고 인자점수를 추정하는 방법으로 회귀적방법이 있다. 최소제곱추정량은

$$\hat{\boldsymbol{B}} = (\boldsymbol{X}'\boldsymbol{X})^{-1}\boldsymbol{X}'\boldsymbol{F}$$

$$\hat{\boldsymbol{B}} = \boldsymbol{S}_{XX}^{-1}\boldsymbol{S}_{XF} \quad (8.62)$$

로 구할 수 있다. 여기서 $\boldsymbol{S}_{XX} = \widehat{Cov}(\boldsymbol{X})$, $\boldsymbol{S}_{XF} = \widehat{Cov}(\boldsymbol{X}, \boldsymbol{F})$이다.

인자들과 변수들이 다변량 정규분포를 따를 경우 조건부 기대값을 구하면

$$E(\boldsymbol{F} \mid \boldsymbol{X}) = \boldsymbol{\mu}_F + \boldsymbol{\Sigma}_{FX}\boldsymbol{\Sigma}_{XX}^{-1}(\boldsymbol{X} - \boldsymbol{\mu}_X) \quad (8.63)$$

을 얻는다. 인자모형으로부터 $\boldsymbol{\mu}_F = \boldsymbol{0}$이고 $\boldsymbol{\Sigma}_{FX} = Cov(\boldsymbol{F}, \boldsymbol{X}) = \boldsymbol{L}'$이므로

$$E(\boldsymbol{F} \mid \boldsymbol{X}) = \boldsymbol{L}'\boldsymbol{\Sigma}_{XX}^{-1}(\boldsymbol{X} - \boldsymbol{\mu}_X) \quad (8.64)$$

으로 쓸 수 있다.

식 (8.64)에 대한 추정량으로

$$\widehat{\boldsymbol{f}}_j = \hat{\boldsymbol{L}}'\boldsymbol{S}^{-1}(\boldsymbol{X}_j - \overline{\boldsymbol{X}}), \qquad j = 1, 2, \ldots, n \quad (8.65)$$

을 구할 수 있으며 전치된 형태(transposed)를 구하면

$$\hat{f}_j' = (\boldsymbol{X}_j - \overline{\boldsymbol{X}})' \boldsymbol{S}^{-1} \hat{\boldsymbol{L}}, \qquad j = 1,\ 2,\ \dots,\ n \tag{8.66}$$

이 된다.

n개의 인자점수벡터가 각 행을 구성하는 행렬을 구해보면

$$\hat{f} = \begin{pmatrix} \hat{f}_1' \\ \hat{f}_2' \\ \vdots \\ \hat{f}_n' \end{pmatrix} = \begin{pmatrix} (X_1 - \overline{X})' S^{-1} \hat{L} \\ (X_2 - \overline{X})' S^{-1} \hat{L} \\ \vdots \\ (X_n - \overline{X})' S^{-1} \hat{L} \end{pmatrix} = \begin{pmatrix} (X_1 - \overline{X})' \\ (X_2 - \overline{X})' \\ \vdots \\ (X_n - \overline{X})' \end{pmatrix} S^{-1} \hat{L} = X_c S^{-1} \hat{L} \tag{8.67}$$

여기서 $\boldsymbol{X}_c$는 X의 중심화된(centered) $n \times p$ 행렬이다.

공분산행렬 $\boldsymbol{S}$ 대신 상관행렬 $\boldsymbol{R}$을 이용하면

$$\hat{f} = \boldsymbol{X}_s \boldsymbol{R}^{-1} \hat{\boldsymbol{L}} \tag{8.68}$$

여기서 $\boldsymbol{X}_s$는 X의 표준화된(standardized) $n \times p$ 행렬이다.

회전 후 인자적재행렬에 대해서도 마찬가지로 인자점수를 구할 수 있으며 회전하지 않은 경우의 인자점수와 비교해 볼 수 있다.

8.7 인자분석 전략

인자분석은 다음의 단계적 전략에 의해 수행할 수 있다.

(1) 주성분을 이용한 인자분석을 한다.

주성분을 이용한 인자분석은 인자분석의 첫 단계로 적절하며 분석 결과로부터 인자점수를 통해 이상치를 가려내고 인자의 해석을 위해 베리맥스(varimax) 직교변환을 모색한다.

(2) 최대우도를 이용한 인자분석을 한다.

다변량 정규분포를 가정할 수 있다면 최대우도를 이용한 인자분석을 수행한 후 인자의 해석을 위해 베리맥스 직교변환을 모색한다.

(3) 주성분을 이용한 인자분석 결과와 최대우도를 이용한 결과를 비교한다.

인자 적재의 형태가 비슷한가를 판단하고, 각 개체에 대해 두 방법에 의한 인자 점수를 그래프로 나타내어 비교해 본다.

(4) 적절한 공통인자 m개에 대해 (1), (2), (3) 과정을 반복한다.

(5) 데이터의 크기가 큰 경우 데이터를 두 부분으로 나누어 각 부분에서 따로 인자분석을 시행하고 결과를 비교해 인자분석 결과의 안정성을 점검한다.

(6) 인자의 해석

(회전된) 인자적재행렬 $\widehat{L^*}$의 j번째 열 $\widehat{l_{ij}^*}$, $\widehat{l_{2j}^*}$, ..., $\widehat{l_{pj}^*}$을 살펴보아 어떤 변수가 어떤 인자에서 높은 비중을 차지하는지를 본다. 각 인자에서 큰 적재값을 갖는 변수, 즉 높은 비중을 차지하는 변수들을 중심으로 인자에 대한 이름을 붙이고 해석한다.

인자분석은 특히 행동과학(behavioral science), 사회과학(social science) 분야에서 널리 쓰이고 있는 통계적 기법이다. 동물 또는 인간에 대한 다변량 관측값은 각 개체에 내재하는 관측불가능한 습성 또는 특성을 포함해 발현하는 관측으로 볼 수 있으며 관측값을 통해 내재하는 인자들을 찾으려고 노력하게 된다. 인자분석은 발현된 관측값을 내재하는 인자들로 설명할 수 있도록 도와주며 이런 면에서 인자에 대한 해석은 주관적인 해석이 뒤따르게 된다.

인자분석 결과의 안정성 또는 질(quality)에 대한 양적 평가는 아직까지는 쉽지 않다. 대부분의 경우 분석 결과 파악된 인자를 분석자가 이해할 수 있으면 인자분석 결과에 대한 만족도가 높게 된다.

≪예제 8.3≫ 신체 측정 데이터에 대해 상관행렬을 이용하여 인자분석을 하여 인자적재값, 공통성과 특수성을 구하여 [표 8.1]에 정리하였다.

공통인자인 인자 1은 길이부분에 더 많이 내재하는 인자로 '길이 인자'로 볼 수 있으며 인자 2는 무게와 둘레에 기여하는 부분이 큰 '무게 인자'로 볼 수 있다. 공통인자에 의해 설명되는 분산인 공통성은 각 변수에 대해 2개 인자의 인자적재값제곱의 합으로 계산되고, 특수인자에 의해 설명되는 분산은 $\psi_i = Var(X_i) - h_i^2 = 1 - h_i^2$으로 계산된다. 여기서 상관행렬을 이용했으므로 $Var(X_i) = 1$이다.

▶ 표 8.1 신체 측정 자료에 대한 인자분석 결과

변　　수	주성분법 인자 1	주성분법 인자 2	공통성 h_i^2	특수성 ψ_i
X_1 (신장)	1.00	0.00	1.00	0.00
X_2 (앉은키)	0.90	−0.12	0.82	0.18
X_3 (가슴둘레)	0.31	0.68	0.56	0.44
X_4 (흉골길이)	0.55	0.12	0.32	0.68
X_5 (머리둘레)	0.11	0.18	0.04	0.96
X_6 (엉덩이둘레)	0.34	0.62	0.50	0.50
X_7 (몸무게)	0.50	0.86	0.99	0.01

≪예제 8.4≫ 100명 고등학생들의 성적에 대한 데이터의 상관행렬을 이용하여 인자분석을 하여 인자적재값, 공통성과 특수성을 구하여 [표 8.2]에 정리하였다.

▶ 표 8.2 과목성적에 대한 인자분석 결과

변　　수	주성분법 인자 1	주성분법 인자 2	공통성 h_i^2	특수성 ψ_i
X_1 (국어)	0.90	0.10	0.82	0.18
X_2 (영어)	0.73	0.12	0.55	0.45
X_3 (사회)	0.55	0.23	0.36	0.54
X_4 (물리)	0.23	0.87	0.32	0.68
X_5 (수학)	0.34	0.93	0.81	0.19
X_6 (생물)	0.36	0.50	0.38	0.62
X_7 (국사)	0.60	0.30	0.45	0.55

공통인자인 인자1은 국어, 영어, 사회, 국사 과목에 비중이 큰 인자로 '인문학 학습능력 인자' 로 볼 수 있으며 인자2는 수학, 물리, 생물의 과목에서의 비중이 높은 것으로 보아 '자연과학 학습능력 인자' 로 볼 수 있다.

≪예제 8.5≫ [그림 8.3]의 심리분석데이터에 대한 인자분석 결과는 [표 8.4]와 같다. 인자분석법에 따라 인자적재값과 분산설명량에 차이가 있어 인자의 비유일성을 알 수 있다.

▶ 표 8.4 심리분석데이터에 대한 인자분석 결과 인자적재값 비교

변 수	주성분법 인자 1	인자 2	주성분법 (Varimax) 인자 1	인자 2	주성분법 (Promax) 인자 1	인자 2
X_1	0.5369	0.4614	-0.0634	0.8344	0.1311	0.6922
X_2	-0.1294	0.8696	-0.3578	0.1005	-0.6438	0.6126
X_3	0.5135	-0.2538	0.7237	-0.0262	0.5598	0.1099
X_4	0.7239	-0.3659	0.7391	0.2947	0.7942	0.1486
X_5	-0.4155	-0.4142	-0.4833	-0.0126	-0.0663	-0.5815
X_6	0.7145	0.1236	0.2389	0.8001	0.4813	0.5321
분산 설명량	1.7751	1.3544	1.4930	1.4344	1.6113	1.5094

변 수	주축인자법 (SMC) 인자 1	인자 2	최대우도법 인자 1	인자 2	최대우도법 (Varimax) 인자 1	인자 2
X_1	0.4029	0.3120	0.1886	0.4790	0.3540	0.3737
X_2	-0.1062	0.5686	1.0000	0.0000	-0.4239	0.9059
X_3	0.3426	-0.1385	-0.1209	0.2697	0.2956	0.0046
X_4	0.5586	-0.2467	-0.2664	0.5089	0.5738	-0.0258
X_5	-0.2864	-0.2464	-0.2445	-0.2914	-0.1604	-0.3449
X_6	0.5557	0.0889	-0.0673	0.6513	0.6185	0.2148
분산 설명량	0.9939	0.5694	1.4930	1.4344	1.1297	1.1261

8.8 R을 이용한 인자분석

≪예제 8.6≫ 엔지니어 견습생 20명과 비행조종사(pilot) 20명의 여섯 가지의 테스트 결과 비교 자료가 [표 8.3]에 정리되어 있다. 인자분석을 통해 변수에 내재하는 공통 인자들을 찾고, 여러 가지 인자적재 추정방법을 사용해 비교하고자 한다.

X_1 = 지능(intelligence)

X_2 = 상황설명능력(form relations)

X_3 = 동력측정검력계(dynamometer)

X_4 = 상세 표시 능력(dotting)

X_5 = 지각 기구 좌표와 능력(sensory motor coordination)

X_6 = 인내력(perseveration)

▶ 표 8.3 엔지니어와 비행조종사 검사 자료

엔지니어 수습생						파일럿					
X_1	X_2	X_3	X_4	X_5	X_6	X_1	X_2	X_3	X_4	X_5	X_6
121	22	74	223	54	254	132	17	77	232	50	249
108	30	80	175	40	300	123	32	79	192	64	315
122	49	87	266	41	223	129	31	96	250	55	319
77	37	66	178	80	209	131	23	67	291	48	310
140	35	71	175	38	261	110	24	96	239	42	268
108	37	57	241	59	245	47	22	87	231	40	217
124	39	52	194	72	242	125	32	87	227	30	324
130	34	89	200	85	242	129	29	102	234	58	300
149	55	91	198	50	277	130	26	104	256	58	270
129	38	72	162	47	268	147	47	82	240	30	322
154	37	87	170	60	244	159	37	80	227	58	317
145	33	88	208	51	228	135	41	83	216	39	306
112	40	60	232	29	279	100	35	83	183	57	242
120	39	73	159	39	233	149	37	94	227	30	240
118	21	83	152	88	233	149	38	78	258	42	271
141	42	80	195	36	241	153	27	89	283	66	291
135	49	73	152	42	249	136	31	83	257	31	311
151	37	76	223	74	268	97	36	100	252	30	225
97	46	83	164	31	243	141	37	105	250	27	243
109	42	82	188	57	267	164	32	76	187	30	264

[프로그램 8.1] 비행조종사 자료에 대한 인자분석

```
pilot=read.csv("C:/data/pilot_fact. csv", header=T)
pilot ; attach(pilot)
x=pilot[2:7]
m=colMeans(x) ; m
S=cov(x)  ; S
R=cor(x)  ; R
fact1=factanal(x, factors=2, rotation="none")  # no rotation
fact2=factanal(x, factors=2, scores = "regression")  # varimax is the default
fact3=factanal(x, factors=2, rotation="promax")      # promax rotation
fact1 ; fact2 ; fact3

  # scree plot
library(graphics)
prin=princomp(x)
screeplot(prin,npcs=6, type="lines",main="scree plot")  # 그림 8.7

  # plot of factor pattern
namevar=names(fact2$loadings)=c("x1","x2","x3","x4","x5","x6")
plot(fact2$loadings[,1],     fact2$loadings[,2],     pch=16,     xlab="factor1",
ylab="factor2",
    main="factor pattern")      # 그림 8.8
  text( x=fact2$loadings[,1], y=fact2$loadings[,2], labels=namevar, adj=0)
  abline(v=0,h=0)

 # plot of factor scores
plot(fact2$scores[,1],     fact2$scores[,2],     pch="*",     xlab="factor1",
ylab="factor2",
     main="factor scores")      # 그림 8.9
```

▶R에서는 **factanal()** 함수를 이용하여 상관행렬을 이용한 인자분석을 할 수 있다. default는 상관행렬로 최대우도법을 이용하고 varimax 회전을 하여 주성분분석을 한다. 주성분법을 이용한 인자분석은 **princomp()**를 활용한다.

인자분석시 여러 방법으로 인자분석 수행 후 출력결과 중 특히 인자패턴을 비교하며 인자의 의미를 파악하도록 해야 한다. [결과 8.1]에서 각 방법에 따른 인자적재값을 비교할 수 있다. 'H_0 : 인자 개수는 2 개이다' 에 대한 varimax 회전 인자분석의 카이제곱 검정 결과 $p-$ 값 $= 0.333 > 0.05 = \alpha$ 이므로 인자 2 개인 모형이 적합하다.

[결과 8.1] 인자분석 결과(1)

```
> fact1=factanal(x, factors=2, rotation="none", scores = "Bartlett")  #no rotation
> fact1
factanal(x = x, factors = 2, scores = "Bartlett", rotation = "none")
Uniquenesses:
   x1    x2    x3    x4    x5    x6
0.734 0.005 0.913 0.671 0.856 0.570
Loadings:
   Factor1 Factor2
x1  0.189   0.480
x2  0.997
x3 -0.121   0.269
x4 -0.267   0.508
x5 -0.245  -0.291
x6          0.652
               Factor1 Factor2
SS loadings      1.181   1.071
Proportion Var   0.197   0.178
Cumulative Var   0.197   0.375
Test of the hypothesis that 2 factors are sufficient.
The chi square statistic is 4.59 on 4 degrees of freedom.
The p-value is 0.333
> fact2=factanal(x, factors=2, scores = "regression")   # varimax is the default
> fact2
factanal(x = x, factors = 2, scores = "regression")
Uniquenesses:
   x1    x2    x3    x4    x5    x6
0.734 0.005 0.913 0.671 0.856 0.570
Loadings:
   Factor1 Factor2
x1  0.354   0.375
x2 -0.425   0.903
x3  0.295
x4  0.573
x5 -0.159  -0.345
x6  0.619   0.217
               Factor1 Factor2
SS loadings      1.130   1.122
Proportion Var   0.188   0.187
Cumulative Var   0.188   0.375
Test of the hypothesis that 2 factors are sufficient.
The chi square statistic is 4.59 on 4 degrees of freedom.
The p-value is 0.333
```

[결과 8.1] 인자분석 결과(2)

```
> fact3=factanal(x, factors=2, rotation="promax")  # promax rotation
> fact3
Call:
factanal(x = x, factors = 2, rotation = "promax")
Uniquenesses:
   x1    x2    x3    x4    x5    x6
0.734 0.005 0.913 0.671 0.856 0.570
Loadings:
   Factor1 Factor2
x1  0.231   0.404
x2  1.032  -0.345
x3 -0.105   0.305
x4 -0.239   0.589
x5 -0.275  -0.200
x6          0.661
               Factor1 Factor2
SS loadings      1.262   1.199
Proportion Var   0.210   0.200
Cumulative Var   0.210   0.410
Test of the hypothesis that 2 factors are sufficient.
The chi square statistic is 4.59 on 4 degrees of freedom.
The p-value is 0.333
```

[그림 8.7] 인자 개수에 대한 스크리 그래프

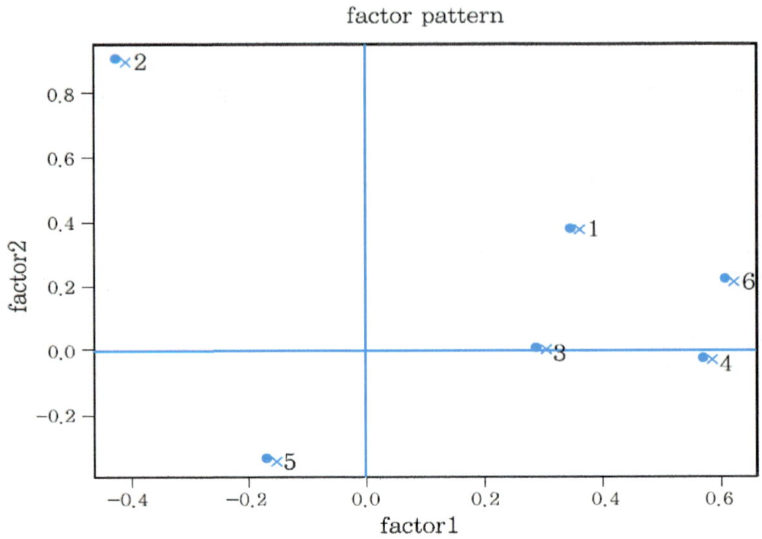

[그림 8.8] Varimax 회전된 인자 패턴

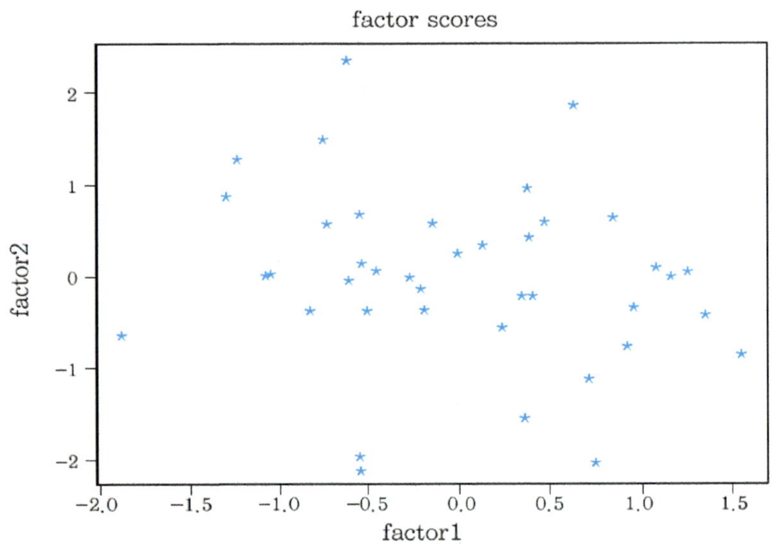

[그림 8.9] Varimax 회전된 인자 점수 그래프

[그림 8.7]은 스크리 그래프를 보여주므로 적절한 인자 개수에 대한 정보를 얻을 수 있다. [그림 8.8]은 인자 패턴 그래프로서 각 변수에 대한 인자 적재값을 알려주므로 인자의 의미에 대한 정보를 얻을 수 있다. [그림 8.9]는 인자 점수 산점도로 각 개체에 대한 factor 1과 factor 2에 대한 값을 알 수 있다.

연습문제

8.1 직교인자모형에서 $Var(X_i) = l_{i1}^2 + l_{i2}^2 + \ \dots \ + l_{ip}^2 + \psi_i$이 성립함을 보여라.

8.2 직교인자모형에서 $Cov(\boldsymbol{X}, \boldsymbol{F}) = \boldsymbol{L}$임을 증명하여라.

8.3 식 (8.19)의 $\boldsymbol{F}^* = \boldsymbol{T}'\boldsymbol{F}$가 $E(\boldsymbol{F}^*) = \boldsymbol{0}$, $Cov(\boldsymbol{F}^*) = \boldsymbol{I}$이라는 가정을 만족하는지 보여라.

8.4 $\sum_{i=1}^{p}\sum_{j=1}^{m}\widehat{l_{ij}^2}$ 이 첫 번째 고유값부터 m번째 고유값까지의 합과 같고 또한 p개의 공통성(communality)의 합과도 같음을 보여라. 즉,

$$\sum_{i=1}^{p}\sum_{j=1}^{m}\widehat{l_{ij}^2} = \sum_{i=1}^{p}\widehat{h_i^2} = \sum_{j=1}^{m}\widehat{\lambda}_j$$

8.5 [표 4.6]의 2001년 한국 산업의 생산성 지표 자료를 이용하여 인자분석 하여라.

(a) 주성분법을 사용하여 적재값을 추출하고 베리멕스 회전을 실시하여라. 인자는 2개를 사용하여라.

(b) 인자의 의미를 해석하여라.

8.6 [표 4.7]의 2001년 한국 산업의 성장성 지표 자료를 이용하여 인자분석 하여라.

(a) 주성분법을 사용하여 적재값을 추출하고 베리멕스 회전을 실시하여라. 인자는 두 개를 사용하라.

(b) 인자의 의미를 해석하여라.

8.7 20명의 소년이 각각 다른 나이대에 Ramus Bone의 길이를 측정한 [표 5.10]의 자료를 이용하여 인자분석을 하여라.

(a) 주성분법을 사용하여 적재값을 추출하고 베리멕스 회전을 실시하여라. 인자는 두 개를 사용하여라.

(b) 인자의 의미를 해석하여라.

8.8 당뇨병 환자에 대한 [표 9.2]의 자료를 이용하여 인자분석을 하고자 한다.

(a) 직교인자모형을 써라.

(b) 주성분법을 이용하여 인자를 구하여라.

(c) 스크리 그래프를 그리고 적절한 인자 개수를 제안하여라.

(d) 첫 번째 인자와 두 번째 인자의 인자적재값의 산점도를 그려라.

(e) Varimax 회전을 하여 인자적재값을 구하고 인자를 해석하여라.

(f) 최대우도법을 이용하여 인자적재값을 구하고 주성분법의 결과와 비교하여라.

8.9 99-2000 정규시즌 한국 프로농구(KBL)의 각 선수별 기록으로 [표 7.8] 한국 프로농구자료를 이용하여 인자분석을 하여라.

8.10 [표 7.6]에 주어진 기상 자료를 이용하여 인자분석을 하여라.

8.11 다음의 [표 8.5]에 주어진 단어 자료를 사용하여

(a) 주성분법을 이용하여 두 인자의 인자적재값을 구하여라.

(b) 최대우도법을 이용하여 두 인자의 인자적재값을 구하여라.

(c) (a)와 (b)에 대한 베리멕스 회전을 하고 결과를 비교하여라.

▶ 표 8.5 단어의 개수와 동사의 개수 자료

	Informal		Formal	
학 생	단어 y_1	동사 y_2	단어 x_1	동사 x_2
1	148	20	137	15
2	159	24	164	25
3	144	19	224	27
4	103	18	208	33
5	121	17	178	24
6	89	11	128	20
7	119	17	154	18
8	123	13	158	16
9	76	16	102	21
10	217	29	214	25
11	148	22	209	24
12	151	21	151	16
13	83	7	123	13
14	135	20	161	22
15	178	15	175	23

8.12 식물뿌리 자료를 이용하여 인자분석을 하고자 한다. [표 8.6]의 데이터를 이용하여 여섯 개의 그룹을 한 개의 그룹으로 합하여 분석하여라.

X_1 = 4년생 나무 줄기의 둘레(mm*100) (trunk girth at 4 years)

X_2 = 4년생 나무의 길이(m) (extension growth at 4 years)

X_3 = 15년생 나무 줄기의 둘레(mm*100) (trunk girth at 15 years)

X_4 = 15년생 나무 땅 윗부분 무게(1b*1000)(weight of tree above ground at 15 years)

(a) 주성분법으로 두 개의 인자를 추출하기 위한 적재값을 추정하여라.

(b) 베리멕스 회전을 실시하여라.

▶ 표 8.6 식물뿌리 데이터(rootstock data)

그룹	X_1	X_2	X_3	X_4	그룹	X_1	X_2	X_3	X_4
1	1.11	2.569	3.58	0.760	4	1.22	2.838	3.89	0.944
1	1.19	2.928	3.75	0.821	4	1.03	2.351	4.05	1.241
1	1.09	2.865	3.93	0.928	4	1.14	3.001	4.05	1.023
1	1.25	3.844	3.94	1.009	4	1.01	2.439	3.92	1.067
1	1.11	3.027	3.60	0.766	4	0.99	2.199	3.27	0.693
1	1.08	2.336	3.51	0.726	4	1.11	3.318	3.95	1.085
1	1.11	3.211	3.98	1.209	4	1.20	3.601	4.27	1.242
1	1.16	3.037	3.62	0.750	4	1.08	3.291	3.85	1.017
2	1.05	2.074	4.09	1.036	5	0.91	1.532	4.04	1.084
2	1.17	2.885	4.06	1.094	5	1.15	2.552	4.16	1.151
2	1.11	3.378	4.87	1.635	5	1.14	3.083	4.79	1.381
2	1.25	3.906	4.98	1.517	5	1.05	2.330	4.42	1.242
2	1.17	2.782	4.38	1.197	5	0.99	2.079	3.47	0.673
2	1.15	3.018	4.65	1.244	5	1.22	3.366	4.41	1.137
2	1.17	3.383	4.69	1.495	5	1.05	2.416	4.64	1.455
2	1.19	3.447	4.40	1.026	5	1.13	3.100	4.57	1.325
3	1.07	2.505	3.76	0.912	6	1.11	2.813	3.76	0.800
3	0.99	2.315	4.44	1.398	6	0.75	0.840	3.14	0.606
3	1.06	2.667	4.38	1.197	6	1.05	2.199	3.75	0.790
3	1.02	2.390	4.67	1.613	6	1.02	2.132	3.99	0.853
3	1.15	3.021	4.48	1.476	6	1.05	1.949	3.34	0.610
3	1.20	3.085	4.78	1.571	6	1.07	2.251	3.21	0.562
3	1.20	3.308	4.57	1.506	6	1.13	3.064	3.63	0.707
3	1.17	3.231	4.56	1.458	6	1.11	2.469	3.95	0.952

09 정준상관분석

9.1 서 론

두 개의 변수 집단 간의 관계를 파악하고 양으로 표현하고자 할 때 정준상관분석을 할 수 있다. 정준상관분석(canonical correlation analysis)은 Hotelling(1935)에 의해 제안된 방법으로 그는 (수학계산속도와 계산능력), (독해속도와 독해능력)의 두 개의 변수집단간의 상관관계를 구하였다. 두 변수집단간의 선형적 연관성은 정준상관계수라는 측도로 표현되어진다. 즉, (한 개 변수, 한 개 변수)에 대한 단순상관계수와 (한 개 변수, 여러 개 변수)에 대한 다중상관계수 개념의 일반화로 정준상관계수를 이해할 수 있으며 정준상관분석에서는 (여러 개 변수, 여러 개 변수)에 대한 상관계수문제를 다룬다.

정준상관분석을 통해 종속변수들과 독립변수들의 두 집단 간의 정준상관계수를 계산할 수 있으며 이는 두 변수 집단 간의 관계를 파악하는데 유용하다. 다차원에 놓인 두 변수 집단 간의 관계를 저차원의 정준변수 쌍으로 전환하여 관계를 설명할 수 있으며 정준상관계수가 정준변수간의 상관성을 나타낸다.

정준변수와 정준상관계수를 구하는 단계는 다음과 같다.

(1) 가장 큰 상관계수를 갖는 한 쌍의 선형결합식을 결정한다.

(2) 첫 번째로 선택된 한 쌍의 선형결합식과는 독립이면서 그 다음으로 큰 상관계수를 갖는 선형결합식을 찾는다.

(3) 이와 같은 방법으로 먼저 찾은 선형결합식들과는 독립이면서 그 다음으로 큰 상관계수를 갖는 선형결합식을 찾는다.

이렇게 찾은 변수들의 선형결합식을 정준변수(canonical variables)라고 하고 이들의 상관계수를 정준상관계수(canonical correlation)라고 한다. 정준상관계수는 두 변수 집단간의 연관성 정도를 나타낸다.

9.2 정준변수와 정준상관

정준상관계수는 다중상관계수의 확장으로 볼 수 있다. 즉 한 개의 변수와 여러 개 변수 간의 상관관계를 여러 개 변수와 여러 개 변수간의 상관성으로 확장한 개념이다.

9.2.1 정준변수와 정준상관계수의 정의 및 개념

우선 다중상관계수를 구하는 방법을 살펴보자. X_1, ..., X_p와 Y_1의 분산-공분산행렬을 나타내면 ($Y_1 = Y$로 놓자.)

$$\boldsymbol{S} = \begin{pmatrix} \boldsymbol{S}_{\boldsymbol{XX}} & \boldsymbol{s}_{\boldsymbol{X}Y} \\ \boldsymbol{s}_{Y\boldsymbol{X}} & s_{YY} \end{pmatrix} \tag{9.1}$$

이고 상관행렬로 나타내면

$$\boldsymbol{R} = \begin{pmatrix} \boldsymbol{R}_{\boldsymbol{XX}} & \boldsymbol{r}_{\boldsymbol{X}Y} \\ \boldsymbol{r}_{Y\boldsymbol{X}}' & 1 \end{pmatrix} \tag{9.2}$$

여기서 $\boldsymbol{S}_{\boldsymbol{X}Y}' = (s_{1Y}, s_{2Y}, ..., s_{pY})$는 X_i와 Y_1의 공분산벡터이고 $i = 1, ..., p$ $\boldsymbol{r}_{\boldsymbol{X}Y}' = (r_{1Y}, r_{2Y}, ..., r_{pY})$는 X_i와 Y_1의 상관계수벡터이다.

다중상관계수제곱은

$$R^2 = \frac{\boldsymbol{s}_{\boldsymbol{X}Y}' \boldsymbol{S}_{\boldsymbol{XX}}^{-1} \boldsymbol{s}_{\boldsymbol{X}Y}}{s_Y^2} = \boldsymbol{r}_{\boldsymbol{X}Y}' \boldsymbol{R}_{\boldsymbol{XX}}^{-1} \boldsymbol{r}_{\boldsymbol{X}Y} \tag{9.3}$$

으로 나타나며 (한 개 변수, 여러 개 변수)에 대해 두 변수 집단간 최대 상관성을 나타낸다.

이제 (여러 개 변수, 여러 개 변수)에 대해 두 변수 집단간 상관성을 나타내는 방법에 대해 알아보자. 각 개체에 대해 두 개의 변수 집단

$$\boldsymbol{X} = (X_1, \ \ldots, \ X_p)' \text{와 } \boldsymbol{Y} = (Y_1, \ \ldots, \ Y_q)', \ (p \le q) \tag{9.4}$$

이 관측되었다고 하자.

두 변수 집단으로 구성된 $(p+q)\times 1$ 확률벡터 $\boldsymbol{W}$는

$$\boldsymbol{W} = \begin{pmatrix} \boldsymbol{X} \\ --- \\ \boldsymbol{Y} \end{pmatrix} = \begin{pmatrix} X_1 \\ \vdots \\ X_p \\ --- \\ Y_1 \\ \vdots \\ Y_q \end{pmatrix} \tag{9.5}$$

로 표현되며 $\boldsymbol{W}$는 다음의 모평균벡터와 모공분산행렬

$$E(\boldsymbol{W}) = \boldsymbol{\mu}_{(p+q)\times 1} = \begin{pmatrix} E(\boldsymbol{X}) \\ --- \\ E(\boldsymbol{Y}) \end{pmatrix} = \begin{pmatrix} \boldsymbol{\mu}_{\boldsymbol{X}} \\ --- \\ \boldsymbol{\mu}_{\boldsymbol{Y}} \end{pmatrix} \tag{9.6}$$

$$\begin{aligned} \boldsymbol{\Sigma}_{(p+q)\times(p+q)} &= E(\boldsymbol{W}-\boldsymbol{\mu})(\boldsymbol{W}-\boldsymbol{\mu})' \\ &= \begin{pmatrix} E(\boldsymbol{X}-\boldsymbol{\mu}_{\boldsymbol{X}})(\boldsymbol{X}-\boldsymbol{\mu}_{\boldsymbol{X}})' \mid E(\boldsymbol{X}-\boldsymbol{\mu}_{\boldsymbol{X}})(\boldsymbol{Y}-\boldsymbol{\mu}_{\boldsymbol{Y}})' \\ ------------------------ \\ E(\boldsymbol{Y}-\boldsymbol{\mu}_{\boldsymbol{Y}})(\boldsymbol{X}-\boldsymbol{\mu}_{\boldsymbol{X}})' \mid E(\boldsymbol{Y}-\boldsymbol{\mu}_{\boldsymbol{Y}})(\boldsymbol{Y}-\boldsymbol{\mu}_{\boldsymbol{Y}})' \end{pmatrix} \\ &= \begin{pmatrix} \boldsymbol{\Sigma}_{\boldsymbol{XX}} & \boldsymbol{\Sigma}_{\boldsymbol{XY}} \\ \boldsymbol{\Sigma}_{\boldsymbol{YX}} & \boldsymbol{\Sigma}_{\boldsymbol{YY}} \end{pmatrix} \end{aligned} \tag{9.7}$$

을 가진 모집단으로부터의 확률벡터로 생각할 수 있다.

변수들의 선형결합식을 다음과 같이 표현한다. 상수계수벡터로서 $p\times 1$ 벡터 $\boldsymbol{a}$와 $q\times 1$ 벡터 $\boldsymbol{b}$에 대해

$$\begin{aligned} U &= \boldsymbol{a}'\boldsymbol{X} \\ V &= \boldsymbol{b}'\boldsymbol{Y} \end{aligned} \tag{9.8}$$

는 일변량 확률변수가 된다. U와 V의 분산은

$$\begin{aligned} Var(U) &= \boldsymbol{a}'Cov(\boldsymbol{X})\boldsymbol{a} = \boldsymbol{a}'\boldsymbol{\Sigma}_{\boldsymbol{XX}}\boldsymbol{a} \\ Var(V) &= \boldsymbol{b}'Cov(\boldsymbol{Y})\boldsymbol{b} = \boldsymbol{b}'\boldsymbol{\Sigma}_{\boldsymbol{YY}}\boldsymbol{b} \end{aligned} \tag{9.9}$$

이 되며 U와 V의 상관계수는

$$Corr(U,\ V) = \frac{\boldsymbol{a}'\boldsymbol{\Sigma}_{XY}\boldsymbol{b}}{\sqrt{\boldsymbol{a}'\boldsymbol{\Sigma}_{XX}\ \boldsymbol{a}}\ \sqrt{\boldsymbol{b}'\boldsymbol{\Sigma}_{YY}\ \boldsymbol{b}}} \tag{9.10}$$

이 된다. 식 (9.10)의 상관계수를 최대로 하는 상수 벡터 $\boldsymbol{a}$, $\boldsymbol{b}$를 찾고자 한다. 정준변수를 구하는 과정은 다음과 같다.

1. 첫 번째 정준변수 쌍(first canonical variate pair) (U_1, V_1)은 $Corr(U, V)$를 최대로 하며 $Var(U_1) = Var(V_1) = 1$인 변수들의 선형결합식이다.
2. 두 번째 정준변수 쌍(second canonical variate pair) (U_2, V_2)는 (U_1, V_1)과 서로 독립이면서 $Corr(U, V)$를 최대로 하며 $Var(U_2) = Var(V_2) = 1$인 변수들의 선형결합식이다.

   k번째 정준변수 쌍 (U_k, V_k)는 (U_i, V_i), $i = 1, \ldots, k-1$과 서로 독립이면서 $Corr(U, V)$를 최대로 하며 $Var(U_k) = Var(V_k) = 1$인 변수들의 선형결합식이다.

정리 9.1 $p \le q$ 라고 할 때 $p \times 1$ 확률벡터 $\boldsymbol{X}$와 $q \times 1$ 확률벡터 $\boldsymbol{Y}$가 공분산행렬 $Cov(\boldsymbol{X}) = \boldsymbol{\Sigma}_{XX}$, $Cov(\boldsymbol{Y}) = \boldsymbol{\Sigma}_{YY}$, $Cov(\boldsymbol{X}, \boldsymbol{Y}) = \boldsymbol{\Sigma}_{XY}$를 가질 때, 상수계수벡터로서 $p \times 1$ 벡터 $\boldsymbol{a}$와 $q \times 1$ 벡터 $\boldsymbol{b}$와의 선형결합식

$$U = \boldsymbol{a}'\boldsymbol{X}$$

$$V = \boldsymbol{b}'\boldsymbol{Y}$$

에 대해 최대 상관계수

$$\max_{a,b} Corr(U, V) = \rho_1^* \tag{9.11}$$

를 갖는 첫 번째 정준변수는

$$U_1 = \boldsymbol{e}_1'\boldsymbol{\Sigma}_{XX}^{-1/2}\boldsymbol{X} \text{와 } V_1 = \boldsymbol{f}_1'\boldsymbol{\Sigma}_{YY}^{-1/2}\boldsymbol{Y} \tag{9.12}$$

로 주어진다. 또한 k번째 정준변수는 $k = 2, 3, \ldots, p$일 때

$$U_k = \boldsymbol{e}_k'\boldsymbol{\Sigma}_{XX}^{-1/2}\boldsymbol{X} \text{와 } V_k = \boldsymbol{f}_k'\boldsymbol{\Sigma}_{YY}^{-1/2}\boldsymbol{Y} \tag{9.13}$$

로 주어지며 $i = 1, 2, \ldots, k-1$번째 정준변수와 서로 독립이면서

$$Corr(U_k, V_k) = \rho_k^* \tag{9.14}$$

를 최대로 한다.

여기서 $\rho_1^{*2} \geq \rho_2^2 \geq \cdots \geq \rho_p^*$는 $\boldsymbol{\Sigma}_{XX}^{-1/2}\boldsymbol{\Sigma}_{XY}\boldsymbol{\Sigma}_{YY}^{-1}\boldsymbol{\Sigma}_{YX}\boldsymbol{\Sigma}_{XX}^{-1/2}$ 의 고유값이며 해당되는 고유벡터는 $\boldsymbol{e}_1, \boldsymbol{e}_2, \ldots, \boldsymbol{e}_p$이다.

$\boldsymbol{\Sigma}_{YY}^{-1/2}\boldsymbol{\Sigma}_{YX}\boldsymbol{\Sigma}_{XX}^{-1}\boldsymbol{\Sigma}_{XY}\boldsymbol{\Sigma}_{YY}^{-1/2}$의 고유값을 크기순으로 늘어놓을 때, 고유벡터는 $\boldsymbol{f}_1, \boldsymbol{f}_2, \ldots, \boldsymbol{f}_q$이다. $\boldsymbol{f}_i$는 $\boldsymbol{\Sigma}_{YY}^{-1/2}\boldsymbol{\Sigma}_{YX}\boldsymbol{\Sigma}_{XX}^{-1/2}\boldsymbol{e}_i$에 비례한다.

이와 같이 생성된 정준변수에 대해 $(k,\ l = 1,\ 2,\ \ldots,\ p)$

$$Var(U_k) = Var(V_k) = 1, \tag{9.15}$$

$$Cov(U_k, U_l) = Corr(U_k, U_l) = 0, \qquad k \neq l \tag{9.16}$$

$$Cov(V_k, V_l) = Corr(V_k, V_l) = 0, \qquad k \neq l \tag{9.17}$$

$$Cov(U_k, V_l) = Corr(U_k, V_l) = 0, \qquad k \neq l \tag{9.18}$$

이 성립한다.

9.2.2 표준화 변수에 대한 정준변수와 정준상관계수

표준화 변수들에 대해 정준상관분석을 해보자. 정준계수벡터 $\boldsymbol{a}_k$에 대해

$$\begin{aligned} \boldsymbol{a}_k'(\boldsymbol{X} - \boldsymbol{\mu}) &= a_{k1}(X_1 - \mu_1) + a_{k2}(X_2 - \mu_2) + \cdots + a_{kp}(X_p - \mu_p) \\ &= a_{k1}\sqrt{\sigma_{11}}\frac{(X_1 - \mu_1)}{\sqrt{\sigma_{11}}} + \cdots + a_{kp}\sqrt{\sigma_{pp}}\frac{(X_p - \mu_p)}{\sqrt{\sigma_{pp}}} \\ &= c_{k1}Z_1 + c_{k2}Z_2 + \cdots + c_{kp}Z_p \end{aligned} \tag{9.19}$$

여기서 $Var(X_i) = \sigma_{ii},\ i = 1,\ 2,\ \ldots,\ p$. 그러므로 표준화 변수 $Z_i = (X_i - \mu_i)/\sqrt{\sigma_{ii}}$ 의 정준상관변수의 계수는 원래의 변수 X_i 로부터 구한 것에 $\sqrt{\sigma_{ii}} = \sqrt{Var(X_i)}$ 를 곱한 형태로 얻어진다.

그러므로 $\boldsymbol{a}_k'$가 k번째 정준변수 U_k의 계수벡터이면 표준화변수 $\boldsymbol{Z}$의 계수벡터는 $\boldsymbol{a}_k'\boldsymbol{D}_{XX}^{1/2}$로 얻어진다. 여기서 $\boldsymbol{D}_{XX} = diag\{\sigma_{11},\ \sigma_{22},\ \ldots,\ \sigma_{pp}\}$으로 변수들의 분산으로

구성된 대각행렬이다. 마찬가지로 $\boldsymbol{b}_k{}'\boldsymbol{D}_{YY}^{-1/2}$는 두 번째 변수 집단 $\boldsymbol{Y}$의 표준화 변수에 대한 정준계수벡터가 된다. 여기서 $\boldsymbol{D}_{YY}$는 변수들의 분산으로 구성된 대각행렬이다. 그리고 표준화 변수들에 대한 정준상관계수는 변하지 않는다.

≪예제 9.1≫ (표준화 변수들의 정준변수와 정준상관계수의 계산)

표준화 변수들로 구성된 두 개의 변수 집단 $\boldsymbol{Z}^{(1)}=[Z_1^{(1)},\ Z_2^{(1)}]'$, $\boldsymbol{Z}^{(2)}=[Z_1^{(2)},\ Z_2^{(2)}]'$에 대한 정준상관계수를 구하고자 한다.

$\boldsymbol{Z}=[\boldsymbol{Z}^{(1)},\ \boldsymbol{Z}^{(2)}]'$가 공분산행렬

$$Cov(\boldsymbol{Z})=\begin{pmatrix}\boldsymbol{\rho}_{11} & | & \boldsymbol{\rho}_{12}\\ -- & -- & --\\ \boldsymbol{\rho}_{21} & | & \boldsymbol{\rho}_{22}\end{pmatrix}=\begin{pmatrix}1.0 & 0.4 & | & 0.5 & 0.6\\ 0.4 & 1.0 & | & 0.3 & 0.4\\ -- & -- & -- & -- & --\\ 0.5 & 0.3 & | & 1.0 & 0.2\\ 0.6 & 0.4 & | & 0.2 & 1.0\end{pmatrix}$$

을 갖는다고 하자.

$$\boldsymbol{\rho}_{11}^{-1/2}=\begin{pmatrix}1.0681 & -0.2229\\ -0.2229 & 1.0681\end{pmatrix}$$

$$\boldsymbol{\rho}_{22}^{-1}=\begin{pmatrix}1.0417 & -0.2083\\ -0.2083 & 1.0417\end{pmatrix}$$

이므로

$$\boldsymbol{\rho}_{11}^{-1/2}\boldsymbol{\rho}_{12}\boldsymbol{\rho}_{22}^{-1}\boldsymbol{\rho}_{21}\boldsymbol{\rho}_{11}^{-1/2}=\begin{pmatrix}0.4371 & 0.2178\\ 0.2178 & 0.1096\end{pmatrix}$$

$\boldsymbol{\rho}_{11}^{-1/2}\boldsymbol{\rho}_{12}\boldsymbol{\rho}_{22}^{-1}\boldsymbol{\rho}_{21}\boldsymbol{\rho}_{11}^{-1/2}$의 고유값 ρ_1^{*2}, ρ_2^{*2}는 다음의 특성방정식

$$0=\begin{vmatrix}0.4371-\lambda & 0.2178\\ 0.2178 & 0.1096-\lambda\end{vmatrix}$$

$$=(0.4371-\lambda)(0.1096-\lambda)-(2.178)^2=\lambda^2-0.5467\lambda+0.0005$$

으로부터 $\rho_1^{*2}=0.5458$와 $\rho_2^{*2}=0.0009$로 구해진다. 고유값 $\rho_1^{*2}=0.5458$에 해당하는 고유벡터 $\boldsymbol{e}_1{}'=[0.8947, 0.4466]$로부터

$$\boldsymbol{a}_1=\boldsymbol{\rho}_{11}^{-1/2}\boldsymbol{e}_1=\begin{pmatrix}0.8561\\ 0.2776\end{pmatrix}$$

을 얻는다.

정리 9.1로부터 $\boldsymbol{f}_i \propto \boldsymbol{\rho}_{22}^{-1/2}\boldsymbol{\rho}_{21}\boldsymbol{\rho}_{11}^{-1/2}\boldsymbol{e}_i$ 이고

$$\boldsymbol{b}_1 = \boldsymbol{\rho}_{22}^{-1/2}\boldsymbol{f}_1$$

이므로

$$\boldsymbol{b}_1 \propto \boldsymbol{\rho}_{22}^{-1}\boldsymbol{\rho}_{21}\boldsymbol{a}_1 = \begin{pmatrix} 0.3959 & 0.2292 \\ 0.5209 & 0.3542 \end{pmatrix}\begin{pmatrix} 0.8561 \\ 0.2776 \end{pmatrix} = \begin{pmatrix} 0.4206 \\ 0.5443 \end{pmatrix}$$

이 된다.

$$Var(V_1) = Var(\boldsymbol{b}_1{}'\boldsymbol{Z}^{(2)}) = \boldsymbol{b}_1{}'\boldsymbol{\rho}_{22}\boldsymbol{b}_1 = 1$$

이 되도록 $\boldsymbol{b}_1$을 구한다.

벡터 (0.4026, 0.5443)′에 대해

$$\boldsymbol{b}_1{}'\boldsymbol{\rho}_{22}\boldsymbol{b}_1 = (0.4206,\ 0.5443)\begin{pmatrix} 1.0 & 02 \\ 02 & 1.0 \end{pmatrix}\begin{pmatrix} 0.4026 \\ 0.5443 \end{pmatrix} = 0.5460$$

이므로 $\sqrt{0.5460} = 0.7389$로 나누어주면

$$\boldsymbol{b}_1 = \frac{1}{0.7389}\begin{pmatrix} 0.4026 \\ 0.5443 \end{pmatrix} = \begin{pmatrix} 0.5448 \\ 0.7366 \end{pmatrix}$$

으로 얻어진다. 그러므로 첫 번째 정준변수 쌍은

$$U_1 = \boldsymbol{a}_1{}'Z^{(1)} = 0.86Z_1^{(1)} + 0.28Z_2^{(1)}$$

$$V_1 = \boldsymbol{b}_1{}'Z^{(2)} = 0.54Z_1^{(2)} + 0.73Z_2^{(2)}$$

로 구해지며 이렇게 구한 정준변수의 상관계수인 정준상관계수는

$$\rho_1^* = \sqrt{\rho_1^{*2}} = \sqrt{0.5458} = 0.74$$

가 되며 $\boldsymbol{Z}^{(1)}$과 $\boldsymbol{Z}^{(2)}$의 선형결합식 중 최대 상관계수가 된다.

두 번째 정준상관계수는 $\rho_2^* = \sqrt{0.0009} = 0.03$으로 매우 작은 값이며 두 변수 집단 간의 연관성에 관해 거의 정보를 갖지 않음을 알 수 있다.

$\boldsymbol{\Sigma}_{XX}^{-1/2}\boldsymbol{\Sigma}_{XY}\boldsymbol{\Sigma}_{YY}^{-1}\boldsymbol{\Sigma}_{YX}\boldsymbol{\Sigma}_{XX}^{-1/2}$의 고유벡터를 이용하여 정준계수벡터 $\boldsymbol{a}_k = \boldsymbol{\Sigma}_{XX}^{-1/2}\boldsymbol{e}_k$와 $\boldsymbol{b}_k = \boldsymbol{\Sigma}_{YY}^{-1/2}\boldsymbol{f}_k$를 구할 때 계산의 편리상 $|\boldsymbol{\Sigma}_{XX}^{-1}\boldsymbol{\Sigma}_{XY}\boldsymbol{\Sigma}_{YY}^{-1}\boldsymbol{\Sigma}_{YX} - \rho^{*2}\boldsymbol{I}| = 0$으로부터 계산할 수도 있다.

2.10절에서 설명한 행렬의 곱에 대한 고유값의 성질을 이용하여 보자.

$\boldsymbol{A}=\boldsymbol{\Sigma}_{YY}^{-1}\boldsymbol{\Sigma}_{YX}$, $\boldsymbol{B}=\boldsymbol{\Sigma}_{XX}^{-1}\boldsymbol{\Sigma}_{XY}$라 놓으면 $\boldsymbol{BA}=\boldsymbol{\Sigma}_{XX}^{-1}\boldsymbol{\Sigma}_{XY}\boldsymbol{\Sigma}_{YY}^{-1}\boldsymbol{\Sigma}_{YX}$와

$\boldsymbol{AB}=\boldsymbol{\Sigma}_{YY}^{-1}\boldsymbol{\Sigma}_{YX}\boldsymbol{\Sigma}_{XX}^{-1}\boldsymbol{\Sigma}_{XY}$으로부터 고유값을 구하면 고유벡터는 다르지만 같은 고유값 ρ_1^2, ρ_2^2, …, ρ_s^2을 얻게 될 것이며 여기서 $s=\min(p, q)$이다.

다음의 특성방정식(characteristic equation)

$$|\boldsymbol{\Sigma}_{XX}^{-1}\boldsymbol{\Sigma}_{XY}\boldsymbol{\Sigma}_{YY}^{-1}\boldsymbol{\Sigma}_{YX}-\rho^{*2}\boldsymbol{I}|=0, \tag{9.20}$$

$$|\boldsymbol{\Sigma}_{YY}^{-1}\boldsymbol{\Sigma}_{YX}\boldsymbol{\Sigma}_{XX}^{-1}\boldsymbol{\Sigma}_{XY}-\rho^{*2}\boldsymbol{I}|=0$$

의 해로 고유값을 구하고 다음의 고유벡터방정식

$$\boldsymbol{\Sigma}_{XX}^{-1}\boldsymbol{\Sigma}_{XY}\boldsymbol{\Sigma}_{YY}^{-1}\boldsymbol{\Sigma}_{YX}\boldsymbol{a}=\rho^{*2}\boldsymbol{a}, \tag{9.21}$$

$$\boldsymbol{\Sigma}_{YY}^{-1}\boldsymbol{\Sigma}_{YX}\boldsymbol{\Sigma}_{XX}^{-1}\boldsymbol{\Sigma}_{XY}\boldsymbol{b}=\rho^{*2}\boldsymbol{b}$$

으로부터 고유벡터를 구한 후 정준계수벡터는 $\boldsymbol{a}$, $\boldsymbol{b}$를 계산하면 된다. 일반적으로 행렬 $\boldsymbol{\Sigma}_{XX}^{-1}\boldsymbol{\Sigma}_{XY}\boldsymbol{\Sigma}_{YY}^{-1}\boldsymbol{\Sigma}_{YX}$과 $\boldsymbol{\Sigma}_{YY}^{-1}\boldsymbol{\Sigma}_{YX}\boldsymbol{\Sigma}_{XX}^{-1}\boldsymbol{\Sigma}_{XY}$는 대칭이 아니다.

9.3 표본정준변수와 표본정준상관계수

n개의 확률표본으로부터 관측된 $(p+q)\times 1$ 확률벡터 $\boldsymbol{W}$는

$$\boldsymbol{X}=(X_1, \ldots, X_p)' \text{와 } \boldsymbol{Y}=(Y_1, \ldots, Y_q)', \ (p \le q)$$

로 구성되어 관측되었다고 하자.

두 변수 집단으로 구성된 $(p+q)\times 1$ 확률벡터 $\boldsymbol{W}$는

$$\boldsymbol{W}=\begin{pmatrix}\boldsymbol{X}\\ \text{---}\\ \boldsymbol{Y}\end{pmatrix}=\begin{pmatrix}X_1\\ \vdots\\ X_p\\ \text{---}\\ Y_1\\ \vdots\\ Y_q\end{pmatrix} \tag{9.22}$$

일 때 $\boldsymbol{W}$의 표본평균벡터는

$$\overline{\boldsymbol{W}} = \begin{pmatrix} \overline{\boldsymbol{X}} \\ --- \\ \overline{\boldsymbol{Y}} \end{pmatrix}$$

여기서 $\overline{\boldsymbol{X}} = \frac{1}{n}\sum_{j=1}^{n}\boldsymbol{X}_j$, $\overline{\boldsymbol{Y}} = \frac{1}{n}\sum_{j=1}^{n}\boldsymbol{Y}_j$ 이다.

표본공분산행렬

$$\boldsymbol{S}_{(p+q)\times(p+q)} = \begin{pmatrix} \boldsymbol{S}_{\boldsymbol{XX}} & \boldsymbol{S}_{\boldsymbol{XY}} \\ \boldsymbol{S}_{\boldsymbol{YX}} & \boldsymbol{S}_{\boldsymbol{YY}} \end{pmatrix} \tag{9.23}$$

로 나타낼 수 있으며, 여기서

$$\boldsymbol{S}_{\boldsymbol{XX}} = \frac{1}{n-1}\sum_{j=1}^{n}(\boldsymbol{X}_j - \overline{\boldsymbol{X}})(\boldsymbol{X}_j - \overline{\boldsymbol{X}})' \tag{9.24}$$

$$\boldsymbol{S}_{\boldsymbol{YY}} = \frac{1}{n-1}\sum_{j=1}^{n}(\boldsymbol{Y}_j - \overline{\boldsymbol{Y}})(\boldsymbol{Y}_j - \overline{\boldsymbol{Y}})'$$

$$\boldsymbol{S}_{\boldsymbol{XY}} = \frac{1}{n-1}\sum_{j=1}^{n}(\boldsymbol{X}_j - \overline{\boldsymbol{X}})(\boldsymbol{Y}_j - \overline{\boldsymbol{Y}})'$$

이다.

상수계수벡터로서 $p\times 1$ 벡터 $\boldsymbol{a}$와 $q\times 1$ 벡터 $\boldsymbol{b}$에 대해 변수들의 선형결합식

$$\hat{U} = \boldsymbol{a}'\boldsymbol{X} \tag{9.25}$$

$$\hat{V} = \boldsymbol{b}'\boldsymbol{Y}$$

는 일변량 확률변수가 된다. $\hat{U}$와 $\hat{V}$의 분산 추정량은

$$\widehat{Var}(\hat{U}) = \boldsymbol{a}'\widehat{Cov}(\boldsymbol{X})\boldsymbol{a} = \boldsymbol{a}'\boldsymbol{S}_{\boldsymbol{XX}}\boldsymbol{a}$$

$$\widehat{Var}(\hat{V}) = \boldsymbol{b}'\widehat{Cov}(\boldsymbol{Y})\boldsymbol{b} = \boldsymbol{b}'\boldsymbol{S}_{\boldsymbol{YY}}\boldsymbol{b} \tag{9.26}$$

이 되며 $\hat{U}$와 $\hat{V}$의 상관계수는

$$r = Corr(\hat{U}, \hat{V}) = \frac{\boldsymbol{a}'\boldsymbol{S}_{\boldsymbol{XY}}\boldsymbol{b}}{\sqrt{\boldsymbol{a}'\boldsymbol{S}_{\boldsymbol{XX}}\,\boldsymbol{a}}\ \sqrt{\boldsymbol{b}'\boldsymbol{S}_{\boldsymbol{YY}}\,\boldsymbol{b}}} \tag{9.27}$$

이 된다. 모공분산행렬 대신 추정량인 표본공분산행렬을 이용해 표본정준변수와 표본정준상관계수를 구하게 되며 이는 다음의 정리 9.2에서 설명된다.

정리 9.2 $p \le q$이며, $p\times1$ 확률벡터 $\boldsymbol{X}$와 $q\times1$ 확률벡터 $\boldsymbol{Y}$가 표본공분산행렬 $\boldsymbol{S}_{XX}$, $\boldsymbol{S}_{YY}$, $\boldsymbol{S}_{XY}$, $\boldsymbol{S}_{YX}$를 가질 때 첫 번째 표본정준상관변수는

$$\widehat{U}_1 = \boldsymbol{e}_1{}'\boldsymbol{S}_{XX}^{-1/2}\boldsymbol{X} \text{ 와 } \widehat{V}_1 = \boldsymbol{f}_1{}'\boldsymbol{S}_{YY}^{-1/2}\boldsymbol{Y} \tag{9.28}$$

로 주어진다. 또한 k번째 표본정준상관변수는 $k=2, 3, \dots, p$일 때

$$\widehat{U}_k = \boldsymbol{e}_k{}'\boldsymbol{S}_{XX}^{-1/2}\boldsymbol{X} \text{ 와 } \widehat{V}_k = \boldsymbol{f}_k{}'\boldsymbol{S}_{YY}^{-1/2}\boldsymbol{Y} \tag{9.29}$$

로 주어지며 $i=1, 2, \dots, k-1$번째 정준상관변수와 서로 독립이면서

$$Corr(\widehat{U}_k, \widehat{V}_k) = \widehat{\rho_k^*} \tag{9.30}$$

이다. 여기서 $\widehat{\rho_1^{*2}} \ge \widehat{\rho_2^2} \ge \cdots \ge \widehat{\rho_p^*}$ 는 $\boldsymbol{S}_{XX}^{-1/2}\boldsymbol{S}_{XY}\boldsymbol{S}_{YY}^{-1}\boldsymbol{S}_{YX}\boldsymbol{S}_{XX}^{-1/2}$의 고유값이며 해당되는 고유벡터는 $\widehat{\boldsymbol{e}}_1, \widehat{\boldsymbol{e}}_2, \dots, \widehat{\boldsymbol{e}}_p$ 이다. $\boldsymbol{S}_{YY}^{-1/2}\boldsymbol{S}_{YX}\boldsymbol{S}_{XX}^{-1}\boldsymbol{S}_{XY}\boldsymbol{S}_{YY}^{-1/2}$의 고유벡터 $\widehat{\boldsymbol{f}}_k$는 다음과 같이

$$\widehat{\boldsymbol{f}}_k = (1/\widehat{\rho_k^*})\boldsymbol{S}_{YY}^{-1/2}\boldsymbol{S}_{YX}\boldsymbol{S}_{XX}^{-1/2}\widehat{\boldsymbol{e}}_k \tag{9.31}$$

로 구해진다.

9.2.2절에서의 모집단 공분산행렬에 대한 과정을 표본공분산행렬 또는 표본상관행렬에 적용하여 보자. $\boldsymbol{A} = \boldsymbol{S}_{YY}^{-1}\boldsymbol{S}_{YX}$, $\boldsymbol{B} = \boldsymbol{S}_{XX}^{-1}\boldsymbol{S}_{XY}$ 라 놓고 $\boldsymbol{BA} = \boldsymbol{S}_{XX}^{-1}\boldsymbol{S}_{XY}\boldsymbol{S}_{YY}^{-1}\boldsymbol{S}_{YX}$와 $\boldsymbol{AB} = \boldsymbol{S}_{YY}^{-1}\boldsymbol{S}_{YX}\boldsymbol{S}_{XX}^{-1}\boldsymbol{S}_{XY}$으로부터 고유값을 구하면 고유벡터는 다르지만 같은 고유값 $r_1^2, r_2^2, \dots, r_s^2$을 얻게 된다. 여기서 $s=\min(p, q)$이다. 그러므로 다음의 특성방정식(characteristic equation)

$$|\boldsymbol{S}_{XX}^{-1}\boldsymbol{S}_{XY}\boldsymbol{S}_{YY}^{-1}\boldsymbol{S}_{YX} - r^2\boldsymbol{I}| = 0, \tag{9.32}$$

$$|\boldsymbol{S}_{YY}^{-1}\boldsymbol{S}_{YX}\boldsymbol{S}_{XX}^{-1}\boldsymbol{S}_{XY} - r^2\boldsymbol{I}| = 0$$

의 해(solution)로 고유값을 구하고 다음의 고유벡터방정식

$$\boldsymbol{S}_{XX}^{-1}\boldsymbol{S}_{XY}\boldsymbol{S}_{YY}^{-1}\boldsymbol{S}_{YX}\boldsymbol{a} = r^2\boldsymbol{a}, \qquad (9.33)$$

$$\boldsymbol{S}_{YY}^{-1}\boldsymbol{S}_{YX}\boldsymbol{S}_{XX}^{-1}\boldsymbol{S}_{XY}\boldsymbol{b} = r^2\boldsymbol{b}$$

으로부터 고유벡터를 구한 후 정준계수벡터 $\boldsymbol{a}$와 $\boldsymbol{b}$를 계산하면 된다.

표본상관행렬

$$\boldsymbol{R}_{(p+q)\times(p+q)} = \begin{pmatrix} \boldsymbol{R}_{XX} & \boldsymbol{R}_{XY} \\ \boldsymbol{R}_{YX} & \boldsymbol{R}_{YY} \end{pmatrix} \qquad (9.34)$$

을 이용할 경우에도 표본공분산행렬에 적용했던 방법과 마찬가지로 정준변수와 정준계수를 구할 수 있다.

일변량 Y에 대해 $R^2 = \boldsymbol{r}_{XY}'\boldsymbol{R}_{XX}^{-1}\boldsymbol{r}_{XY}$는 다변량 $\boldsymbol{Y}$에 대해 $\boldsymbol{R}_{YY}^{-1}\boldsymbol{R}_{YX}\boldsymbol{R}_{XX}^{-1}\boldsymbol{R}_{XY}$로 확장된다. 다음의 특성방정식

$$|\boldsymbol{R}_{XX}^{-1}\boldsymbol{R}_{XY}\boldsymbol{R}_{YY}^{-1}\boldsymbol{R}_{YX} - r^2\boldsymbol{I}| = 0, \qquad (9.35)$$

$$|\boldsymbol{R}_{YY}^{-1}\boldsymbol{R}_{YX}\boldsymbol{R}_{XX}^{-1}\boldsymbol{R}_{XY} - r^2\boldsymbol{I}| = 0$$

의 해로 고유값을 구하고 다음의 고유벡터방정식

$$\boldsymbol{R}_{XX}^{-1}\boldsymbol{R}_{XY}\boldsymbol{R}_{YY}^{-1}\boldsymbol{R}_{YX}\boldsymbol{c} = r^2\boldsymbol{c}, \qquad (9.36)$$

$$\boldsymbol{R}_{YY}^{-1}\boldsymbol{R}_{YX}\boldsymbol{R}_{XX}^{-1}\boldsymbol{R}_{XY}\boldsymbol{d} = r^2\boldsymbol{d}$$

으로부터 고유벡터를 구한 후 정준계수벡터는 $\boldsymbol{a}$와 $\boldsymbol{b}$를 계산하면 된다. 또한 식(9.33)의 $\boldsymbol{a},\boldsymbol{b}$와는

$$\boldsymbol{c} = \boldsymbol{D}_X\boldsymbol{a} \text{ 그리고 } \boldsymbol{d} = \boldsymbol{D}_Y\boldsymbol{b}$$

관계가 성립한다. 여기서 $\boldsymbol{D}_X = diag(s_{X_1}, s_{X_2}, \ldots, s_{X_p})$, $\boldsymbol{D}_Y = diag(s_{Y_1}, s_{Y_2}, \ldots, s_{Y_q})$ 이다.

9.4 정준변수에 대한 해석 및 특성

정준변수는 인공적으로 만들어 낸 변수이므로 인자나 주성분과 같은 절대적 의미를 부여하기는 힘들며 관심있는 변수 집단에 대해 연관성을 알고자 할 때 주로 이용할 수 있다.

그러나 변수를 표준화 하더라도 정준상관계수는 변하지 않으므로 단위의 표준화와 해석을 위해서는 표준화 변수들에 대한 정준상관분석을 권장한다.

정준변수는 다음과 같은 특성을 가지고 있다.

(1) 정준상관계수는 변수들의 척도변환에 불변이다(scale invariant).

(2) 첫 번째 정준상관계수 ρ_1^*는 두 변수 집단간의 최대 상관계수이며 두 변수 집단에서 단순상관계수 또는 다중상관계수를 구할 때 ρ_1^*를 넘지 않는다.

정준변수에 대한 해석을 할 때는 다음과 같은 측면을 이용하여 설명할 수 있다.

(1) 표준화된 계수

정준변수를 구성하는 정준계수는 정준상관계수에 각 변수가 기여하는 정도를 나타낸다. 변수들의 단위를 통일하기 위하여 표준화 변수들에 대해 구한 정준변수의 정준 계수는 각 변수가 정준변수에 상대적으로 기여하는 바를 나타낸다. 그러므로 변수들 중 일부가 제거되거나 첨가되면 상대적인 기여도가 변하므로 정준계수도 변하게 된다.

정준변수 $V_j = \boldsymbol{b}_j{}'\boldsymbol{Y}$와 q개 변수 $Y_1, \dots, Y_q$의 (표본)상관관계는 $\boldsymbol{R}_{YY}\boldsymbol{d}_j$로 나타난다. 여기서 $\boldsymbol{R}_{YY}$는 $\boldsymbol{Y}$의 상관행렬이고 $\boldsymbol{d}_j$는 식 (9.36)에서 정의된 바와 같으며 $\boldsymbol{d}_j{}'\boldsymbol{R}_{YY}\boldsymbol{d}_j = 1$을 만족한다. $\boldsymbol{R}_{YY}\boldsymbol{d}_j$로부터는 qs개의 상관계수 $r^2_{Y_i, V_j}$, $i = 1, 2, \dots, q$, $j = 1, 2, \dots, s$를 얻게 되며 이들로부터 얻는 정보는 정리 9.3과 같다.

정리 3.1 변수 Y_j와 정준변수 U_1, ..., U_s와의 상관계수의 가중합은 $R^2_{Y_j|\boldsymbol{X}}$, 즉 Y_j 와 $\boldsymbol{X}$의 다중상관계수의 제곱으로 나타난다. 즉

$$\sum_{i=1}^{s} r^2_{Y_j, U_i}\ r_i^2 = R^2_{Y_j|\boldsymbol{X}} \tag{9.37}$$

여기서 r_i는 i번째 정준상관계수이다. 변수 X_j와 정준변수 V_1, ... , V_s에 대해서도 마찬가지로 성립한다. 즉

$$\sum_{i=1}^{s} r^2_{X_j, V_i}\ r_i^2 = R^2_{X_j|\boldsymbol{Y}} \tag{9.38}$$

(2) 각 변수와 정준변수와의 상관성

정리 9.3에서와 같이 변수 Y_j와 정준변수 U_1, ..., U_s와의 상관계수의 가중합은 $R^2_{Y_j|\boldsymbol{X}}$, 즉 Y_j와 $\boldsymbol{X}$의 다중상관계수의 제곱으로 나타난다. 즉 변수 Y_j와 정준변수 U_1, ..., U_s의 상관계수는 종속변수 Y_j를 설명변수벡터 $\boldsymbol{X}$의 회귀식으로 구했을 때의 다중상관계수형태로 나타난다. 그러나 Y_j가 $\boldsymbol{X}$로 구성된 정준변수 U_1, ..., U_s에 어떻게 기여하는지는 나타내지 못한다.

9.5 상관성에 대한 검정

정준상관계수와 관련된 기본적인 검정에 대해 알아보자. 정준상관분석은 두 변수 집단간의 연관성에 대해 설명하고자 하는 것이므로 두 변수 집단간에 상관성이 존재할 때만 의미 있는 분석이 된다. 그러므로 다음과 같은 상관성 존재여부에 대한 검정이 필요하다.

$$H_0\ :\boldsymbol{\Sigma}_{\boldsymbol{XY}} = 0 \text{ 대해 } H_1\ :\boldsymbol{\Sigma}_{\boldsymbol{XY}} \neq 0 \tag{9.39}$$

즉 H_0가 사실이면 $\boldsymbol{X}$와 $\boldsymbol{Y}$ 간에 연관성이 없으며 구해지는 정준상관계수

r_1, r_2, ..., r_s는 통계적인 의미가 없다. 다음의 검정통계량

$$\Lambda_1 = \frac{|\boldsymbol{S}|}{|\boldsymbol{S}_{YY}||\boldsymbol{S}_{XX}|} = \frac{|\boldsymbol{R}|}{|\boldsymbol{R}_{YY}||\boldsymbol{R}_{XX}|} = \prod_{i=1}^{s}(1-r_i^2) \tag{9.40}$$

은 H_0 하에서 $\Lambda_{p,q,n-1-q}$ 분포를 따르므로 $\Lambda_1 \le \Lambda_{p,q,n-1-q}(\alpha)$이면 H_0를 기각한다. 근사적으로

$$\chi^2 = -\left[n - \frac{1}{2}(p+q+3)\right]\ln\Lambda_1 \tag{9.41}$$

는 자유도가 pq인 카이제곱분포를 따르므로 $\chi^2 \ge \chi^2_{pq}(\alpha)$이면 H_0를 기각한다.

≪예제 9.2≫ ≪예제 9.1≫의 데이터가 $n=30$에 대해 얻은 결과라 하자. $\boldsymbol{R}$을 이용하여 두 변수 집단간에 상관성 존재 여부에 대한 검정을 하고자 한다.

H_0 : $\boldsymbol{\Sigma}_{XY} = \mathbf{0}$에 대해 H_1 : $\boldsymbol{\Sigma}_{XY} \ne \mathbf{0}$, 검정통계량은

$$\Lambda_1 = \frac{|\boldsymbol{R}|}{|\boldsymbol{R}_{YY}||\boldsymbol{R}_{XX}|} = \prod_{i=1}^{s}(1-r_i^2) = (1-0.0009)(1-0.5458) = 0.4538$$

이고 $\Lambda_1 = 0.4538 \le \Lambda_{2,2,27}(0.05) = 0.699$이므로 H_0를 기각한다.

9.6 R을 이용한 정준상관분석

≪예 9.2≫ [표 9.1] 화학공정자료를 이용하여 (Y_1, Y_2)와 (X_1, X_2, X_3)의 정준상관계수와 정준변수를 구해보자.

화학반응실험 결과로 [표 9.1]의 데이터를 얻었다. 설명변수는

$X_1 =$ 온도, $X_2 =$농도, $X_3 =$ 시간

이고 반응변수로는 $Y_1 =$ 변화하지 않고 남은 양, $Y_2 =$ 반응 후 생성된 양이다.

▶표 9.1 화학공정 자료

번호	Y_1	Y_2	X_1	X_2	X_3
1	41.5	45.9	162	23.0	3.0
2	33.8	53.3	162	23.0	8.0
3	27.7	57.5	162	30.0	5.0
4	21.7	58.8	162	30.0	8.0
5	19.9	60.6	172	25.0	5.0
6	15.0	58.0	172	25.0	8.0
7	12.2	58.6	172	30.0	5.0
8	4.3	52.4	172	30.0	8.0
9	19.3	56.9	167	27.5	6.5
10	6.4	55.4	177	27.5	6.5
11	37.6	46.9	157	27.5	6.5
12	18.0	57.3	167	32.5	6.5

▶R에서는 정준상관분석을 위해 `cancor()` 함수를 이용할 수 있으며 `CCA` 패키지를 사용할 경우 `cc()` 함수를 이용하여 분석을 할 수 있다. 또한 `yacca` 패키지를 사용하는 경우 `cca()` 함수를 활용한다.

[프로그램 9.1] 수행 후의 [결과 9.1](1)에서는 `matcor()` 함수 활용 후 $\boldsymbol{X}=(X_1, X_2, X_3)'$의 공분산행렬 $Cov(\boldsymbol{X})_{3\times3}$과 $\boldsymbol{Y}=(Y_1, Y_2)'$ 의 공분산행렬 $Cov(\boldsymbol{Y})_{2\times2}$ 그리고 $\boldsymbol{X}$와 $\boldsymbol{Y}$의 공분산행렬 $Cov(\boldsymbol{X},\boldsymbol{Y})_{3\times2}$ 를 보여준다. [결과 9.1](2)에서는 첫 번째 정준상관계수는 0.990이고 두 번째 정준상관계수는 0.0929로 첫 번째 정준상관계수값이 아주 높은 편임을 알 수 있다. 또한 첫 번째 정준변수 쌍은

$$u_1 = -0.1356X_1 - 0.1212X_2 - 0.1585X_3$$
$$v_1 = 0.0832\,Y_1 - 0.0076\,Y_2$$

이며 두 번째 정준변수 쌍은

$$u_2 = 0.0682X_1 - 0.3102X_2 + 0.1735X_3$$
$$v_2 = -0.0633\,Y_1 - 0.2627\,Y_2$$

이다. [결과 9.1](3)에서는 원래 변수와 정준변수간의 상관관계를 보여준다.

[그림 9.1]은 첫 번째 정준변수쌍의 산점도, [그림 9.2]는 두 번째 정준변수쌍의 산점도를 보여주는데 첫 번째 정준상관계수값이 높음을 알 수 있다.

[프로그램 9.1] 화학공정자료에 대한 정준상관분석

```
chem=read.csv("C:/data/chem.csv", header=T)
chem ; attach(chem)
n=dim(chem)[[1]] ; n
y=chem[,2:3]
x=chem[,4:6]

library(CCA)
matcor(x,y)    # correlation matrix

cc1 <- cc(x,y)
cc1
cc2<-comput(x,y cc1)
cc2[3:6]    # display canonical loadings

sd<-sd(x)
s1<-diag(sd)       # diagonal matrix of x sd's
s1 %*% cc1$xcoef   # standardized x canonical coefficients

sd<-sd(y)
s2<-diag(sd)       # diagonal matrix of y sd's
s2 %*% cc1$ycoef   # standardized y canonical coefficients

u1=cc1$scores$xscores[,1]
v1=cc1$scores$yscores[,1]
  plot(u1,v1,pch=18, main="first canonical plot") # 그림 9.1
u2=cc1$scores$xscores[,2]
v2=cc1$scores$yscores[,2]
  plot(u2,v2,pch=15, main="second canonical plot")  # 그림 9.2

plt.cc(cc1, type="v",var.label=TRUE)  # for variables 그림 9.3
plt.cc(cc1, type="i",var.label=TRUE)  # for individuals 그림 9.4

mtc=matcor(x,y)
img.matcor(mtc,type=1) # images of the correlation matrices
img.matcor(mtc,type=2) # 그림 9.5
```

[결과 9.1] 정준상관분석 결과 (1)

```
> n=dim(chem)[[1]]
> n
[1] 12
> y=chem[,2:3]
> x=chem[,4:6]

> library(CCA)
> matcor(x,y)   # correlation matrix
 $Xcor
           x1         x2         x3
x1 1.00000000 0.09857281 0.09505864
x2 0.09857281 1.00000000 0.17178695
x3 0.09505864 0.17178695 1.00000000
 $Ycor
           y1         y2
y1  1.0000000 -0.5822212
y2 -0.5822212  1.0000000
 $XYcor
            x1          x2          x3         y1         y2
x1  1.00000000  0.09857281  0.09505864 -0.8698175  0.5009080
x2  0.09857281  1.00000000  0.17178695 -0.4872731  0.3601848
x3  0.09505864  0.17178695  1.00000000 -0.3892286  0.2243497
y1 -0.86981747 -0.48727311 -0.38922862  1.0000000 -0.5822212
y2  0.50090799  0.36018482  0.22434975 -0.5822212  1.0000000
```

[결과 9.1] 정준상관분석 결과 (2)

```
> cc1[1]        # canonical correlations
$cor
[1] 0.99009125 0.09285027
> cc1[3:4]      # raw canonical coefficients
 $xcoef
          [,1]        [,2]
x1 -0.1355657  0.06823046
x2 -0.1212626 -0.31017337
x3 -0.1585513  0.17350695
 $ycoef
           [,1]        [,2]
y1  0.083239052 -0.06333019
y2 -0.007603168 -0.26270315
```

[결과 9.1] 정준상관분석 결과 (3)

```
> cc2=comput(x,y, cc1) #  compute canonical loadings
> cc2[3:6]       # correlations between variables and canonical variates
  $corr.X.xscores
          [,1]       [,2]
x1 -0.8779565  0.3440815
x2 -0.4946925 -0.8609206
x3 -0.3928780  0.1512975
  $corr.Y.xscores
          [,1]         [,2]
y1  0.9896768 -0.002686152
y2 -0.5994987 -0.073894562
  $corr.X.yscores
          [,1]        [,2]
x1 -0.8692570  0.03194806
x2 -0.4897907 -0.07993671
x3 -0.3889850  0.01404801
  $corr.Y.yscores
          [,1]        [,2]
y1  0.9995814 -0.02892994
y2 -0.6054984 -0.79584653
```

[결과 9.1](4)에서는 표준화 정준 변수를 보여준다. 첫 번째 표준화 정준변수 쌍은

$$u_{1s} = -0.8175X_1 - 0.3709X_2 - 0.2515X_3$$

$$v_{1s} = 0.9789\,Y_1 - 0.0356\,Y_2$$

이며 두 번째 표준화 정준변수 쌍은

$$u_{2s} = 0.4114X_1 - 0.9487X_2 + 0.2752X_3$$

$$v_{2s} = -0.7448\,Y_1 - 1.2295\,Y_2$$

이다.

[결과 9.1] 정준상관분석 결과 (4): 표준화 정준 변수

```
> # standardized x canonical coefficients
> sd=sd(x)
> s1=diag(sd)        # diagonal matrix of x sd's
> s1 %*% cc1$xcoef
           [,1]       [,2]
[1,] -0.8174920  0.4114452
[2,] -0.3709141 -0.9487483
[3,] -0.2514501  0.2751686

> # standardized y canonical coefficients
> sd=sd(y)
> s2=diag(sd)        # diagonal matrix of y sd's
> s2 %*% cc1$ycoef
            [,1]       [,2]
[1,]  0.97886436 -0.7447426
[2,] -0.03558284 -1.2294514
```

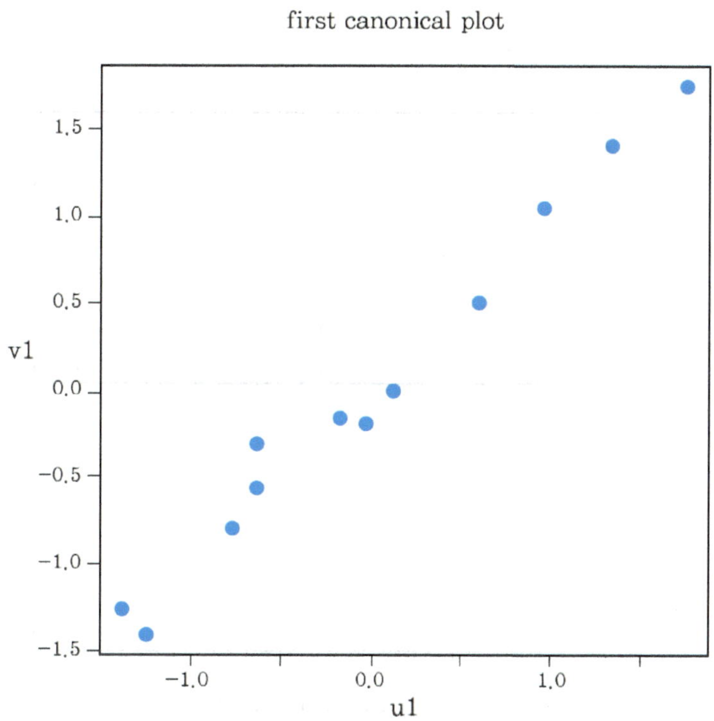

[그림 9.1] 첫 번째 정준 변수 그래프

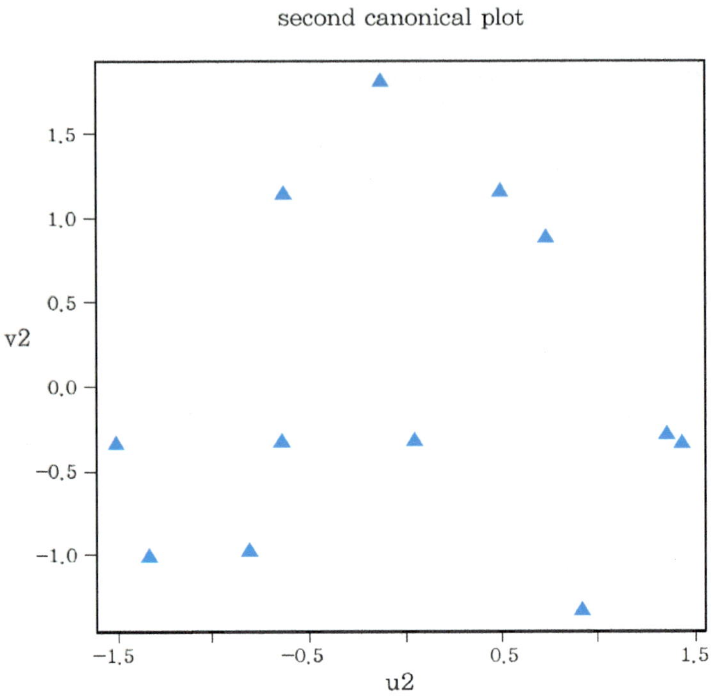

[그림 9.2] 두 번째 정준 변수 그래프

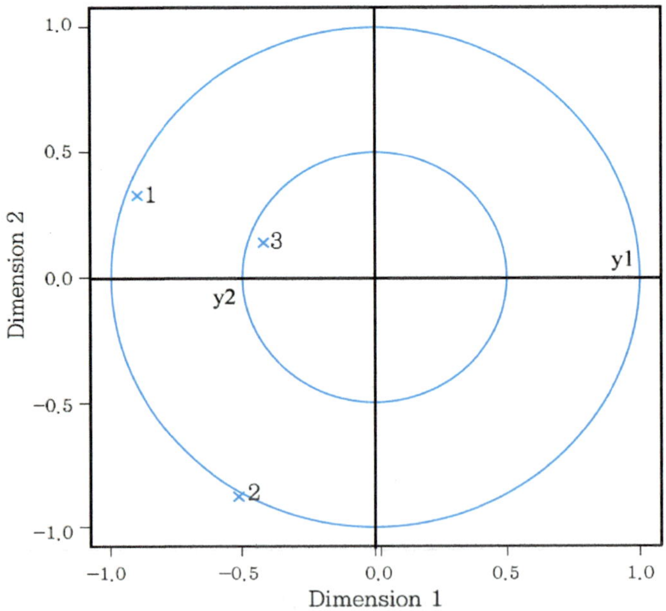

[그림 9.3] 첫 번째 정준 변수 그래프

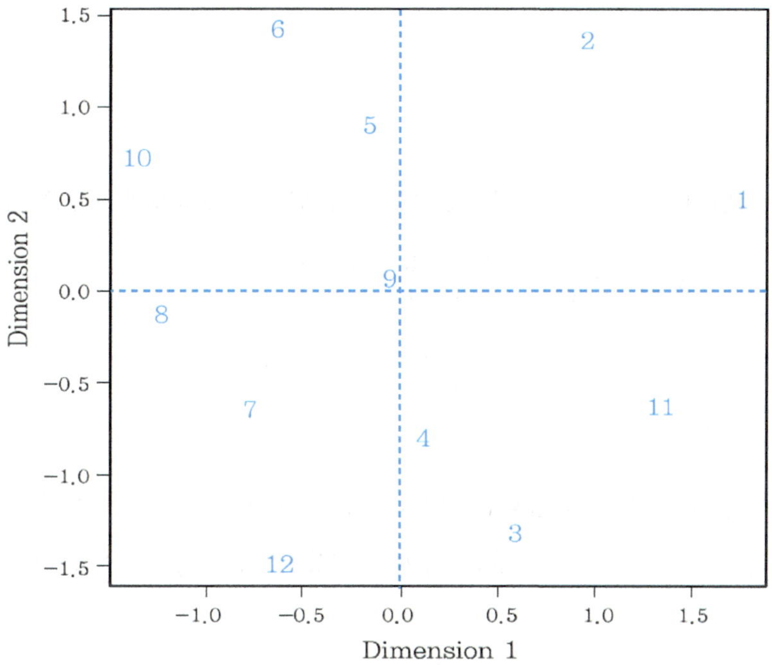

[그림 9.4] 두 번째 정준 변수 그래프

[그림 9.3]은 2차원 정준변수 차원에서 각 변수의 위치를 나타내며 [그림 9.4]는 2차원 정준변수 차원에서 각 개체의 위치를 보여준다.

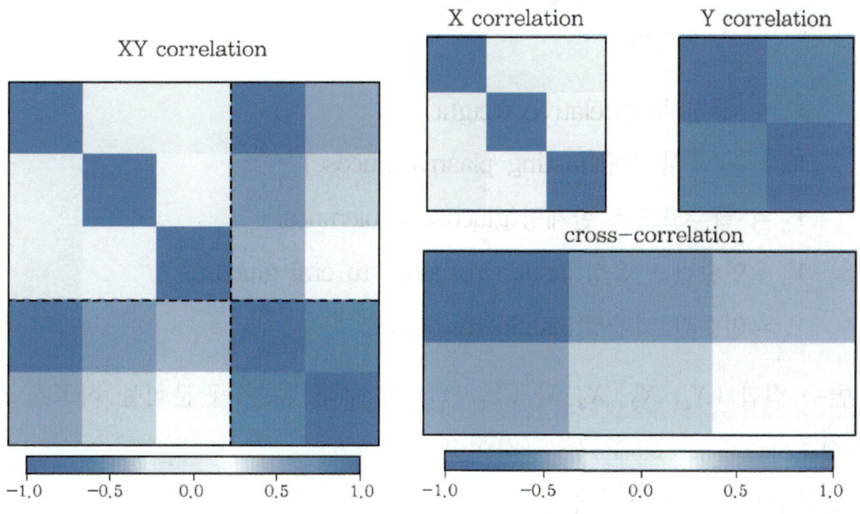

[그림 9.5] 두 행렬내 행렬간 상관성 이미지 그림

연습문제

9.1 공분산행렬이 다음과 같을 때 첫 번째 정준변수와 정준상관계수를 구하여라.

$$\boldsymbol{\Sigma} = \left(\begin{array}{c|c} \boldsymbol{\Sigma}_{XX} & \boldsymbol{\Sigma}_{XY} \\ \hline \boldsymbol{\Sigma}_{YX} & \boldsymbol{\Sigma}_{YY} \end{array}\right) = \left(\begin{array}{cc|cc} 10 & 0 & 0 & 0 \\ 0 & 1 & 0.8 & 0 \\ \hline 0 & 0.8 & 1 & 0 \\ 0 & 0 & 0 & 20 \end{array}\right)$$

9.2 λ_i가 $\boldsymbol{\Sigma}_{XX}^{-1/2}\boldsymbol{\Sigma}_{XY}\boldsymbol{\Sigma}_{YY}^{-1}\boldsymbol{\Sigma}_{YX}\boldsymbol{\Sigma}_{XX}^{-1/2}$의 고유값이며 해당하는 고유벡터 $\boldsymbol{e}_i$를 가질 때 $\boldsymbol{\Sigma}_{XX}^{-1}\boldsymbol{\Sigma}_{XY}\boldsymbol{\Sigma}_{YY}^{-1}\boldsymbol{\Sigma}_{YX}$의 고유값은 λ_i이며 고유벡터는 $\boldsymbol{\Sigma}_{XX}^{-1/2}\boldsymbol{e}_i$임을 보여라.

9.3 $\boldsymbol{Z} = \boldsymbol{S}_{11}^{-1/2}(\boldsymbol{X}-\boldsymbol{\mu}_1)$와 $\boldsymbol{W} = \boldsymbol{S}_{22}^{-1/2}(\boldsymbol{Y}-\boldsymbol{\mu}_2)$ 는 두 변수벡터들의 표준화변수벡터이다. $\boldsymbol{Z}$와 $\boldsymbol{W}$의 정준변수 $(U_i, V_i) = (\boldsymbol{a}_i{}'\boldsymbol{X}, \boldsymbol{b}_i{}'\boldsymbol{Y})$에 대한 정준상관계수가 $\rho_1, \rho_2, \ldots, \rho_p$일 때 $\boldsymbol{Z}$와 $\boldsymbol{W}$의 정준상관계수를 구하여라.

9.4 당뇨병(diabetes)환자의 특성 비교를 위해 환자들로부터 관련 변수를 측정하여 다음의 데이터를 얻었다.

$Y_1 =$ 상대 무게(relative weight)

$Y_2 =$ 공복시 혈당(fasting plasma glucose)

$Y_3 =$ 글루코오즈 한계량(glucose intolerance)

$Y_4 =$ 인슐린 반응성(insulin response to oral glucose)

$Y_5 =$ 인슐린 저항성(insulin resistance)

두 변수 집합 (X_1, X_2, X_3)과 (Y_1, Y_2)에 대해 정준상관분석을 하고자 한다.

(a) 정준상관변수 $(\boldsymbol{U}, \boldsymbol{V})$를 구하여라.

(b) 정준상관계수를 구하여라.

(c) 첫 번째 정준변수와 정준상관계수를 쓰고 의미를 해석하여라.

(d) 첫 번째 정준변수와 (X_1, X_2, X_3)과의 상관계수를 구하여라.

(e) 첫 번째 정준변수와 (Y_1, Y_2)과의 상관계수를 구하여라.

(f) 두 변수 집단간에 상관성 존재 여부에 대해 유의수준 5%에서 검정을 하여라.

$$H_0 : \boldsymbol{\Sigma}_{XY} = \mathbf{0} \text{에 대해 } H_1 : \boldsymbol{\Sigma}_{XY} \neq \mathbf{0}$$

(g) 각 환자에 대해 첫 번째 정준상관변수 값을 계산하여라.

(h) 첫 번째 정준상관변수에 대한 산점도를 그려라.

▶표 9.2 당뇨병 환자의 자료

환자번호	Y_1	Y_2	X_1	X_2	X_3	환자번호	Y_1	Y_2	X_1	X_2	X_3
1	0.81	80	356	124	55	24	0.97	90	327	192	124
2	0.95	97	289	117	76	25	0.72	92	386	279	74
3	0.94	105	319	143	105	26	1.11	74	365	228	235
4	1.04	90	356	199	108	27	1.20	98	365	145	158
5	1.00	90	323	240	143	28	1.13	100	352	172	140
6	0.76	86	381	157	165	29	1.00	86	325	179	145
7	0.91	100	350	221	119	30	0.78	98	321	222	99
8	1.10	85	301	186	105	31	1.00	70	360	134	90
9	0.99	97	379	142	98	32	1.00	99	336	143	105
10	0.78	97	296	131	94	33	0.71	75	352	169	32
11	0.90	91	353	221	53	34	0.76	90	353	263	165
12	0.73	87	306	178	66	35	0.89	85	373	174	78
13	0.96	78	290	136	142	36	0.88	99	376	134	80
14	0.84	90	371	200	93	37	1.17	100	367	182	54
15	0.74	86	312	208	68	38	0.85	78	335	241	175
16	0.98	80	393	202	102	39	0.97	106	396	128	80
17	1.10	90	364	152	76	40	1.00	98	277	222	186
18	0.85	99	359	185	37	41	1.00	102	378	165	117
19	0.83	85	296	116	60	42	0.89	90	360	282	160
20	0.93	90	345	123	50	43	0.98	94	291	94	71
21	0.95	90	378	136	47	44	0.78	80	269	121	29
22	0.74	88	304	134	50	45	0.74	93	318	73	42
23	0.95	95	347	184	91	46	0.91	86	328	106	56

9.5 [표 7.5]의 혈액자료를 이용하여 두 변수집합에 대해 정준상관분석을 하고 해석하여라.

(a) $(X_1,\ X_2,\ X_3)$과 $(X_4,\ X_5,\ X_6)$

(b) $(X_1,\ X_3)$과 $(X_2,\ X_4,\ X_5,\ X_6)$

9.6 $n=70$ 가구에 대해 다음의 인구학관련 변수를 측정하여 표본공분산행렬 $\boldsymbol{R}$을 얻었다.

$X_1 =$ 연간 외식 회수

$X_2 =$ 연간 영화관람 회수

$Y_1 =$ 세대주 나이

$Y_2 =$ 가구 연수입

$Y_3 =$ 세대주의 학력정도

$$\boldsymbol{R} = \left(\begin{array}{c|c} \boldsymbol{R}_{XX} & \boldsymbol{R}_{XY} \\ \hline \boldsymbol{R}_{YX} & \boldsymbol{R}_{YY} \end{array}\right) = \left(\begin{array}{cc|ccc} 1.0 & & & & \\ 0.8 & 1.0 & & & \\ \hline 0.26 & 0.33 & 1.0 & & \\ 0.67 & 0.59 & 0.37 & 1.0 & \\ 0.34 & 0.34 & 0.21 & 0.35 & 1.0 \end{array}\right)$$

(a) 두 변수 집단간에 상관성 존재 여부에 대해 유의수준 5%에서 검정을 하여라.

$$H_0 \ : \boldsymbol{\Sigma}_{XY} = \mathbf{0} \text{ 에 대해 } H_1 \ : \boldsymbol{\Sigma}_{XY} \neq \mathbf{0}$$

(b) $(\boldsymbol{X}, \boldsymbol{Y})$를 이용하여 정준변수와 정준상관계수를 구하고 해석하여라.

9.7 [표 7.6]의 기상 자료를 이용하여 두 변수집합에 대해 정준 상관분석을 하고 해석하여라.

(a) $(Y_1,\ Y_2,\ Y_3,\ Y_4,\ Y_5,\ Y_6)$과 $(Y_7,\ Y_8,\ Y_9,\ Y_{10})$

(b) $(Y_1,\ Y_2,\ Y_3)$과 $(Y_4,\ Y_5,\ Y_6)$

(c) $(Y_1,\ Y_2,\ Y_3,\ Y_4,\ Y_5,\ Y_6)$과 $(Y_7,\ Y_8,\ Y_9)$

9.8 [표 7.7]의 범죄자료를 이용하여 강력범죄와 경범죄로 나눈 두 변수집합에 대해 정준상관분석을 하여라.

10 판별분석과 분류

10.1 서 론

판별(discrimination) 및 분류(classification) 분석은 집단에 대한 정보로부터 집단을 구별할 수 있는 판별함수(discriminant function) 또는 판별규칙(discriminant rule)을 만들고, 새로운 개체에 대해 어느 집단에 속하는지를 판별하여 분류하는 다변량 기법으로 집단에 대한 정보를 이용한 탐색적인 통계 기법이다.

판별분석(discriminant analysis)에 대한 개념의 시발점은 1920년대 영국 통계학자인 Karl Pearson이 인종 그룹간 데이터의 거리(distance)를 나타내는 지수(index)에 해당하는 인종경향계수(coefficient of racial likeness : CRL)를 제안한 것으로 볼 수 있다. 1920년대 곧이어 G. M. Morant가 CRL을 확장 연구하였으며, 1930년대에 인도(India) 출신의 통계학자인 P. C. Mahalanobis가 다른 형태의 거리 측도를 연구하고 제안하였다. 또한 1930년대 R. A Fisher는 다변량 그룹간 거리(multivariate intergroup distance)를 그룹간 판별을 목적으로 변수들의 선형조합으로 변환시켰다. 1936년 세미나에서 Fisher가 거리와 변수들의 선형조합에 대한 개념을 발표한 이래 1940년대에는 그의 아이디어를 확장하고 발전시킨 연구들이 보고되었다.

판별분석은 초기 생물학이나 의학 분야에서 주로 분류를 위해 적용되었으나 이제는 경영학, 경제학, 교육학, 공학, 심리학 등의 여러 분야에서 비중있게 적용되는 방법이 되었다. 특히 1950-60년대 하버드 대학(Havard University)에서 교육학과 심리학 분야에서 판별분석 방법을 적용한 연구 결과를 발표하여 방법론 확장에 많은 기여를 하였다. 30-40년 동안 판별분석의 목적은 주로 새로운 개체에 대해 그룹을 판단하는 예측판별분석(predictive discriminant analysis)이었으나 1960년대 이후에는 Fisher의 선형판별함수(linear discriminant function: LDF)를 다변량 분산분석(MANOVA)에서 그룹간의 효과를 드러내주는 함수로 해석하기 시작했으며 다변량 분산분석 개념이 판별분석 방법 개발에 활용되고 있다.

이 장에서는 모집단을 나타내는 용어로 '그룹(group)'을 사용하고자 하며 그룹간의 차이를 크게 해주는 그룹 판별함수를 구하고자 한다. 여기에서의 판별함수는 그룹간의 거리를 최대로 멀리하도록 만든 변수들의 선형결합식이 된다. 판별함수를 구한 후에는 판별함수를 이용해 기존의 개체들을 분류하여 오분류율(misclassification rate)을 계산한다. 또한 새로운 개체에 대해서는 판별함수를 이용하여 속하는 그룹을 추정할 수 있게 한다.

판별과 분류분석의 목적을 간단히 정리하면

(1) 몇 개의 알려진 그룹으로부터 그룹의 특성을 나타내주고 구별해주는 함수를 결정한다.

(2) 결정된 판별함수를 이용하여 새로운 관측치를 판별하여 개체를 분류한다.

10.2 두 개 그룹의 판별

10.2.1 Fisher의 방법

두 개의 그룹을 각각 G_1, G_2로 표기하자. 두 그룹을 비교하고 판별할 수 있도록 변수들의 선형조합으로 판별함수를 구하고자 한다.

Fisher는 다변량벡터를 일변량 변수로 변환하여 그룹을 판별하는 방법을 제안했으며 여기서 정규성(normality) 가정은 필요하지 않다.

G_1에 속하는 n_1개의 관측된 확률벡터 $\boldsymbol{X}_{1i} = (X_{1i1}, X_{1i2}, \ldots, X_{1ip})'$, $i = 1, 2, \ldots, n_1$ 는 평균벡터 $\boldsymbol{\mu}_1$을 가지며 공분산행렬 $\boldsymbol{\Sigma}$를 갖는다. G_2에 속하는 n_2개의 관측된 확률벡터 $\boldsymbol{X}_{2i} = (X_{2i1}, X_{2i2}, \ldots, X_{2ip})'$, $i = 1, 2, \ldots, n_2$는 평균벡터 $\boldsymbol{\mu}_2$와 공분산행렬 $\boldsymbol{\Sigma}$를 갖는다.

G_1으로부터의 확률표본 $\boldsymbol{X}_{11}, \boldsymbol{X}_{12}, \ldots, \boldsymbol{X}_{1n_1}$과 G_2으로부터의 확률표본

$\boldsymbol{X}_{21}, \boldsymbol{X}_{22}, \ldots, \boldsymbol{X}_{2n_2}$를 얻었다고 하자. 그룹을 판별하기 위해서 G_1, G_2를 가능한 한 떨어져 구별되게 하는 선형판별함수 $Y = \boldsymbol{l}'\boldsymbol{X}$를 구하고자 한다.

두 그룹 G_1, G_2는 공통 공분산행렬 $\boldsymbol{\Sigma}$를 가지며 각 그룹에서 판별함수의 기대값과 분산을 구하면

$$\mu_{1Y} = E(Y|G_1) = \boldsymbol{l}'\boldsymbol{\mu}_1 \tag{10.1}$$

$$\mu_{2Y} = E(Y|G_2) = \boldsymbol{l}'\boldsymbol{\mu}_2$$

$$\sigma_Y^2 = Var(Y) = Var(\boldsymbol{l}'\boldsymbol{X}) = \boldsymbol{l}'\boldsymbol{\Sigma}\boldsymbol{l}$$

이다. 분산을 고려하여 두 그룹의 평균 차를 고려하기 위해

$$\frac{(\text{두 그룹 평균의 차이})^2}{Y\text{ 의 분산}} = \frac{(\mu_{1Y} - \mu_{2Y})^2}{\sigma_Y^2} \tag{10.2}$$

$$= \frac{\boldsymbol{l}'(\boldsymbol{\mu}_1 - \boldsymbol{\mu}_2)(\boldsymbol{\mu}_1 - \boldsymbol{\mu}_2)'\boldsymbol{l}}{\boldsymbol{l}'\boldsymbol{\Sigma}\boldsymbol{l}}$$

$$= \frac{(\boldsymbol{l}'\boldsymbol{\delta})^2}{\boldsymbol{l}'\boldsymbol{\Sigma}\boldsymbol{l}}$$

가 최대가 되도록 하며 그룹을 분리할 수 있는 함수를 구하고자 한다. 여기서 $\boldsymbol{\delta} = \boldsymbol{\mu}_1 - \boldsymbol{\mu}_2$ 이다.

$\dfrac{(\boldsymbol{l}'\boldsymbol{\delta})^2}{\boldsymbol{l}'\boldsymbol{\Sigma}\boldsymbol{l}}$를 최대화하도록 계수벡터 $\boldsymbol{l}$을 구하기 위해 2장의 최대화정리(maximization lemma)를 이용하면 다음의 결과

$$\boldsymbol{l} = c\boldsymbol{\Sigma}^{-1}\boldsymbol{\delta} = c\boldsymbol{\Sigma}^{-1}(\boldsymbol{\mu}_1 - \boldsymbol{\mu}_2) \tag{10.3}$$

를 얻게 된다. 특히 $c = 1$ 로 놓을 때, Fisher의 선형판별함수는

$$Y = \boldsymbol{l}'\boldsymbol{X} = (\boldsymbol{\mu}_1 - \boldsymbol{\mu}_2)'\boldsymbol{\Sigma}^{-1}\boldsymbol{X} \tag{10.4}$$

이 된다.

표본에 대한 Fisher의 선형판별함수는

$$y = \hat{\boldsymbol{l}}'\boldsymbol{X} = (\overline{\boldsymbol{X}}_1 - \overline{\boldsymbol{X}}_2)'\boldsymbol{S}_{pl}^{-1}\boldsymbol{X} \tag{10.5}$$

이며 여기서 각 그룹의 표본평균벡터, 표본공분산행렬과 합동공분산행렬을 구하면

$$\overline{\boldsymbol{X}}_1 = \frac{1}{n_1}\sum_{i=1}^{n_1}\boldsymbol{X}_{1i},\quad \overline{\boldsymbol{X}}_2 = \frac{1}{n_2}\sum_{i=1}^{n_2}\boldsymbol{X}_{2i},$$

$$\boldsymbol{S}_1 = \frac{1}{n_1-1}\sum_{i=1}^{n_1}(\boldsymbol{X}_{1i}-\overline{\boldsymbol{X}}_1)(\boldsymbol{X}_{1i}-\overline{\boldsymbol{X}}_1)',$$

$$\boldsymbol{S}_2 = \frac{1}{n_2-1}\sum_{i=1}^{n_2}(\boldsymbol{X}_{2i}-\overline{\boldsymbol{X}}_2)(\boldsymbol{X}_{2i}-\overline{\boldsymbol{X}}_2)',$$

$$\boldsymbol{S}_{pl} = \left[\frac{(n_1-1)}{(n_1-1)+(n_2-1)}\right]\boldsymbol{S}_1 + \left[\frac{(n_2-1)}{(n_1-1)+(n_2-1)}\right]\boldsymbol{S}_2 \tag{10.6}$$

$$= \frac{(n_1-1)\boldsymbol{S}_1+(n_2-1)\boldsymbol{S}_2}{n_1+n_2-2}$$

이다.

각 그룹의 평균점은 $\overline{y_1} = \hat{\boldsymbol{l}}'\overline{\boldsymbol{X}}_1$과 $\overline{y_2} = \hat{\boldsymbol{l}}'\overline{\boldsymbol{X}}_2$ 이고 이들의 중간점은

$$\hat{m} = \frac{1}{2}(\overline{y_1}+\overline{y_2}) = \frac{1}{2}(\overline{\boldsymbol{X}}_1-\overline{\boldsymbol{X}}_2)'\boldsymbol{S}_{pl}^{-1}(\overline{\boldsymbol{X}}_1+\overline{\boldsymbol{X}}_2) \tag{10.7}$$

이 된다. 새로운 관측벡터 $\boldsymbol{X}_0$에 대해 다음의 판별함수

$$y_0 = (\overline{\boldsymbol{X}}_1-\overline{\boldsymbol{X}}_2)'\boldsymbol{S}_{pl}^{-1}\boldsymbol{X}_0 \tag{10.8}$$

를 이용한 판별규칙(discriminant rule)은

$y_0 > \hat{m}$이면 $\boldsymbol{X}_0$가 G_1에 속하고,

$y_0 \leqq \hat{m}$이면 $\boldsymbol{X}_0$가 G_2에 속한다. (10.9)

변수가 2개인 경우 선형판별함수는 [그림 10.1]과 같이 그려질 수 있다. [그림 10.2]는 Fisher의 선형판별함수(정준판별함수)에 대한 이해를 위한 그림으로, 선형판별함수에 의해 새로운 y축이 형성되어 두 그룹의 중간점 $\hat{m}$을 기준으로 두 그룹이 나뉘어 분포됨을 보여주고 있다.

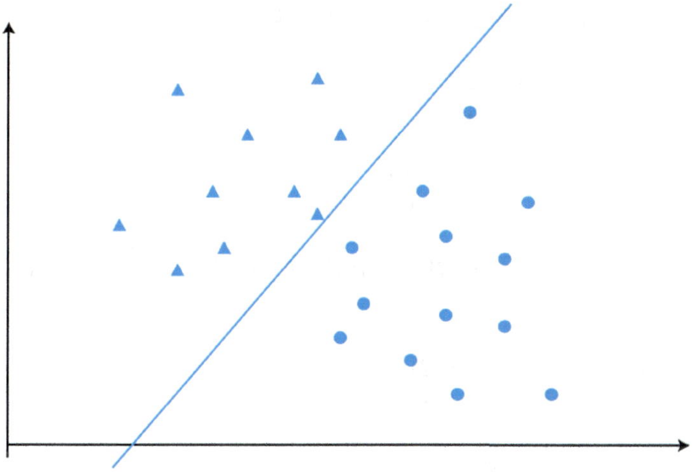

[그림 10.1] 두 그룹을 분리하는 선형판별함수

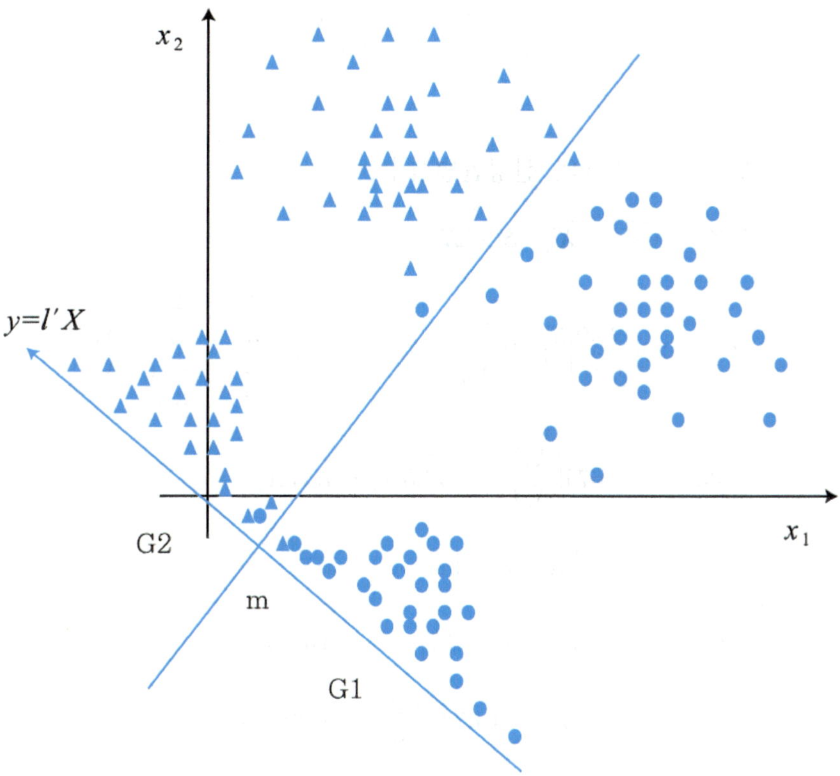

[그림 10.2] Fisher의 선형판별함수와 분류

≪예제 10.1≫ 2개 그룹으로부터의 확률표본이 다음과 같을 때

$$G_1 \ : \ \begin{pmatrix} 1 \\ 5 \end{pmatrix} \ \begin{pmatrix} 0 \\ 3 \end{pmatrix} \begin{pmatrix} 2 \\ 4 \end{pmatrix}$$

$$G_2 \ : \ \begin{pmatrix} -3 \\ 5 \end{pmatrix} \begin{pmatrix} -2 \\ 7 \end{pmatrix} \begin{pmatrix} -1 \\ 6 \end{pmatrix}$$

Fisher의 판별함수를 구하고자 한다. 우선 각 그룹의 평균벡터와 공분산행렬을 계산하면

$$\overline{\boldsymbol{X}}_1 = \begin{pmatrix} 1 \\ 4 \end{pmatrix}, \quad \overline{\boldsymbol{X}}_2 = \begin{pmatrix} -2 \\ 6 \end{pmatrix}$$

$$\boldsymbol{S}_1 = \begin{pmatrix} 1 & 0.5 \\ 0.5 & 1 \end{pmatrix} = \boldsymbol{S}_2$$

이 되며 합동공분산행렬은

$$\boldsymbol{S}_{pl} \equiv \frac{(n_1-1)\boldsymbol{S}_1 + (n_2-1)\boldsymbol{S}_2}{n_1+n_2-2} = \begin{pmatrix} 1 & 0.5 \\ 0.5 & 1 \end{pmatrix}$$

이다.

주어진 표본에 대한 Fisher의 선형판별함수는

$$y = \hat{\boldsymbol{l}}'\boldsymbol{X} = (\overline{\boldsymbol{X}}_1 - \overline{\boldsymbol{X}}_2)'\boldsymbol{S}_{pl}^{-1}\boldsymbol{X}$$

$$= (3, \ -2)\begin{pmatrix} 1 & 0.5 \\ 0.5 & 1 \end{pmatrix}^{-1}\begin{pmatrix} X_1 \\ X_2 \end{pmatrix} = (3, \ -2)\begin{pmatrix} \frac{4}{3} & -\frac{2}{3} \\ -\frac{2}{3} & \frac{4}{3} \end{pmatrix}\begin{pmatrix} X_1 \\ X_2 \end{pmatrix}$$

$$= (5.33, \ -4.67)\begin{pmatrix} X_1 \\ X_2 \end{pmatrix} = 5.33X_1 - 4.67X_2$$

으로 구할 수 있다. 그룹의 평균점은 각각

$$\overline{y_1} = \hat{\boldsymbol{l}}'\overline{\boldsymbol{X}}_1 = (5.33, \ -4.67)\begin{pmatrix} 1 \\ 4 \end{pmatrix} = -13.35$$

$$\overline{y_2} = \hat{\boldsymbol{l}}'\overline{\boldsymbol{X}}_2 = (5.33, \ -4.67)\begin{pmatrix} -2 \\ 6 \end{pmatrix} = -38.68$$

이고 이들의 중간점은

$$\hat{m} = \frac{1}{2}(\overline{y_1} + \overline{y_2}) = \frac{1}{2}(\overline{\boldsymbol{X}}_1 - \overline{\boldsymbol{X}}_2)' \boldsymbol{S}_{pl}^{-1}(\overline{\boldsymbol{X}}_1 + \overline{\boldsymbol{X}}_2)$$

$$= \frac{1}{2}(-13.35 - 38.68) = -26.015$$

이므로, 새로운 관측벡터 $\boldsymbol{X}_0$에 대해

$$y_0 = (\overline{\boldsymbol{X}}_1 - \overline{\boldsymbol{X}}_2)' \boldsymbol{S}_{pl}^{-1} \boldsymbol{X}_0$$

를 계산하고 이에 대한 판별규칙은

$y_0 > -26.015$ 이면 $\boldsymbol{X}_0$가 G_1에 속하고,

$y_0 \leqq -26.015$ 이면 $\boldsymbol{X}_0$가 G_2에 속한다.

주어진 데이터와 구한 선형판별함수를 그려보면 [그림 10.1]과 같으며 두 그룹을 분리하는 직선 $5.33X_1 - 4.67X_2 = -26.015$ 으로 판별함수가 정의됨을 알 수 있다.

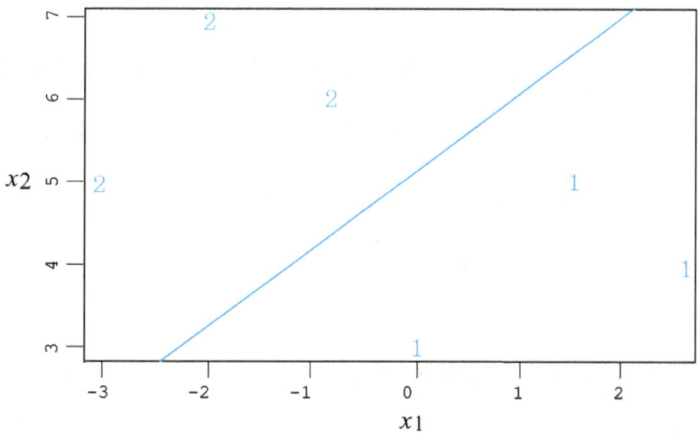

[그림 10.3] ≪예제 10.1≫에서 구한 선형판별함수 그래프

10.2.2 다변량 정규분포를 따르며 두 그룹의 공분산행렬이 같은 경우

두 그룹의 공분산행렬을 각각 $\boldsymbol{\Sigma}_1$, $\boldsymbol{\Sigma}_2$라 하고, $\boldsymbol{\Sigma}_1 = \boldsymbol{\Sigma}_2$라고 가정하자.

$f(\boldsymbol{X} | G_1)$은 G_1 그룹으로부터 발생한 $\boldsymbol{X}$의 확률밀도함수이고 $f(\boldsymbol{X} | G_2)$은 G_2그룹으로부터 발생한 $\boldsymbol{X}$의 확률밀도함수로 표기한다.(조건부 확률의 표현이 아님을 유의한다.)

p_1과 p_2는 각각 $\boldsymbol{X}$가 G_1, G_2 그룹에서 발생할 사전확률(prior probability)이다. 그러므로 $p_2 = 1 - p_1$의 관계를 갖는다.

> **정리 10.1** 오분류(misclassification) 확률을 최소화하는 최적 분류규칙(optimal classification rule)은
>
> $$p_1 f(\boldsymbol{X} \mid G_1) \; > \; p_2 f(\boldsymbol{X} \mid G_2) \text{이면 } \boldsymbol{X}\text{를 } G_1 \text{그룹에 분류하고,}$$
> $$p_1 f(\boldsymbol{X} \mid G_1) \; \leqq \; p_2 f(\boldsymbol{X} \mid G_2) \text{이면 } \boldsymbol{X}\text{를 } G_2 \text{그룹에 분류한다.} \tag{10.10}$$
>
> 만약 $p_1 = p_2$이면 최적 분류규칙은
>
> $f(\boldsymbol{X} \mid G_1) > f(\boldsymbol{X} \mid G_2)$이면 $\boldsymbol{X}$를 G_1그룹에 분류한다.
>
> 이며 이는 최대우도(maximum likelihood)를 이용한 규칙이 된다.

이번에는 특히 $\boldsymbol{X}$가 다변량 정규분포를 따를 경우를 고려하자.

$f(\boldsymbol{X} \mid G_1) \equiv N_p(\boldsymbol{\mu}_1, \boldsymbol{\Sigma})$이고 $f(\boldsymbol{X} \mid G_2) \equiv N_p(\boldsymbol{\mu}_2, \boldsymbol{\Sigma})$일 때 확률밀도함수

$$f(\boldsymbol{X} \mid G_i) = (2\pi)^{-p/2} |\boldsymbol{\Sigma}|^{-1/2} e^{-(\boldsymbol{X}-\boldsymbol{\mu}_i)'\boldsymbol{\Sigma}^{-1}(\boldsymbol{X}-\boldsymbol{\mu}_i)/2}, \quad i = 1, 2 \tag{10.11}$$

를 가진다. 정리 10.1로부터 그룹분류를 위한 다음의 부등식

$$\frac{f(\boldsymbol{X} \mid G_1)}{f(\boldsymbol{X} \mid G_2)} > \frac{p_2}{p_1} \tag{10.12}$$

이 성립하며 확률밀도함수를 이용하여 계산하면

$$\begin{aligned}\frac{f(\boldsymbol{X} \mid G_1)}{f(\boldsymbol{X} \mid G_2)} &= e^{-(\boldsymbol{X}-\boldsymbol{\mu}_1)'\boldsymbol{\Sigma}^{-1}(\boldsymbol{X}-\boldsymbol{\mu}_1)/2 + (\boldsymbol{X}-\boldsymbol{\mu}_2)'\boldsymbol{\Sigma}^{-1}(\boldsymbol{X}-\boldsymbol{\mu}_2)/2} \\ &= e^{(\boldsymbol{\mu}_1-\boldsymbol{\mu}_2)'\boldsymbol{\Sigma}^{-1}\boldsymbol{X} - (\boldsymbol{\mu}_1-\boldsymbol{\mu}_2)'\boldsymbol{\Sigma}^{-1}(\boldsymbol{\mu}_1+\boldsymbol{\mu}_2)/2}\end{aligned} \tag{10.13}$$

이 되어 양변에 자연로그 ln함수를 취하여 식 (10.13)에 대입하면, 최적 분류규칙은

$$(\boldsymbol{\mu}_1 - \boldsymbol{\mu}_2)'\boldsymbol{\Sigma}^{-1}\boldsymbol{X} > \frac{1}{2}(\boldsymbol{\mu}_1 - \boldsymbol{\mu}_2)'\boldsymbol{\Sigma}^{-1}(\boldsymbol{\mu}_1 + \boldsymbol{\mu}_2) + \ln\left(\frac{p_2}{p_1}\right) \tag{10.14}$$

이면 $\boldsymbol{X}$를 G_1그룹에 분류하고, 그렇지 않으면 $\boldsymbol{X}$를 G_2 그룹에 분류한다.

일반적으로 $\boldsymbol{\mu}_1$, $\boldsymbol{\mu}_2$와 $\boldsymbol{\Sigma}$는 모르는 경우이고 이 때 추정량으로 $\overline{\boldsymbol{X}}_1$, $\overline{\boldsymbol{X}}_2$와 $\boldsymbol{S}_{pl}$을 사용

한다. 여기서

$\overline{\boldsymbol{X}}_1$는 G_1그룹에서 얻어진 n_1개 표본 평균벡터,

$\overline{\boldsymbol{X}}_2$는 G_2그룹에서 얻어진 n_2개 표본 평균벡터,

$\boldsymbol{S}_{pl}$는 두 집단의 표본으로부터 추정된 합동공분산행렬이다.

그러므로 새로이 관측된 벡터 $\boldsymbol{X}$ 가 속하는 그룹에 대한 판별규칙은 다음과 같다.

$$(\overline{\boldsymbol{X}}_1 - \overline{\boldsymbol{X}}_2)'\boldsymbol{S}_{pl}^{-1}\boldsymbol{X} > \frac{1}{2}(\overline{\boldsymbol{X}}_1 - \overline{\boldsymbol{X}}_2)'\boldsymbol{S}_{pl}^{-1}(\overline{\boldsymbol{X}}_1 + \overline{\boldsymbol{X}}_2) + \ln\left(\frac{p_2}{p_1}\right) \tag{10.15}$$

이면 $\boldsymbol{X}$를 G_1 그룹에 분류하고, 그렇지 않으면 $\boldsymbol{X}$를 G_2 그룹에 분류한다.

식 (10.15)에서 좌변의 식이 $\boldsymbol{X}$에 관해 선형식 형태이므로 이와 같은 식을 선형판별규칙(linear classification rule)이라 부른다.

만약 $p_1 = p_2$이면, 정규성으로부터 유도된 선형판별규칙은 Fisher의 판별규칙과 같아진다. 그리고 식 (10.15)를 이용한 분류규칙은 근사적으로 최적(asymptotically optimal)인 판별규칙이 된다.

≪예제 10.2≫ 모집단이 다변량 정규분포를 따르고 공분산행렬이 같다고 할 수 있으며 그룹 1에 대한 사전확률은 0.6, 그룹 2에 대한 사전확률은 0.4라 하자. ≪예제 10.1≫의 자료에 대해 판별규칙을 정하고자 한다.

$$\frac{1}{2}(\overline{\boldsymbol{X}}_1 - \overline{\boldsymbol{X}}_2)'\boldsymbol{S}_{pl}^{-1}(\overline{\boldsymbol{X}}_1 + \overline{\boldsymbol{X}}_2) + \ln\left(\frac{p_2}{p_1}\right) = -26.015 - 0.406 = -25.609$$

이므로 식 (10.15)를 이용하면 판별 규칙은

$$(\overline{\boldsymbol{X}}_1 - \overline{\boldsymbol{X}}_2)'\boldsymbol{S}_{pl}^{-1}\boldsymbol{X} > -25.609$$

이면 그룹 1로 분류하고, 그렇지 않으면 그룹 2로 분류한다. 즉

$5.33X_1 - 4.67X_2 > -25.609$이면 그룹 1로 분류하고 그렇지 않으면 그룹 2로 분류한다.

10.2.3 다변량 정규분포를 따르며 두 그룹의 공분산행렬이 다른 경우

두 그룹 G_1, G_2 의 공분산행렬을 각각 $\boldsymbol{\Sigma}_1$, $\boldsymbol{\Sigma}_2$이고, $\boldsymbol{\Sigma}_1 \neq \boldsymbol{\Sigma}_2$라고 가정하자. 우도비를 구하면

$$\frac{f(\boldsymbol{X}\mid G_1)}{f(\boldsymbol{X}\mid G_2)} = \frac{|\boldsymbol{\Sigma}_2|^{1/2}}{|\boldsymbol{\Sigma}_1|^{1/2}} e^{-(\boldsymbol{X}-\boldsymbol{\mu}_1)'\boldsymbol{\Sigma}_1^{-1}(\boldsymbol{X}-\boldsymbol{\mu}_1)/2+(\boldsymbol{X}-\boldsymbol{\mu}_2)'\boldsymbol{\Sigma}_2^{-1}(\boldsymbol{X}-\boldsymbol{\mu}_2)/2} \tag{10.16}$$

이고 우도비에 자연로그함수를 취하면

$$Q(\boldsymbol{X}) = \ln\frac{f(\boldsymbol{X}\mid G_1)}{f(\boldsymbol{X}\mid G_2)} = \frac{1}{2}\ln\left(\frac{|\boldsymbol{\Sigma}_2|}{|\boldsymbol{\Sigma}_1|}\right) - \frac{1}{2}(\mathrm{X}-\boldsymbol{\mu}_1)'\boldsymbol{\Sigma}_1^{-1}(\mathrm{X}-\boldsymbol{\mu}_1) + \frac{1}{2}(\boldsymbol{X}-\boldsymbol{\mu}_2)'\boldsymbol{\Sigma}_2^{-1}(\boldsymbol{X}-\boldsymbol{\mu}_2)$$

$$= \frac{1}{2}\ln\left\{\frac{|\boldsymbol{\Sigma}_2|}{|\boldsymbol{\Sigma}_1|}\right\} - \frac{1}{2}\left(\boldsymbol{\mu}_1'\boldsymbol{\Sigma}_1^{-1}\boldsymbol{\mu}_1 - \boldsymbol{\mu}_2'\boldsymbol{\Sigma}_2^{-1}\boldsymbol{\mu}_2\right) \tag{10.17}$$

$$+ (\boldsymbol{\mu}_1'\boldsymbol{\Sigma}_1^{-1} - \boldsymbol{\mu}_2'\boldsymbol{\Sigma}_2^{-1})\boldsymbol{X}$$

$$- \frac{1}{2}\boldsymbol{X}'(\boldsymbol{\Sigma}_1^{-1} - \boldsymbol{\Sigma}_2^{-1})\boldsymbol{X}$$

이 된다. 식 (10.17)의 마지막 항 $\boldsymbol{X}'(\boldsymbol{\Sigma}_1^{-1} - \boldsymbol{\Sigma}_2^{-1})\boldsymbol{X}$은 $\boldsymbol{X}$의 이차형식을 취하므로 $Q(\boldsymbol{X})$를 이차판별함수(quadratic discriminant function) 또는 이차분류함수(quadratic classification function)라고 한다.

$Q(\boldsymbol{X})$를 이용한 최적 분류규칙은

$$Q(\boldsymbol{X}) > \ln\left(\frac{p_2}{p_1}\right) \tag{10.18}$$

이면 $\boldsymbol{X}$를 G_1그룹에 분류하고, 그렇지 않으면 $\boldsymbol{X}$를 G_2 그룹에 분류한다.

각 그룹에서의 표본을 이용할 때의 분류 규칙을 정하기 위해 $\boldsymbol{\mu}_1, \boldsymbol{\mu}_2$로 표본평균 $\overline{\boldsymbol{X}}_1$, $\overline{\boldsymbol{X}}_2$를 이용하고 $\boldsymbol{\Sigma}_1$, $\boldsymbol{\Sigma}_2$에 대해서는 각각 공분산추정량 $\boldsymbol{S}_1$, $\boldsymbol{S}_2$를 사용하면

$Q(\boldsymbol{X})$의 표본함수 $Q_s(\boldsymbol{X})$는

$$Q_s(\boldsymbol{X}) = \frac{1}{2}ln\left\{\frac{|\boldsymbol{S}_2|}{|\boldsymbol{S}_1|}\right\} - \frac{1}{2}\left(\overline{\boldsymbol{X}}_1'\boldsymbol{S}_1^{-1}\overline{\boldsymbol{X}}_1 - \overline{\boldsymbol{X}}_2'\boldsymbol{S}_2^{-1}\overline{\boldsymbol{X}}_2\right) \tag{10.19}$$

$$+ (\overline{\boldsymbol{X}}_1'\boldsymbol{S}_1^{-1} - \overline{\boldsymbol{X}}_2'\boldsymbol{S}_2^{-1})\boldsymbol{X}$$

$$- \frac{1}{2}\boldsymbol{X}'(\boldsymbol{S}_1^{-1} - \boldsymbol{S}_2^{-1})\boldsymbol{X}$$

이 되며, 이는 다음과 같은 이차형식으로 표현할 수 있다.

$$Q_s(\boldsymbol{X}) = b + \boldsymbol{c}'\boldsymbol{X} - \boldsymbol{X}'\boldsymbol{A}\boldsymbol{X}$$

$Q_s(\boldsymbol{X})$를 이용한 분류규칙은

$$Q_s(\boldsymbol{X}) \; > \; \ln\left(\frac{p_2}{p_1}\right) \tag{10.20}$$

이면 $\boldsymbol{X}$를 G_1 그룹에 분류하고, 그렇지 않으면 $\boldsymbol{X}$를 G_2 그룹에 분류한다.

$\boldsymbol{\Sigma}_1 \neq \boldsymbol{\Sigma}_2$인 경우 $Q_s(\boldsymbol{X})$를 이용한 분류규칙은 근사적으로 최적규칙은 아니다. 표본의 크기가 작을 경우에는 $\boldsymbol{S}_i$가 $\boldsymbol{\Sigma}_i$에 대한 안정적인 추정량이 아니므로, 즉 표본에 따라 변동이 심하므로, 이차판별함수보다 선형판별함수를 사용하는 것이 더 좋을 수 있다. 표본의 크기가 클 경우에는 $\boldsymbol{\Sigma}_1$과 $\boldsymbol{\Sigma}_2$의 차이가 클수록 이차판별함수를 사용하는 것이 더 좋다고 알려져 있다.

실제 판별분석에서 판별함수를 구하고자 할 때, 그룹들이 공통공분산행렬을 가진다고 가정할 수 있는지에 대한 통계적 판단을 하기 위해 $H_0 \; : \boldsymbol{\Sigma}_1 = \boldsymbol{\Sigma}_2$에 대한 가설검정을 하여 H_0를 기각하지 못할 경우에는 선형판별함수를 사용하고, H_0를 기각하게 될 경우에는 이차판별함수를 선택할 수 있다.

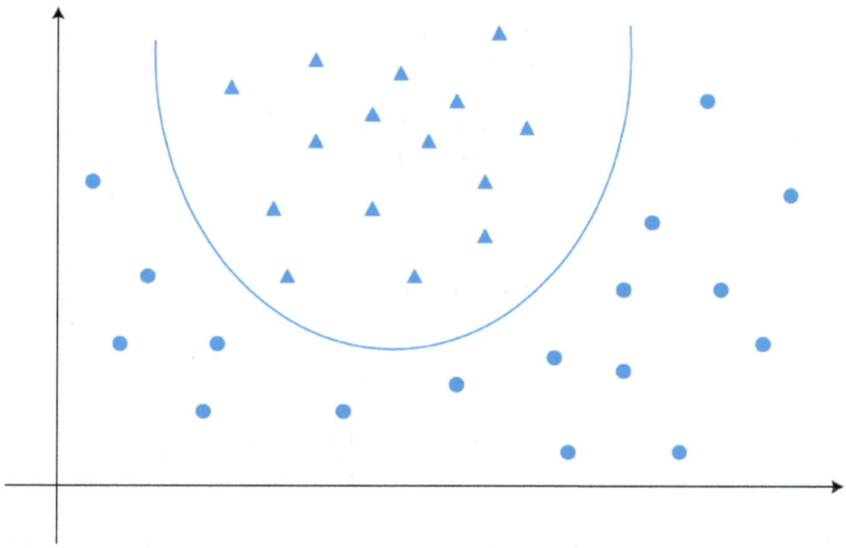

[그림 10.4] 두 그룹을 분리하는 이차판별함수

≪예제 10.3≫ 다변량 정규분포를 따르는 2개 그룹으로부터의 확률표본이 다음과 같다.

$$G_1 : \begin{pmatrix}1\\5\end{pmatrix} \quad \begin{pmatrix}0\\3\end{pmatrix} \quad \begin{pmatrix}2\\4\end{pmatrix} \quad \begin{pmatrix}5\\6\end{pmatrix}$$

$$G_2 : \begin{pmatrix}2\\1\end{pmatrix} \quad \begin{pmatrix}8\\20\end{pmatrix} \quad \begin{pmatrix}14\\16\end{pmatrix} \quad \begin{pmatrix}15\\7\end{pmatrix}$$

그룹을 구별할 수 있는 판별함수를 구하고자 한다. 우선 각 그룹의 표본평균벡터는

$$\overline{\boldsymbol{X}}_1 = \begin{pmatrix}2\\4.5\end{pmatrix}, \quad \overline{\boldsymbol{X}}_2 = \begin{pmatrix}9.75\\11\end{pmatrix}$$

와 같이 구해지며, 표본공분산행렬은 각각

$$\boldsymbol{S}_1 = \begin{pmatrix}4.67 & 2.33\\2.33 & 1.67\end{pmatrix}, \quad \boldsymbol{S}_2 = \begin{pmatrix}36.25 & 20.67\\20.67 & 74\end{pmatrix}$$

이며 두 집단의 공분산행렬이 같다고 할 수 없다고 한다. 한편, 일반화분산을 구해보면 $|\boldsymbol{S}_1| = 2.37$, $|\boldsymbol{S}_2| = 2255.25$ 이고

$$\boldsymbol{S}_1^{-1} = \begin{pmatrix}0.70 & -0.98\\-0.98 & 1.97\end{pmatrix}, \quad \boldsymbol{S}_2^{-1} = \begin{pmatrix}0.03 & -0.01\\-0.01 & 0.02\end{pmatrix}$$

으로 계산된다. 또한

$$\overline{\boldsymbol{X}}_1'\boldsymbol{S}_1^{-1} = (2,\ 4.5)\begin{pmatrix}0.70 & -0.98\\-0.98 & 1.97\end{pmatrix} = (-3.01,\ 6.905)$$

$$\overline{\boldsymbol{X}}_2'\boldsymbol{S}_2^{-1} = (9.75,\ 11)\begin{pmatrix}0.03 & -0.01\\-0.01 & 0.02\end{pmatrix} = (0.183,\ 0.123)$$

이므로

$$\overline{\boldsymbol{X}}_1'\boldsymbol{S}_1^{-1} - \overline{\boldsymbol{X}}_2'\boldsymbol{S}_2^{-1} = (-3.193,\ 6.782)$$

$$\overline{\boldsymbol{X}}_1'\boldsymbol{S}_1^{-1}\overline{\boldsymbol{X}}_1 = (2,\ 4.5)\begin{pmatrix}0.70 & -0.98\\-0.98 & 1.97\end{pmatrix}\begin{pmatrix}2\\4.5\end{pmatrix} = 0.920$$

$$\overline{\boldsymbol{X}}_2'\boldsymbol{S}_2^{-1}\overline{\boldsymbol{X}}_2 = (9.75,\ 11)\begin{pmatrix}0.03 & -0.01\\-0.01 & 0.02\end{pmatrix}\begin{pmatrix}9.75\\11\end{pmatrix} = 3.137$$

이며 $\boldsymbol{S}_1^{-1} - \boldsymbol{S}_2^{-1} = \begin{pmatrix}0.67 & -0.97\\-0.97 & 1.95\end{pmatrix}$ 이다. 표본통계량을 이용하여 식 (10.19)의 판별함수를 구하면

$$Q_s(\boldsymbol{X}) = \frac{1}{2}\ln\left\{\frac{|\boldsymbol{S}_2|}{|\boldsymbol{S}_1|}\right\} - \frac{1}{2}\left(\overline{\boldsymbol{X}}_1'\boldsymbol{S}_1^{-1}\overline{\boldsymbol{X}}_1 - \overline{\boldsymbol{X}}_2'\boldsymbol{S}_2^{-1}\overline{\boldsymbol{X}}_2\right)$$

$$+(\overline{\boldsymbol{X}}_1'\boldsymbol{S}_1^{-1} - \overline{\boldsymbol{X}}_2'\boldsymbol{S}_2^{-1})\boldsymbol{X} - \frac{1}{2}\boldsymbol{X}'(\boldsymbol{S}_1^{-1} - \boldsymbol{S}_2^{-1})\boldsymbol{X}$$

$$= \frac{1}{2}ln\left\{\frac{2255.25}{2.37}\right\} - \frac{1}{2}(0.920 - 3.137)$$

$$+(-3.193,\quad 6.782)\begin{pmatrix} X_1 \\ X_2 \end{pmatrix} - \frac{1}{2}(X_1 \quad X_2)\begin{pmatrix} 0.67 & -0.97 \\ -0.97 & 1.95 \end{pmatrix}\begin{pmatrix} X_1 \\ X_2 \end{pmatrix}$$

와 같이 이차형식의 함수로 주어진다.

10.3 세 개 이상 그룹의 판별

그룹이 3개 이상인 경우의 판별분석은 g개 그룹의 차이를 가장 크게 하도록 하는 변수들의 선형결합식을 찾는 것이다. 두 그룹에 대한 판별분석을 세 개 이상의 그룹으로 확장하는 것은 분산분석법을 이용하자는 것이다.

이제 g개 그룹으로부터의 확률표본을 얻었으며 i번째 그룹에서는 n_i개의 관측벡터를 얻었다고 하자.

10.3.1 Fisher의 방법

i번째 그룹에서 j번째 관측벡터 $\boldsymbol{X}_{ij}$를 판별계수벡터 $\boldsymbol{a}$를 통해 $Z_{ij} = \boldsymbol{a}'\boldsymbol{X}_{ij}$, $j = 1, 2, \ldots, n_i$로 변환하고자 하며 각 그룹평균은 $\overline{Z}_i = \boldsymbol{a}'\overline{\boldsymbol{X}}_i$이 된다. $\overline{Z}_1, \overline{Z}_2, \ldots, \overline{Z}_g$를 분리해내는 식 (10.2)의 기준을 g개 그룹에 대해 확장하기 위하여 분산분석에서의 그룹 간 행렬 $\boldsymbol{B}$와 그룹 내 행렬 $\boldsymbol{E}$를 이용하여 표현한다.

$(\boldsymbol{\mu}_1 - \boldsymbol{\mu}_2)(\boldsymbol{\mu}_1 - \boldsymbol{\mu}_2)'$ 대신 $\boldsymbol{B}$를 $\boldsymbol{\Sigma}$ 대신 $\boldsymbol{E}$를 이용하게 되어

$$F = \frac{\boldsymbol{a}'\boldsymbol{B}\boldsymbol{a}}{\boldsymbol{a}'\boldsymbol{E}\boldsymbol{a}} \tag{10.21}$$

를 정의한다. 여기서 그룹 내 제곱합(within sum of squares)은

$$\boldsymbol{E} = \sum_{l=1}^{g}\sum_{j=1}^{n_l}(\boldsymbol{X}_{lj}-\overline{\boldsymbol{X}}_l)(\boldsymbol{X}_{lj}-\overline{\boldsymbol{X}}_l)' \tag{10.22}$$

$$= (n_1-1)\boldsymbol{S}_1+(n_2-1)\boldsymbol{S}_2+\dots+(n_g-1)\boldsymbol{S}_g$$

그룹간 제곱합(between sum of squares)은

$$\boldsymbol{B} = \sum_{l=1}^{g} n_l(\overline{\boldsymbol{X}}_l-\overline{\boldsymbol{X}})(\overline{\boldsymbol{X}}_l-\overline{\boldsymbol{X}})' \tag{10.23}$$

이다.

F-비를 최대로 하는 $\boldsymbol{a}$는 $\boldsymbol{E}^{-1}\boldsymbol{B}$의 최대 고유값 λ_1에 해당하는 고유벡터 $\boldsymbol{a}_1$이고 이때의 F값은 λ_1이 된다. 그러므로 판별함수 $Z_1=\boldsymbol{a}_1'\boldsymbol{X}$는 그룹평균들의 차이를 가장 크게 해주는, 즉 그룹을 구별해주는 함수가 된다. $s=\min(g-1,\ p)$이며 $\boldsymbol{E}^{-1}\boldsymbol{B}$는 s개의 고유값 $\lambda_1,\ \lambda_2,\ \dots,\ \lambda_s$와 이에 해당하는 고유벡터 $\boldsymbol{a}_1,\ \boldsymbol{a}_2,\ \dots,\ \boldsymbol{a}_s$를 가지므로 s개의 판별함수

$$Z_1=\boldsymbol{a}_1'\boldsymbol{X},\quad i=1,\ 2,\ \dots,\ s \tag{10.24}$$

를 얻게 되고 서로 독립이며, 이 판별함수들은 $\overline{Z_1},\ \overline{Z_2},\ \dots,\ \overline{Z_g}$의 차이를 크게 나도록 해주는 차원 또는 방향을 나타낸다. 그러므로 $q(\le s)$개의 정준벡터 $\boldsymbol{a}_1,\ \boldsymbol{a}_2,\ \dots,\ \boldsymbol{a}_q$에 대응하는 정준판별함수 $Z_1=\boldsymbol{a}_1'\boldsymbol{X},\quad i=1,\ 2,\dots,\ q$를 얻게 되며 다음과 같은 분류규칙이 유도된다.

새로운 개체 $\boldsymbol{X}_0$에 대하여 모든 $j\neq k$ 에 대해

$$\sum_{i=1}^{q}\boldsymbol{a}_i'(\boldsymbol{X}_0-\overline{\boldsymbol{X}}_k)^2 \le \sum_{i=1}^{q}\boldsymbol{a}_i'(\boldsymbol{X}_0-\overline{\boldsymbol{X}}_j)^2 \text{이면}$$

$\boldsymbol{X}_0$를 k번째 그룹인 G_k 그룹으로 분류한다. (10.25)

즉 $j=1,\ 2,\ \dots,\ g$에 대해 $\sum_{i=1}^{q}\boldsymbol{a}_i'(\boldsymbol{X}_0-\overline{\boldsymbol{X}}_j)^2$을 가장 작게 하는 그룹으로 분류한다. 이와 같이 구해진 q개의 정준판별함수를 사용할 경우 판별력은 누적고유값의 비인

$$\frac{\sum_{i=1}^{q}\lambda_i}{\sum_{i=1}^{s}\lambda_i} \tag{10.26}$$

가 되며 이것을 고려해 판별함수의 개수를 결정하면 된다.

10.3.2 공분산행렬이 모두 같은 경우

$p_1, p_2, \ldots, p_g$는 관측벡터 $\boldsymbol{X}$가 각각 그룹 $G_1, G_2, \ldots, G_g$로부터 발생할 사전확률이고 각 집단의 공분산행렬은 모두 같다고 가정한다. 즉 $\boldsymbol{\Sigma}_1 = \boldsymbol{\Sigma}_2 = \cdots = \boldsymbol{\Sigma}_g$인 경우를 고려한다. 각 그룹으로부터의 확률표본의 개수는 $n_1, n_2, \ldots, n_g$이며 전체 표본크기는 $N = \sum_{i=1}^{g} n_i$이다.

확률밀도함수를 아는 경우 최적 판별규칙은

$$p_i f(\boldsymbol{X} \mid G_i) \geq p_j f(\boldsymbol{X} \mid G_j), \quad j = 1, 2, \ldots, g \tag{10.27}$$

이면 $\boldsymbol{X}$ 를 G_i그룹에 분류한다. 즉 $p_i f(\boldsymbol{X} \mid G_i) = \max_j p_j f(\boldsymbol{X} \mid G_j)$이면 $\boldsymbol{X}$를 그룹에 분류한다.

$\boldsymbol{X}$가 다변량 정규분포를 따를 경우를 고려하자. 즉

$$f(\boldsymbol{X} \mid G_j) = N_p(\boldsymbol{\mu}_j, \boldsymbol{\Sigma}), \quad j = 1, 2, \ldots, g$$

일 때 $p_i f(\boldsymbol{X} \mid G_i)$를 최대화하는 것은 $\ln p_i f(\boldsymbol{X} \mid G_i)$를 최대화하는 것과 동치이므로 $\ln p_i f(\boldsymbol{X} \mid G_i)$를 구해보면

$$\ln p_i f(\boldsymbol{X} \mid G_i) = \ln p_i - \frac{1}{2} p \ln(2\pi) - \frac{1}{2} \ln|\boldsymbol{\Sigma}| - \frac{1}{2}(\boldsymbol{X} - \boldsymbol{\mu}_i)' \boldsymbol{\Sigma}^{-1} (\boldsymbol{X} - \boldsymbol{\mu}_i) \tag{10.28}$$

이다. 여기서 $\boldsymbol{\Sigma}$는 공통공분산행렬이고 p는 $\boldsymbol{X}$를 구성하는 변수 개수이며 p_i는 G_i에서 발생할 수 있는 사전확률이다. 어떤 그룹에서 발생하든지 $\frac{1}{2}p\ln(2\pi)$와 $\frac{1}{2}(\boldsymbol{X}'\boldsymbol{\Sigma}^{-1}\boldsymbol{X})$

는 같은 값을 갖게 되므로 식 (10.28)에서 중요한 부분은

$$\ln p_i + \boldsymbol{\mu}_i{}'\boldsymbol{\Sigma}^{-1}\boldsymbol{X} - \frac{1}{2}\boldsymbol{\mu}_i{}'\boldsymbol{\Sigma}^{-1}\boldsymbol{\mu}_i \tag{10.29}$$

이 된다. 표본으로부터의 추정량을 이용하면 다음의 선형함수

$$L_i(\boldsymbol{X}) = \ln p_i + \overline{\boldsymbol{X}}_i{}'\boldsymbol{S}_{pl}^{-1}\boldsymbol{X} - \frac{1}{2}\overline{\boldsymbol{X}}_i{}'\boldsymbol{S}_{pl}^{-1}\overline{\boldsymbol{X}}_i \tag{10.30}$$

를 얻게 된다. 여기서 $\boldsymbol{S}_{pl} = \boldsymbol{E}/(N-g)$은 공통공분산행렬의 추정량이다. 그러므로 판별규칙은

새로운 관측벡터 $\boldsymbol{X}$를 $L_i(\boldsymbol{X})$를 최대화하는 그룹에 분류한다. (10.31)

그리고 이와 같은 판별규칙은 근사적으로 최적인 분류규칙이 된다.

만약 $p_1 = p_2 = \cdots = p_g$으로 그룹에 대한 사전확률이 같다면 식 (10.27)의 판별규칙은 우도함수만을 이용하게 되므로 최대우도를 이용한 규칙(maximum likelihood rule)이 된다.

10.3.3 공분산행렬이 모두 같지 않은 경우

$p_1, p_2, \ldots, p_g$는 관측벡터 $\boldsymbol{X}$가 각각 그룹 $G_1, G_2, \ldots, G_g$로부터 발생할 사전 확률이고 각 집단의 공분산 행렬은 모두 같다고 할 수 없는 경우를 고려해 보자.

$\boldsymbol{X}$가 다변량 정규분포를 따를 경우, 즉 $\boldsymbol{X} \sim N_p(\boldsymbol{\mu}_j, \boldsymbol{\Sigma}_j)$, $j = 1, 2, \ldots, g$일 때

$$\begin{aligned} \ln p_i f(\boldsymbol{X} \mid G_i) &= \ln p_i - \frac{1}{2}p\ln(2\pi) - \frac{1}{2}ln|\boldsymbol{\Sigma}_i| \\ &\quad - \frac{1}{2}(\boldsymbol{X}-\boldsymbol{\mu}_i)'\boldsymbol{\Sigma}_i^{-1}(\boldsymbol{X}-\boldsymbol{\mu}_i) \end{aligned} \tag{10.32}$$

이다. 여기서 $\boldsymbol{\Sigma}_i$는 G_i 그룹의 공분산행렬이고 p는 $\boldsymbol{X}$를 구성하는 변수 개수이며 p_i는 G_i에서 발생할 수 있는 사전확률이다.

각 그룹에서 $\frac{1}{2}p\ln(2\pi)$만 같은 값을 갖게 되므로 식 (10.28)에서 중요한 부분은

$$\ln p_i - \frac{1}{2} ln|\boldsymbol{\Sigma}_i| - \frac{1}{2}(\boldsymbol{X}-\boldsymbol{\mu}_i)'\boldsymbol{\Sigma}_i^{-1}(\boldsymbol{X}-\boldsymbol{\mu}_i) \tag{10.33}$$

$$= \ln p_i - \frac{1}{2} ln|\boldsymbol{\Sigma}_i| - \frac{1}{2}\boldsymbol{\mu}_i'\boldsymbol{\Sigma}_i^{-1}\boldsymbol{\mu}_i$$

$$- \frac{1}{2}\boldsymbol{X}'\boldsymbol{\Sigma}_i^{-1}\boldsymbol{X} + \boldsymbol{\mu}_i'\boldsymbol{\Sigma}_i^{-1}\boldsymbol{X}$$

이 된다. 표본으로부터의 추정량을 이용하면 다음의 이차형식함수

$$Q_i(\boldsymbol{X}) = \ln p_i - \frac{1}{2} ln|\boldsymbol{S}_i| - \frac{1}{2}\overline{\boldsymbol{X}}_i'\boldsymbol{S}_i^{-1}\overline{\boldsymbol{X}}_i \tag{10.34}$$

$$- \frac{1}{2}\boldsymbol{X}'\boldsymbol{S}_i^{-1}\boldsymbol{X} + \overline{\boldsymbol{X}}_i'\boldsymbol{S}_i^{-1}\boldsymbol{X}$$

를 얻는다. 그러므로 판별규칙은:

새로운 관측벡터 $\boldsymbol{X}$를 $Q_i(\boldsymbol{X})$를 최대화하는 그룹에 분류한다. (10.35)

그리고 이와 같은 판별규칙은 근사적으로 최적인 분류규칙이다. 만약 $p_1 = p_2 = \cdots = p_g$ 이라면 각 그룹에서 $\ln p_i$는 같으므로 식 (10.34)는

$$Q_i(\boldsymbol{X}) = -\frac{1}{2} ln|\boldsymbol{S}_i| - \frac{1}{2}\overline{\boldsymbol{X}}_i'\boldsymbol{S}_i^{-1}\overline{\boldsymbol{X}}_i \tag{10.36}$$

$$- \frac{1}{2}\boldsymbol{X}'\boldsymbol{S}_i^{-1}\boldsymbol{X} + \overline{\boldsymbol{X}}_i'\boldsymbol{S}_i^{-1}\boldsymbol{X}$$

이 된다.

표본의 크기가 클 경우에는 선형판별함수보다 이차판별함수를 사용하는 것이 더 좋다고 알려져 있다. Velilla와 Barrio(1994)는 데이터가 정규분포를 따르지 않을 경우 변환식을 통해 근사적으로 정규분포를 따르게 만든 후 정규분포를 따를 경우의 판별함수를 이용하여 그룹을 판별하는 방법을 제안하였다.

10.4 오분류율 계산

분류함수의 능력을 판단하기 위한 오분류(misclassification)의 확률로서 오류율(error rate)과 정확한 분류율(correct classification rate)을 이용한다. 이 절에서는 재대입(resubstitution) 분류, 표본분할(partitioning the sample), 교차타당성(cross validation) 등을 이용하여 오류율을 계산하는 방법에 대해 설명하고자 한다. 이 외에도 Efron(1979)이 주장한 붓스트랩(bootstrap)을 이용한 방법이 있다.

10.4.1 재대입 분류에 의한 오류율 계산

데이터로부터 유도된 판별함수를 다시 데이터에 적용하는 재대입(resubstitution)분류에 의해 오분류율을 계산할 수 있다. 표본의 각 개체에 대해 관측벡터를 판별함수를 이용해 분류한 후 오분류되는 경우의 수를 전체 표본의 수로 나누어 오분류율을 계산한다. 이와 같이 계산한 오분류율을 명백한 오류율(apparent error rate)이라 하며 [표 10.1]과 같은 분류표를 만들면 쉽게 계산할 수 있다.

▶표 10.1 2개 그룹 분류표

실제 그룹	표본의 수	예측 그룹 1	예측 그룹 2
1	n_1	n_{11}	n_{12}
2	n_2	n_{21}	n_{22}

$$\text{명백한 오류율} = \frac{n_{12}+n_{21}}{n_1+n_2} \tag{10.37}$$

$$= \frac{n_{12}+n_{21}}{n_{11}+n_{12}+n_{21}+n_{22}}$$

$$\text{정확한 분류율} = \frac{n_{11}+n_{22}}{n_1+n_2} \tag{10.38}$$

$$\text{정확한 분류율} = 1-\text{오류율}$$

과 같이 계산한다.

이번에는 3개 그룹의 경우 [표 10.2]와 같은 분류표를 만들고 오류율을 정의해 보자.

▶표 10.2 3개 그룹 분류표

실제 그룹	표본의 수	예측 그룹 1	예측 그룹 2	예측 그룹 3
1	n_1	n_{11}	n_{12}	n_{13}
2	n_2	n_{21}	n_{22}	n_{23}
3	n_3	n_{31}	n_{32}	n_{233}

$$\text{정확한 분류율} = \frac{n_{11}+n_{22}+n_{33}}{n_1+n_2+n_3} \tag{10.39}$$

$$\begin{aligned}\text{명백한 오류율} &= \frac{n_{12}+n_{21}+n_{21}+n_{23}+n_{31}+n_{32}}{n_1+n_2+n_3} \\ &= 1-\text{정확한 분류율}\end{aligned} \tag{10.40}$$

≪예제 10.4≫ 판별분석 결과 다음의 [표 10.3]과 같은 분류결과를 얻었다.

▶표 10.3 2개 그룹 분류표 예

실제 그룹	표본의 수	예측 그룹 1	예측 그룹 2
1	32	28	4
2	32	4	28

$$\text{명백한 오류율} = \frac{n_{12}+n_{21}}{n_1+n_2} = \frac{4+4}{32+32} = 0.125$$

$$\text{정확한 분류율} = \frac{n_{11}+n_{22}}{n_1+n_2} = \frac{28+28}{32+32} = 0.875$$

로 계산한다.

10.4.2 표본분할에 의한 오류율 계산

재대입 분류에 의해 오류율을 계산하면 실제 편의(bias)보다 적게 계산될 수 있다. 편의를 줄이는 방법으로 표본에 대해 표본의 크기를 반으로 하는 두 부분으로 나누어, 한 부분은 판별함수를 만드는데 이용하고 나머지 부분은 만든 판별함수를 이용해 분류한 후 판별함수의 판별능력을 평가해 보는 것이다.

훈련표본(training sample)과 타당성검사 표본(validation sample)으로 나누어 훈련 표본으로 판별함수를 계산하고 타당성검사 표본으로 구해 놓은 판별함수를 이용해 오류율을 계산한다. 판별함수 계산시 사용되지 않은 표본을 사용하여 판별해보는 방법으로 추정된 오류율은 불편(unbiased)추정량이 된다. 또한 두 표본은 역할을 바꾸어 다시 오류율을 계산한 후 두 개 오류율의 평균으로 오류율을 추정한다.

그러나 이와 같은 방법은 두 가지 단점이 있다. 첫째는 표본을 두 부분으로 나누어야 하므로 비교적 큰 표본의 크기가 요구된다. 둘째는 실제로 사용할 판별함수에 대해서는 평가할 수 없다는 것이다.

10.4.3 교차타당성에 의한 오류율 계산

표본분할 방법보다 진보된 방법으로 교차타당성(cross-validation)에 의한 방법을 들 수 있다. 한 개만의 표본을 제외한 나머지 표본으로 판별함수를 계산하고 구해진 판별함수를 이용해 제외되었던 표본을 분류한다. 이와 같은 과정을 전체 표본의 크기만큼 시행하여 오류율을 구한다. 한 번에 한 개의 표본을 제외하고 시행하므로 한 개씩 제거 방법(leaving-one-out method)이라고 불리기도 한다.

이와 같은 방법은 표본이 커지면 계산횟수와 시간이 엄청나게 늘어나는 불편이 있지만 컴퓨터의 발달로 해결되는 문제이기도 하다. 교차타당성에 의해 구한 오류율은 재대입분류로 구한 오류율보다 커지는 경향이 있다. 또한 전체 표본을 두 부분으로 나누어야하므로 비교적 큰 표본의 크기가 요구되며 실제로 사용할 판별함수에 대해서는 평가할 수 없다는 것이 판별함수에 대한 평가의 어려운 점이기도 하다.

10.5 판별함수의 표준화

판별함수에 기여하는 변수의 상대적 비중은 판별함수계수(discriminant function coefficient)에 나타난다. 그런데 변수값들의 단위가 다르면 동등한 비교를 할 수 없으므로 단위가 다를 때는 표준화 변수를 이용하여 판별함수를 구한 후 판별함수의 계수를 비교하는 것이 의미가 있겠다.

두 개의 그룹이 있으며 공분산행렬이 같다고 할 수 있는 경우를 생각해 보자. 원래 변수를 이용해 구한 선형판별함수를

$$Y = \boldsymbol{a}'\boldsymbol{X} = a_1X_1 + a_2X_2 + \cdots + a_pX_p \tag{10.41}$$

이라고 놓는다. 표준화 변수를 이용할 경우 그룹 1에서 i번째 관측벡터에 대해 판별함수를 구하면, $i = 1, 2, \ldots, n_1$에 대해

$$Z_{1i} = \boldsymbol{a}^{*\prime}\boldsymbol{X} = a_1^*\frac{X_{1i1} - \overline{X_{11}}}{s_1} + a_2^*\frac{X_{1i2} - \overline{X_{12}}}{s_2} + \cdots + a_p^*\frac{X_{1ip} - \overline{X_{1p}}}{s_p} \tag{10.42}$$

로 표현할 수 있다. 여기서 $\overline{\boldsymbol{X}}_1 = (\overline{X_{11}}, \overline{X_{12}}, \ldots, \overline{X_{1p}})'$는 그룹 1의 평균벡터이다.

그룹 2에서 i번째 관측벡터에 대해 판별함수를 구하면, $i = 1, 2, \ldots, n_2$ 에 대해

$$Z_{2i} = \boldsymbol{a}^{*\prime}\boldsymbol{X} = a_1^*\frac{X_{2i1} - \overline{X_{21}}}{s_1} + a_2^*\frac{X_{2i2} - \overline{X_{22}}}{s_2} + \cdots + a_p^*\frac{X_{2ip} - \overline{X_{2p}}}{s_p} \tag{10.43}$$

로 표현할 수 있다. 여기서 $\overline{\boldsymbol{X}}_2 = (\overline{X_{21}}, \overline{X_{22}}, \ldots, \overline{X_{2p}})'$는 그룹 2의 평균벡터이다.

s_r은 두 그룹의 합동공분산행렬 $\boldsymbol{S}_{pl}$에서 r번째 대각선상에 놓인 r번째 변수의 표준편차이다. 즉

$$a_r^* = s_r a_r, \quad r = 1, 2, \ldots, p \tag{10.44}$$

의 관계를 갖게 되며, 벡터로 표현하면

$$\boldsymbol{a}^* = (diag\boldsymbol{S}_{pl})^{1/2}\boldsymbol{a} \tag{10.45}$$

로 쓸 수 있다.

이번에는 여러 개의 그룹이 있으며 공분산행렬이 같다고 할 수 있는 경우를 생각해 보자.

두 개 그룹의 경우와 마찬가지로 $m=1, 2, \dots, g$, $r=1, 2, \dots, p$에 대해 표준화계수는

$$a_{mr}^{*} = s_r a_{mr} \tag{10.46}$$

의 관계를 만족하며 여기서 s_r은 합동공분산행렬 $\boldsymbol{S}_{pl}$에서 r번째 대각선상에 놓인 r번째 변수의 표준편차이다.

10.6 판별함수의 유의성 검정

Fisher의 판별함수는 집단 또는 그룹간의 평균차가 최대가 되도록 판별함수를 구하는 것이며 그룹간의 평균(벡터) 차이가 없다면 판별함수를 이용할 필요가 없게 된다. 그러므로 이 절에서는 판별함수의 유의성 검정에 대해 설명하고자한다. 판별함수의 유의성 검정을 위해서는 다변량 정규성 가정이 필요하다.

10.6.1 두 개 그룹의 경우 판별함수의 유의성 검정

두 그룹의 분리를 위해 두 그룹간 거리가 최대가 되도록 만든 판별함수의 계수벡터는

$$\boldsymbol{l} = \boldsymbol{\Sigma}^{-1}(\boldsymbol{\mu}_1 - \boldsymbol{\mu}_2) \tag{10.47}$$

이다. 판별함수 계수벡터의 유의성에 대한 귀무가설

$$H_0 : \boldsymbol{l} = \boldsymbol{0} \tag{10.48}$$

은

$$H_0 : \boldsymbol{\mu}_1 = \boldsymbol{\mu}_2 \tag{10.49}$$

와 동치가 된다. 그리고 두 그룹의 평균비교에 대한 가설검정은 5장에서 배운 Hotelling의 T^2 검정을 이용하면 된다.

10.6.2 여러 개 그룹의 경우 판별함수의 유의성 검정

그룹이 여러 개 있을 경우, s개 그룹(모집단)의 판별함수를 $\boldsymbol{a}_1'\boldsymbol{X}$, $\boldsymbol{a}_2'\boldsymbol{X}$, ..., $\boldsymbol{a}_s'\boldsymbol{X}$로 표기하자.

판별함수 계수벡터의 유의성에 대한 귀무가설은

$$H_0 : \boldsymbol{a}_1 = \boldsymbol{a}_2 = \cdots = \boldsymbol{a}_s = \boldsymbol{0} \tag{10.50}$$

이다. 10.3.1절의 내용을 다시 살펴보면 $\boldsymbol{a}$는 $\boldsymbol{\Sigma}^{-1}\boldsymbol{\Omega}$의 고유벡터가 되며 여기서 $\boldsymbol{\Omega} = \sum_{l=1}^{g} n_l(\boldsymbol{\mu}_l - \overline{\boldsymbol{\mu}})(\boldsymbol{\mu}_l - \boldsymbol{\mu})'$이다. H_0가 사실이면, 즉 고유값이 모두 0인 행렬은 0 행렬밖에 없으므로 $\boldsymbol{\Sigma}^{-1}\boldsymbol{\Omega} = \boldsymbol{0}$이 되며 $\boldsymbol{\Sigma} \neq \boldsymbol{0}$이므로 $\boldsymbol{\Omega} = \boldsymbol{0}$이 된다. 즉 $H_0 : \boldsymbol{\mu}_1 = \boldsymbol{\mu}_2 = \cdots = \boldsymbol{\mu}_g$인 경우가 되며 6장에서 다룬 그룹 간 평균벡터비교 문제와 같은 문제가 된다.

10.3.1절의 내용을 다시 살펴보면 판별기준에 해당하는

$$F = \frac{\boldsymbol{a}'\boldsymbol{B}\boldsymbol{a}}{\boldsymbol{a}'\boldsymbol{E}\boldsymbol{a}} \tag{10.51}$$

는 $\boldsymbol{E}^{-1}\boldsymbol{B}$의 최대 고유값 λ_1에 해당하는 고유벡터 $\boldsymbol{a}_1$이고 이 때의 F값은 λ_1이 되며 나머지 λ_2, ..., λ_s에 해당하는 고유벡터와 더불어 판별차원(discriminant dimensions)을 구성한다. 여기서 고유값은 6장에서 다룬 여러 개 집단에서 평균벡터 비교에 대한 검정문제에서 Wilks lambda 통계량 계산에 쓰이는 고유값과 같다. 그러므로 Wilks lambda 통계량

$$\Lambda_1 = \frac{|\boldsymbol{E}|}{|\boldsymbol{B} + \boldsymbol{E}|} = \prod_{i=1}^{s} \frac{1}{1+\lambda_i} \tag{10.52}$$

을 이용하여 판별함수에 대한 유의성 검정을 할 수 있다. $N = \sum_{i=1}^{g} n_i$일 때, 유의수준 α에서의 검정법은 $\Lambda_1 \leq \Lambda_{p,g-1,N-p-1}(\alpha)$이면 $H_0 : \boldsymbol{\mu}_1 = \boldsymbol{\mu}_2 = \cdots = \boldsymbol{\mu}_g$를 기각한다.

H_0가 기각되고 s개의 고유값으로 판별차원을 형성한다면 $\overline{\boldsymbol{X}}_1$, $\overline{\boldsymbol{X}}_2$, ..., $\overline{\boldsymbol{X}}_g$ 개의 평균벡터를 s-차원으로 분할한다는 의미를 갖는다. 그러나 H_0를 기각하는 것이 s개의 판별차원을 말해주는 것이 아니므로 평균벡터의 차이가 유의한 평균벡터들의 부분집합

으로 다시 그룹을 만들어 구별이 유의한 판별차원을 찾을 수 있다.

Λ_1에 대해

$$V_1 = -\left[\nu_E - \frac{1}{2}(p - \nu_B + 1)\right] \ln \Lambda_1 \tag{10.53}$$

$$= -\left[N - g - \frac{1}{2}(p - g + 2)\right] \ln \prod_{i=1}^{s} \frac{1}{1+\lambda_i}$$

$$= \left[N - g - \frac{1}{2}(p + g)\right] \sum_{i=1}^{s} \ln(1+\lambda_i)$$

는 근사적으로 $\chi^2_{p(g-1)}$분포를 따르므로 V_1을 이용하여 카이제곱검정을 할 수 있다.

만약 H_0를 기각한다면 적어도 한 개의 고유값은 0이 아니며 첫 번째 고유값에 해당하는 첫 번째 판별함수

$$Z_1 = \boldsymbol{a}_1{}'\boldsymbol{X} \tag{10.54}$$

는 그룹을 구별하는데 의미 있는 함수가 된다.

그러면 첫 번째 고유값을 제외한 나머지 고유값에 대한 검정을 해보자. λ_2, ..., λ_p에 대한 유의성 검정을 위해 Wilks lambda 통계량

$$\Lambda_2 = \prod_{i=2}^{s} \frac{1}{1+\lambda_i} \tag{10.55}$$

를 계산할 수 있고

$$V_2 = \left[N - g - \frac{1}{2}(p + g)\right] \sum_{i=2}^{s} \ln(1+\lambda_i) \tag{10.56}$$

는 근사적으로 $\chi^2_{(p-1)(g-2)}$ 분포를 따르므로 V_2를 이용하여 카이제곱검정을 할 수 있다. 만약 H_0를 기각한다면 적어도 한 개의 고유값은 0이 아니며 두 번째 고유값에 해당하는 두 번째 판별함수

$$Z_2 = \boldsymbol{a}_2{}'\boldsymbol{X} \tag{10.57}$$

는 그룹을 구별하는데 의미있는 함수가 되며 판별차원의 축이 된다. 이와 같은 방법으로 판별함수에 대한 유의성 검정을 계속할 수 있다.

m번째 단계에서는 λ_m, …, λ_p에 대한 유의성 검정을 위해 Wilks lambda 통계량

$$\Lambda_m = \prod_{i=m}^{s} \frac{1}{1+\lambda_i} \tag{10.58}$$

를 계산할 수 있고

$$V_m = \left[N - g - \frac{1}{2}(p+g)\right] \sum_{i=m}^{s} \ln(1+\lambda_i) \tag{10.59}$$

는 근사적으로 $\chi^2_{(p-m+1)(g-m)}$ 분포를 따르므로 V_m을 이용하여 카이제곱검정을 할 수 있다.

또한 Λ_i에 대해 근사적인 F-검정을 이용할 수 있다. Λ_1에 대해서

$$F = \frac{1-\Lambda_1^{1/t}}{\Lambda_1^{1/t}} \frac{df_2}{df_1} \tag{10.60}$$

여기서

$$t = \sqrt{\frac{p^2(g-1)^2-4}{p^2+(g-1)^2-5}}, \qquad w = N - 1 - \frac{1}{2}(p+g)$$

$$df_1 = p(g-1), \qquad df_2 = wt - \frac{1}{2}[p(g-1)-2] \tag{10.61}$$

이다.

Λ_m, $m = 2, 3, \ldots, s$에 대해서는

$$F = \frac{1-\Lambda_m^{1/t}}{\Lambda_m^{1/t}} \frac{df_2}{df_1} \tag{10.62}$$

p를 $p-m+1$로, $k-1$을 $k-m$으로 대치하면

$$t = \sqrt{\frac{(p-m+1)^2(g-m)^2-4}{(p-m+1)^2+(g-m)^2-5}}, \qquad w = N-1-\frac{1}{2}(p+g) \tag{10.63}$$

$$df_1 = (p-m+1)(g-m), \qquad df_2 = wt - \frac{1}{2}[(p-m+1)(g-m)-2]$$

이다. 이들 F-통계량은 근사적으로 F_{df_1, df_2} 분포를 따르므로 F-검정을 할 수 있다.

10.7 판별함수의 변수선택 : 단계별 변수선택

10.7.1 변수선택방법

판별함수에 사용될 수 있는 변수가 여러 개 있을 경우 적절한 변수선택을 통해 판별함수를 찾으면 판별차원을 줄일 뿐만 아니라 오분류율을 낮출 수 있다.

전진적 선택(forward selection) 방법은 그룹간의 거리를 최대로 하는 한 개의 변수를 선택한 후 그 다음으로 그룹간의 거리를 최대로 하는 다른 한 개의 변수를 선택하는데 이때 부분 F-검정통계량의 값을 최대로 하는 변수가 선택된다. 이와 같은 방법으로 변수가 더 이상 선택되지 않을 때까지 진행한다.

후진적 선택(backward selection) 방법은 모든 변수로부터 시작한다. 부분 F-검정통계량의 값이 가장 작은 변수부터 제거해가며 더 이상 변수가 제거되지 않을 때까지 진행한다.

단계적 선택(stepwise selection) 방법은 전진적 선택방법과 후진적 선택방법의 혼합형이다. 변수가 선택되는 매 단계마다 선택된 변수가 기여하는 바를 검정하여 결정한다. 각 단계에서 판별함수를 계산하지는 않으며 실질적으로 매 단계 MANOVA 과정을 수행하는 것이다. 변수 선택 과정이 끝나면 선택된 변수를 이용하여 판별함수를 구하게 된다. 이와 같이 유의한 변수를 선택하여 판별함수를 만드는 작업을 단계적 판별분석(stepwise discriminant analysis)이라고 한다.

10.7.2 부분 F-통계량을 이용한 단계별 변수선택

전진적 변수 선택과 후진적 변수 선택의 절충형인 단계별 변수 선택방법에 대해 부분 F-통계량(partial F-statistic)을 이용한 변수 선택과정을 설명하기로 한다.

일변량에 대한 분산분석의 F-통계량을 비교하여 가장 큰 값을 갖는 변수가 첫 번째로 선택된다. 첫 번째로 X_1이 선택되었다고 하자. X_1에 대한 Wilks lambda $\Lambda(X_1)$을 구한다. 그리고 각 변수 X_r, $r=2, 3, \ldots, p$에 대해 부분(partial) Λ 통계량

$$\Lambda(X_r|X_1) = \frac{\Lambda(X_1, X_r)}{\Lambda(X_1)} \tag{10.64}$$

와 부분 F-통계량

$$F = \frac{1-\Lambda(X_r|X_1)}{\Lambda(X_r|X_1)} \frac{\nu_E - 1}{\nu_B} \tag{10.65}$$

을 계산하여 가장 큰 부분 F-값을 갖는 변수를 선택한다. 여기서 $\nu_E = N - g$, $\nu_B = g - 1$이다. 이 단계에서 X_2가 선택되었다고 하자.

각 변수 X_r, $r = 3, 4, \ldots, p$에 대해 부분 Λ 통계량

$$\Lambda(X_r|X_1, X_2) = \frac{\Lambda(X_1, X_2, X_r)}{\Lambda(X_1, X_2)} \tag{10.66}$$

와 부분 F-통계량

$$F = \frac{1-\Lambda(X_r|X_1, X_2)}{\Lambda(X_r|X_1, X_2)} \frac{\nu_E - 2}{\nu_B} \tag{10.67}$$

을 계산하여 가장 큰 부분 F-값을 갖는 변수를 선택한다. 이 단계에서 X_3가 선택되었다고 하자. 모형에 포함된 변수들에 대해 부분 Λ 통계량

$$\Lambda(X_1|X_2, X_3),\ \Lambda(X_2|X_1, X_3),\ \Lambda(X_3|X_1, X_2)$$

를 계산하고 비교하여 모형에의 기여정도가 유의하지 않은 변수는 제거된다. 이와 같은 방법으로 더 이상 변수가 선택되거나 제거되지 않는 단계에서 과정은 멈추게 된다.

10.8 R을 이용한 판별분석

≪예제 10.4≫ 다음은 두 시대의 이집트인의 두개골에 대한 자료로, 다음과 같은 4개의 변수를 가지고 있다. 각 모집단은 다변량 정규분포를 따르고, 같은 분산을 갖는다는 가정 하에 이 자료를 이용하여 판별분석을 수행하고자 한다.

[표 10.4]에서 X_1, X_2, X_3, X_4는 각각 MB, BH, BL, NH, Year를 나타내며 각각의 구체적인 의미는 다음과 같다.

Year = 두개골 형성 시기의 대략적인 연도로 기원전 4000년, 기원후 150년

MB = Maximum Breadth(mm) : 머리뼈의 둘레 중 가장 큰 둘레의 길이

BH = Basibregmatic Height(mm) : 기저시상봉합과 관상봉합의 접합점의 크기로

머리뼈의 정수리부터 눈썹뼈 위까지의 길이

BL = Basialveolar Length(㎜) : 기조치조의 길이로 맨 앞의 치아부터 혀가 닿는 끝부분까지의 길이

NH = Nasal Height of Skull(㎜) : 코의 높이

▶표 10.4 두개골 자료

번호	X_1	X_2	X_3	X_4	연대	번호	X_1	X_2	X_3	X_4	연대
1	131	138	89	49	-4000	1	137	123	91	50	150
2	125	131	92	48	-4000	2	136	131	95	49	150
3	131	132	99	50	-4000	3	128	126	91	57	150
4	119	132	96	44	-4000	4	130	134	92	52	150
5	136	143	100	54	-4000	5	138	127	86	47	150
6	138	137	89	56	-4000	6	126	138	101	52	150
7	139	130	108	48	-4000	7	136	138	97	58	150
8	125	136	93	48	-4000	8	126	126	92	45	150
9	131	134	102	51	-4000	9	132	132	99	55	150
10	134	134	99	51	-4000	10	139	135	92	54	150
11	129	138	95	50	-4000	11	143	120	95	51	150
12	134	121	95	53	-4000	12	141	136	101	54	150
13	126	129	109	51	-4000	13	135	135	95	56	150
14	132	136	100	50	-4000	14	137	134	93	53	150
15	141	140	100	51	-4000	15	142	135	96	52	150
16	131	134	97	54	-4000	16	139	134	95	47	150
17	135	137	103	50	-4000	17	138	125	99	51	150
18	132	133	93	53	-4000	18	137	135	96	54	150
19	139	136	96	50	-4000	19	133	125	92	50	150
20	132	131	101	49	-4000	20	145	129	89	47	150
21	126	133	102	51	-4000	21	138	136	92	46	150
22	135	135	103	47	-4000	22	131	129	97	44	150
23	134	124	93	53	-4000	23	143	126	88	54	150
24	128	134	103	50	-4000	24	134	124	91	55	150
25	130	130	104	49	-4000	25	132	127	97	52	150
26	138	135	100	55	-4000	26	137	125	85	57	150
27	128	132	93	53	-4000	27	129	128	81	52	150
28	127	129	106	48	-4000	28	140	135	103	48	150
29	131	136	114	54	-4000	29	147	129	87	48	150
30	124	138	101	46	-4000	30	136	133	97	51	150

▶ **library(MASS)**와 **lda()** 함수로 선형 판별분석을 수행하여 선형판별함수를 얻을 수 있으며 **qda()** 함수를 이용하여 이차판별분석을 수행한다. **ldahist()** 함수에서 옵션으로 **type=c("histogram", "density", "both")** 을 이용하여 각 변수의 그룹별 분포에 대한 히스토그램, 확률밀도함수, 히스토그램과 확률밀도함수 곡선을 동시에 그릴 수 있다.

[프로그램 10.1]에서는 선형 판별분석을 수행하며 [결과 10.1]에서는 각 그룹의 평균벡터, 선형판별함수를 보여주며 재대입 분류에 대한 오류율은 13.3%이다. 정규성을 가정하고 합동공분산행렬을 이용하여 구했을 때 선형판별함수가

$$Y_1 = 0.11876404\ X_1 - 0.08410818\ X_2 - 0.10842595\ X_3 + 0.02565593\ X_4$$

임을 보여준다.

[프로그램 10.2]에서는 이차 판별분석을 수행하며 [결과 10.2]에서는 각 그룹의 평균벡터를 보여주며 재대입 분류에 대한 오류율은 13.33%이다.

[프로그램 10.1] 두개골 자료에 대한 선형 판별분석

```
skull=read.csv("C:/data/skull.csv", header=T)
skull
attach(skull)
n=dim(skull)[[1]]
n
x=skull[,2:5]
x

#Simple histogram by the grouping variable
ldahist(data = x1, g = year, type="histogram")
ldahist(data = x2, g = year, type="density")
ldahist(data = x3, g = year, type="both")
ldahist(data = x4, g = year)

library(MASS)
ld = lda(year ~ x1+x2+x3+x4, data=skull)  # linear discriminant analysis
ld
pc=predict(ld, skull)$class
pc=as.numeric(pc)
pc
pc[(pc==1)]=-4000
pc[(pc==2)]=150
pc

res=cbind(year, pc)
correct= res[(year==pc),]     # match
correct.rate= dim(correct)[[1]]/n
correct.rate
error.rate=1-correct.rate
error.rate
```

[결과 10.1] 두개골 자료에 대한 선형 판별분석 결과

```
> library(MASS)
> ld = lda(year ~ x1+x2+x3+x4, data=skull)  # linear discriminant analysis
> ld
Call:
lda(year ~ x1 + x2 + x3 + x4, data = skull)
Prior probabilities of groups:
-4000   150
  0.5   0.5
Group means:
           x1       x2       x3       x4
-4000 131.3667 133.6000 99.16667 50.53333
150   136.1667 130.3333 93.50000 51.36667
Coefficients of linear discriminants:
          LD1
x1  0.11876404
x2 -0.08410818
x3 -0.10842595
x4  0.02565593
> pc=predict(ld, skull)$class
> pc=as.numeric(pc)
> pc[(pc==1)]=-4000
> pc[(pc==2)]=150
> pc

> res=cbind(year, pc)
> correct= res[(year==pc),]    # match
> correct.rate= dim(correct)[[1]]/n
> correct.rate
[1] 0.8
> error.rate=1-correct.rate
> error.rate
[1] 0.2
```

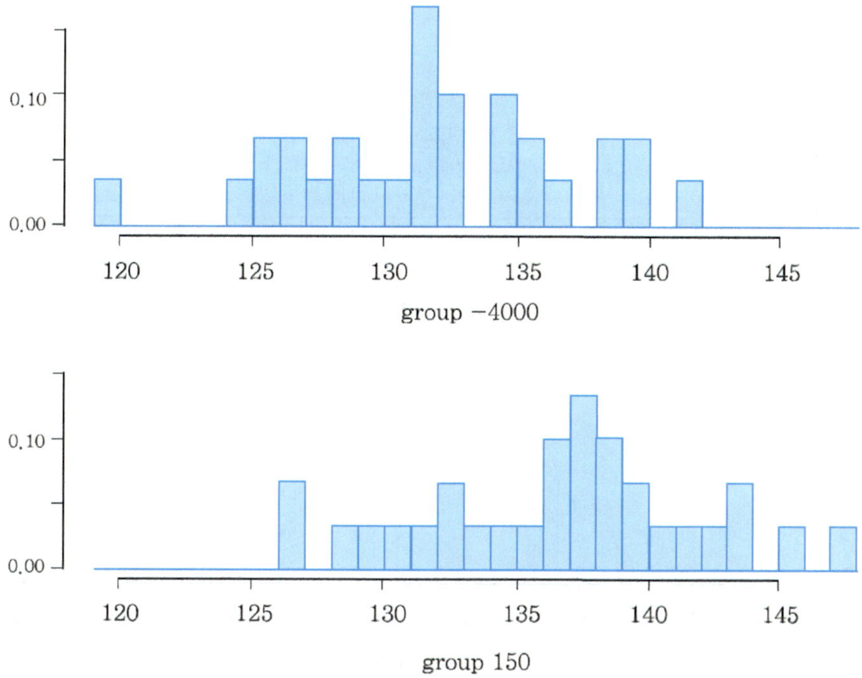

[그림10.5] x1에 대한 연도별 히스토그램

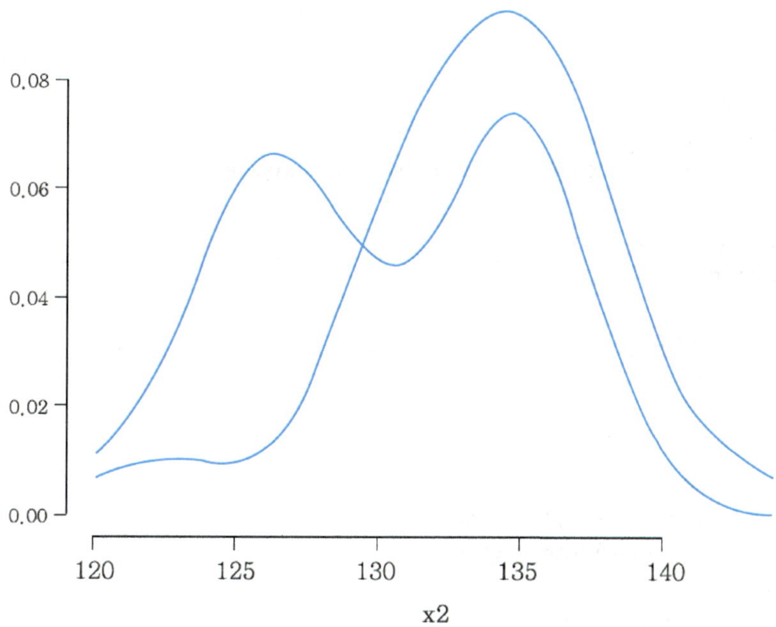

[그림10.6] x2에 대한 연도별 확률밀도함수 추정선

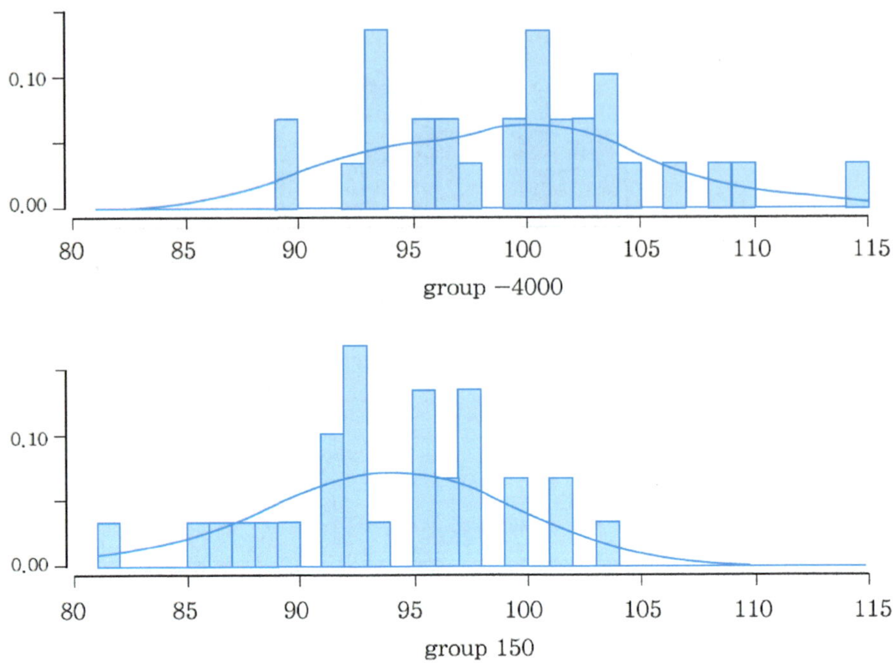

[그림10.7] x3에 대한 연도별 히스토그램과 확률밀도함수 추정선

[프로그램 10.2] 두개골 자료에 대한 이차 판별분석

```
library(MASS)
n=dim(skull)[[1]]
qd = qda(x, year)     # Quadratic discriminant analysis
qd
qc=predict(qd)$class
qc=as.numeric(qc)
qc
qc[(qc==1)]=-4000
qc[(qc==2)]=150
qc

resq=cbind(year, qc)
correctq= resq[(year==qc),]    # match
correctq.rate= dim(correctq)[[1]]/n
correctq.rate
errorq.rate=1-correctq.rate
errorq.rate
```

[결과 10.2] 두개골 자료에 대한 이차 판별분석 결과

```
> qd = qda(x, year)     # Quadratic discriminant analysis
> qd
Call:
qda(x, year)
Prior probabilities of groups:
-4000   150
  0.5   0.5
Group means:
           x1       x2       x3       x4
-4000 131.3667 133.6000 99.16667 50.53333
150   136.1667 130.3333 93.50000 51.36667
> qc=predict(qd)$class
> qc=as.numeric(qc)
> qc
 [1] 1 1 1 1 1 2 1 1 1 1 1 2 1 1 1 1 1 1 2 1 1 1 2 1 1 1 1 1 1 1 2 2 2 1 2 1 2 2 2 2
2 1 2 2 2 2 2 2 2 2 2 2 2 2 1 2 2 2 2 2
> qc[(qc==1)]=-4000
> qc[(qc==2)]=150
> qc
> resq=cbind(year, qc)
> correctq= resq[(year==qc),]     # match
> correctq.rate= dim(correctq)[[1]]/n
> correctq.rate
[1] 0.8666667
> errorq.rate=1-correctq.rate
> errorq.rate
[1] 0.1333333
```

[프로그램 10.3] 선형 판별분석시 leave-one-out cross validation 사용하는 경우

```
##### with CV: leave-one-out cross validation
ldc = lda(year ~ x1+x2+x3+x4, data=skull, CV = TRUE, prior=c(1/2,1/2))
names(ld)
results=data.frame(year, ldc$class, ldc$posterior)
results[1:10,]      # 그룹에 대한 사후 확률 리스트

#Summarize crossvalidation
class.table= table(year, ldc$class)
class.table

#One could make the summary of the classifications nicer by
# writing a function
summarize.class= function(original, classify) {
    class.table<-table(original, classify)
    numb<-rowSums(class.table)
    prop<-round(class.table/numb,4)
    list(class.table = class.table, prop = prop)
                 #return a list object type
}

summarize.class(original = year, classify = ldc$class)
```

[결과 10.3] [프로그램 10.3] 수행 결과

```
> ldc = lda(year ~ x1+x2+x3+x4, data=skull, CV = TRUE, prior=c(1/2,1/2))
> names(ld)
[1] "class"     "posterior" "terms"     "call"      "xlevels"
> results<-data.frame(year, ldc$class, ldc$posterior)
> results[1:10,]
   year ldc.class    X.4000       X150
1  -4000       150 0.4534631 0.54653691
2  -4000     -4000 0.6613711 0.33862894
3  -4000     -4000 0.7177983 0.28220171
4  -4000     -4000 0.9397626 0.06023737
5  -4000     -4000 0.7807131 0.21928691
6  -4000       150 0.1076276 0.89237244
7  -4000     -4000 0.6189429 0.38105712
8  -4000     -4000 0.8152152 0.18478485
9  -4000     -4000 0.8340035 0.16599651
10 -4000     -4000 0.6498000 0.35020005
>
> #Summarize crossvalidation
> class.table<-table(year, ldc$class)
> class.table
year    -4000 150
  -4000    23   7
  150       8  22
> summarize.class(original = year, classify = ldc$class)
$class.table
        classify
original -4000 150
   -4000    23   7
   150       8  22

$prop
        classify
original  -4000    150
   -4000 0.7667 0.2333
   150   0.2667 0.7333
```

연습문제

10.1 2개 그룹으로부터의 확률표본이 다음과 같을 때

$$G_1 : \begin{pmatrix} -2 \\ 5 \end{pmatrix}\begin{pmatrix} 0 \\ 3 \end{pmatrix}\begin{pmatrix} -1 \\ 1 \end{pmatrix}$$

$$G_2 : \begin{pmatrix} 0 \\ 6 \end{pmatrix}\begin{pmatrix} 2 \\ 4 \end{pmatrix}\begin{pmatrix} 1 \\ 2 \end{pmatrix}$$

(a) Fisher의 판별함수를 구하여라.

(b) $\boldsymbol{x}_0 = (-1,\ 2)'$를 (a)에서 구한 판별함수를 이용하여 분류하여라.

10.2 3개 그룹으로부터의 확률표본이 다음과 같으며 각 그룹에 대한 사전확률은 $p_1 = p_2 = 0.25,\ p_3 = 0.5$라고 한다.

$$G_1 : \begin{pmatrix} -2 \\ 5 \end{pmatrix}\ \begin{pmatrix} 0 \\ 3 \end{pmatrix}\ \begin{pmatrix} -1 \\ 1 \end{pmatrix}$$

$$G_2 : \begin{pmatrix} 0 \\ 6 \end{pmatrix}\ \begin{pmatrix} 2 \\ 4 \end{pmatrix}\ \begin{pmatrix} 1 \\ 2 \end{pmatrix}$$

$$G_3 : \begin{pmatrix} 1 \\ -2 \end{pmatrix}\ \begin{pmatrix} 0 \\ 0 \end{pmatrix}\ \begin{pmatrix} -1 \\ 4 \end{pmatrix}$$

(a) 각 그룹의 표본 평균벡터와 표본공분산행렬을 구하여라.

(b) 모집단이 2변량 정규분포를 따르고 공분산행렬이 서로 다를 때 이차판별함수를 써라.

(c) (b)에서 구한 분류함수를 이용하여 $\boldsymbol{x}_0 = \begin{pmatrix} -1 \\ -2 \end{pmatrix}$를 분류하여라.

(d) 모집단이 2변량 정규분포를 따르고 공통 공분산을 가질 때 선형판별함수를 써라.

(e) (d)에서 구한 판별함수를 이용하여 $\boldsymbol{x}_0 = \begin{pmatrix} -1 \\ -2 \end{pmatrix}$를 분류하여라.

10.3 다음은 총 46개의 현재 재무구조가 건실한 기업과 파산한 기업들에 대한 2년 전 재무상황자료로 다음과 같은 4개의 변수를 가지고 있다. 이 자료를 이용하여 건실기업과 파산기업을 판별하는 판별함수를 구하고 분류하여라. group이 1이면 파산, 2이면 건실기업을 나타내고, 각 기업군의 크기는 21, 25이다.

X_1 = Cash Flow/Total Debt

X_2 = Net Income/Total Assets

X_3 = Current Assets/Current Liabilities

X_4 = Current Assets/Net Sales

(a) 다변량 정규분포를 가정하고 표본의 크기에 따라 사전확률을 주고 선형판별함수를 구하여라.

(b) (a)의 판별함수를 이용하여 분류표를 작성하고 오분류율을 구하여라.

(c) 다변량 정규분포를 가정하고 표본의 크기에 따라 사전확률을 주고 이차판별함수를 구하여라.

(d) (c)의 판별함수를 이용하여 분류표를 작성하고 오분류율을 구하여라.

(e) 두 집단의 공분산행렬이 같다고 할 수 있는지 검정하여라.

▶표 10.5 파산기업 자료

파산기업(group=1)				건실기업(group=2)			
X_1	X_2	X_3	X_4	X_1	X_2	X_3	X_4
-0.45	-0.41	1.09	0.45	0.51	0.10	2.49	0.54
-0.56	-0.31	1.51	0.16	0.08	0.02	2.01	0.53
0.06	0.02	1.01	0.40	0.38	0.11	3.27	0.35
-0.07	-0.09	1.45	0.26	0.19	0.05	2.25	0.33
-0.10	-0.09	1.56	0.67	0.32	0.07	4.24	0.63
-0.14	-0.07	0.71	0.28	0.31	0.05	4.45	0.69
0.04	0.01	1.50	0.71	0.12	0.05	2.52	0.69
-0.07	-0.06	1.37	0.40	-0.02	0.02	2.05	0.35
0.07	-0.01	1.37	0.34	0.22	0.08	2.35	0.40
-0.14	-0.14	1.42	0.44	0.17	0.07	1.80	0.52
-0.23	-0.30	0.33	0.18	0.15	0.05	2.17	0.55
0.07	0.02	1.31	0.25	-0.10	-0.01	2.50	0.58
0.01	0.00	2.15	0.70	0.14	-0.03	0.46	0.26
-0.28	-0.23	1.19	0.66	0.14	0.07	2.61	0.52
0.15	0.05	1.88	0.27	0.15	0.06	2.23	0.56
0.37	0.11	1.99	0.38	0.16	0.05	2.31	0.20
-0.08	-0.08	1.51	0.42	0.29	0.06	1.84	0.38
0.05	0.03	1.68	0.95	0.54	0.11	2.33	0.48
0.01	0.00	1.26	0.60	-0.33	-0.09	3.01	0.47
0.12	0.11	1.14	0.17	0.48	0.09	1.24	0.18
-0.28	-0.27	1.27	0.51	0.56	0.11	4.29	0.45
				0.20	0.08	1.99	0.30
				0.47	0.14	2.92	0.45
				0.17	0.04	2.45	0.14
				0.58	0.04	5.06	0.13

10.4 다음은 두 시대의 이집트인의 두개골에 대한 자료로, 다음과 같은 4개의 변수를 가지고 있다. 각 모집단은 다변량 정규분포를 따르고, 같은 분산을 가진다는 가정 하에 이 자료를 이용하여 판별분석을 하여라. 변수설명은 ≪예제 10.2≫를 참조하여라. 여기서 $X_1 = MB$, $X_2 = BH$, $X_3 = BL$, $X_4 = NH$이다.

(a) 다변량 정규분포를 가정하고 표본의 크기에 따라 사전확률을 주고 선형판별함수를 구하여라.

(b) (a)의 판별함수를 이용하여 분류표를 작성하고 오분류율을 구하여라.

▶표 10.6 이집트 두개골 자료

번호	X_1	X_2	X_3	X_4	연대	번호	X_1	X_2	X_3	X_4	연대
1	131	138	89	49	-4000	41	133	136	103	53	-3300
2	125	131	92	48	-4000	42	131	139	98	51	-3300
3	131	132	99	50	-4000	43	131	136	99	56	-3300
4	119	132	96	44	-4000	44	138	134	98	49	-3300
5	136	143	100	54	-4000	45	130	136	104	53	-3300
6	138	137	89	56	-4000	46	131	128	98	45	-3300
7	139	130	108	48	-4000	47	138	129	107	53	-3300
8	125	136	93	48	-4000	48	123	131	101	51	-3300
9	131	134	102	51	-4000	49	130	129	105	47	-3300
10	134	134	99	51	-4000	50	134	130	93	54	-3300
11	129	138	95	50	-4000	51	137	136	106	49	-3300
12	134	121	95	53	-4000	52	126	131	100	48	-3300
13	126	129	109	51	-4000	53	135	136	97	52	-3300
14	132	136	100	50	-4000	54	129	126	91	50	-3300
15	141	140	100	51	-4000	55	134	139	101	49	-3300
16	131	134	97	54	-4000	56	131	134	90	53	-3300
17	135	137	103	50	-4000	57	132	130	104	50	-3300
18	132	133	93	53	-4000	58	130	132	93	52	-3300
19	139	136	96	50	-4000	59	135	132	98	54	-3300
20	132	131	101	49	-4000	60	130	128	101	51	-3300
21	126	133	102	51	-4000	61	137	141	96	52	-1850
22	135	135	103	47	-4000	62	129	133	93	47	-1850
23	134	124	93	53	-4000	63	132	138	87	48	-1850
24	128	134	103	50	-4000	64	130	134	106	50	-1850
25	130	130	104	49	-4000	65	134	134	96	45	-1850
26	138	135	100	55	-4000	66	140	133	98	50	-1850
27	128	132	93	53	-4000	67	138	138	95	47	-1850
28	127	129	106	48	-4000	68	136	145	99	55	-1850
29	131	136	114	54	-4000	69	136	131	92	46	-1850
30	124	138	101	46	-4000	70	126	136	95	56	-1850
31	124	138	101	48	-3300	71	137	129	100	53	-1850
32	133	134	97	48	-3300	72	137	139	97	50	-1850
33	138	134	98	45	-3300	73	136	126	101	50	-1850
34	148	129	104	51	-3300	74	137	133	90	49	-1850
35	126	124	95	45	-3300	75	129	142	104	47	-1850
36	135	136	98	52	-3300	76	135	138	102	55	-1850
37	132	145	100	54	-3300	77	129	135	92	50	-1850
38	133	130	102	48	-3300	78	134	125	90	60	-1850
39	131	134	96	50	-3300	79	138	134	96	51	-1850
40	133	125	94	46	-3300	80	136	135	94	53	-1850

▶표 10.6 (연속) 이집트 두개골 자료

번호	X_1	X_2	X_3	X_4	연대	번호	X_1	X_2	X_3	X_4	연대
81	132	130	91	52	-1850	116	138	126	97	54	-200
82	133	131	100	50	-1850	117	131	142	95	53	-200
83	138	137	94	51	-1850	118	136	138	94	55	-200
84	130	127	99	45	-1850	119	132	136	92	52	-200
85	136	133	91	49	-1850	120	135	130	100	51	-200
86	134	123	95	52	-1850	121	137	123	91	50	150
87	136	137	101	54	-1850	122	136	131	95	49	150
88	133	131	96	49	-1850	123	128	126	91	57	150
89	138	133	100	55	-1850	124	130	134	92	52	150
90	138	133	91	46	-1850	125	138	127	86	47	150
91	137	134	107	54	-200	125	126	138	101	52	150
92	141	128	95	53	-200	127	136	138	97	58	150
93	141	130	87	49	-200	128	126	126	92	45	150
94	135	131	99	51	-200	129	132	132	99	55	150
95	133	120	91	46	-200	130	139	135	92	54	150
96	131	135	90	50	-200	131	143	120	95	51	150
97	140	137	94	60	-200	132	141	136	101	54	150
98	139	130	90	48	-200	133	135	135	95	56	150
99	140	134	90	51	-200	134	137	134	93	53	150
100	138	140	100	52	-200	135	142	135	96	52	150
101	132	133	90	53	-200	136	139	134	95	47	150
102	134	134	97	54	-200	137	138	125	99	51	150
103	135	135	99	50	-200	138	137	135	96	54	150
104	133	136	95	52	-200	139	133	125	92	50	150
105	136	130	99	55	-200	40	145	129	89	47	150
106	134	137	93	52	-200	141	138	136	92	46	150
107	131	141	99	55	-200	142	131	129	97	44	150
108	129	135	95	47	-200	143	143	126	88	54	150
109	136	128	93	54	-200	144	134	124	91	55	150
110	131	125	88	48	-200	145	132	127	97	52	150
111	139	130	94	53	-200	146	137	125	85	57	150
112	144	124	86	50	-200	147	129	128	81	52	150
113	141	131	97	53	-200	148	140	135	103	48	150
114	130	131	98	53	-200	149	147	129	87	48	150
115	133	128	92	51	-200	150	136	133	97	51	150

11 군집분석

11.1 서 론

분류(classification)는 인간의 기본적인 개념적 활동(human conceptual activity)이라고 할 수 있다. 아이들은 환경으로부터 대상을 구별하고 분류하고 그것들에 대한 용어를 배우고 관계를 이해하는 것으로 언어를 배우기 시작한다고 볼 수 있다.

과학 분야에서 보면 분류체계는 이론 발전에 필요한 개념 형성에 있어 중요한 과정이 되며 관찰이나 실험을 통해 얻은 개체들을 분류하는 것이 연구 목표가 되기도 한다.

1939년 Tryon이 'cluster analysis'라는 용어를 처음으로 사용하였으며 그 이후 군집화하기 위한 다양한 방법과 알고리즘(algorithm)이 개발되었다. 1963년 생물학자인 Robert Sokal과 Peter Sneath가 쓴 "Principles of Numerical Taxonomy"는 군집화 방법 개발에 중요한 자극이 되었다. Sokal과 Sneath는 생물학적 분류를 위해 생명체에 대한 유사성을 측정하여 유사성이 큰 것들은 동일한 군집을 형성하며, 군집의 패턴이 인식된 후에는 새로운 개체를 패턴 인식을 통해 분류할 수 있다고 가정하였다. 그 이후로 과학 분야에서 군집분석 응용 결과들이 많이 나왔으며 (1) 컴퓨터의 발달, (2) 과학에서 분류의 중요성 증가 등으로 인하여 군집분석에 대한 연구가 더욱 증가하게 되었다.

사회과학분야에서도 군집분석에 대한 관심은 크게 증가되고 있다. 예를 들어 인류학 분야에서 데이터에 근거한 인류학적 분류, 심리학분야에서 심리시험결과에 의거한 집단 분류, 사회학에서 사회경제활동지표를 근거로 한 계급 분류 등 통계적 분류 분석에 대해 관심이 증가하고 있다. 군집분석은 시스템을 표현하는 데이터로부터 구조를 찾아내고 통계적 특성이 서로 다른 군집으로 분리할 수 있는지를 알아내는 것이라고 볼 수 있다. 따라서 구체적인 군집분석 방법에 따라 군집화 결과에 차이가 날 수 있다.

10장에서 다룬 판별분석 후의 그룹 분류는 이미 분류되어 있는 알려진 군집으로부터 판별함수를 구하고 새로운 관측치가 있을 때 판별함수를 통해 어느 집단에 속하는지를 판별하여 분류한다.

이에 비해 군집분석(cluster analysis)에서는 군집의 개수나 구조에 대한 가정없이 다변량 데이터로부터 거리 기준에 의해 자발적인 군집화를 유도한다. 군집분석의 첫 번째 목적은 적절한 군집으로 나누는 것이고 두 번째 목적은 각 군집의 특성, 군집간의 차이 등에 대한 탐색적 연구를 하는 것이다.

11.2 유사성 측도

군집분석에서는 각 관측벡터에 대해 어느 관측벡터와 같은 군집으로 묶일 수 있는지를 판단해야 한다. 즉 관측벡터간의 유사성(similarity) 또는 근접성(proximity)을 측정해야 한다.

유사성에 대한 편리한 측도로 관측벡터간의 거리(distance)를 이용할 수 있다. 거리가 가까울수록 유사성이 크고, 거리가 멀수록 비유사성(dissimilarity)이 큰 사실을 군집화 단계에서 적용할 수 있다.

p-차원의 두 벡터 $\boldsymbol{x} = (x_1, \ldots, x_p)'$, $\boldsymbol{y} = (y_1, \ldots, y_p)'$ 간의 몇 가지 알려진 거리에 대해 소개한다. 이미 1장에서 자세히 설명된 거리 측도이므로 여기서는 거리공식만을 보여주기로 한다.

(1) 유클리드 거리(Euclidean distance)

$$d(\boldsymbol{x},\boldsymbol{y}) = \sqrt{(x_1 - y_1)^2 + \ldots + (x_p - y_p)^2} = \sqrt{(\boldsymbol{x} - \boldsymbol{y})'(\boldsymbol{x} - \boldsymbol{y})} \tag{11.1}$$

(2) 표준화 거리 또는 통계적 거리(statistical distance)

$$d(\boldsymbol{x},\boldsymbol{y}) = \sqrt{(\boldsymbol{x} - \boldsymbol{y})'\boldsymbol{D}^{-1}(\boldsymbol{x} - \boldsymbol{y})} \tag{11.2}$$

여기서 $\boldsymbol{D} = diag\{s_{11}, \ldots, s_{pp}\}$는 표본분산행렬이다.

(3) 민코우스키(Minkowski) 거리

$$d(\boldsymbol{x}, \boldsymbol{y}) = \left[\sum_{i=1}^{p} |x_i - y_i|^m\right]^{1/m} \tag{11.3}$$

여기서 $m > 0$

(4) 마할라노비스(Mahalanobis) 거리

$$d(\boldsymbol{x}, \boldsymbol{y}) = \sqrt{(\boldsymbol{x} - \boldsymbol{y})' \boldsymbol{S}^{-1} (\boldsymbol{x} - \boldsymbol{y})} \tag{11.4}$$

여기서 $\boldsymbol{S} = \{s_{ij}\}$는 표본공분산행렬이다.

(5) 캔버라(Canberra) 거리

$$d(\boldsymbol{x}, \boldsymbol{y}) = \sum_{i=1}^{p} \frac{|x_i - y_i|}{(x_i + y_i)} \tag{11.5}$$

(6) 체비셰프(Chebychev) 거리

$$d(\boldsymbol{x}, \boldsymbol{y}) = \max_i |x_i - y_i| \tag{11.6}$$

(7) 맨하탄(Manhattan) 거리

$$d(\boldsymbol{x}, \boldsymbol{y}) = \sum_{i=1}^{p} |x_i - y_i| \tag{11.7}$$

11.3 계층적 군집 방법

처음에 n개의 군집으로부터 시작하여 점차 군집의 개수를 줄여나가는 방법으로 계층적인 군집 방법(hierarchical clustering method)에 대해 소개한다.

군집분석에서는 관측벡터간의 거리뿐만 아니라 군집간 거리에 대한 정의가 필요하다. 본 절에서는 군집간 거리에 대한 정의에 따라 최단연결법, 최장연결법, 평균연결법, Ward 방법을 설명하고자 한다.

군집단계에 대한 그래프적 표현으로 나무구조그림(tree diagram, dendrogram)을 들 수 있으며, 유사성이 큰 가까운 이웃을 병합하는 방법으로 군집의 단계를 보여준다.

11.3.1 최단연결법

최단연결법(single linkage : nearest neighbor)에 의한 두 군집 C_1과 C_2의 거리는

$$d\{C_1,\ C_2\}=\min\{d(x,\ y)|x\in C_1,\ y\in C_2\} \tag{11.8}$$

로 두 군집간의 최단 거리를 군집간 거리로 정의한다.

최단연결법으로 군집화하는 방법은 거리행렬 $D=\{d_{ik}\}$로부터 최단 거리의 쌍 U, V를 찾아 한 군집으로 병합하는 것이다.

(UV)로 묶인 군집과 군집 W와의 거리는

$$d\{(UV)W\} = \min\{d_{UW},\ d_{VW}\} \tag{11.9}$$

로 구한다.

≪예제 11.1≫ 5개 개체의 거리행렬 $\boldsymbol{D}$부터 최단연결법으로 군집을 만들어 보자.

$$\boldsymbol{D} = \begin{array}{c} \begin{matrix} 1 & 2 & 3 & 4 & 5 \end{matrix} \\ \begin{bmatrix} 0 & & & & \\ 9 & 0 & & & \\ 3 & 7 & 0 & & \\ 6 & 5 & 9 & 0 & \\ 11 & 10 & 2 & 8 & 0 \end{bmatrix} \end{array}$$

① 개체 개수만큼의 군집수로부터 시작한다.

가장 거리가 가까운 쌍을 찾는다.

$$\min\{d_{ik}\} = d_{53} = 2$$

이므로 5번 개체와 3번 개체를 묶어 군집(35)로 한다.

② 군집 (35)와 나머지 개체 1, 2, 4와의 거리를 계산하다.

$$d\{(35)1\}=\min\{d_{31},d_{51}\}= \min\{3,11\}= 3$$

$$d\{(35)2\} = \min\{d_{32}, d_{52}\} = \min\{7, 10\} = 7$$

$$d\{(35)4\} = \min\{d_{34}, d_{54}\} = \min\{9, 8\} = 8$$

4개 군집간의 거리행렬은 다음과 같이 구해진다.

$$\boldsymbol{D}_1 = d_{ik} = \begin{array}{c} \begin{matrix} (35) & 1 & 2 & 4 \end{matrix} \\ \begin{bmatrix} 0 & & & \\ 3 & 0 & & \\ 7 & 9 & 0 & \\ 8 & 6 & 5 & 0 \end{bmatrix} \end{array}$$

위의 거리행렬로부터 (35)와 (1)이 가장 가까우므로 같은 군집 (1(35))로 묶인다.

③ 군집(1(35))와 나머지 개체 2, 4와의 거리를 계산하여 거리행렬을 구한다.

$$d\{(135)2\} = \min\{d_{12}, d_{(35)2}\} = \min\{9, 7\} = 7$$

$$d\{(135)4\} = \min\{d_{14}, d_{(35)4}\} = \min\{6, 8\} = 6$$

$$d\{(2)(4)\} = 5$$

이므로 군집간의 거리행렬을 다음과 같이 얻게 된다.

$$\boldsymbol{D}_2 = \{\mathrm{d_{ik}}\} = \begin{array}{c} \begin{matrix} 1(35) & 2 & 4 \end{matrix} \\ \begin{bmatrix} 0 & & \\ 7 & 0 & \\ 6 & 5 & 0 \end{bmatrix} \end{array}$$

위 거리행렬로부터 개체 2와 4가 가장 가까우므로 군집(24)로 묶을 수 있다.

④ 군집(1(35))와 군집(24)의 거리를 구해보자.

$$d\{(135)(24)\} = \min\{d_{(135)2}, d_{(135)4}\} = \min\{7, 6\} = 6$$

⑤ 나무구조그림을 그려보자.

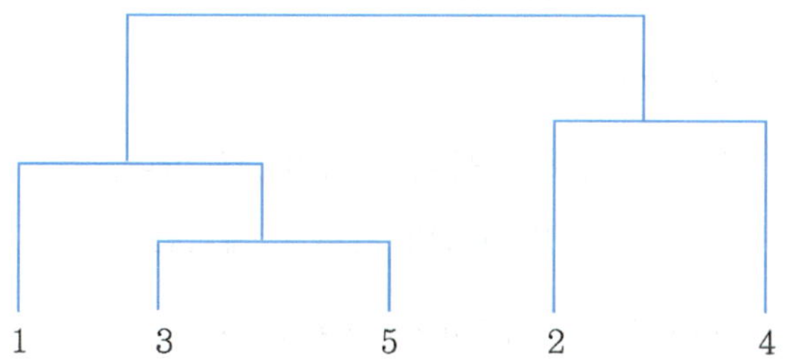

2개의 군집을 원한다면 : (135)와 (24).

3개의 군집을 원한다면 : (135), (2)와 (4).

4개의 군집을 원한다면 : (1), (35), (2)와 (4)

로 군집을 형성할 수 있다.

11.3.2 최장연결법

최장연결법(complete linkage: farthest neighbor)에서의 두 군집 C_1과 C_2의 거리는

$$d\{C_1, C_2\} = \max\{d(x, y) | x \in C_1, y \in C_2\} \tag{11.10}$$

로 두 군집간의 최장 거리를 군집간 거리로 정의한다.

최장연결법으로 군집화하는 방법은 거리행렬 $\boldsymbol{D} = \{d_{ik}\}$로부터 최단 거리의 쌍 U, V를 찾고 한 군집으로 병합한다.

(UV)로 묶인 군집과 군집 W와의 거리는

$$d\{(UV)W\} = \max\{d_{UW}, d_{VW}\} \tag{11.11}$$

로 구한다.

≪예제 11.2≫ 5개 개체의 거리행렬 $\boldsymbol{D}$로부터 최장연결법으로 군집을 만들어 보자.

$$\begin{array}{c} \\ \boldsymbol{D} = \end{array} \begin{array}{c} \begin{matrix} 1 & 2 & 3 & 4 & 5 \end{matrix} \\ \begin{bmatrix} 0 & & & & \\ 9 & 0 & & & \\ 3 & 7 & 0 & & \\ 6 & 5 & 9 & 0 & \\ 11 & 10 & 2 & 8 & 0 \end{bmatrix} \end{array}$$

① 개체 개수만큼의 군집수로부터 시작한다.

가장 거리가 가까운 쌍을 찾는다.

$$\min\{d_{ik}\} = d_{53} = 2$$

이므로 5번 개체와 3번 개체를 묶어 군집(35)로 한다.

② 군집(35)와 나머지 개체 1, 2, 4와의 거리를 계산한다.

$$d\{(35)1\} = \max\{d_{31}, d_{51}\} = \max\{3, 11\} = 11$$

$$d\{(35)2\} = \max\{d_{32}, d_{52}\} = \max\{7,10\} = 10$$

$$d\{(35)4\} = \max\{d_{34}, d_{54}\} = \max\{9,8\} = 9$$

$$d_{12} = 9$$

$$d_{14} = 6$$

$$d_{24} = 5$$

4개 군집간의 거리행렬은 다음과 같이 구해진다.

$$\boldsymbol{D}_1 = \begin{array}{c} \begin{matrix} (35) & 1 & 2 & 4 \end{matrix} \\ \begin{bmatrix} 0 & & & \\ 11 & 0 & & \\ 10 & 9 & 0 & \\ 9 & 6 & 5 & 0 \end{bmatrix} \end{array}$$

위의 거리행렬로부터 개체 2와 4가 가장 가까우므로 같은 군집(24)로 묶인다.

③ 군집(35)와 군집(24)와 나머지 개체 1과의 거리를 계산하여 거리 행렬을 구한다.

$$d\{(35)1\} = \max\{d_{31}, d_{51}\} = \max\{3,11\} = 11$$

$$d\{(35)(24)\} = \max\{d_{(35)2}, d_{(35)4}\} = \max\{10,9\} = 10$$

$$d\{1(24)\} = \max\{d_{12}, d_{14}\} = \max\{9,6\} = 9$$

$$\boldsymbol{D}_2 = \begin{array}{c} \begin{matrix} (35) & 1 & (24) \end{matrix} \\ \begin{bmatrix} 0 & & \\ 11 & 0 & \\ 10 & 9 & 0 \end{bmatrix} \end{array}$$

위 거리행렬로부터 개체 1과 군집(24)가 가장 가까우므로 군집(1(24))로 묶을 수 있다.

④ 군집((35))와 군집(1(24))의 거리를 구해보자.

$$d\{(35)(1(24))\} = \max\{d_{(35)1}, d_{(35)(24)}\} = \max\{11,10\} = 11$$

⑤ 나무구조그림을 그려보자.

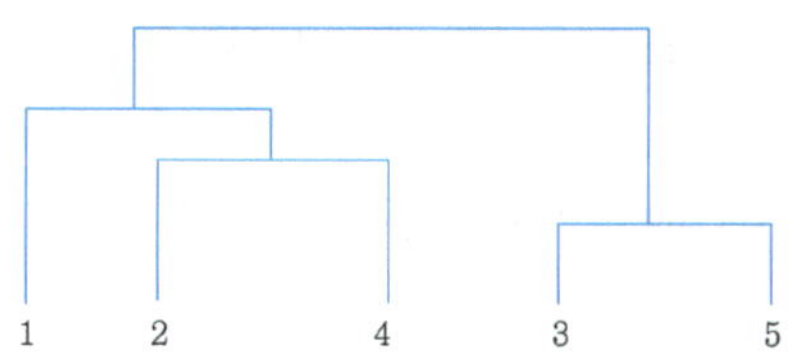

2개의 군집을 원한다면 : (124)와 (35).

3개의 군집을 원한다면 : (1), (24)와 (35).

4개의 군집을 원한다면 : (1), (2), (4)와 (35)로 군집을 형성할 수 있다.

11.3.3 평균연결법

평균연결법(average linkage)에서는 두 군집 C_1과 C_2의 거리를 군집에 속한 모든 개체들 간의 거리의 평균으로 다음과 같이 정의한다.

$$d\{C_1, C_2\} = \frac{1}{n_1 n_2} \sum_i \sum_j d_{ij} \tag{11.12}$$

여기서 n_1은 C_1에 속한 개체 수이고 n_2는 C_2에 속한 개체 수이다.

≪예제 11.3≫ 5개 개체의 거리행렬 $\boldsymbol{D}$ 로부터 평균연결법으로 군집을 만들어 보자.

$$\boldsymbol{D} = \begin{array}{c} \begin{matrix} 1 & 2 & 3 & 4 & 5 \end{matrix} \\ \begin{bmatrix} 0 & & & & \\ 9 & 0 & & & \\ 3 & 7 & 0 & & \\ 6 & 5 & 9 & 0 & \\ 11 & 10 & 2 & 8 & 0 \end{bmatrix} \end{array}$$

① 개체 개수만큼의 군집수로부터 시작한다.

가장 거리가 가까운 쌍을 찾는다.

$$\min\{d_{ik}\} = d_{53} = 2$$

이므로 5번 개체와 3번 개체를 묶어 군집(35)로 한다.

② 군집 (35)와 나머지 개체 1, 2, 4 와의 거리를 계산한다.

$$d\{(35),1\} = \frac{1}{2 \cdot 1}(d_{31} + d_{51}) = \frac{1}{2}(3 + 11) = 7$$

$$d\{(35),2\} = \frac{1}{2 \cdot 1}(d_{32} + d_{52}) = \frac{1}{2}(7 + 10) = 8.5$$

$$d\{(35),4\} = \frac{1}{2 \cdot 1}(d_{34} + d_{54}) = \frac{1}{2}(9 + 8) = 8.5$$

$d_{12}=9$

$d_{14}=6$

$d_{24}=5$

이므로 4개 군집간의 거리행렬은 다음과 같이 구해진다.

$$\boldsymbol{D}_1=\begin{array}{c} \begin{matrix}(35) & 1 & 2 & 4\end{matrix} \\ \begin{bmatrix} 0 & & & \\ 7 & 0 & & \\ 8.5 & 9 & 0 & \\ 8.5 & 6 & 5 & 0 \end{bmatrix}\end{array}$$

위의 거리 행렬로부터 개체 2와 4가 가장 가까우므로 같은 군집(24)로 묶인다.

③ 군집(35), 군집(24)와 나머지 개체 1과의 거리를 계산하여 거리행렬을 구한다.

$$d\{(35),(24)\}=\frac{1}{2\cdot 2}(d_{32}+d_{52}+d_{34}+d_{54})=\frac{1}{4}(7+10+9+8)=8.5$$

$$d\{(35),1\}=7$$

$$d\{(24),1\}=\frac{1}{2\cdot 1}(d_{21}+d_{41})=\frac{1}{2}(9+6)=7.5$$

$$\boldsymbol{D}_2=\begin{array}{c} \begin{matrix}(35) & 1 & (24)\end{matrix} \\ \begin{bmatrix} 0 & & \\ 7 & 0 & \\ 8.5 & 7.5 & 0 \end{bmatrix}\end{array}$$

거리행렬 D_2로부터 개체 1과 군집(35)가 가장 가까우므로 군집(1(35))로 묶을 수 있다.

④ 군집(135)와 군집(24)의 거리를 구해보자.

$$d\{(135)(24))\}=\frac{1}{3\cdot 2}(d_{12}+d_{14}+d_{32}+d_{34}+d_{52}+d_{54})$$

$$=\frac{1}{6}(9+6+7+9+10+8)=8.17$$

⑤ 나무구조그림을 그려보자.

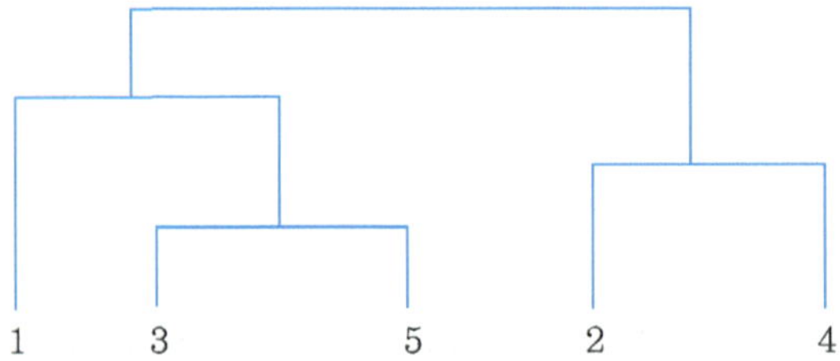

2개의 군집을 원한다면 : (135)와 (24).

3개의 군집을 원한다면 : (1), (24)와 (35).

4개의 군집을 원한다면 : (1), (2), (4)와 (35)

로 군집을 형성할 수 있다.

11.3.4 Ward의 계층적 군집 방법

Ward(1963)는 군집내 제곱합 증분과 군집간 제곱합을 고려한 방법으로 계층적 군집 방법을 제안하였다. 군집간 정보의 손실을 최소화하도록 군집화를 하는데 여기서 군집간의 정보란 편차제곱합 *ESS* (error sum of squares)로 나타낸다.

군집 A와 군집 B의 군집내 거리(within-cluster distance)는 군집내 제곱합으로

$$ESS_A = \sum_{j=1}^{n_A} (\boldsymbol{X}_{Aj} - \overline{\boldsymbol{X}_A})'(\boldsymbol{X}_{Aj} - \overline{\boldsymbol{X}_A}) = \sum_{j=1}^{n_A} \sum_{t=1}^{p} (X_{Ajt} - \overline{X_{At}})^2 \tag{11.13}$$

$$ESS_B = \sum_{j=1}^{n_B} (\boldsymbol{X}_{Bj} - \overline{\boldsymbol{X}_B})'(\boldsymbol{X}_{Bj} - \overline{\boldsymbol{X}_B}) = \sum_{j=1}^{n_B} \sum_{t=1}^{p} (X_{Bjt} - \overline{X_{Bt}})^2 \tag{11.14}$$

이며, 군집 A와 군집 B를 합친 경우 군집내 제곱합은

$$ESS_{AB} = \sum_{j=1}^{n_{AB}} (\boldsymbol{X}_{ABj} - \overline{\boldsymbol{X}_{AB}})'(\boldsymbol{X}_{ABj} - \overline{\boldsymbol{X}_{AB}}) = \sum_{j=1}^{n_{AB}} \sum_{t=1}^{p} (X_{ABjt} - \overline{X_{ABt}})^2$$

이다. 여기서 $\overline{\boldsymbol{X}_A}$ 와 $\overline{\boldsymbol{X}_B}$는 각 군집에서의 평균관측값벡터이며

$$\overline{\boldsymbol{X}_{AB}} = \frac{n_A \overline{\boldsymbol{X}_A} + n_B \overline{\boldsymbol{X}_B}}{n_A + n_B} \tag{11.15}$$

은 합친 군집의 중심으로 군집 A와 군집 B간의 중심으로 표현된다.

군집 A와 군집 B는 군집형성으로부터 생기는 편차제곱합의 증분

$$I_{AB} = ESS_{AB} - (ESS_A + ESS_B) \tag{11.16}$$

을 최소화하도록 형성된다.

I_{AB}를 다시 정리해보면

$$\begin{aligned} I_{AB} &= n_A(\overline{\boldsymbol{X}_A} - \overline{\boldsymbol{X}_{AB}})'(\overline{\boldsymbol{X}_A} - \overline{\boldsymbol{X}_{AB}}) + n_B(\overline{\boldsymbol{X}_B} - \overline{\boldsymbol{X}_{AB}})'(\overline{\boldsymbol{X}_B} - \overline{\boldsymbol{X}_{AB}}) \\ &= \frac{n_A n_B}{n_A + n_B}(\overline{\boldsymbol{X}_A} - \overline{\boldsymbol{X}_B})'(\overline{\boldsymbol{X}_A} - \overline{\boldsymbol{X}_B}) \\ &= \frac{(\overline{\boldsymbol{X}_A} - \overline{\boldsymbol{X}_B})'(\overline{\boldsymbol{X}_A} - \overline{\boldsymbol{X}_B})}{\dfrac{1}{n_A} + \dfrac{1}{n_B}} \end{aligned} \tag{11.17}$$

으로 쓸 수 있으며 군집 A와 군집 B 간의 거리가 관련 있음을 보여준다. 식 (11.15)로부터 I_{AB}를 최소화하는 것은 군집간 거리(between cluster distance)를 최소화하는 것과 같음을 알 수 있다.

군집 A와 군집 B가 멀리 떨어져 있을수록 병합하면서 생기는 I_{AB}가 크고 군집 A와 군집 B 가 가까울수록 I_{AB}가 작게 되어 정보의 손실이 작게 된다.

개체와 군집 중심과의 편차제곱합 ESS 가 작을수록 군집내 개체가 모여있음을 알 수 있다. 각 군집의 편차제곱합의 합을 ESS 로 정의하며 군집의 수가 g일 때

$$ESS = \sum_{i=1}^{g} ESS_i \tag{11.18}$$

이다. 여기서 i번째 군집의 편차제곱합은

$$ESS_i = \sum_{j=1}^{n_i}(\boldsymbol{X}_{ij} - \overline{\boldsymbol{X}}_i)'(\boldsymbol{X}_{ij} - \overline{\boldsymbol{X}}_i) = \sum_{j=1}^{n_i}\sum_{t=1}^{p}(X_{ijt} - \overline{X_{it}})^2 \tag{11.19}$$

이다. 여기서 $\boldsymbol{X}_{ij}$는 i번째 군집에 속한 j번째 관측벡터이며 $\overline{\boldsymbol{X}_i}$는 i번째 군집에서의 평균관측값벡터이고 n_i는 i 번째 군집 크기이다.

$$\overline{X_{it}} = \frac{1}{n_i}\sum_{j=1}^{n_i} X_{ijt} \tag{11.20}$$

는 i번째 군집의 t번째 변수의 평균이다.

11.4 비계층적 군집 방법

계층적 군집 방법 외에 비계층적(nonhierarchical)인 방법으로 군집을 형성할 수 있다. 이 경우에는 n개의 개체를 g개의 군집으로 나눌 수 있는 모든 가능한 방법을 점검하여 최적의 군집을 형성하는 것이 전략이다. 그러나 n과 g에 따라 계산량이 많아지므로 간단한 방법으로 다음의 K-평균법(K-means method)을 간략하게 소개하기로 한다.

K-평균법은 전체 개체를 K 개의 군집으로 나누는 방법으로 계층적 군집 방법과는 달리 한 개체가 속해있던 군집에서 다른 군집으로 이동하는 재배치(reallocation)가 가능하다. 초기값에 의존하는 방법으로 군집의 초기치 선택이 최종 군집 선택에 영향을 미치므로 몇 가지 방법으로 초기치를 선택해보고 비교할 필요가 있다.

① 초기 씨앗(seed) 역할을 하는 개체를 g개 선택하여 군집의 초기값으로 준다. 이 때 씨앗 g개를 랜덤하게 선택할 수도 있고 서로 가장 멀리 떨어지도록 선택할 수도 있다. 또한 이들 씨앗 간에 최소 떨어진 거리를 요구하여 이 요구에 맞게 선택할 수도 있다.

② 나머지 개체들은 각 군집의 초기값과 거리를 계산하여 가까운 초기값과 같은 군집을 형성하게 한다. 2개 이상의 개체가 모인 군집이 형성되면 씨앗은 군집 중심(cluster centroid)으로 대체된다.

③ 모든 개체가 군집으로 할당된 후 다른 군집의 중심과 거리를 계산한다. 개체가 속해 있는 군집 중심과의 거리가 다른 군집중심과의 거리보다 더 크면 개체를 다른 군집으로 옮긴다.

④ 옮긴 후 두 군집의 중심을 다시 구하게 되며 다시 각 군집 중심과의 거리를 계산하게 된다.

이와 같은 과정을 반복하여 더 이상 개체의 군집간 이동이 없을 때 멈추고 이를 최적의 군집으로 결정한다.

K-평균법은 계층적 군집 방법과 같이 쓰일 수 있다. 예를 들어 계층적 군집 방법으로 적절한 군집의 개수를 정한 후 K-평균법을 사용해 개체들을 재배치 할 수도 있다. 이 씨앗들은 군집이 형성되어가면서 군집의 중심값으로 대체된다.

11.5 군집 개수의 결정

계층적 군집 방법에서는 나무구조그림에서 수평선을 이용하여 가지를 잘라냄으로써 g개의 군집을 결정할 수 있다. 이때 병합되는 과정에서 군집간의 거리 차이에 큰 변화를 보이는 경우를 고려하여 군집의 개수를 택하게 된다. Ward 방법의 경우에서는 군집 개수에 대한 ESS 의 증분을 고려하여 급격한 변화가 일어나는 위치에 해당하는 부분에서 군집의 개수를 결정한다. 데이터의 상황을 최적화시키는 군집의 개수는 데이터 분석 경험과 데이터 특성상의 중요성, 기준하고자 하는 통계량의 급격한 변화 등을 고려해 결정하게 되지만 최선의 선택을 위한 통계적 방법은 아직은 없다고 보아도 좋다.

참고로 Mojena(1977)가 제안한 방법을 소개한다. 나무구조그림에서 각 단계의 거리를 이용하여

$$\alpha_j > \overline{\alpha} + ks_\alpha , \qquad j = 1,\ 2\ \ldots, n-1 \tag{11.21}$$

여기서 α_j는 $n, n-1, \ldots, 1$로 군집의 개수가 줄어들면서 생겨나는 군집간 거리이고 $\overline{\alpha}$는 이들의 평균이며 s_α는 α_j들의 표준편차이다. k는 상수값으로 2.75, 3.5, 1.25 등의 값들이 제안되었다.

11.6 군집의 타당성

군집 결과에 대한 타당성과 안정성에 대한 검정으로 교차타당성(cross-validation)을 이용한 방법을 생각해 볼 수 있다. 데이터를 A, B 두 개의 부분으로 랜덤하게 분류해 놓은 다음 각 부분에서 따로 군집분석을 한 후 합쳐서 군집분석한 결과와 비교하여 비슷하면 결과에 대한 안정성을 볼 수 있다고 판단한다. 그 외에도 다음과 같은 방법으로 타당성에 대한 점검을 할 수 있다.

① A 부분의 개체들로 g개의 군집으로 나눈다.

② B 부분의 개체들을

(a) A의 군집에, 예를 들어 군집 중심을 이용해 배치해 본다.

(b) A 부분에 행했던 같은 방법으로 B 부분의 개체들에 대해 군집을 나누어 본다.

③ (a) 결과와 (b) 결과를 비교해본다.

11.7 변수들에 대한 군집

n개의 개체들에 대한 군집 문제 외에 p개 변수들에 대한 군집을 구하고자 할 경우가 있다. 변수들 간의 유사성의 척도로 상관계수가 이용되어 변수들의 유사성, 비유사성을 나타내주는 상관계수행렬을 이용해 변수들을 군집으로 나눌 수 있다. 이때 위치에 대신 또는 $1-r_{ij}^2$을 사용해 거리 측도에 대한 조건을 만족시키도록 한 다음 $\boldsymbol{A}^* = \{a_{ij}^*\}$를 거리행렬로 놓고 앞서 설명한 군집 방법들을 이용해 변수들의 군집을 찾을 수 있다.

11.8 모형기반 군집 방법

앞에서 열거한 군집화 방법(최단연결법, 최장연결법, Ward 방법, $K-$평균법)은 직관적으로 합리적인 방법이기는 하나 확률분포적 모형 없이 군집화가 이루어지는 방법이므로 확률분포에 관한 정보가 있을 경우에는 이에 대한 정보를 이용하는 것이 바람직하다. 군집분석은 본래 "탐색적인" 도구이기 때문에 그 방법을 적용함에 있어서 확률분포에 대해 간과하는 면이 있다. 그러므로 모형에 근거를 둔 군집화 방법은 여러 가지 장점을 갖고 있고 다양한 가능성이 제안되어 왔다. Scott and Symons(1971)가 제안하고 Banfield and Raftery(1993), Fraley and Raftery(2002) 등이 발전시킨 방법으로 모형기반 군집방법(model-based clustering)을 설명하고자 한다.

모집단이 G개의 군집으로 구성되어 있으며 k번째 군집에 속한 $p-$차원 관측벡터 $\boldsymbol{x}$의 확률밀도함수는 $f_k(\boldsymbol{x}, \boldsymbol{\theta})$라고 가정하고 $\boldsymbol{\gamma} = (\gamma_1, \cdots, \gamma_n)'$ 라 한다. 여기서 $\boldsymbol{x}_i$가 k번째 군집에 속하였으면 $\gamma_i = k$이다. 가능도함수는

$$L(\boldsymbol{\theta}, \boldsymbol{\gamma}) = \prod_{i=1}^{n} f_{\gamma_i}(x_i; \theta_{\gamma_i})$$

이고 가능도를 최대화하는 $\boldsymbol{\theta}=(\theta_1,\cdots,\theta_G)'$ 와 $\boldsymbol{\gamma}=(\gamma_1,\gamma_2,\ldots,\gamma_n)'$ 를 선택하게 된다.

데이터가 속한 군집은 내재하는 확률분포로부터 형성되었다고 가정하고 다음의 혼합모형(mixture model)

$$L_{mix}(\boldsymbol{\theta},\boldsymbol{\gamma})=\prod_{i=1}^{n}\sum_{k=1}^{G}\tau_k f_k(\boldsymbol{x_i}|\boldsymbol{\theta_k}) \tag{11.22}$$

을 고려한다. 여기서 $\boldsymbol{\theta}=(\theta_1,\cdots,\theta_G)'$는 모수벡터이고 τ_k는 관측벡터가 k 번째 군집에 속할 확률이며 $\tau_k \geq 0$, $\sum_{k=1}^{G}\tau_k=1$이다.

관측벡터가 다변량 정규분포를 따른다고 가정하는 Gaussian 혼합모형을 고려하자. $f_k(\boldsymbol{x},\boldsymbol{\theta})$가 평균벡터 $\boldsymbol{\mu}_k$와 공분산행렬 $\boldsymbol{\Sigma}_k$를 갖는 k 번째 군집의 다변량 정규밀도함수일 때 가능도함수의 형태는 다음과 같다.

$$L(\boldsymbol{\theta},\boldsymbol{\gamma})=const\cdot\prod_{k=1}^{G}\prod_{i\in E_k}|\boldsymbol{\Sigma}_k|^{1/2}\exp\left\{-\frac{1}{2}(\boldsymbol{x}_i-\boldsymbol{\mu}_k)'\boldsymbol{\Sigma}_k^{-1}(\boldsymbol{x}_i-\boldsymbol{\mu}_k)\right\}$$

여기서 $E_k=\{i;\gamma_i=k\}$이다. $\boldsymbol{\mu}_k$의 최대가능도추정량은 $\overline{\boldsymbol{x}_k}=n_k^{-1}\Sigma_{i\in E_k}\boldsymbol{x}_i$ 로 나타낼 수 있는데 여기서 n_k는 E_k에 속한 원소의 개수이다. $\boldsymbol{\mu}_k$에 대한 최대우도추정량인 $\overline{\boldsymbol{x}_k}$로 대체하여 로그가능도함수를 나타내면

$$l(\boldsymbol{\theta},\boldsymbol{\gamma})=\text{const}-\frac{1}{2}\sum_{k=1}^{G}\left\{tr(\boldsymbol{W_k}\boldsymbol{\Sigma_k}^{-1})+n_k\log|\boldsymbol{\Sigma_k}|\right\}$$

이고 여기서 const는 상수이고 $\boldsymbol{W}_k$는 k번째 군집의 표본교차곱행렬

$$\boldsymbol{W}_k=\sum_{i\in E_k}(\boldsymbol{x}_i-\overline{\boldsymbol{x}_k})(\boldsymbol{x}_i-\overline{\boldsymbol{x}_k})'$$

이다.

각 군집을 형성하는 기하학적인 특징(shape, volume, orientation)은 공분산행렬 $\boldsymbol{\Sigma}_k$에 의해 결정되는데 Banfield and Raftery(1993)는 고유값 분해에 의하여 공분산행렬이 대표성을 갖는 일반적인 구조(general framework)

$$\boldsymbol{\Sigma}_k=\lambda_k\boldsymbol{D}_k\boldsymbol{A}_k\boldsymbol{D}_k' \tag{11.23}$$

를 제안했다. 여기서 $\boldsymbol{D}_k$는 고유벡터의 직교행렬이고 $\boldsymbol{A}_k$는 각 원소가 $\boldsymbol{\Sigma}_k$의 고유값을

비례적으로 취하는 대각행렬이며 λ_k는 스칼라이다. $\boldsymbol{D}_k$는 군집의 orientation을 결정하고 $\boldsymbol{A}_k$는 군집의 shape을 결정하며 λ_k는 군집의 volume을 결정한다. Yeung 등(2001)은 [표 11.1]과 같이 5개의 경우를 고려하였다.

예상되는 군집 개수 G가 정해지면 가능한 군집 개수 $1 \le k \le G$ 에 대해 $(\tau_k, \boldsymbol{\mu}_k, \boldsymbol{\Sigma}_k)$ 가 EM 알고리듬에 의해 추정된다. EM 알고리듬은 E(expectation) 단계와 M(maximization) 단계로 이루어지며, E 단계에서는 주어진 조건하에서 관측벡터가 각 군집에 속할 확률을 구하고 M 단계에서는 주어진 상황에서 모수가 추정된다. 각 개체가 최대 확률로 해당 그룹에 할당될 때 EM 알고리듬 결과로 수렴하게 된다. 모형 선택시 BIC(Bayesian Information Criterion)를 계산하여 BIC 값이 최대가 되는 군집 개수를 최종 모형으로 선택할 수 있다. 여기서 $BIC = 2\text{loglikelihood}(\boldsymbol{x}, \theta_k^*) - (\text{no of parameters})\log n$ 이다. 이와 같은 계산과정은 R 시스템에서는 mclust(Fraley and Raftery, 1998) 패키지로 제공되고 있으며 이를 활용하여 결과를 얻을 수 있다.

▶표 11.1 Yeung et al. (2001)이 제안한 다섯 개의 모형

모 형	설 명
equal volume spherical model	$\boldsymbol{\Sigma}_k = \lambda \boldsymbol{I}$ 가장 제한된 모형으로 모수의 개수가 가장 적음
unequal volume spherical model	$\boldsymbol{\Sigma}_k = \lambda_k \boldsymbol{I}$ volume을 결정하는 λ가 군집마다 다르므로 서로 다른 volume의 구형군집들이 형성됨
unconstraint model	$\boldsymbol{\Sigma}_k = \lambda_k \boldsymbol{D}_k \boldsymbol{A}_k \boldsymbol{D}_k'$ 가장 일반적인 모형이지만 모수가 최대개수로 추정되어야 한다는 단점이 있음
elliptical model	$\boldsymbol{\Sigma}_k = \lambda \boldsymbol{DAD}'$ 각 군집은 타원형이지만 모두 동일한 shape, volume, orientation을 가짐
diagonal model	$\boldsymbol{\Sigma}_k = \lambda_k \boldsymbol{B}_k$ 여기서 $\boldsymbol{B}_k$는 $\lvert \boldsymbol{B}_k \rvert = 1$ 을 만족하는 대각행렬 기하학적으로 한 축에 일직선으로 세워진 타원형의 군집들과 일치하게 됨

11.9 R을 이용한 군집분석

≪예제 11.4≫ 1975년 미국 대도시의 강력범죄에 관한 자료에 대해 통계적 분석을 하고자 한다. [표 11.2]는 인구 100,000명당 사건 발생률을 보여주며 이 자료를 이용하여 군집분석을 하고자 한다.

▶표 11.2 미국 주요도시 강력범죄 발생률 자료

번 호	도시명	murder	rape
1	Atlanta	16.5	24.8
2	Boston	4.2	13.3
3	Chicago	11.6	24.7
4	Dallas	18.9	34.2
5	Denver	6.9	41.5
6	Detroit	13.0	35.7
7	Hartford	2.5	8.8
8	Honolulu	3.6	12.7
9	Houston	16.8	26.6
10	Kansas City	10.8	43.2
11	Los Angeles	9.7	51.8
12	New Orlean	10.3	39.7
13	New York	9.4	19.4
14	Portland	5.9	23.0
15	Tucson	5.1	22.9
16	Washington	12.5	27.6

▶ R에서 **hclust()**를 이용하여 계층적 군집분석을 수행하며 method 옵션을 사용하여 병합해 나가는 방법을 정할 수 있다. 덴드로그림을 그려본 후 군집 개수를 정한 후 각 개체가 속한 군집을 알 수 있다. K-means 군집분석은 **kmeans()**를 이용한다.

[표 11.2]는 16개 개체간 (i) 유클리드 거리 행렬(distance matrix)과 (ii) 맨하탄 거리 행렬을 보여준다. 거리 종류로 **method = "euclidean", "maximum", "manhattan", "canberra", "binary"** 또는 **"minkowski"** 중에서 선택할 수 있으며 default는 유클리드 거리이다. [결과 11.1]은 [프로그램 11.1]에서 최단연결법, 최장연결법, Ward 방법을 이용한 군집분석 결과를 덴드로그램을 보여주어 군집형성과정상 차이를 비교할 수 있다.

[그림 11.1]은 최단연결법으로, [그림 11.2]는 최장연결법으로, [그림 11.3]은 Ward

방법으로 2개 군집을 형성한 경우 군집번호가 표시된 산점도이며 선택한 방법에 따라 결과에 차이가 있음을 알 수 있다. 이는 군집간 거리를 선택하는데 따른 차이이며 개체의 특성을 가장 잘 반영하는 군집간 거리 함수를 선택하도록 해야 한다.

[프로그램 11.1] 범죄자료에 대한 계층적 군집분석

```
crime=read.csv("C:/data/crime.csv", header=T)
crime
attach(crime)
x=crime[, 3:4]
dx=round(dist(x), digits=2)  # 표 11.3 distance matrix
dx
D2= dist(x, method ="manhattan")
D2

##################################################
#      Hierarchical cluster ananlysis
#
##################################################
hc1=hclust(dist(x)^2,method="single" )   # 최단연결법
  plot(hc1,labels=city, hang=-1, main="dandrogram:single") #dendrogram
hc2=hclust(dist(x)^2,method="complete" )  # 최장연결법
  plot(hc2,labels=city, hang=-1, main="complete linkage")
hc3=hclust(dist(x)^2,method="ward.D" )     # Ward 방법
  plot(hc3,labels=city, hang=-1, main="Ward Method")
hc4=hclust(dist(x)^2,method="average" )   # 평균연결법
  plot(hc4,labels=city, hang=-1, main="Average linkage")

cl.num=2    # number of clusters
colnames(x)=c("murder","rape")
hc1.result=cutree(hc1,k=cl.num)
   plot(x, pch=hc1.result)
   text(x,labels=city, adj=0, cex=0.5, main="single")
hc2.result=cutree(hc2,k=cl.num)
   plot(x, pch=hc2.result)
   text(x,labels=city, adj=0, cex=0.5, main="complete")
hc3.result=cutree(hc3,k=cl.num)
   plot(x, pch=hc3.result)
   text(x,labels=city, adj=0, cex=0.5, main="Ward")

a= cbind(crime, hc3.result)
cl.1<-a[ (a$hc3.result==1), ]   # cluster 1
cl.2<-a[ (a$hc3.result==2), ]   # cluster 2
cl.1 ; cl.2 ;
```

▶표 11.3 거리 행렬

(i) 유클리드 거리행렬

```
> dx=round(dist(x), digits=2)    # distance matrix
> dx
       1     2     3     4     5     6     7     8     9    10    11    12    13    14    15
2  16.84
3   4.90 13.59
4   9.70 25.55 11.98
5  19.26 28.33 17.45 14.05
6  11.45 24.07 11.09  6.09  8.42
7  21.26  4.81 18.32 30.23 32.99 28.88
8  17.69  0.85 14.42 26.39 28.99 24.85  4.05
9   1.82 18.32  5.54  7.88 17.89  9.86 22.83 19.17
10 19.26 30.62 18.52 12.11  4.25  7.82 35.39 31.34 17.65
11 27.84 38.89 27.17 19.86 10.67 16.43 43.60 39.57 26.18  8.67
12 16.14 27.10 15.06 10.21  3.85  4.83 31.87 27.82 14.62  3.54 12.11
13  8.92  8.02  5.74 17.59 22.24 16.69 12.65  8.86 10.32 23.84 32.40 20.32
14 10.75  9.85  5.95 17.16 18.53 14.55 14.60 10.55 11.48 20.79 29.05 17.27  5.02
15 11.56  9.64  6.74 17.84 18.69 15.04 14.34 10.31 12.27 21.09 29.26 17.59  5.54  0.81
16  4.88 16.53  3.04  9.19 14.99  8.12 21.29 17.36  4.41 15.69 24.36 12.30  8.77  8.04  8.77
```

(ii) 맨하탄 거리행렬

```
> D2 <- dist(x, method ="manhattan")
> D2
      1    2    3    4    5    6    7    8    9   10   11   12   13   14   15
2  23.8
3   5.0 18.8
4  11.8 35.6 16.8
5  26.3 30.9 21.5 19.3
6  14.4 31.2 12.4  7.4 11.9
7  30.0  6.2 25.0 41.8 37.1 37.4
8  25.0  1.2 20.0 36.8 32.1 32.4  5.0
9   2.1 25.9  7.1  9.7 24.8 12.9 32.1 27.1
10 24.1 36.5 19.3 17.1  5.6  9.7 42.7 37.7 22.6
11 33.8 44.0 29.0 26.8 13.1 19.4 50.2 45.2 32.3  9.7
12 21.1 32.5 16.3 14.1  5.2  6.7 38.7 33.7 19.6  4.0 12.7
13 12.5 11.3  7.5 24.3 24.6 19.9 17.5 12.5 14.6 25.2 32.7 21.2
14 12.4 11.4  7.4 24.2 19.5 19.8 17.6 12.6 14.5 25.1 32.6 21.1  7.1
15 13.3 10.5  8.3 25.1 20.4 20.7 16.7 11.7 15.4 26.0 33.5 22.0  7.8  0.9
16  6.8 22.6  3.8 13.0 19.5  8.6 28.8 23.8  5.3 17.3 27.0 14.3 11.3 11.2 12.1
```

[결과 11.1] 계층적 군집분석 결과

(1) 최단연결법을 이용한 경우 덴드로그램

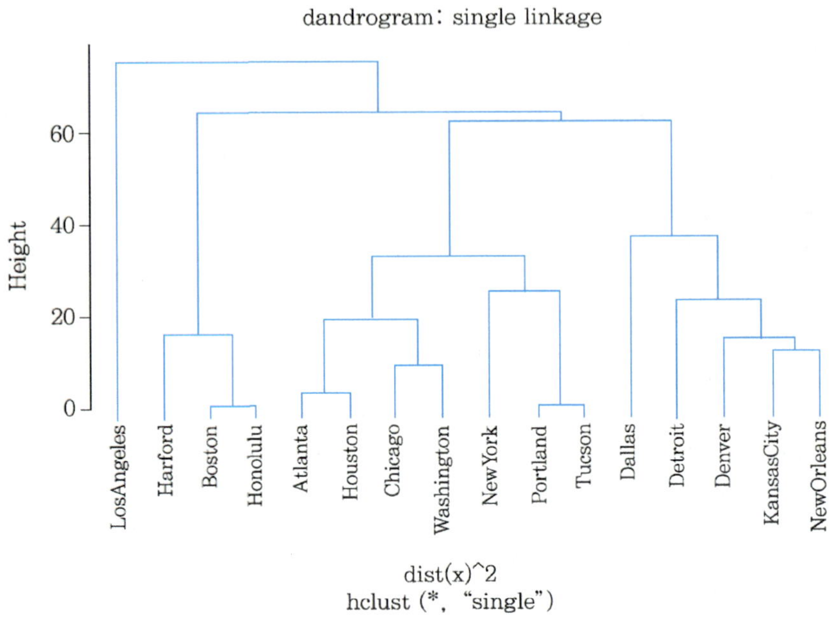

(2) 최장연결법을 이용한 경우 덴드로그램

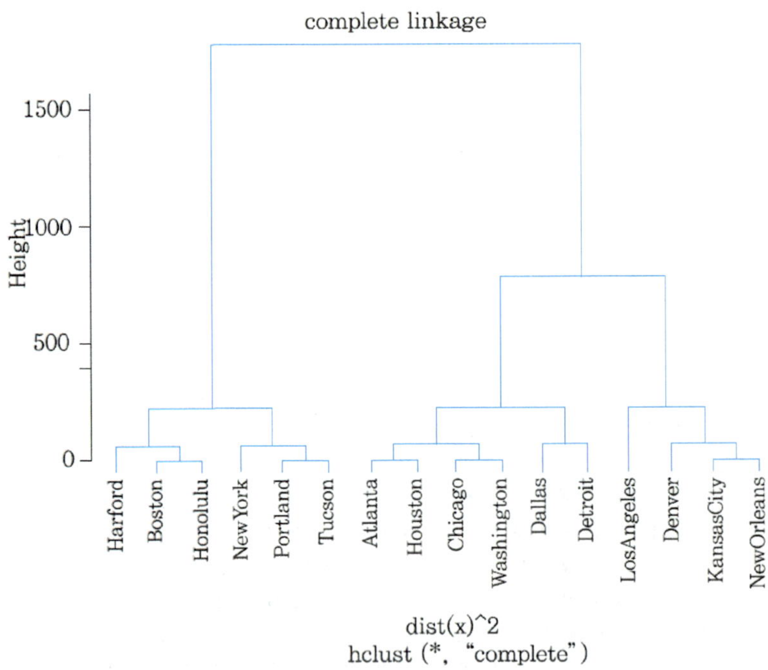

(3) Ward 방법을 이용한 경우 덴드로그램

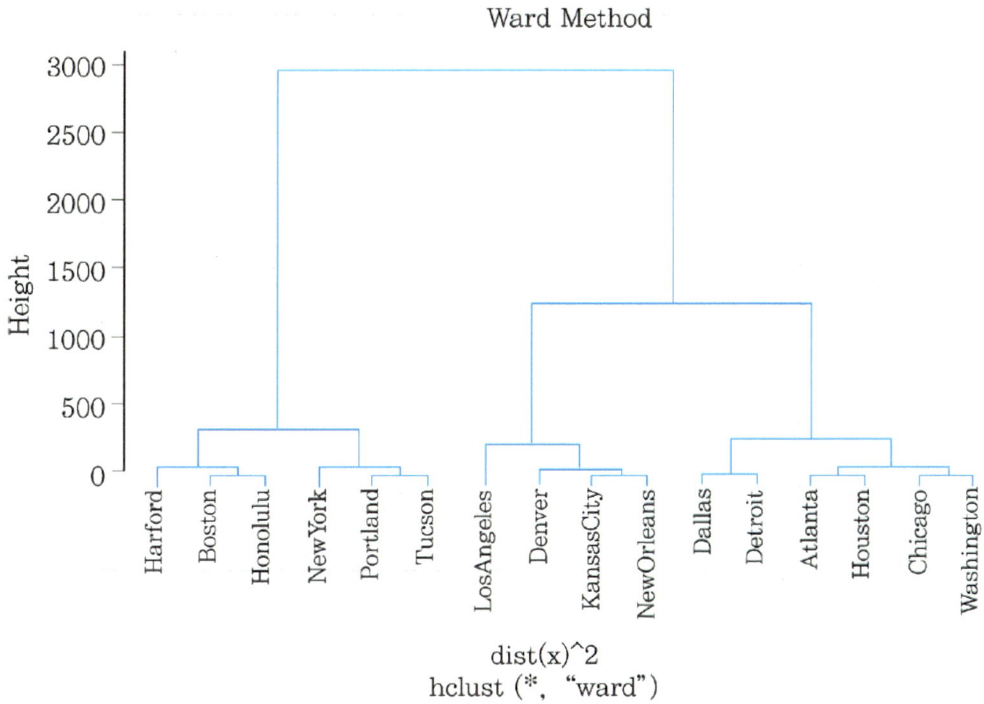

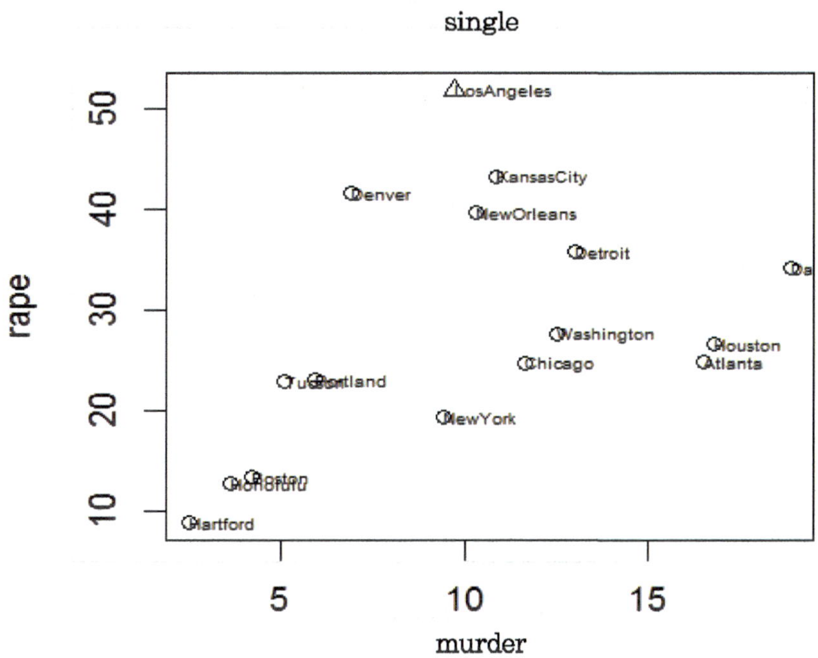

[그림 11.1] 최단연결법 이용 결과 군집

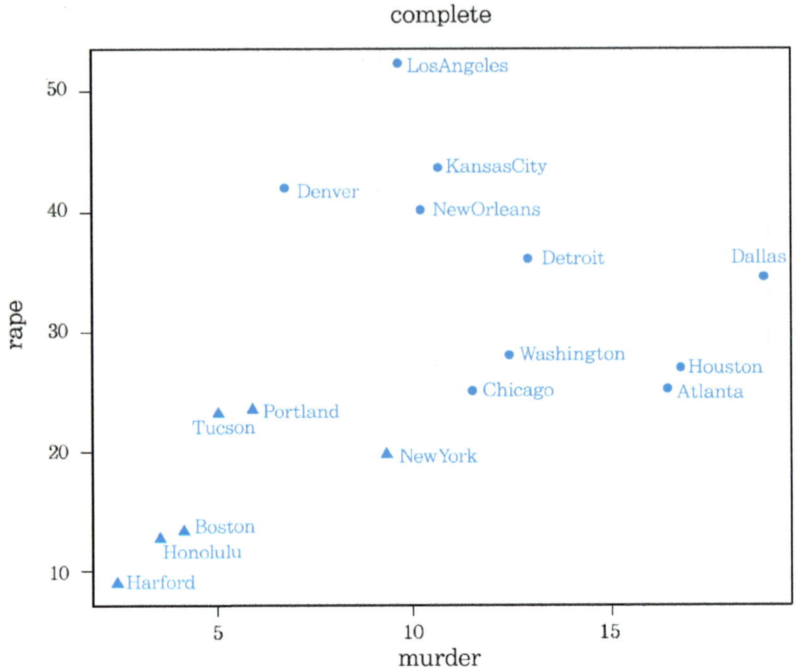

[그림 11.2] 최장연결법 이용 결과 군집

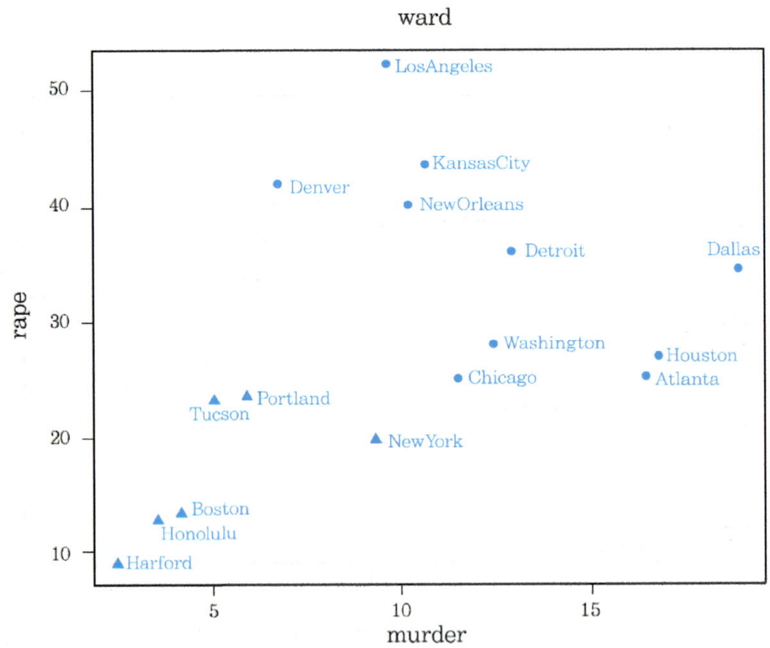

[그림 11.3] Ward 방법 이용 결과 군집

이번에는 [프로그램 11.3]에서와 같이 K-means 군집분석 방법을 수행하고자 한다. [결과 11.3]은 군집의 수를 3개로 했을 때 K-means 방법에 의한 군집결과를 나타낸다. 군집의 수를 3개로 했을 때는 군집 1에 6개, 군집 2에 6개, 군집 3에 4개의 도시가 분류되었다. **ccent()** 함수를 이용해 군집별 평균벡터를 얻을 수 있다. **centers=2** 옵션으로 군집의 수를 2개로 했을 때 K-means 방법에 의한 군집결과는 군집 1에 10개 도시가, 군집 2에는 6개 도시가 분류된다.

[프로그램 11.3] 범죄자료에 대한 K-means 군집분석

```
ccent=function(y,cl){
      f=function(i)  ; colMeans(y[cl==i,])
      x=sapply(sort(unique(cl)),f)
      colnames(x)=sort(unique(cl))
    return(x)
  }
##################################################
#        K-means  clustering                     #
##################################################
crime_k=kmeans(x,centers=3)  # 3개 군집
attributes(crime_k)
crime_k$cluster
### grouping ###
clus=cbind(city,x,crime_k$cluster)
clus1=clus[(clus[,4]==1),]
clus1
clus2=clus[(clus[,4]==2),]
clus2
clus3=clus[(clus[,4]==3),]
clus3
kc=table(crime_k$cluster)   ## number of each cluster
kc
plot(x, pch=crime_k$cluster,col=crime_k$cluster, main="K-means clustering")
 text(x,labels=city, adj=0, cex=0.5)
ccent(x,crime_k$cluster)   # clusterwise info
```

[결과 11.3] K-means 군집분석 수행결과

```
> clus=cbind(city,x,crime_k$cluster)
> clus1=clus[(clus[,4]==1),]
> clus1
        city murder rape crime_k$cluster
4      Dallas   18.9 34.2               1
5      Denver    6.9 41.5              1
6     Detroit   13.0 35.7               1
10 KansasCity   10.8 43.2               1
11 LosAngeles    9.7 51.8               1
12 NewOrleans   10.3 39.7               1

> clus2=clus[(clus[,4]==2),]
> clus2
        city murder rape crime_k$cluster
1     Atlanta   16.5 24.8               2
3     Chicago   11.6 24.7              2
9     Houston   16.8 26.6              2
13    NewYork    9.4 19.4             2
14   Portland    5.9 23.0               2
15     Tucson    5.1 22.9              2
16 Washington   12.5 27.6               2

> clus3=clus[(clus[,4]==3),]
> clus3
      city murder rape crime_k$cluster
2   Boston    4.2 13.3               3
7 Hartford    2.5  8.8                3
8 Honolulu    3.6 12.7               3
> table(crime_k$cluster)    # number of each cluster
1 2 3
6 6 4
>plot(x,pch=crime_k$cluster,col=crime_k$cluster,main="K-means clustering")
>  text(x,labels=city, adj=0, cex=0.5)
> ccent(x,crime_k$cluster)   # clusterwise info
              1        2        3
murder 11.60000 11.11429  3.433333
rape   41.01667 24.14286 11.600000
```

모형기반 군집분석을 위해 [프로그램 11.4]를 수행한 결과 [결과 11.4]를 보면 4개의 군집을 제안하며 각 군집에 3개, 5개, 4개, 4개의 도시가 분류된다. [그림 11.4]는 모형기반 군집분석 결과 군집이 표시된 산점도로 각 군집의 모양에 대한 정보를 얻을 수 있다. 군집의 개수를 3개로 한정하고자할 경우 **Mclust(x, 3:3)**과 같이 쓰면 된다.

[프로그램 11.4] 범죄자료에 대한 모형기반 군집분석

```
##################################################
#          model-based  clustering              #
##################################################
library(mclust)
crime_mc=Mclust(x, 2:5)  # 군집개수 2~5개 사이 적절한 군집 결정
crime_mc
attributes(crime_mc)
crime_mc$classification  # 군집번호

mc=table(crime_mc$classification)   # number of each cluster
mc
plot(x, pch=crime_mc$classification,col=crime_mc$classification,
main="model-based clustering")
 text(x,labels=city, adj=0, cex=0.5)     # 그림 11.4

par(mfrow=c(2,2))  # 그림 11.5
plot(crime_mc, data=crime[, 3:4],  what="BIC")
 plot(crime_mc, data=crime[, 3:4],  what="classification")
 plot(crime_mc, data=crime[, 3:4],  what="uncertainty")
 plot(crime_mc, data=crime[, 3:4],  what="density")
```

[결과 11.4] 모형기반 군집분석 수행결과

```
> crime_mc = Mclust(x, 2:5)
> crime_mc
 best model: EEE with 4 components
> crime_mc$classification
 [1] 1 2 3 1 4 3 2 2 1 4 4 4 3 2 2 3
> ccent(x, crime_mc$classification)
             1     2      3     4
murder 17.40000  4.26 11.625  9.425
rape   28.53333 16.14 26.850 44.050
> mc=table(crime_mc$classification)   # number of each cluster
> mc
1 2 3 4
3 5 4 4
```

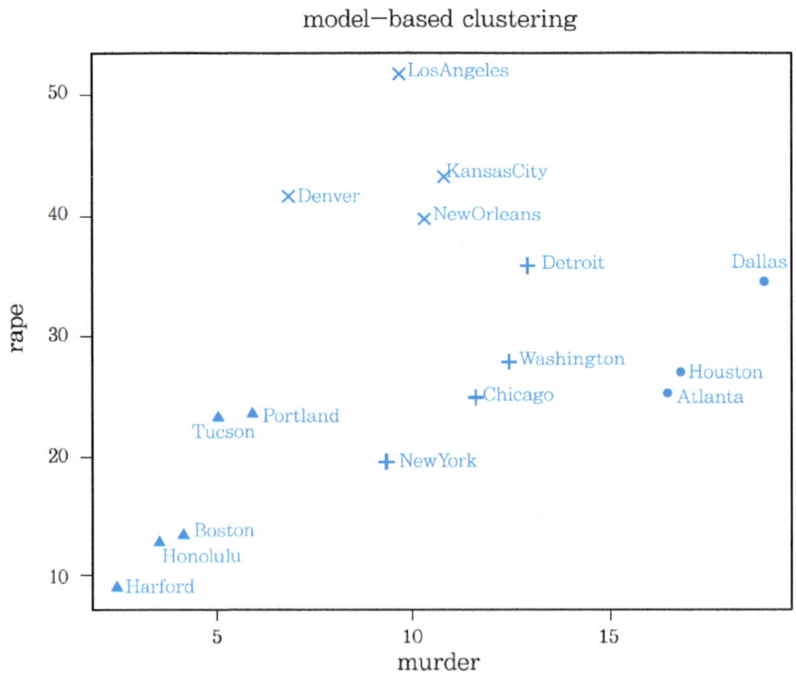

[그림 11.4] 모형기반 방법 이용 결과 군집

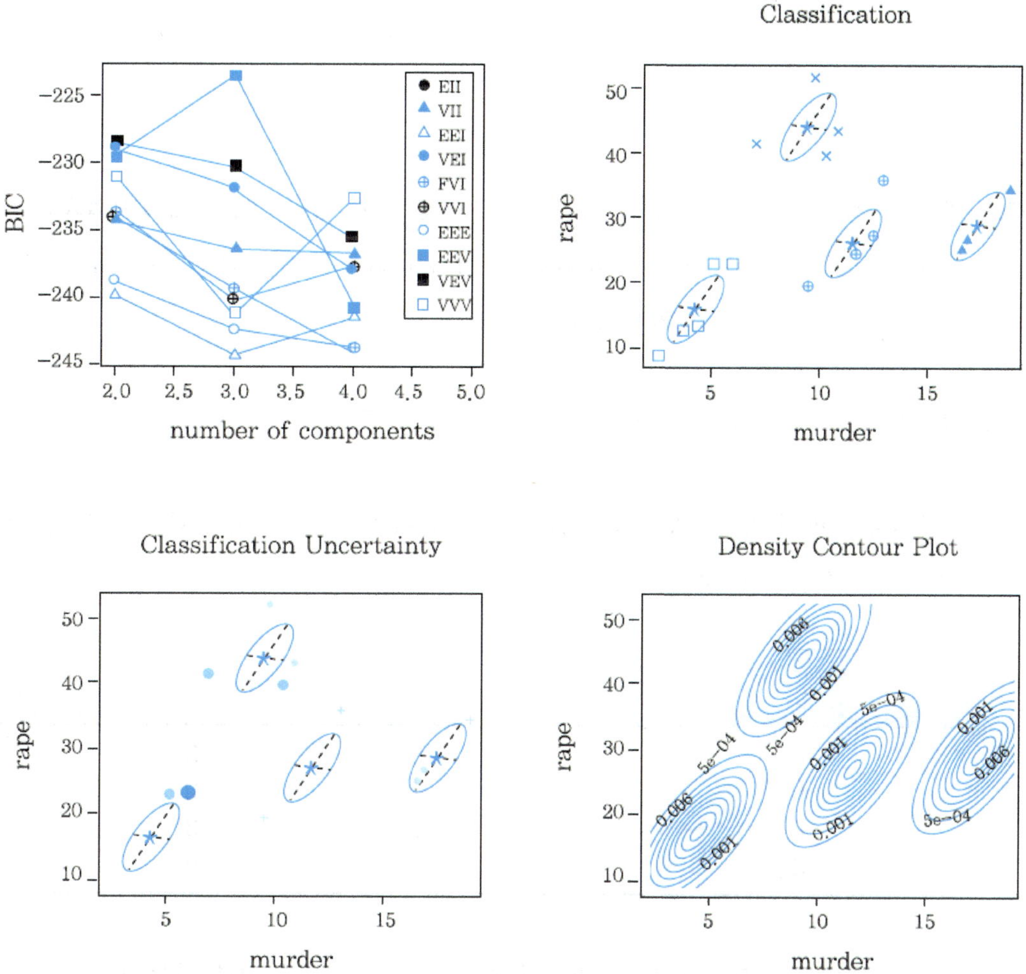

왼쪽 위: 공분산행렬 형태에 따른 BIC	오른쪽 위: 군집 형성 그림
왼쪽 아래: 공분산행렬에 따른 uncertainty	오른쪽 아래 : 확률밀도함수 등고선 그림

[그림 11.5] crime 데이터에 Mclust 적용후 군집 관련 그림

연습문제

11.1 $\boldsymbol{X}_i$, $\boldsymbol{X}_j$ 가 p-차원 벡터이고, 임의의 정칙행렬 $\boldsymbol{A}$와 상수 c에 대해 $\boldsymbol{Y}=\boldsymbol{A}\boldsymbol{X}+c$의 변수변환을 고려했을 때 Mahalanobis 거리 $d(\boldsymbol{X}_i, \boldsymbol{X}_j)$와 $d(\boldsymbol{Y}_i, \boldsymbol{Y}_j)$를 구하고 불변성을 만족하는지 알아보아라.

11.2 식 (11.17)이 성립함을 보여라.

11.3 2차원 관측벡터 $\boldsymbol{X}=(\boldsymbol{X}_1, \boldsymbol{X}_2)'$를 다음과 같이 얻었다. 주어진 데이터를 이용하여 군집분석을 하여라.

개 체	관측값	
	X_1	X_2
a	5	3
b	-1	2
c	1	3
d	2	6

(a) 4개 개체에 대해 유클리드 거리를 이용하여 거리행렬 $\boldsymbol{D}$를 만들어라.

(b) 거리행렬 $\boldsymbol{D}$를 이용하여 최단연결법으로 군집분석을 위한 나무구조그림을 그려라.

(c) 거리행렬 $\boldsymbol{D}$를 이용하여 최장연결법으로 군집분석을 위한 나무구조그림을 그려라.

(d) 거리행렬 $\boldsymbol{D}$를 이용하여 평균연결법으로 군집분석을 위한 나무구조그림을 그려라.

(e) 4개 개체에 대해 표준화 거리를 이용하여 거리행렬 $\boldsymbol{A}$를 만들어라.

(f) 거리행렬 $\boldsymbol{A}$를 이용하여 최단연결법으로 군집분석을 위한 나무구조그림을 그려라.

(g) 거리행렬 $\boldsymbol{A}$를 이용하여 최장연결법으로 군집분석을 위한 나무구조그림을 그려라.

(h) 거리행렬 $\boldsymbol{A}$를 이용하여 평균연결법으로 군집분석을 위한 나무구조그림을 그려라.

(i) 4개 개체에 대해 마할라노비스 거리를 이용하여 거리행렬 $\boldsymbol{B}$를 만들어라.

(j) 거리행렬 $\boldsymbol{B}$를 이용하여 최단연결법으로 군집분석을 위한 나무구조그림을 그려라.

(k) 거리행렬 $\boldsymbol{B}$를 이용하여 최장연결법으로 군집분석을 위한 나무구조그림을 그려라.

(l) 거리행렬 $\boldsymbol{B}$를 이용하여 평균연결법으로 군집분석을 위한 나무구조그림을 그려라.

11.4 5개의 1차원 관측값이 다음과 같을 때 Ward 방법을 이용하여 군집으로 나누어라.

관측값 번호 :	1	2	3	4	5
관측값 :	2	1	5	7	9

11.5 미국 주요 도시에서 인구 100,000 명당 범죄율 조사 자료인 [표 7.7]을 이용하여 군집분석을 하고자 한다.

(a) 최단연결법으로 군집을 나누기 위한 나무구조그림을 그리고 적절한 개수의 군집으로 나눈 후 군집에 속한 도시들을 나열하고 군집의 특성을 파악하여라.

(b) 최장연결법으로 군집을 나누기 위한 나무구조그림을 그리고 적절한 개수의 군집으로 나눈 후 군집에 속한 도시들을 나열하고 군집의 특성을 파악하여라.

(c) (a)와 (b)의 결과를 비교해 보아라.

11.6 [표 7.5]의 혈액 자료를 이용하여 군집분석을 통해 적절한 군집을 제안하고 군집의 특성을 파악하고자 한다.

(a) 최단연결법을 사용하여 군집분석을 수행하고, 두 군집의 중심간 거리를 구하여라.

(b) 평균연결법을 사용하여 군집분석을 수행하여라. 나무구조그림에서 몇 개의 군집으로 나타나는가?

(c) Ward 방법을 사용하여 군집분석을 수행하여라. 나무구조그림에서 몇 개의 군집으로 나타나는가?

(d) (a)(b)(c)에서 각각 나누어진 군집 1과 군집 2의 특성을 파악하여 군집의 이름을 붙여라.

(e) 두 군집에 대한 판별함수를 계산하고 그려보아라. 두 군집이 겹치는가?

11.7 20명의 남자 아동에 대한 Ramus bone 길이 측정 자료인 [표 5.11]을 이용하여 다음의 군집방법들을 수행하여라.

(a) 최단연결법을 사용하여 두 군집으로 나누어라.

(b) 평균연결법과 사용하여 두 군집으로 나누어 보고, (a)의 결과와 비교하여라. 어느 방법이 더 나은가?

11.8 [표 4.6]의 2001년 한국 산업의 생산성 지표 자료를 이용하여 군집 분석하여라.

(a) 최단연결법을 이용하여 나무구조그림을 그리고 적절한 개수의 군집으로 나눈 후 군집에 속한 산업들을 나열하고 군집의 특성을 파악하여라.

(b) 최장연결법을 이용하여 나무구조그림을 그리고 적절한 개수의 군집으로 나눈 후 군집에 속한 산업들을 나열하고 군집의 특성을 파악하여라.

(c) Ward 방법을 이용하여 나무구조그림을 그리고 적절한 개수의 군집으로 나눈 후 군집에 속한 산업들을 나열하고 군집의 특성을 파악하여라.

11.9 [표 4.7]의 2001년 한국 산업의 성장성 지표 자료를 이용하여 군집분석을 하여라.

(a) 최단연결법을 이용하여 나무구조그림을 그리고 적절한 개수의 군집으로 나눈 후 군집에 속한 산업들을 나열하고 군집의 특성을 파악하여라.

(b) 최장연결법을 이용하여 나무구조그림을 그리고 적절한 개수의 군집으로 나눈 후 군집에 속한 산업들을 나열하고 군집의 특성을 파악하여라.

(c) Ward 방법을 이용하여 나무구조그림을 그리고 적절한 개수의 군집으로 나눈 후 군집에 속한 산업들을 나열하고 군집의 특성을 파악하여라.

부 록

[표 A.1] 표준정규분포 따르는 확률변수의 누적분포

[표 A.2] Student t-분포 따르는 확률변수의 주요 백분위수(percentage point)

[표 A.3] 카이제곱분포 따르는 확률변수의 주요 백분위수

[표 A.4] F-분포 따르는 확률변수의 $\alpha = 0.05$일 때 백분위수

[표 A.5] Q-Q 그림 상관계수를 이용한 정규성 검정 주요 기각값(critical values)

[표 A.6] $b_{1,p}$에 대한 상위백분위수(upper percentile)와 $b_{2,p}$에 대한 상위백분위수 (upper percentile)와 하위백분위수(lower percentile)

[표 A.7] Wilks lambda 통계량 Λ의 $\alpha =$ .05에서 임계값

[표 A.8] Pillai 통계량 $V^{(S)}$의 $\alpha = 0.05$에서 상위기각값(upper critical values)

[표 A.9] Lawley-Hotelling 검정통계량 $U^{(S)}$의 $\alpha = 0.05$에서 상위기각값

[표 A.10] Roy의 최대근 검정통계량 $\theta = \dfrac{\lambda_1}{1+\lambda_1}$의 $\alpha = 0.05$에서 상위기각값

[표 A.11] Hotelling T^2 검정통계량의 $\alpha = 0.05$에서 상위기각값

[표 A.1] 표준정규분포 따르는 확률변수의 누적분포

$Z \sim N(0,1)$일 때, $P(Z \leq z) = \int_{-\infty}^{z} \frac{1}{\sqrt{2\pi}} exp\left\{-\frac{x^2}{2}\right\} dx$ 값을 나타냄.

z	.00	.01	.02	.03	.04	.05	.06	.07	.08	.09
.0	.5000	.5040	.5080	.5120	.5160	.5199	.5239	.5279	.5319	.5359
.1	.5398	.5438	.5478	.5517	.5557	.5596	.5636	.5675	.5714	.5753
.2	.5793	.5832	.5871	.5910	.5948	.5987	.6026	.6064	.6103	.6141
.3	.6179	.6217	.6255	.6293	.6331	.6368	.6406	.6443	.6480	.6517
.4	.6554	.6591	.6628	.6664	.6700	.6736	.6772	.6808	.6844	.6879
.5	.6915	.6950	.6985	.7019	.7054	.7088	.7123	.7157	.7190	.7224
.6	.7257	.7291	.7324	.7357	.7389	.7422	.7454	.7486	.7517	.7549
.7	.7580	.7611	.7642	.7673	.7703	.7734	.7764	.7794	.7823	.7852
.8	.7881	.7910	.7939	.7967	.7995	.8023	.8051	.8078	.8106	.8133
.9	.8159	.8186	.8212	.8238	.8264	.8289	.8315	.8340	.8365	.8389
1.0	.8413	.8438	.8461	.8485	.8508	.8531	.8554	.8577	.8599	.8621
1.1	.8643	.8665	.8686	.8708	.8729	.8749	.8770	.8790	.8810	.8830
1.2	.8849	.8869	.8888	.8907	.8925	.8944	.8962	.8980	.8997	.9015
1.3	.9032	.9049	.9066	.9082	.9099	.9115	.9131	.9147	.9162	.9177
1.4	.9192	.9207	.9222	.9236	.9251	.9265	.9279	.9292	.9306	.9319
1.5	.9332	.9345	.9357	.9370	.9382	.9394	.9406	.9418	.9429	.9441
1.6	.9452	.9463	.9474	.9484	.9495	.9505	.9515	.9525	.9535	.9545
1.7	.9554	.9564	.9573	.9582	.9591	.9599	.9608	.9616	.9625	.9633
1.8	.9641	.9649	.9656	.9664	.9671	.9678	.9686	.9693	.9699	.9706
1.9	.9713	.9719	.9726	.9732	.9738	.9744	.9750	.9756	.9761	.9767
2.0	.9772	.9778	.9783	.9788	.9793	.9798	.9803	.9808	.9812	.9817
2.1	.9821	.9826	.9830	.9834	.9838	.9842	.9846	.9850	.9854	.9857
2.2	.9861	.9864	.9868	.9871	.9875	.9878	.9881	.9884	.9887	.9890
2.3	.9893	.9896	.9898	.9901	.9904	.9906	.9909	.9911	.9913	.9916
2.4	.9918	.9920	.9922	.9925	.9927	.9929	.9931	.9932	.9934	.9936
2.5	.9938	.9940	.9941	.9943	.9945	.9946	.9948	.9949	.9951	.9952
2.6	.9953	.9955	.9956	.9957	.9959	.9960	.9961	.9962	.9963	.9964
2.7	.9965	.9966	.9967	.9968	.9969	.9970	.9971	.9972	.9973	.9974
2.8	.9974	.9975	.9976	.9977	.9977	.9978	.9979	.9979	.9980	.9981
2.9	.9981	.9982	.9982	.9983	.9984	.9984	.9985	.9985	.9986	.9986
3.0	.9987	.9987	.9987	.9988	.9988	.9989	.9989	.9989	.9990	.9990
3.1	.9990	.9991	.9991	.9997	.9992	.9992	.9992	.9992	.9993	.9993
3.2	.9993	.9993	.9994	.9994	.9994	.9994	.9992	.9995	.9995	.9995
3.3	.9995	.9995	.9995	.9996	.9996	.9996	.9996	.9996	.9996	.9997
3.4	.9997	.9997	.9997	.9997	.9997	.9997	.9997	.9997	.9997	.9998
3.5	.9998	.9998	.9998	.9998	.9998	.9998	.9998	.9998	.9998	.9998

[표 A.2] Student t-분포 따르는 확률변수의 주요 백분위수(percentage point)

$T \sim t_n$일 때, $P(T \geq t_n(\alpha)) = \alpha$를 만족하는 $t_n(\alpha)$의 값을 나타냄.

d.f.	α								
ν	.250	.100	.050	.025	.010	.00833	.00625	.005	.0025
1	1.000	3.078	6.314	12.706	31.821	38.190	50.923	63.657	127.321
2	.816	1.886	2.920	4.303	6.965	7.647	8.860	9.925	14.089
3	.765	1.638	2.353	3.182	4.541	4.857	5.392	5.841	7.453
4	.741	1.533	2.132	2.776	3.747	3.961	4.315	4.604	5.598
5	.727	1.476	2.015	2.571	3.365	3.534	3.810	4.032	4.773
6	.718	1.440	1.943	2.447	3.143	3.287	3.521	3.707	4.317
7	.711	1.415	1.895	2.365	2.998	3.128	3.335	3.499	4.029
8	.706	1.397	1.860	2.306	2.896	3.016	3.206	3.355	3.833
9	.703	1.383	1.833	2.262	2.821	2.933	3.111	3.250	3.690
10	.700	1.372	1.812	2.228	2.764	2.870	3.038	3.169	3.581
11	.697	1.363	1.796	2.201	2.718	2.820	2.981	3.106	3.497
12	.695	1.356	1.782	2.179	2.681	2.779	2.934	3.055	3.428
13	.694	1.350	1.771	2.160	2.650	2.746	2.896	3.012	3.372
14	.692	1.345	1.761	2.145	2.624	2.718	2.864	2.977	3.326
15	.691	1.341	1.753	2.131	2.602	2.694	2.837	2.947	3.286
16	.690	1.337	1.746	2.120	2.583	2.673	2.813	2.921	3.252
17	.689	1.333	1.740	2.110	2.567	2.655	2.793	2.898	3.222
18	.688	1.330	1.734	2.101	2.552	2.639	2.775	2.878	3.197
19	.688	1.328	1.729	2.093	2.539	2.625	2.759	2.861	3.174
20	.687	1.325	1.725	2.086	2.528	2.613	2.744	2.845	3.153
21	.686	1.323	1.721	2.080	2.518	2.601	2.732	2.831	3.135
22	.686	1.321	1.717	2.074	2.508	2.591	2.720	2.819	3.119
23	.685	1.319	1.714	2.069	2.500	2.582	2.710	2.807	3.104
24	.685	1.318	1.711	2.064	2.492	2.574	2.700	2.797	3.091
25	.684	1.316	1.708	2.060	2.485	2.566	2.692	2.787	3.078
26	.684	1.315	1.706	2.056	2.479	2.559	2.684	2.779	3.067
27	.684	1.314	1.703	2.052	2.473	2.552	2.676	2.771	3.057
28	.683	1.313	1.701	2.048	2.467	2.546	2.669	2.763	3.047
29	.683	1.311	1.699	2.045	2.462	2.541	2.663	2.756	3.038
30	.683	1.310	1.697	2.042	2.457	2.536	2.657	2.750	3.030
40	.681	1.303	1.684	2.021	2.423	2.499	2.616	2.704	2.971
60	.679	1.296	1.671	2.000	2.390	2.463	2.575	2.660	2.915
120	.677	1.289	1.658	1.980	2.358	2.428	2.536	2.617	2.860
∞	.674	1.282	1.645	1.960	2.326	2.394	2.498	2.576	2.813

[표 A.3] 카이제곱분포 따르는 확률변수의 주요 백분위수

$X \sim \chi^2_\nu$일 때, $P(X \geq \chi^2_\nu(\alpha)) = \alpha$를 만족하는 $\chi^2_\nu(\alpha)$의 값을 나타냄.

d.f.	α								
ν	.990	.950	.900	.500	.100	.050	.025	.010	.005
1	.0002	.004	.02	.45	2.71	3.84	5.02	6.63	7.88
2	.02	.10	.21	1.39	4.61	5.99	7.38	9.21	10.60
3	.11	.35	.58	2.37	6.25	7.81	9.35	11.34	12.84
4	.30	.71	1.06	3.36	7.78	9.49	11.14	13.28	14.86
5	.55	1.15	1.61	4.35	9.24	11.07	12.83	15.09	16.75
6	.87	1.64	2.20	5.35	10.64	12.59	14.45	16.81	18.55
7	1.24	2.17	2.83	6.35	12.02	14.07	16.01	18.48	20.28
8	1.65	2.73	3.49	7.34	13.36	15.51	17.53	20.09	21.95
9	2.09	3.33	4.17	8.34	14.68	16.92	19.02	21.67	23.59
10	2.56	3.94	4.87	9.34	15.99	18.31	20.48	23.21	25.19
11	3.05	4.57	5.58	10.34	17.28	19.68	21.92	24.72	26.76
12	3.57	5.23	6.30	11.34	18.55	21.03	23.34	26.22	28.30
13	4.11	5.89	7.04	12.34	19.81	22.36	24.74	27.69	29.82
14	4.66	6.57	7.79	13.34	21.06	23.68	26.12	29.14	31.32
15	5.23	7.26	8.55	14.34	22.31	25.00	27.49	30.58	32.80
16	5.81	7.96	9.31	15.34	23.54	26.30	28.85	32.00	34.27
17	6.41	8.67	10.09	16.34	24.77	27.59	30.19	33.41	35.72
18	7.01	9.39	10.86	17.34	25.99	28.87	31.53	34.81	37.16
19	7.63	10.12	11.65	18.34	27.20	30.14	32.85	36.19	38.58
20	8.26	10.85	12.44	19.34	28.41	31.41	34.17	37.57	40.00
21	8.90	11.59	13.24	20.34	29.62	32.67	35.48	28.93	41.40
22	9.54	12.34	14.04	21.34	30.81	33.92	36.78	40.29	42.80
23	10.20	13.09	14.85	22.34	32.01	35.17	38.08	41.64	44.18
24	10.86	13.85	15.66	23.34	33.20	36.42	39.36	42.98	45.56
25	11.52	14.61	16.47	24.34	34.38	37.65	40.65	44.31	46.93
26	12.20	15.38	17.29	25.34	35.56	38.89	41.92	45.64	48.29
27	12.88	16.15	18.11	26.34	36.74	40.11	43.19	46.96	49.64
28	13.56	16.93	18.94	27.34	37.92	41.34	44.46	48.28	50.99
29	14.26	17.71	19.77	28.34	39.09	42.56	45.72	49.59	52.34
30	14.95	18.49	20.60	29.34	40.26	43.77	46.98	50.89	53.67
40	22.16	26.51	29.05	39.34	51.81	55.76	59.34	63.69	66.77
50	29.71	34.76	37.69	49.33	63.17	67.50	71.42	76.15	79.49
60	37.48	43.19	46.46	59.33	74.40	79.08	83.30	88.38	91.95
70	45.44	51.74	55.33	69.33	85.53	90.53	95.02	100.43	104.21
80	53.54	60.39	64.28	79.33	96.58	101.88	106.63	112.33	116.32
90	61.75	69.13	73.29	89.33	107.57	113.15	118.14	124.12	128.30
100	70.06	77.93	82.36	99.33	118.50	124.34	129.56	135.81	140.17

[표 A.4] F-분포 따르는 확률변수의 $\alpha = 0.05$일 때 백분위수

$X \sim F_{\nu_1,\nu_2}$일 때, $P(X \geq F_{\nu_1,\nu_2}(\alpha)) = \alpha$를 만족하는 $F_{\nu_1,\nu_2}(\alpha)$ 값을 나타냄.

ν_2 \ ν_1	1	2	3	4	5	6	7	8	9	10	12	15	20	25	30	40	60
1	161.5	199.5	215.7	224.6	230.2	234.0	236.8	238.9	240.5	241.9	243.9	246.0	248.0	249.3	250.1	251.1	252.2
2	18.51	19.00	19.16	19.25	19.30	19.33	19.35	19.37	19.38	19.40	19.41	19.43	19.45	19.46	19.46	19.47	19.48
3	10.13	9.55	9.28	9.12	9.01	8.94	8.89	8.85	8.81	8.79	8.74	8.70	8.66	8.63	8.62	8.59	8.57
4	7.71	6.94	6.59	6.39	6.26	6.16	6.09	6.04	6.00	5.96	5.91	5.86	5.80	5.77	5.75	5.72	5.69
5	6.61	5.79	5.41	5.19	5.05	4.95	4.88	4.82	4.77	4.74	4.68	4.62	4.56	4.52	4.50	4.46	4.43
6	5.99	5.14	4.76	4.53	4.39	4.28	4.21	4.15	4.10	4.06	4.00	3.94	3.87	3.83	3.81	3.77	3.74
7	5.59	4.74	4.35	4.12	3.97	3.87	3.79	3.73	3.68	3.64	3.57	3.51	3.44	3.40	3.38	3.34	3.30
8	5.32	4.46	4.07	3.84	3.69	3.58	3.50	3.44	3.39	3.35	3.28	3.22	3.15	3.11	3.08	3.04	3.01
9	5.12	4.26	3.86	3.63	3.48	3.37	3.29	3.23	3.18	3.14	3.07	3.01	2.94	2.89	2.86	2.83	2.79
10	4.96	4.10	3.71	3.48	3.33	3.22	3.14	3.07	3.02	2.98	2.91	2.85	2.77	2.73	2.70	2.66	2.62
11	4.84	3.98	3.59	3.36	3.20	3.09	3.01	2.95	2.90	2.85	2.79	2.72	2.65	2.60	2.57	2.53	2.49
12	4.75	3.89	3.49	3.26	3.11	3.00	2.91	2.85	2.80	2.75	2.69	2.62	2.54	2.50	2.47	2.43	2.38
13	4.67	3.81	3.41	3.18	3.03	2.92	2.83	2.77	2.71	2.67	2.60	2.53	2.46	2.41	2.38	2.34	2.30
14	4.60	3.74	3.34	3.11	2.96	2.85	2.76	2.70	2.62	2.60	2.53	2.46	2.39	2.34	2.31	2.27	2.22
15	4.54	3.68	3.29	3.06	2.90	2.79	2.71	2.64	2.59	2.54	2.48	2.40	2.33	2.28	2.25	2.20	2.16
16	4.49	3.63	3.24	3.01	2.85	2.74	2.66	2.59	2.54	2.49	2.42	2.35	2.28	2.23	2.19	2.15	2.11
17	4.45	3.59	3.20	2.96	2.81	2.70	2.61	2.55	2.49	2.45	2.38	2.31	2.23	2.18	2.15	2.10	2.06
18	4.41	3.55	3.16	2.93	2.77	2.66	2.58	2.51	2.46	2.41	2.34	2.27	2.19	2.14	2.11	2.06	2.02
19	4.38	3.52	3.13	2.90	2.74	2.63	2.54	2.48	2.42	2.38	2.31	2.23	2.16	2.11	2.07	2.03	1.98
20	4.35	3.49	3.10	2.87	2.71	2.60	2.51	2.45	2.39	2.35	2.28	2.20	2.12	2.07	2.04	1.99	1.95
21	4.32	3.47	3.07	2.84	2.68	2.57	2.49	2.42	2.37	2.32	2.25	2.18	2.10	2.05	2.01	1.96	1.92
22	4.30	3.44	3.05	2.82	2.66	2.55	2.46	2.40	3.34	2.30	2.23	2.15	2.07	2.02	1.98	1.94	1.89
23	4.28	3.42	3.03	2.80	2.64	2.53	2.44	2.37	2.32	2.27	2.20	2.13	2.05	2.00	1.96	1.91	1.86
24	4.26	3.40	3.01	2.78	2.62	2.51	2.42	2.36	2.30	2.25	2.18	2.11	2.03	1.97	1.94	1.89	1.84
25	4.24	3.39	2.99	2.76	2.60	2.49	2.40	2.34	2.28	2.24	2.16	2.09	2.01	1.96	1.92	1.87	1.82
26	4.23	3.37	2.98	2.74	2.59	2.47	2.39	2.32	2.27	2.22	2.15	2.07	1.99	1.94	1.90	1.85	1.80
27	4.21	3.35	2.96	2.73	2.57	2.46	2.37	2.31	2.25	2.20	2.13	2.06	1.97	1.92	1.88	1.84	1.79
28	4.20	3.34	2.95	2.71	2.56	2.45	2.36	2.29	2.24	2.19	2.12	2.04	1.96	1.91	1.87	1.82	1.77
29	4.18	3.33	2.93	2.70	2.55	2.43	2.35	2.28	2.22	2.18	2.10	2.03	1.94	1.89	1.85	1.81	1.75
30	4.17	3.32	2.92	2.69	2.53	2.42	2.33	2.27	2.21	2.16	2.09	2.01	1.93	1.88	1.84	1.79	1.74
40	4.08	3.23	2.84	2.61	2.45	2.34	2.25	2.18	2.12	2.08	2.00	1.92	1.84	1.78	1.74	1.69	1.64
60	4.00	3.15	2.76	2.53	2.37	2.25	2.17	2.10	2.04	1.99	1.92	1.84	1.75	1.69	1.65	1.59	1.53
120	3.92	3.07	2.68	2.45	2.29	2.18	2.09	2.02	1.96	1.91	1.83	1.75	1.66	1.60	1.55	1.50	1.43
∞	3.84	3.00	2.61	2.37	2.21	2.10	2.01	1.94	1.88	1.83	1.75	1.67	1.57	1.51	1.46	1.39	1.32

[표 A.5] Q-Q 그림 상관계수를 이용한 정규성 검정 주요 기각값(critical values)

Sample size n	Significance levels α		
	.01	.05	.10
5	.8299	.8788	.9032
10	.8801	.9198	.9351
15	.9126	.9389	.9503
20	.9269	.9508	.9604
25	.9410	.9591	.9665
30	.9479	.9652	.9715
35	.9538	.9682	.9740
40	.9599	.9726	.9771
45	.9632	.9749	.9792
50	.9671	.9768	.9809
55	.9695	.9787	.9822
60	.9720	.9801	.9836
75	.9771	.9838	.9866
100	.9822	.9873	.9895
150	.9879	.9913	.9928
200	.9905	.9931	.9942
300	.9935	.9953	.9960

[표 A.6] $b_{1,p}$에 대한 상위백분위수(upper percentile)와 $b_{2,p}$에 대한 상위백분위수(upper percentile)와 하위백분위수(lower percentile)

만약 $b_{1,p}$이 기각값보다 크면 다변량 정규성 귀무가설을 기각한다.

만약 $b_{2,p}$이 상위기각값보다 크거나 또는 하위기각값보다 작으면 다변량 정규성 귀무가설을 기각한다.

여기서 통계량 $b_{1,p}$과 $b_{2,p}$는 4.5.3절에서 정의된 통계량이다.

$p=2$
Upper Percentiles for $b_{1,p}$

	Percentiles					
n	90	92.5	95	97.5	99	9.9
10	2.994	3.263	3.694	4.294	5.194	6.994
12	2.681	2.944	3.319	3.931	4.938	6.744
14	2.419	2.669	3.031	3.619	4.581	6.419
16	2.219	2.444	2.775	3.337	4.231	6.062
18	2.050	2.256	2.556	3.100	3.962	5.737
20	1.894	2.081	2.356	2.881	3.669	5.425
25	1.581	1.744	1.969	2.438	3.106	4.719
30	1.363	1.513	1.687	2.094	2.681	4.238
40	1.050	1.181	1.319	1.606	2.087	3.369
50	.862	.969	1.069	1.306	1.744	2.706
60	.731	.819	.906	1.094	1.444	2.200
70	.631	.725	.794	.937	1.244	1.863
80	.544	.637	.694	.812	1.056	1.587
90	.487	.569	.638	.725	.919	1.400
100	.438	.506	.581	.656	.831	1.231
150	.281	.344	.400	.444	.531	.794
200	.219	.269	.300	.331	.394	.569
300	.144	.169	.209	.225	.256	.369
400	.116	.129	.141	.166	.197	.275
600	.077	.085	.094	.110	.131	.183
800	.058	.064	.071	.083	.099	.137
1000	.046	.051	.057	.066	.079	.110
1500	.031	.034	.038	.044	.053	.074
2500	.019	.021	.023	.027	.032	.044
3000	.016	.017	.019	.022	.027	.037
4000	.012	.013	.014	.017	.020	.028
5000	.009	.010	.011	.013	.016	.022

$p=2$
Upper and Lower Percentiles for $b_{2,p}$

	Percentiles							
n	1	2.5	5	10	90	95	97.5	99
10	4.580	4.722	4.887	5.057	8.606	9.203	9.781	10.378
12	4.732	4.899	5.053	5.232	8.947	9.593	10.150	10.881
14	4.842	5.015	5.179	5.358	9.162	9.769	10.375	11.159
16	4.977	5.149	5.318	5.482	9.331	9.941	10.562	11.387
18	5.045	5.219	5.382	5.555	9.403	10.005	10.628	11.478
20	5.175	5.262	5.533	5.717	9.469	10.114	10.691	11.609
25	5.351	5.525	5.689	5.871	9.503	10.159	10.584	11.628
30	5.518	5.692	5.855	6.038	9.516	10.156	10.556	11.594
40	5.703	5.871	6.139	6.229	9.497	10.109	10.563	11.453
50	5.909	6.083	6.239	6.403	9.453	9.987	10.372	11.181
60	6.015	6.189	6.335	6.505	9.401	9.889	10.250	10.994
70	6.139	6.290	6.437	6.602	9.356	9.781	10.106	10.753
80	6.223	6.372	6.539	6.683	9.309	9.694	9.981	10.537
90	6.332	6.475	6.622	6.749	9.256	9.688	9.885	10.325
100	6.389	6.521	6.665	6.793	9.210	9.556	9.806	10.188
150	6.615	6.749	6.858	6.972	9.027	9.300	9.475	10.253
200	6.761	6.889	6.979	7.083	8.919	9.141	9.269	9.506
300	6.949	7.052	7.142	7.245	8.776	8.916	9.031	9.219
400	7.079	7.171	7.252	7.342	8.664	8.787	8.917	9.061
600	7.232	7.295	7.369	7.464	8.547	8.647	8.749	8.874
800	7.304	7.372	7.451	7.536	8.472	8.562	8.641	8.747
1000	7.367	7.433	7.504	7.585	8.419	8.497	8.569	8.656
1500	7.460	7.537	7.595	7.661	8.339	8.405	8.463	8.532
2000	7.535	7.599	7.649	7.707	8.293	8.351	8.401	8.461
2500	7.588	7.641	7.686	7.738	8.262	8.314	8.359	8.412
3000	7.624	7.673	7.714	7.760	8.240	8.286	8.327	8.376
4000	7.674	7.716	7.752	7.793	8.207	8.248	8.284	8.326
5000	7.709	7.746	7.778	7.714	8.186	8.222	8.254	8.291

(연속)

[표 A.6] (연속)

$p=3$
Upper Percentiles for $b_{1,p}$

	Percentiles					
n	90	92.5	95	97.5	99	99.9
10	6.0	6.5	6.9	7.7	8.8	11.5
12	5.5	5.9	6.4	7.1	8.1	10.5
14	5.0	5.4	5.9	6.5	7.4	9.7
16	4.6	4.9	5.4	6.1	6.8	8.9
18	4.2	4.6	5.1	5.6	6.4	8.3
20	3.9	4.2	4.7	5.3	6.0	7.7
25	3.3	3.5	3.9	4.5	5.2	6.5
30	2.8	3.0	3.3	3.9	4.4	5.6
40	2.2	2.4	2.7	3.0	3.5	4.2
50	1.7	1.9	2.2	2.4	2.8	3.4
60	1.5	1.6	1.8	2.0	2.4	2.9
70	1.3	1.4	1.5	1.7	2.0	2.5
80	1.13	1.2	1.3	1.5	1.7	2.2
90	1.01	1.08	1.16	1.3	1.5	1.9
100	.92	.97	1.05	1.18	1.3	1.7
150	.62	.66	.71	.80	.90	1.15
200	.47	.50	.54	.60	.68	.87
300	.32	.33	.36	.40	.46	.58
400	.237	.252	.272	.30	.34	.44
600	.159	.168	.182	.203	.230	.294
800	.119	.127	.137	.153	.173	.221
1000	.095	.010	.109	.122	.139	.177
1500	.064	.068	.073	.082	.093	.118
2000	.048	.051	.055	.061	.069	.089
3000	.032	.034	.037	.041	.046	.059
4000	.024	.025	.027	.031	.035	.044
5000	.019	.020	.022	.025	.028	.035

$p=3$
Upper and Lower Percentiles for $b_{2,p}$

	Percentiles							
n	1	2.5	5	10	90	95	97.5	99
10	10.0	10.2	10.4	10.7	14.0	14.4	15.0	15.6
12	10.2	10.4	10.7	11.0	14.7	15.2	15.9	16.4
14	10.4	10.6	10.9	11.3	15.1	15.8	16.5	17.1
16	10.5	10.8	11.1	11.5	15.4	16.1	16.8	17.5
18	10.7	11.0	11.3	11.6	15.5	16.4	17.1	17.8
20	10.8	11.1	11.4	11.8	15.7	16.5	17.2	18.0
25	11.1	11.4	11.8	12.1	15.9	16.7	17.4	18.2
30	11.3	11.6	12.0	12.3	16.0	16.7	17.5	18.3
40	11.7	12.0	12.4	12.7	16.1	16.7	17.4	18.2
50	11.9	12.3	12.6	12.9	16.1	16.7	17.3	18.0
60	12.1	12.5	12.8	13.1	16.1	16.6	17.2	17.9
70	12.3	12.6	13.0	13.2	16.1	16.6	17.1	17.7
80	12.4	12.8	13.1	13.3	16.1	16.5	17.0	17.6
90	12.5	12.9	13.2	13.5	16.0	16.5	16.9	17.5
100	12.6	13.0	13.3	13.5	16.0	16.4	16.8	17.4
150	13.0	13.3	13.6	13.8	15.9	16.2	16.5	17.0
200	13.2	13.5	13.8	14.0	15.8	16.1	16.3	16.8
300	13.6	13.8	14.0	14.2	15.7	15.9	16.1	16.5
400	13.7	13.9	14.1	14.3	15.6	15.8	16.0	16.3
600	13.9	14.1	14.3	14.4	15.51	15.67	15.81	15.97
800	14.1	14.2	14.3	14.5	15.45	15.59	15.71	15.85
1000	14.17	14.30	14.41	14.53	15.41	15.53	15.64	15.77
1500	14.33	14.43	14.52	14.62	15.34	15.44	15.53	15.63
2000	14.42	14.51	14.58	14.67	15.30	15.39	15.46	15.55
3000	14.53	14.60	14.66	14.73	15.25	15.32	15.38	15.45
4000	14.59	14.65	14.71	14.77	15.21	15.28	15.33	15.39
5000	14.63	14.69	14.74	14.80	15.19	15.25	15.30	15.35

(연속)

[표 A.6] (연속)

$p=4$
Upper Percentiles for $b_{1,p}$

n	Percentiles 90	92.5	95	97.5	99	99.9
10	11.1	11.6	12.2	13.3	15.3	17.9
12	10.1	10.6	11.2	12.2	13.9	16.2
14	9.2	9.7	10.2	11.2	12.7	14.8
16	8.4	8.8	9.4	10.3	11.6	13.6
18	7.7	8.0	8.7	9.5	10.7	12.6
20	7.0	7.4	8.0	8.8	9.9	11.6
25	5.9	6.2	6.6	7.1	8.1	9.7
30	5.0	5.3	5.6	6.0	6.8	8.1
40	3.9	4.1	4.3	4.6	5.2	6.2
50	3.1	3.3	3.5	3.8	4.2	5.0
60	2.7	2.8	2.9	3.2	3.5	4.2
70	2.3	2.4	2.5	2.8	3.0	3.7
80	2.0	2.1	2.2	2.4	2.7	3.2
90	1.81	1.89	2.0	2.2	2.4	2.9
100	1.64	1.71	1.81	1.97	2.2	2.6
150	1.11	1.16	1.22	1.33	1.46	1.76
200	.84	.87	.92	1.00	1.10	1.33
300	.56	.59	.62	.67	.74	.89
400	.42	.44	.47	.51	.56	.67
600	.282	.295	.31	.34	.37	.45
800	.212	.222	.234	.255	.280	.34
1000	.170	.177	.188	.204	.224	.271
1500	.113	.118	.125	.136	.150	.181
2000	.085	.089	.094	.102	.112	.136
3000	.057	.059	.063	.068	.075	.091
4000	.043	.045	.047	.051	.056	.068
5000	.034	.037	.038	.041	.045	.054

$p=4$
Upper and Lower Percentiles for $b_{2,p}$

n	Percentiles 1	2.5	5	10	90	95	97.5	99
10	17.0	17.3	17.6	17.8	21.5	22.4	23.0	24.0
12	17.4	17.7	18.0	18.3	22.3	23.3	24.2	25.4
14	17.7	18.0	18.3	18.6	23.0	24.0	25.0	26.1
16	18.0	18.2	18.6	18.9	23.4	24.4	25.4	26.6
18	18.2	18.4	18.8	19.2	23.8	24.7	25.8	26.9
20	18.4	18.6	19.0	19.4	24.0	25.0	26.1	27.1
25	18.8	19.1	19.5	19.8	24.5	25.4	26.4	27.3
30	19.1	19.4	19.8	20.2	24.7	25.5	26.6	27.4
40	19.6	19.9	20.3	21.0	25.0	25.7	26.7	27.4
50	20.0	20.3	20.6	21.0	25.1	25.7	26.6	27.3
60	20.2	20.5	20.9	21.3	25.14	25.7	26.6	27.2
70	20.4	20.7	21.0	21.5	25.15	25.7	26.5	27.0
80	20.6	21.0	21.2	21.7	25.15	25.6	26.4	26.9
90	20.8	21.1	21.4	21.8	25.14	25.6	26.3	26.8
100	20.9	21.2	21.5	21.9	25.12	25.6	26.2	26.7
150	21.4	21.7	22.0	22.33	25.03	25.42	25.9	26.3
200	21.7	22.0	22.2	22.57	24.95	25.29	25.6	26.0
300	22.1	22.33	22.57	22.85	24.83	25.11	25.3	25.7
400	22.3	22.56	22.77	23.02	24.75	24.99	25.20	25.46
600	22.63	22.83	23.01	23.21	24.63	24.83	25.01	25.21
800	22.82	22.99	23.15	23.32	24.56	24.74	24.89	25.06
1000	22.94	23.10	23.24	23.40	24.51	24.67	24.80	24.96
1500	23.14	23.27	23.38	23.51	24.42	24.55	24.66	24.79
2000	23.26	23.37	23.47	23.58	24.37	24.48	24.58	24.69
3000	23.40	23.49	23.57	23.66	24.31	24.40	24.48	24.57
4000	23.48	23.56	23.63	23.71	24.27	24.35	24.42	24.50
5000	23.54	23.61	23.67	23.74	24.24	24.31	24.17	24.45

[표 A.7] Wilks lambda 통계량 Λ의 $\alpha=0.05$ 에서 임계값

$\Lambda = |\boldsymbol{E}|/|\boldsymbol{E}+\boldsymbol{B}|$. 여기서 $\lambda_1, \lambda_2, \ldots, \lambda_s$는 $\boldsymbol{E}^{-1}\boldsymbol{B}$의 고유값.

만약 Λ가 기각값(임계값)보다 작으면 H_0를 기각한다. ^{a} 는 10^{-3}의 곱을 의미한다.

	ν_B											
ν_E	1	2	3	4	5	6	7	8	9	10	11	12
						$p=1$						
1	6.16^a	2.50^a	1.54^a	1.11^a	.868^a	.712^a	.603^a	.523^a	.462^a	.413^a	.374^a	.341^a
2	.098	.050	.034	.025	.020	.017	.015	.013	.011	.010	9.28^a	8.51^a
3	.229	.136	.097	.076	.062	.053	.046	.041	.036	.033	.030	.028
4	.342	.224	.168	.135	.113	.098	.086	.076	.069	.063	.058	.053
5	.431	.302	.236	.194	.165	.144	.128	.115	.104	.096	.088	.082
6	.501	.368	.296	.249	.215	.189	.169	.153	.140	.129	.119	.111
7	.556	.425	.349	.298	.261	.232	.209	.190	.175	.161	.150	.140
8	.601	.473	.396	.343	.303	.271	.246	.225	.208	.193	.180	.169
9	.638	.514	.437	.382	.341	.308	.281	.258	.239	.223	.209	.196
10	.668	.549	.473	.418	.376	.341	.313	.289	.269	.251	.236	.222
11	.694	.580	.505	.450	.407	.372	.343	.318	.297	.278	.262	.247
12	.717	.607	.534	.479	.436	.400	.370	.345	.323	.304	.286	.271
13	.736	.631	.560	.506	.462	.426	.396	.370	.347	.327	.310	.294
14	.753	.652	.583	.529	.486	.450	.420	.393	.370	.350	.332	.315
15	.768	.671	.603	.551	.508	.473	.442	.415	.392	.371	.352	.336
16	.781	.688	.622	.571	.529	.493	.462	.436	.412	.391	.372	.355
17	.792	.703	.639	.589	.548	.512	.482	.455	.431	.410	.390	.373
18	.803	.717	.655	.606	.565	.530	.499	.473	.449	.427	.408	.390
19	.813	.730	.669	.621	.581	.546	.516	.490	.466	.444	.425	.407
20	.821	.741	.683	.636	.596	.562	.532	.505	.482	.460	.440	.423
21	.829	.752	.695	.649	.610	.576	.547	.520	.497	.475	.455	.437
22	.836	.762	.706	.661	.623	.590	.561	.534	.511	.489	.470	.452
23	.843	.771	.717	.673	.635	.603	.574	.548	.524	.503	.483	.465
24	.849	.779	.727	.684	.647	.615	.586	.560	.537	.516	.496	.478
25	.855	.787	.736	.694	.658	.626	.598	.572	.549	.528	.508	.490
26	.860	.794	.744	.703	.668	.637	.609	.583	.560	.539	.520	.502
27	.865	.801	.752	.712	.677	.647	.619	.594	.571	.551	.531	.513
28	.870	.807	.760	.721	.686	.656	.629	.604	.582	.561	.542	.524
29	.874	.813	.767	.729	.695	.665	.638	.614	.592	.571	.552	.535
30	.878	.819	.774	.736	.703	.674	.647	.623	.601	.581	.562	.544
40	.907	.861	.824	.793	.766	.741	.718	.696	.677	.658	.641	.625
60	.938	.905	.879	.856	.835	.816	.798	.781	.766	.751	.736	.723
80	.953	.928	.907	.889	.873	.858	.843	.829	.816	.804	.792	.780
100	.962	.942	.925	.910	.897	.884	.872	.860	.849	.838	.828	.818
120	.968	.951	.937	.925	.913	.902	.891	.882	.872	.863	.854	.845
140	.973	.958	.946	.935	.925	.915	.906	.897	.889	.881	.873	.865
170	.978	.965	.955	.946	.937	.929	.922	.914	.907	.900	.893	.887
200	.981	.970	.962	.954	.947	.940	.933	.926	.920	.914	.908	.902
240	.984	.975	.968	.961	.955	.949	.944	.938	.933	.928	.823	.918
320	.988	.981	.976	.971	.966	.962	.957	.953	.949	.945	.941	.937
440	.991	.986	.982	.979	.975	.972	.969	.966	.963	.960	.957	.954
600	.994	.990	.987	.984	.982	.979	.977	.975	.972	.970	.968	.966
800	.995	.993	.990	.988	.986	.984	.983	.981	.979	.977	.976	.974
1000	.996	.994	.992	.991	.989	.988	.986	.985	.983	.982	.981	.979

[표 A.7] (연속)

	ν_B											
ν_E	1	2	3	4	5	6	7	8	9	10	11	12
						$p=2$						
1	.000	.000	.000	.000	.000	.000	.000	.000	.000	.000	.000	.000
2	2.50[a]	.641[a]	.287[a]	.162[a]	.104[a]	.072[a]	.053[a]	.041[a]	.032[a]	.026[a]	.022[a]	.018[a]
3	.050	.018	9.53[a]	5.84[a]	3.95[a]	2.85[a]	2.15[a]	1.68[a]	1.35[a]	1.11[a]	.928[a]	.787[a]
4	.136	.062	.036	.023	.017	.012	9.56[a]	7.62[a]	6.21[a]	5.17[a]	4.36[a]	3.73[a]
5	.224	.117	.074	.051	.037	.028	.023	.018	.015	.013	.011	.009
6	.302	.175	.116	.084	.063	.049	.040	.033	.027	.023	.020	.017
7	.368	.230	.160	.119	.092	.074	.060	.050	.042	.036	.032	.028
8	.4256	.280	.203	.155	.122	.099	.082	.069	.059	.051	.045	.040
9	.473	.326	.243	.190	.153	.126	.106	.090	.078	.068	.060	.053
10	.514	.367	.281	.223	.183	.152	.129	.111	.097	.085	.075	.067
11	.549	.404	.316	.255	.212	.179	.153	.133	.116	.102	.091	.082
12	.580	.437	.348	.286	.240	.204	.176	.154	.136	.120	.108	.097
13	.607	.467	.378	.314	.266	.229	.199	.175	.155	.138	.124	.112
14	.631	.495	.405	.340	.291	.252	.221	.195	.174	.156	.141	.128
15	.652	.519	.431	.365	.315	.275	.242	.215	.193	.174	.157	.143
16	.671	.542	.454	.389	.337	.296	.263	.235	.211	.191	.174	.159
17	.688	.562	.476	.410	.359	.317	.282	.254	.229	.208	.190	.174
18	.703	.581	.496	.431	.379	.337	.301	.272	.246	.225	.206	.189
19	.717	.598	.515	.450	.398	.355	.320	.289	.263	.241	.221	.204
20	.730	.614	.532	.468	.416	.373	.337	.306	.279	.256	.236	.218
21	.741	.629	.548	4.85	.433	.390	.354	.322	.295	.271	.251	.232
22	.752	.643	.564	.501	.449	.406	.370	.338	.310	.286	.265	.246
23	.762	.656	.578	.516	.465	.422	.385	.353	.325	.300	.279	.259
24	.771	.668	.591	.530	.479	.436	.399	.367	.339	.314	.292	.272
25	.779	.679	.604	.544	.493	.450	.413	.381	.353	.328	.305	.285
26	.787	.689	.616	.556	.506	.464	.427	.395	.366	.341	.318	.297
27	.794	.699	.627	.568	.519	.477	.440	.407	.379	.353	.330	.309
28	.801	.708	.638	.580	.531	.489	.452	.420	.391	.365	.342	.321
29	.807	.717	.648	.591	.542	.501	.464	.432	.403	.377	.354	.332
30	.813	.725	.657	.601	.553	.512	.475	.443	.414	.388	.365	.344
40	.858	.786	.730	.682	.640	.602	.568	.537	.509	.484	.460	.439
60	.903	.853	.811	.774	.741	.710	.682	.656	.632	.609	.588	.568
80	.927	.888	.854	.825	.798	.772	.749	.727	.706	.686	.667	.649
100	.941	.909	.882	.857	.834	.813	.793	.774	.755	.738	.721	.705
120	.951	.924	.900	.879	.860	.841	.823	.807	.791	.775	.760	.746
140	.958	.934	.914	.895	.878	.862	.846	.831	.817	.803	.790	.777
170	.965	.946	.929	.913	.898	.885	.871	.859	.846	.834	.823	.812
200	.970	.954	.939	.926	.913	.901	.889	.878	.867	.857	.847	.837
240	.975	.961	.949	.938	.927	.917	.907	.897	.888	.879	.870	.862
320	.981	.971	.962	.953	.945	.937	.929	.922	.914	.907	.901	.894
440	.986	.979	.972	.965	.959	.953	.948	.942	.937	.932	.926	.921
600	.990	.984	.979	.975	.970	.966	.961	.957	.953	.949	.945	.942
800	.993	.988	.984	.981	.977	.974	.971	.968	.965	.962	.959	.956
1000	.994	.991	.987	.985	.982	.979	.977	.974	.972	.969	.967	.964

[표 A.7] (연속)

ν_E	ν_B 1	2	3	4	5	6	7	8	9	10	11
						$p=3$					
1	.000	.000	.000	.000	.000	.000	.000	.000	.000	.000	.000
2	.000	.000	.000	.000	.000	.001[a]	.002[a]	.004[a]	.005[a]	.008[a]	.010[a]
3	1.70[a]	.354[a]	.179[a]	.127[a]	.105[a]	.095[a]	.091[a]	0.90[a]	.091[a]	.092[a]	.095[a]
4	.034	.010	.004	.002	.001	.001	.809[a]	.659[a]	.562[a]	.496[a]	.449[a]
5	.097	.036	.018	.010	6.36[a]	4.37[a]	3.20[a]	2.46[a]	1.97[a]	1.64[a]	1.40[a]
6	.168	.074	.040	.024	.016	.011	.008	.006	.004	3.94[a]	3.28[a]
7	.236	.116	.068	.043	.029	.021	.016	.012	9.49[a]	7.67[a]	6.35[a]
8	.296	.160	.099	.066	.046	.034	.026	.020	.016	.013	.011
9	.349	.203	.131	.091	.066	.049	.038	.030	.024	.020	.016
10	.396	.243	.164	.117	.086	.066	.052	.041	.034	.028	.023
11	.437	.281	.196	.143	.108	.084	.067	.054	.044	.037	.031
12	.473	.316	.226	.169	.130	.103	.083	.067	.056	.047	.040
13	.505	.348	.255	.194	.152	.122	.099	.082	.068	.058	.049
14	.534	.378	.283	.219	.174	.141	.116	.096	.081	.069	.059
15	.560	.405	.309	.243	.0195	.160	.133	.111	.095	.081	.070
16	.583	.431	.334	.266	.216	.179	.149	.127	.108	.093	.081
17	.603	.454	.357	.288	.236	.197	.166	.142	.122	.106	.092
18	.622	.476	.379	.309	.256	.215	.183	.157	.136	.118	.104
19	.639	.496	.399	.329	.275	.233	.199	.172	.149	.131	.115
20	.655	.515	.419	.348	.293	.250	.215	.187	.163	.144	.127
21	.669	.532	.437	.366	.310	.266	.230	.201	.177	.156	.139
22	.683	.548	.454	.383	.327	.282	.246	.215	.190	.169	.150
23	.695	.564	.470	.399	.343	.298	.260	.229	.203	.181	.162
24	.706	.578	.486	.415	.359	.313	.275	.243	.216	.193	.173
25	.717	.591	.5000	430	.374	.327	.289	.256	.229	.205	.185
26	.727	.604	.514	.444	.388	.341	.302	.269	.241	.217	.196
27	.736	.616	.527	.458	.401	.355	.315	.282	.253	.229	.207
28	.744	.627	.540	.471	.415	.368	.328	.294	.265	.240	.218
29	.752	.638	.552	.483	.427	.380	.340	.306	.277	.251	.229
30	.760	.648	.563	.495	.439	.392	.352	.318	.288	.262	.239
40	.816	.724	.651	.591	.539	.494	.454	.419	.387	.359	.334
60	.875	.808	.752	.704	.661	.623	.587	.555	.526	.498	.473
80	.905	.853	.808	.769	.733	.700	.670	.641	.615	.590	.566
100	.924	.881	.844	.810	.780	.751	.725	.700	.676	.654	.632
120	.936	.900	.868	.839	.813	.788	.764	.742	.721	.700	.681
140	.945	.913	.886	.861	.837	.815	.794	.774	.755	.736	.719
170	.955	.928	.905	.884	.864	.845	.827	.809	.792	.776	.761
200	.961	.939	.919	.900	.883	.866	.850	.835	.820	.806	.792
240	.968	.949	.932	.916	.901	.887	.873	.960	.848	.835	.823
320	.976	.961	.948	.936	.925	.914	.903	.893	.883	.873	.864
440	.982	.972	.962	.953	.945	.937	.929	.921	.913	.906	.899
600	.987	.979	.972	.966	.959	.953	.947	.941	.936	.930	.924
800	.990	.984	.979	.974	.969	.965	.960	.956	.951	.947	.943
1000	.992	.987	.983	.979	.975	.972	.968	.964	.961	.957	.954

[표 A.7] (연속)

	ν_B											
ν_E	1	2	3	4	5	6	7	8	9	10	11	12
	$p=4$											
1	.000	.000	.000	.000	.000	.000	.000	.000	.000	.000	.000	.000
2	.000	.000	.000	.000	.000	.000	.000	.000	.000	.000	.000	.000
3	.000	.000	.000	.000	.000	.001[a]	.001[a]	.001[a]	.002[a]	.002[a]	.002[a]	.003[a]
4	1.38[a]	.292[a]	.127[a]	.075[a]	.052[a]	.040[a]	.033[a]	.029[a]	.026[a]	.025[a]	.023[a]	.022[a]
5	.026	6.09[a]	2.31[a]	1.13[a]	.647[a]	.416[a]	.292[a]	.218[a]	.172[a]	.141[a]	.120[a]	.105[a]
6	.076	.024	.010	5.07[a]	2.90[a]	1.82[a]	1.22[a]	.872[a]	.652[a]	.508[a]	.409[a]	.338[a]
7	.135	.051	.024	.013	7.74[a]	4.94[a]	3.34[a]	2.36[a]	1.74[a]	1.33[a]	1.05[a]	.848[a]
8	.194	.084	.043	.025	.015	.010	6.98[a]	4.99[a]	3.70[a]	2.82[a]	2.21[a]	1.77[a]
9	.249	.119	.066	.040	.026	.017	.012	8.91[a]	6.66[a]	5.11[a]	4.01[a]	3.21[a]
10	.298	.155	.091	.057	.038	.027	.019	.014	.011	8.29[a]	6.54[a]	5.25[a]
11	.343	.190	.117	.077	.053	.037	.027	.021	.016	.012	9.84[a]	7.95[a]
12	.382	.223	.143	.097	.068	.049	.037	.028	.022	.017	.014	.011
13	.418	.255	.169	.117	.085	.063	.047	.037	.029	.023	.019	.015
14	.450	.286	.194	.138	.102	.077	.059	.046	.037	.030	.024	.020
15	.479	.314	.219	.159	.119	.091	.071	.056	.045	.037	.030	.025
16	.506	.340	.243	.180	.136	.106	.083	.067	.054	.044	.037	.031
17	.529	.365	.266	.200	.154	.121	.096	.078	.064	.053	.044	.037
18	.551	.389	.288	.219	.171	.136	.109	.089	.074	.061	.051	.044
19	.571	.410	.309	.239	.188	.151	.123	.101	.084	.070	.059	.051
20	.589	.431	.329	.257	.205	.166	.136	.113	.094	.079	.068	.058
21	.606	.450	.348	.275	.221	.181	.149	.124	.105	.089	.076	.065
22	.621	.468	.366	.292	.237	.195	.162	.136	.115	.098	.085	.073
23	.636	.485	.383	.309	.253	.210	.175	.148	.126	.108	.093	.081
24	.649	.501	.399	.325	.268	.224	.188	.160	.137	.118	.102	.089
25	.661	.516	.415	.340	.283	.237	.201	.172	.148	.128	.111	.097
26	.673	.530	.430	.355	.297	.251	.214	.183	.158	.138	.120	.106
27	.684	.544	.444	.369	.311	.264	.226	.195	.169	.147	.129	.114
28	.694	.556	.458	.383	.324	.277	.238	.206	.180	.157	.138	.122
29	.703	.568	.471	.396	.337	.289	.250	.217	.190	.167	.147	.131
30	.712	.580	.483	.409	.349	.301	.261	.228	.200	.177	.157	.139
40	.779	.668	.583	.513	.455	.406	.364	.327	.295	.267	.243	.221
60	.849	.767	.700	.643	.592	.547	.507	.471	.438	.409	.382	.357
80	.885	.821	.766	.718	.675	.636	.600	.567	.536	.508	.482	.457
100	.908	.854	.809	.768	.730	.696	.664	.634	.606	.580	.555	.532
120	.923	.877	.838	.802	.770	.739	.711	.684	.658	.634	.611	.590
140	.934	.894	.860	.828	.799	.772	.746	.721	.698	.676	.655	.635
170	.945	.912	.883	.856	.831	.808	.785	.764	.743	.724	.705	.687
200	.953	.925	.900	.876	.855	.834	.814	.795	.777	.759	.742	.726
240	.961	.937	.916	.896	.877	.859	.842	.826	.810	795	.780	.765
320	.971	.952	.936	.921	.907	.893	.879	.866	.854	.841	.829	.818
440	.979	.965	.953	.942	.931	.921	.911	.901	.891	.882	.872	.863
600	.984	.974	.966	.957	.949	.941	.934	.926	.919	.912	.905	.898
800	.988	.981	.974	.968	.961	.956	.950	.944	.938	.933	.927	.922
1000	.991	.985	.979	.974	.969	.964	.960	.955	.950	.946	.941	.937

[표 A.7] (연속)

ν_E	ν_B 1	2	3	4	5	6	7	8	9	10	11
						$p=5$					
1	.000	.000	.000	.000	.000	.000	.000	.000	.000	.000	.000
2	.000	.000	.000	.000	.000	.000	.000	.000	.000	.000	.000
3	.000	.000	.000	.000	.000	.000	.000	.000	.000	.000	.000
4	.000	.000	.000	.000	.001[a]	.001[a]	.001[a]	.001[a]	.001[a]	.001[a]	.001[a]
5	1.60[a]	.291[a]	.105[a]	.052[a]	.031[a]	.021[a]	.015[a]	.012[a]	.010[a]	.008[a]	.007[a]
6	.021	4.39[a]	1.48[a]	.647[a]	.335[a]	.197[a]	.126[a]	.087[a]	.064[a]	.049[a]	.039[a]
7	.063	.017	6.36[a]	2.90[a]	1.51[a]	.872[a]	.544[a]	.361[a]	.253[a]	.185[a]	.141[a]
8	.114	.037	.016	7.74[a]	4.21[a]	2.48[a]	1.56[a]	1.03[a]	.716[a]	.516[a]	.385[a]
9	.165	.063	.029	.015	8.79[a]	5.35[a]	3.43[a]	2.30[a]	1.61[a]	1.16[a]	.861[a]
10	.215	.092	.046	.026	.015	9.64[a]	6.34[a]	4.34[a]	3.06[a]	2.22[a]	1.66[a]
11	.261	.122	.066	.038	.024	.015	.010	7.22[a]	5.17[a]	3.80[a]	2.86[a]
12	.303	.153	.086	.053	.034	.022	.015	.011	7.99[a]	5.95[a]	4.51[a]
13	.341	.183	.108	.068	.045	.031	.022	.016	.012	8.68[a]	6.66[a]
14	.376	.212	.130	.085	.057	.040	.029	.021	.016	.012	9.31[a]
15	.407	.239	.152	.102	.070	.050	.037	.027	.021	.016	.012
16	.436	.266	.174	.119	.084	.061	.045	.034	.026	.020	.016
17	.462	.291	.195	.136	.098	.072	.054	.042	.032	.025	.020
18	.486	.315	.216	.154	.113	.084	.064	.050	.039	.031	.025
19	.508	.337	.256	.171	.127	.096	.074	.058	.046	.037	.030
20	.529	.359	.256	.188	.142	.109	.085	.067	.053	.043	.035
21	.548	.379	.275	.205	.156	.121	.095	.076	.061	.050	.041
22	.565	.398	.293	.221	.171	.134	.106	.085	.069	.057	.047
23	.581	.416	.310	.237	.185	.146	.117	.095	.077	.064	.053
24	.596	.433	.327	.253	.199	.159	.128	.104	.086	.071	.060
25	.610	.449	.343	.268	.213	.171	.139	.114	.094	.079	.066
26	.623	.465	.359	.283	.226	.183	.150	124	.103	.087	.073
27	.635	.479	.374	.297	.239	.195	.161	.134	.112	.094	.080
28	.647	.493	.388	.311	.252	.207	.172	.143	.121	.102	.087
29	.658	.506	.401	.324	.265	.219	.182	.153	.130	.110	.094
30	.668	.519	.415	.337	.277	.230	.193	.163	.138	.118	.102
40	.744	.617	.522	.446	.284	.333	.291	.255	.224	.198	.176
60	.825	.729	.652	.587	.531	.482	.438	.400	.366	.336	.308
80	.867	.791	.727	.672	.623	.578	.538	.502	.469	.438	.410
100	.893	.830	.776	.728	.685	.645	.609	.576	.544	.516	.489
120	.910	.856	.810	.768	.730	.694	.661	.631	.602	.575	.549
140	.923	.876	.835	.798	.763	.731	.701	.673	.647	.621	.598
170	.936	.897	.862	.830	.801	.773	.747	.722	.698	.675	.654
200	.945	.912	.882	.854	.828	.803	.780	.758	.736	.716	.696
240	.954	.926	.900	.877	.855	.833	.813	.793	.775	.757	.739
320	.966	.944	.925	.906	.889	.872	.856	.841	.825	.811	.797
440	.975	.959	.945	.931	.918	.905	.893	.881	.870	.858	.847
600	.982	.970	.959	.949	.939	.930	.920	.911	.903	.894	.885
800	.986	.977	.969	.961	.954	.947	.940	.933	.926	.919	.913
1000	.989	.982	.975	.969	.963	.957	.951	.946	.940	.935	.929

[표 A.7] (연속)

ν_E	ν_B 1	2	3	4	5	6	7	8	9	10	11	12
						$p=6$						
1	.000	.000	.000	.000	.000	.000	.000	.000	.000	.000	.000	.000
2	.000	.000	.000	.000	.000	.000	.000	.000	.000	.000	.000	.000
3	.000	.000	.000	.000	.000	.000	.000	.000	.000	.000	.000	.000
4	.000	.000	.000	.000	.000	.000	.000	.000	.000	.000	.000	.000
5	.007[a]	.002[a]	.001[a]	.001[a]	.001[a]	.000	.000	.000	.000	.000	.000	.000
6	2.04[a]	.315[a]	.095[a]	.040[a]	.021[a]	.012[a]	.008[a]	.006[a]	.004[a]	.003[a]	.003[a]	.002[a]
7	.019	3.48[a]	1.05[a]	.416[a]	.197[a]	.106[a]	.063[a]	.040[a]	.027[a]	.020[a]	.015[a]	.011[a]
8	.054	.013	4.37[a]	1.82[a]	.872[a]	.465[a]	.270[a]	.168[a]	.111[a]	.076[a]	.055[a]	.041[a]
9	.098	.029	.011	4.94[a]	2.48[a]	1.36[a]	.798[a]	.497[a]	.325[a]	.222[a]	.157[a]	.115[a]
10	.144	.050	.021	.010	5.35[a]	3.04[a]	1.83[a]	1.16[a]	.762[a]	.521[a]	.369[a]	.269[a]
11	.189	.074	.034	.017	9.64[a]	5.67[a]	3.51[a]	2.26[a]	1.51[a]	1.05[a]	.744[a]	.543[a]
12	.232	.099	.049	.027	.015	9.35[a]	5.94[a]	3.92[a]	2.66[a]	1.86[a]	1.34[a]	.983[a]
13	.271	.126	.066	.037	.022	.014	9.17[a]	6.17[a]	4.27[a]	3.03[a]	2.20[a]	1.63[a]
14	.308	.152	.084	.049	.031	.020	.013	9.07[a]	6.38[a]	4.59[a]	3.37[a]	2.52[a]
15	.341	.179	.103	.063	.040	.026	.018	.013	9.00[a]	6.57[a]	4.88[a]	3.68[a]
16	.372	.204	.122	.077	.050	.034	.024	.017	.012	8.97[a]	6.74[a]	5.14[a]
17	.400	.229	.141	.091	.061	.042	.030	.021	.016	.012	8.97[a]	6.90[a]
18	.426	.252	.160	.106	.072	.051	.037	.027	.020	.015	.012	8.97[a]
19	.450	.275	.179	.121	.084	.060	.044	.033	.025	.019	.015	.011
20	.473	.296	.197	.136	.096	.070	.052	.039	.030	.023	.018	.014
21	.493	.317	.215	.151	.109	.080	.060	.045	.035	.027	.021	.017
22	.512	.337	.233	.166	.121	.090	.068	.052	.041	.032	.025	.020
23	.530	.355	.250	.181	.134	.101	.077	.060	.047	.037	.030	.024
24	.546	.373	.266	.195	.146	.111	.086	.067	.053	.042	.034	.028
25	.562	.390	.282	.210	.159	.122	.095	.075	.060	.048	.039	.032
26	.576	.406	.298	.224	.171	.133	.104	.083	.066	.054	.044	.036
27	.590	.422	.313	.237	.183	.143	.113	.091	.073	.060	.049	.040
28	.603	.436	.327	.251	.195	.154	.123	.099	.080	.066	.054	.045
29	.615	.450	.341	.264	.207	.0165	.132	.107	.088	.072	.060	.050
30	.626	.464	.355	.277	.219	.175	.142	.116	.095	.079	.066	.055
40	.711	.570	.467	.387	.324	.273	.232	.198	.170	.147	.127	.110
60	.802	.693	.608	.536	.476	.424	.379	.340	.305	.275	.249	.225
80	.849	.762	.690	.629	.574	.526	.483	.445	.410	.378	.350	.324
100	.878	.806	.745	.691	.642	.599	.559	.523	.489	.458	.430	.404
120	.898	.836	.783	.735	.692	.652	.616	.582	.551	.521	.494	.468
140	.912	.858	.811	.769	.730	.694	.660	.629	.599	.572	.546	.521
170	.927	.882	.842	.806	.772	.740	.710	.682	.656	.630	.607	.584
200	.938	.899	.864	.832	.803	.774	.748	.722	.698	.675	.653	.632
240	.948	.915	.886	.858	.833	.808	.785	.763	.741	.721	.701	.682
320	.961	.936	.913	.892	.872	.852	.834	.816	.799	.782	.766	.750
440	.972	.953	.936	.920	.905	.890	.876	.862	.849	.836	.823	.811
600	.979	.965	.953	.941	.930	.918	.908	.897	.887	.877	.867	.857
800	.984	.974	.964	.955	.947	.938	.930	.922	.914	.906	.898	.891
1000	.987	.979	.971	.964	.957	.950	.944	.937	.930	.924	.918	.912

[표 A.8] Pillai 통계량 $V^{(S)}$의 $\alpha=0.05$에서 상위기각값(upper critical values)

$$V^{(S)}=\sum_{i=1}^{s}\frac{\lambda_i}{1+\lambda_i}=tr\left[(\boldsymbol{E}+\boldsymbol{B})^{-1}\boldsymbol{B}\right]$$

여기서 $m=\frac{1}{2}(|\nu_B-p|-1)$, $N=\frac{1}{2}(\nu_E-p-1)$, $s=\min(g, p)$

만약 $V^{(S)}$가 기각값보다 크면 H_0를 기각한다.

						N						
m	0	1	2	3	4	5	6	7	8	9	10	15
						$s=2$						
0	1.536	1.232	1.031	.890	.782	.698	.629	.573	.526	.485	.451	.333
1	1.706	1.452	1.258	1.109	.991	.896	.817	.751	.694	.646	.604	.455
2	1.784	1.573	1.397	1.254	1.137	1.039	.956	.886	.825	.772	.725	.556
3	1.829	1.649	1.492	1.358	1.245	1.149	1.065	.993	.930	.875	.825	.643
4	1.859	1.703	1.560	1.436	1.329	1.235	1.153	1.081	1.018	.961	.910	.719
5	1.880	1.742	1.613	1.497	1.395	1.305	1.226	1.155	1.091	1.034	.983	.786
6	1.895	1.772	1.654	1.546	1.450	1.364	1.286	1.217	1.154	1.098	1.046	.846
7	1.907	1.796	1.687	1.586	1.495	1.413	1.338	1.270	1.209	1.153	1.102	.901
8	1.917	1.815	1.714	1.620	1.534	1.455	1.383	1.317	1.257	1.202	1.151	.950
9	1.924	1.831	1.737	1.649	1.567	1.491	1.422	1.358	1.299	1.245	1.195	.995
10	1.931	1.844	1.757	1.673	1.595	1.523	1.456	1.394	1.337	1.284	1.235	1.036
15	1.951	1.888	1.822	1.758	1.695	1.636	1.580	1.527	1.477	1.430	1.386	
20	1.963	1.913	1.860	1.807	1.756	1.706	1.658	1.612	1.568	1.527	1.487	
25	1.969	1.929	1.885	1.840	1.796	1.753	1.711	1.671	1.632	1.595	1.559	
						$s=3$						
0	2.037	1.710	1.473	1.294	1.153	1.040	.947	.869	.803	.746	.697	.524
1	2.297	1.988	1.751	1.564	1.412	1.287	1.183	1.094	1.017	.950	.892	.682
2	2.447	2.168	1.943	1.759	1.606	1.477	1.367	1.273	1.190	1.117	1.053	.818
3	2.544	2.294	2.084	1.907	1.757	1.628	1.517	1.420	1.334	1.258	1.190	.937
4	2.612	2.386	2.191	2.023	1.878	1.752	1.641	1.543	1.456	1.378	1.308	1.042
5	2.662	2.457	2.276	2.117	1.978	1.854	1.745	1.648	1.561	1.482	1.411	1.137
6	2.701	2.514	2.345	2.194	2.061	1.941	1.835	1.739	1.652	1.573	1.502	1.222
7	2.732	2.559	2.402	2.259	2.131	2.016	1.912	1.818	1.732	1.654	1.582	1.300
8	2.757	2.597	2.449	2.314	2.192	2.081	1.979	1.887	1.803	1.726	1.655	1.371
9	2.777	2.629	2.490	2.362	2.244	2.137	2.039	1.949	1.866	1.790	1.720	1.436
10	2.795	2.656	2.525	2.403	2.291	2.187	2.092	2.004	1.923	1.848	1.779	1.496
15	2.853	2.748	2.646	2.549	2.457	2.370	2.288	2.211	21.39	2.071	2.007	
20	2.885	2.802	2.718	2.637	2.560	2.485	2.414	2.347	2.283	2.222	2.163	
25	2.906	2.836	2.766	2.697	2.630	2.565	2.503	2.443	2.385			

[표 A.9] Lawley-Hotelling 검정통계량 $U^{(S)}$의 $\alpha=0.05$ 에서 상위기각값

만약 $U^{(S)}$가 기각값(임계값)보다 크면 H_0를 기각한다.

	ν_B												
ν_E	2	3	4	5	6	8	10	12	15	20	25	40	60
	$p=2$												
2[a]	9.8591	10.659	11.098	11.373	11.562	11.952	11.804	12.052	12.153	12.254	12.316	12.409	12.461
3	58.428	58.915	59.161	59.308	59.407	59.531	59.606	59.655	59.705	59.755	59.785	59.830	59.855
4	23.999	23.312	22.918	22.663	22.484	22.250	22.104	22.003	21.901	21.797	21.733	21.636	21.582
5	15.639	14.864	14.422	14.135	13.934	13.670	13.504	13.391	13.275	13.156	13.083	12.972	12.909
6	12.175	11.411	10.975	10.691	10.491	10.228	10.063	9.9489	9.8320	9.7118	9.6381	9.5251	9.4610
7	10.334	9.5937	9.1694	8.8927	8.6975	8.4396	8.2765	8.1639	8.0480	7.9285	7.8549	7.7417	7.6773
8	9.2069	8.4881	8.0752	7.8054	7.6145	7.3614	7.2008	7.0896	6.9748	6.8560	6.7826	6.6694	6.6048
10	7.9095	7.2243	6.8294	6.5702	6.3860	6.1405	5.9837	5.8745	5.7612	5.6433	5.5701	5.4564	5.3910
12	7.1902	6.5284	6.1461	5.8942	5.7147	5.4744	5.3200	5.2122	5.0997	4.9820	4.9085	4.7938	4.7274
14	6.7350	6.0902	4.7168	5.4703	5.2941	5.0574	4.9048	4.7977	4.6856	4.5678	4.4939	4.3780	4.3105
16	6.4217	5.7895	5.4230	5.1804	5.0067	4.7727	4.6213	4.5147	4.4028	4.2846	4.2102	4.0930	4.0243
18	6.1932	5.5708	5.2095	4.9700	4.7982	4.5663	4.4157	4.3094	4.1976	4.0791	4.0042	3.8855	3.8158
20	6.0192	5.4046	5.0475	4.8105	4.6402	4.4099	4.2600	4.1539	4.0420	3.9231	3.8477	3.7278	3.6569
25	5.7244	5.1237	4.7741	2.5415	4.3740	4.1465	3.9977	3.8919	3.7798	3.6598	3.5832	3.4605	3.3868
30	5.5401	4.9487	4.6040	4.3743	4.2086	3.9829	3.8347	3.7291	3.6166	3.4957	3.4181	3.2926	3.2168
35	5.4140	4.8291	4.8880	4.2604	4.0959	3.8715	3.7237	3.6181	3.5054	3.3836	3.3051	3.1774	3.1000
40	5.3224	4.7424	4.4039	4.1778	4.0143	3.7908	3.6433	3.5377	3.4247	3.3022	3.2230	3.0933	3.0140
50	5.1981	4.6249	4.2900	4.0661	3.9039	3.6817	3.5346	3.4289	3.3154	3.1919	3.1115	2.9787	2.8965
60	5.1178	4.5490	4.2166	3.9941	3.8328	3.6114	3.4646	3.3588	3.2450	3.1206	3.0392	2.9041	2.8196
70	5.0616	4.4960	4.1653	3.9439	3.7831	3.5624	3.4157	3.3099	3.1957	3.0706	2.9886	2.8516	2.7652
80	5.0200	4.4569	4.1275	3.9068	3.7465	3.5262	3.3796	3.2737	3.1594	3.0338	2.9512	2.8126	2.7247
100	4.9628	4.4030	4.0754	3.8557	3.6961	3.4764	3.3300	3.2240	3.1093	2.9829	2.8994	2.7586	2.6682
200	4.8514	4.2982	3.9742	3.7567	3.5983	3.3798	3.2336	3.1275	3.0120	2.8838	2.7984	2.5470	2.4428
∞	4.7442	4.1973	3.8769	3.6614	3.5044	3.2870	3.1410	3.0346	2.9182	2.7879	2.7002	2.5470	2.4428
	$p=3$												
3[a]	25.930	26.996	27.665	28.125	28.712	29.073	29.316	29.561	29.809	29.959	30.19	30.31	
4[a]	1.1880	1.1929	1.1959	1.1978	1.2003	1.2018	1.2028	1.2038	1.2048	1.2054	1.2063	1.2068	
5	42.474	41.764	1.305	40.983	40.562	40.300	40.120	39.937	39.750	39.635	39.462	39.366	
6	25.456	24.715	24.235	23.899	23.458	23.182	22.992	22.799	22.600	22.479	22.294	22.190	
7	18.752	18.056	17.605	17.288	16.870	16.608	16.427	16.241	16.051	15.934	15.755	15.653	
8	15.308	14.657	14.233	13.934	13.540	13.290	13.118	12.941	12.758	12.646	12.473	12.375	
10	11.893	11.306	10.921	10.649	10.287	10.057	9.8974	9.7320	9.5603	9.4541	9.2897	9.1955	
12	10.229	9.6825	9.3234	9.0680	8.7271	8.5088	8.3566	8.1982	8.0330	7.9301	7.7700	7.6777	
14	9.2550	8.7356	8.3935	8.1495	7.8225	7.6122	7.4649	7.3110	7.1497	7.0488	6.8908	6.7991	
16	8.6180	8.1183	7.7884	7.5526	7.2355	7.0307	6.8868	6.7360	6.5772	6.4774	6.3204	6.2287	
18	8.1701	7.6851	7.3644	7.1347	6.8251	6.6244	6.4830	6.3343	6.1771	6.0780	5.9212	5.8292	
20	7.8384	7.3649	7.0513	6.8263	6.5224	6.3249	6.1853	6.0383	5.8822	5.7834	5.6266	5.5341	
25	7.2943	6.8407	6.5394	6.3227	6.0287	5.8365	5.7001	5.5555	5.4010	5.3025	5.1446	5.0503	
30	6.9654	6.5245	6.2311	6.0196	5.7319	5.5431	5.4085	5.2654	5.1116	5.0129	4.8535	4.7575	
35	6.7453	6.3132	6.0253	5.8175	5.5341	5.3476	5.2143	5.0720	4.9185	4.8195	4.6586	4.5608	
40	6.5877	6.1621	5.8783	5.6732	5.3929	5.2081	5.0757	4.9340	4.7806	4.6813	4.5189	4.4195	
50	6.3773	5.9606	5.6823	5.4809	5.2050	5.0224	4.8911	4.7502	4.5967	4.4968	4.3319	4.2297	
60	6.2433	5.8324	5.5577	5.3587	5.0856	4.9044	4.7739	4.6334	4.4798	4.3793	4.2123	4.1078	
70	6.1504	5.7436	5.4715	5.2742	5.0031	4.8229	4.6929	4.5526	4.3988	4.2979	4.1292	4.0227	
80	6.0823	5.6786	5.4084	5.2122	4.9426	4.7632	4.6336	4.4935	4.3395	4.2381	4.0680	3.9600	
100	5.9891	5.5896	5.3220	5.1276	4.8601	4.6817	4.5525	4.4126	4.2583	4.1563	3.9840	3.8734	
200	5.8099	5.4186	5.1562	4.9653	4.7017	4.5252	4.3970	4.2574	4.1023	3.9988	3.8212	3.7042	
∞	5.6397	5.2565	4.9992	4.8116	4.5519	4.3773	4.2499	4.1104	3.9541	3.8487	3.6642	3.5384	

[표 A.10] Roy의 최대근 검정통계량 $\theta = \dfrac{\lambda_1}{1+\lambda_1}$ 의 $\alpha = 0.05$에서 상위기각값

λ_1은 $\boldsymbol{E}^{-1}\boldsymbol{B}$ 의 최대 고유값

여기서 $m = \frac{1}{2}(|\nu_B - p| - 1)$, $N = \frac{1}{2}(\nu_E - p - 1)$, $s = \min(g,p)$

만약 θ가 기각값보다 크면 H_0를 기각한다.

	m							
N	0	1	2	3	4	5	7	10
				$s=2$				
5	.565	.651	.706	.746	.776	.799	.834	.868
10	.374	.455	.514	.561	.598	.629	.679	.732
15	.278	.348	.402	.446	.483	.515	.567	.627
20	.221	.281	.329	.369	.404	.434	.486	.546
25	.184	.236	.278	.314	.346	.375	.424	.484
30	.157	.203	.241	.274	.303	.330	.376	.433
40	.122	.159	.190	.218	.243	.266	.306	.359
50	.099	.130	.157	.180	.202	.222	.259	.306
60	.084	.110	.133	.154	.173	.191	.223	.266
80	.064	.085	.103	.119	.135	.149	.176	.211
120	.043	.058	.070	.082	.093	.104	.123	.150
240	.022	.030	.036	.042	.048	.054	.065	.080
				$s=3$				
5	.669	.729	.770	.800	.822	.840	.867	.894
10	.472	.537	.586	.625	.656	.683	.725	.770
15	.362	.422	.469	.508	.541	.569	.616	.669
20	.293	.346	.390	.427	.458	.486	.533	.589
25	.246	.294	.333	.367	.397	.424	.470	.525
30	.212	.255	.291	.322	.350	.375	.419	.473
40	.166	.201	.232	.259	.283	.305	.345	.395
50	.136	.167	.192	.216	.237	.257	.292	.339
60	.116	.142	.164	.185	.204	.221	.254	.296
80	.089	.109	.127	.144	.160	.174	.201	.237
120	.061	.075	.088	.100	.111	.122	.142	.169
240	.031	.039	.046	.052	.058	.064	.075	.090

[표 A.10] (연속)

N	0	1	2	3	4	5	7	10	15
					m				
					$s=4$				
5	.739	.782	.813	.836	.854	.868	.889	.911	.933
10	.547	.601	.641	.674	.700	.723	.759	.798	.840
15	.431	.482	.523	.558	.587	.612	.654	.701	.756
20	.354	.402	.441	.474	.503	.529	.572	.623	.684
25	.301	.344	.380	.412	.440	.464	.507	.559	.624
30	.261	.301	.334	.364	.390	.414	.455	.507	.572
40	.207	.240	.269	.294	.318	.339	.377	.426	.490
50	.171	.199	.224	.247	.268	.287	.322	.367	.428
60	.145	.170	.193	.213	.232	.249	.280	.322	.380
80	.112	.132	.150	.167	.182	.196	.223	.259	.309
120	.077	.091	.104	.116	.127	.138	.158	.185	.226
240	.040	.047	.054	.061	.067	.073	.084	.100	.124
					$s=5$				
5	.788	.821	.845	.863	.877	.888	.906	.924	.942
10	.607	.651	.685	.713	.735	.755	.786	.820	.857
15	.488	.533	.569	.599	.625	.648	.685	.728	.777
20	.407	.449	.485	.515	.542	.565	.604	.651	.708
25	.349	.388	.422	.451	.477	.500	.540	.588	.648
30	.305	.341	.373	.400	.425	.448	.487	.535	.597
40	.243	.275	.302	.327	.349	.370	.406	.453	.514
50	.202	.230	.254	.276	.296	.315	.348	.392	.451
60	.173	.197	.219	.238	.257	.274	.304	.345	.401
80	.134	.154	.171	.188	.203	.217	.243	.278	.329
120	.093	.107	.120	.132	.143	.154	.174	.201	.241
240	.048	.056	.063	.069	.076	.082	.093	.109	.134

[표 A.11] Hotelling T^2 검정통계량의 $\alpha = 0.05$에서 상위기각값

Degrees of Freedom, v	Number of Variables, p									
	1	2	3	4	5	6	7	8	9	10
2	18.513									
3	10.128	57.000								
4	7.709	25.472	114.986							
5	6.608	17.361	46.383	192.468						
6	5.987	13.887	29.661	72.937	289.446					
7	5.591	12.001	22.720	44.718	105.157	405.920				
8	5.318	10.828	19.028	33.230	62.561	143.050	541.890			
9	5.117	10.033	16.766	27.202	45.453	83.202	186.622	697.356		
10	4.965	9.459	15.248	23.545	36.561	59.403	106.649	235.873	872.317	
11	4.844	9.026	14.163	21.108	31.205	47.123	75.088	132.903	290.806	1066.774
12	4.747	8.689	13.350	19.376	27.656	39.764	58.893	92.512	161.967	351.421
13	4.667	8.418	12.719	18.086	25.145	34.911	49.232	71.878	111.676	193.842
14	4.600	8.197	12.216	17.089	23.281	31.488	42.881	59.612	86.079	132.582
15	4.543	8.012	11.806	16.296	21.845	28.955	38.415	51.572	70.907	101.499
16	4.494	7.856	11.465	15.651	20.706	27.008	35.117	45.932	60.986	83.121
17	4.451	7.722	11.177	15.117	19.782	25.467	32.588	41.775	54.041	71.127
18	4.414	7.606	10.931	14.667	19.017	24.219	30.590	38.592	48.930	62.746
19	4.381	7.504	10.719	14.283	18.375	23.189	28.975	36.082	45.023	56.587
20	4.351	7.415	10533	13.952	17.828	22.324	27.642	34.054	41.946	51.884
21	4.325	7.335	10.370	13.663	17.356	21.588	26.525	32.384	39.463	48.184
22	4.301	7.264	10.225	13.409	16.945	20.954	25.576	30.985	37.419	45.202
23	4.279	7.200	10.095	13.184	16.585	20.403	24.759	29.798	35.709	42.750
24	4.260	7.142	9.979	12.983	16.265	19.920	24.049	28.777	34.258	40.699
25	4.242	7.089	9.874	12.803	15.981	19.492	23.427	27.891	33.013	35.961
26	4.225	7.041	9.779	12.641	15.726	19.112	22.878	27.114	31.932	37.469
27	4.210	6.997	9.692	12.493	15.496	18.770	22.388	26.428	30.985	36.176
28	4.196	6.957	9.612	12.359	15.287	18.463	21.950	25.818	30.149	35.043
29	4.183	6.919	9.539	12.236	15.097	18.184	21.555	25.272	29.407	34.044
30	4.171	6.885	9.471	12.123	14.924	17.931	21.198	24.781	28.742	33.156
35	4.121	6.744	9.200	11.674	14.240	16.944	19.823	22.913	26.252	29.881
40	4.085	6.642	9.005	11.356	13.762	16.264	18.890	21.668	24.624	27.783
45	4.057	6.564	8.859	11.118	13.409	15.767	18.217	20.781	23.477	26.326
50	4.034	6.503	8.744	10.934	13.138	15.388	17.709	20.117	22.627	25.256
55	4.016	6.454	8.652	10.787	12.923	15.090	17.311	19.600	21.972	24.437
60	4.001	6.413	8.577	10.668	12.748	14.850	16.992	19.188	21.451	23.790
70	3.978	6.350	8.460	10.484	12.482	14.485	16.510	18.571	20.676	22.834
80	3.960	6.303	8.375	10.350	12.289	14.222	16.165	18.130	20.127	22.162
90	3.947	6.267	8.309	10.248	12.142	14.022	15.905	17.801	19.718	21.663
100	3.936	6.239	8.257	10.167	12.027	13.867	15.702	17.544	19.401	21.279
110	3.927	6.216	8.215	10.102	11.934	13.741	15.540	17.340	19.149	20.973
120	3.920	6.196	8.181	10.048	11.858	13.639	15.407	17.172	18.943	20.725
150	3.904	6.155	8.105	9.931	11.693	13.417	15.121	16.814	18.504	20.196
200	3.888	6.113	8.031	9.817	11.531	13.202	14.845	16.469	18.083	19.692
400	3.865	6.052	7.922	9.650	11.297	12.890	14.447	15.975	17.484	18.976
1000	3.851	6.015	7.857	9.552	11.160	12.710	14.217	15.692	17.141	18.570
∞	3.841	5.991	7.815	9.488	11.070	12.592	14.067	15.507	16.919	18.307

연습문제 해답

Chapter 1

1.1

(a) $\overline{x_1}=\frac{1}{6}\sum_{i=1}^{6}X_{i1}=4.17$, $\overline{x_2}=\frac{1}{6}\sum_{i=1}^{6}X_{i2}=6.0$이므로 평균벡터는

$$\bar{\boldsymbol{x}}=\begin{pmatrix}4.17\\6.0\end{pmatrix}$$

(c) 공분산행렬

$$\boldsymbol{S}=\begin{pmatrix}s_{11} & s_{12}\\ s_{21} & s_{22}\end{pmatrix}=\begin{pmatrix}5.73 & 4.98\\ 4.98 & 4.8\end{pmatrix}.$$

(d) 상관행렬

$$\boldsymbol{R}=\begin{pmatrix}1 & r_{12}\\ r_{21} & 1\end{pmatrix}=\begin{pmatrix}1 & 0.95\\ 0.95 & 1\end{pmatrix}$$

(f) 유클리드 거리를 구하면

$$d_{12}=\left[\sum_{j=1}^{2}(x_{1j}-x_{2j})^2\right]^{1/2}=[(\boldsymbol{x}_1-\boldsymbol{x}_2)'(\boldsymbol{x}_1-\boldsymbol{x}_2)]^{1/2}$$

$$=[(3-2)^2+(5-4)^2]^{1/2}=1.414$$

(g) 표준화 거리를 구하면

$$d_{12}=\left[\sum_{j=1}^{2}\frac{(x_{1j}-x_{2j})^2}{s_{jj}}\right]^{1/2}=\left[(\boldsymbol{x}_1-\boldsymbol{x}_2)'\boldsymbol{D}^{-1}(\boldsymbol{x}_1-\boldsymbol{x}_2)\right]^{1/2}$$

$$=\left[\frac{(3-2)^2}{5.73}\frac{+(5-4)^2}{4.8}\right]^{1/2}=0.62$$

(h) $\boldsymbol{x}_1-\boldsymbol{x}_2=\begin{pmatrix}1\\1\end{pmatrix}$

$$\boldsymbol{S}^{-1}=\frac{1}{|\boldsymbol{S}|}\begin{pmatrix}s_{22} & -s_{12}\\ -s_{21} & s_{11}\end{pmatrix}=\begin{pmatrix}1.74 & -1.8\\ -1.8 & 2.08\end{pmatrix},$$

마할라노비스 거리는 $d_{12}=\left[(\boldsymbol{x}_1-\boldsymbol{x}_2)'\boldsymbol{S}^{-1}(\boldsymbol{x}_1-\boldsymbol{x}_2)\right]^{1/2}=\sqrt{0.22}=0.47$이다.

1.2

(a) $\overline{X_1}=6,\quad \overline{X_2}=7.6,\quad \overline{X_3}=2$

$$\overline{X}=\begin{pmatrix}6\\7.6\\2\end{pmatrix}$$

(b) $s_{11}=7.5$, $s_{22}=6.8$, $s_{33}=2.5$

(c) 표본공분산행렬

$$S=\begin{pmatrix}7.5 & 3.5 & -1.75\\3.5 & 6.8 & 1\\-1.75 & 1 & 2.5\end{pmatrix}$$

(d) 표본상관행렬

$$R=\begin{pmatrix}1 & 0.4901 & -0.4041\\0.4901 & 1 & 0.2425\\-0.4041 & 0.2425 & 1\end{pmatrix}$$

(f) 유클리드 거리는 6

(g) 표준화 거리는 3.02

(h) $X_2-X_3=\begin{pmatrix}-4\\2\\4\end{pmatrix}$

$$S^{-1}=\begin{pmatrix}0.2842 & -0.1865 & 0.2735\\-0.1865 & 0.2786 & -0.2420\\0.2735 & -0.2420 & 0.6883\end{pmatrix}$$

Mahalanobis 거리는 $\left[(X_2-X_3)'S^{-1}(X_2-X_3)\right]^{1/2}=2.652$

1.3

(c) 표본평균벡터는

$$\overline{X}=\begin{pmatrix}36.09\\25.55\\34.09\\27.27\\30.73\end{pmatrix}$$

표본공분산행렬은

$$S=\begin{pmatrix}65.09 & 33.65 & 47.59 & 36.77 & 25.43\\33.65 & 46.07 & 28.95 & 40.34 & 28.37\\47.59 & 28.95 & 60.69 & 37.37 & 41.13\\36.77 & 40.34 & 37.37 & 62.82 & 31.68\\25.43 & 28.36 & 41.13 & 31.68 & 58.22\end{pmatrix}$$

(d) 표본상관행렬은

$$R=\begin{pmatrix}1 & 0.61 & 0.76 & 0.58 & 0.41\\0.61 & 1 & 0.55 & 0.75 & 0.55\\0.76 & 0.55 & 1 & 0.61 & 0.69\\0.58 & 0.75 & 0.61 & 1 & 0.52\\0.41 & 0.55 & 0.69 & 0.52 & 1\end{pmatrix}$$

(e) 유클리드 거리는 32.496

(f) 표준화 거리는 4.105

(g) Mahalanobis거리는 3.657

1.4

(c) 표본평균벡터는

$$\overline{X}=\begin{pmatrix}11.58\\23.49\\52.89\\2.05\\4.25\\9.26\\164.44\end{pmatrix}$$

표본공분산행렬은

$$S=\begin{pmatrix}0.15&0.30&0.60&0.02&0.06&0.15&3.62\\0.30&0.65&1.28&0.04&0.11&0.26&6.54\\0.60&1.28&3.22&0.11&0.28&0.64&13.81\\0.02&0.04&0.11&0.01&0.01&0.03&0.65\\0.06&0.11&0.28&0.02&0.04&0.10&2.04\\0.15&0.26&0.64&0.03&0.10&0.30&6.52\\3.62&6.54&13.81&0.65&2.04&6.52&212.19\end{pmatrix}$$

(d) 표본상관행렬은

$$R=\begin{pmatrix}1&0.95&0.86&0.73&0.72&0.72&0.64\\0.95&1&0.88&0.68&0.65&0.59&0.56\\0.86&0.88&1&0.84&0.76&0.65&0.53\\0.73&0.68&0.84&1&0.93&0.83&0.61\\0.72&0.64&0.76&0.93&1&0.92&0.69\\0.72&0.59&0.65&0.83&0.92&1&0.82\\0.64&0.56&0.53&0.61&0.69&0.82&1\end{pmatrix}$$

(e) 유클리드 거리는 14.303

(f) 표준화 거리는 2.09

(g) Mahalanobis 거리는 1.929

Chapter 2

2.1

(a) 고유값 $\lambda=1$ (중근)

고유벡터 $e_1=\begin{pmatrix}1\\0\end{pmatrix}$, $e_2=\begin{pmatrix}0\\1\end{pmatrix}$

(b) $A^{-1}=\begin{pmatrix}1&0\\0&1\end{pmatrix}$ (c) $AA=A$이므로 멱등행렬이다.

2.2

(a) $A+B=\begin{pmatrix}4&-3&8\\-3&2&3\\8&3&4\end{pmatrix}$ (b) $A'=\begin{pmatrix}1&-1&4\\-1&1&3\\4&3&2\end{pmatrix}$ (c) $x'Ay=21$

(d) $x'x=6$ (e) $x'Ax=7$

(f) $\boldsymbol{x}'\boldsymbol{y}=0$ (g) $\boldsymbol{A}'\boldsymbol{A}=\begin{pmatrix} 18 & 10 & 9 \\ 10 & 11 & 5 \\ 9 & 5 & 29 \end{pmatrix}$ (h) $\boldsymbol{AB}=\begin{pmatrix} 21 & -3 & 12 \\ 7 & 3 & 2 \\ 14 & -5 & 20 \end{pmatrix}$

(i) $\boldsymbol{y}'\boldsymbol{B}=(9,-4,14)$ (j) $\boldsymbol{x}\boldsymbol{x}'=\begin{pmatrix} 1 & -2 & 1 \\ -2 & 4 & -2 \\ 1 & -2 & 1 \end{pmatrix}$

(k) $\boldsymbol{x}+\boldsymbol{y}=\begin{pmatrix} 4 \\ 0 \\ 2 \end{pmatrix}$ (l) $\boldsymbol{x}-\boldsymbol{y}=\begin{pmatrix} -2 \\ -4 \\ 0 \end{pmatrix}$ (m) $(\boldsymbol{x}-\boldsymbol{y})'=(-2,-4,0)$

(n) $\boldsymbol{x}\boldsymbol{y}'=\begin{pmatrix} 3 & 2 & 1 \\ -6 & -4 & -2 \\ 3 & 2 & 1 \end{pmatrix}$ (o) $\boldsymbol{A}-\boldsymbol{B}=\begin{pmatrix} -2 & 1 & 0 \\ 1 & 0 & 3 \\ 0 & 3 & 0 \end{pmatrix}$

(p) $\boldsymbol{A}'+\boldsymbol{B}'=\begin{pmatrix} 4 & -3 & 8 \\ -3 & 2 & 3 \\ 8 & 3 & 4 \end{pmatrix}$

(q) $(\boldsymbol{A}+\boldsymbol{B})'\begin{pmatrix} 4 & -3 & 8 \\ -3 & 2 & 3 \\ 8 & 3 & 4 \end{pmatrix}$ (r) $3\boldsymbol{x}=\begin{pmatrix} 3 \\ -6 \\ 3 \end{pmatrix}$

(s) $(\boldsymbol{x}'\boldsymbol{y})^2=0$ (t) $\boldsymbol{BA}=\begin{pmatrix} 21 & 7 & 14 \\ -3 & 3 & -5 \\ 12 & 2 & 20 \end{pmatrix}$ (u) $\sqrt{6}$ (v) $\frac{\pi}{2}$

(w) $tr(\boldsymbol{A})=4$, $tr(\boldsymbol{B})=6$ (x) $tr(\boldsymbol{A}+\boldsymbol{B})=10$, $tr(\boldsymbol{A})+tr(\boldsymbol{B})=4+6=10$

(y) $tr(\boldsymbol{AB})=44$, $tr(\boldsymbol{BA})=44$ (z) $\boldsymbol{B}'\boldsymbol{A}'=\begin{pmatrix} 21 & 7 & 14 \\ -3 & 3 & -5 \\ 12 & -2 & 20 \end{pmatrix}$

2.3

(a) 행벡터 (2,−1) ', c(−1,2)'

(a) 열벡터 $\begin{pmatrix} 2 \\ -1 \end{pmatrix}, \begin{pmatrix} -1 \\ 2 \end{pmatrix}$

```
> A=rbind(c(2,-1), c(-1,2))
> A
     [,1] [,2]
[1,]    2   -1
[2,]   -1    2
> plot(A[,1], A[,2], pch=19)
```

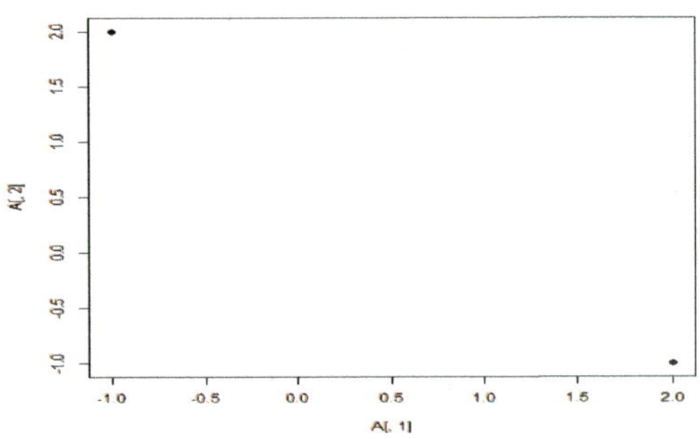


```
> eigen(A)
$values
[1] 3 1
```

```
$vectors
           [,1]       [,2]
[1,] -0.7071068 -0.7071068
[2,]  0.7071068 -0.7071068
```

(d) $\lambda_1 = 3,\ \lambda_2 = 1$

$$\boldsymbol{e}_1 = \begin{pmatrix} -0.707 \\ 0.707 \end{pmatrix}, \boldsymbol{e}_2 = \begin{pmatrix} -0.707 \\ -0.707 \end{pmatrix}$$

(c) $rank(\boldsymbol{A}) = 2$

(d) $\lambda_1 = 3,\ \lambda_2 = 1$ 고유벡터를 직접 계산해보면 다음과 같이 얻을 수 있다

$$\boldsymbol{e}_1 = \begin{pmatrix} 1/\sqrt{2} \\ -1/\sqrt{2} \end{pmatrix},\quad \boldsymbol{e}_2 = \begin{pmatrix} 1/\sqrt{2} \\ 1/\sqrt{2} \end{pmatrix},$$

또는

$$\boldsymbol{e}_1 = \begin{pmatrix} -1/\sqrt{2} \\ 1/\sqrt{2} \end{pmatrix},\quad \boldsymbol{e}_2 = \begin{pmatrix} -1/\sqrt{2} \\ -1/\sqrt{2} \end{pmatrix},$$

(e) $\boldsymbol{A}^{-1} = \begin{pmatrix} 2/3 & 1/3 \\ 1/3 & 2/3 \end{pmatrix}$

(f) 스펙트럼 분해하면

$$\sum_{i=1}^{2} \lambda_i \boldsymbol{e}_i \boldsymbol{e}_i'$$

$$= 3\begin{pmatrix} 1/\sqrt{2} \\ -1/\sqrt{2} \end{pmatrix}(1/\sqrt{2},\ \ -1/\sqrt{2}) + 1\begin{pmatrix} 1/\sqrt{2} \\ 1/\sqrt{2} \end{pmatrix}(1/\sqrt{2},\ 1/\sqrt{2}) = \begin{pmatrix} 2 & -1 \\ -1 & 2 \end{pmatrix}$$

마찬가지로

$$\sum_{i=1}^{2} \lambda_i \boldsymbol{e}_i \boldsymbol{e}_i'$$

$$= 3\begin{pmatrix} -1/\sqrt{2} \\ 1/\sqrt{2} \end{pmatrix}(-1/\sqrt{2},\ \ 1/\sqrt{2}) + 1\begin{pmatrix} -1/\sqrt{2} \\ -1/\sqrt{2} \end{pmatrix}(-1/\sqrt{2},\ -1/\sqrt{2}) = \begin{pmatrix} 2 & -1 \\ -1 & 2 \end{pmatrix}$$

(g)

```
> invA<- solve(A)  #inverse matrix
> eigen(invA)
eigen() decomposition
$values
[1] 1.0000000 0.3333333
$vectors
          [,1]       [,2]
[1,] 0.7071068 -0.7071068
[2,] 0.7071068  0.7071068
```

$\lambda_1^I = 1,\ \lambda_2^I = 0.33$

$$\boldsymbol{e}_1 = \begin{pmatrix} 0.707 \\ 0.707 \end{pmatrix}, \boldsymbol{e}_2 = \begin{pmatrix} -0.707 \\ 0.707 \end{pmatrix}$$

(i) $\boldsymbol{A}'\boldsymbol{A} = \begin{pmatrix} 5 & -4 \\ -4 & 5 \end{pmatrix}$

(j) $\lambda_1 = 1,\ \lambda_2 = 9$

$$\boldsymbol{e}_1 = \begin{pmatrix} 1/\sqrt{2} \\ 1/\sqrt{2} \end{pmatrix},\quad \boldsymbol{e}_2 = \begin{pmatrix} 1/\sqrt{2} \\ -1/\sqrt{2} \end{pmatrix}$$

(k) $(\boldsymbol{A}'\boldsymbol{A})^{-1} = \begin{pmatrix} 5/9 & 4/9 \\ 4/9 & 5/9 \end{pmatrix}$

(l) $\boldsymbol{A}^2 = \begin{pmatrix} 5 & -4 \\ -4 & 5 \end{pmatrix}$

(m) $\lambda_1 = 1,\ \lambda_2 = 9$

$\boldsymbol{e}_1 = \begin{pmatrix} 1/\sqrt{2} \\ 1/\sqrt{2} \end{pmatrix},\ \boldsymbol{e}_2 = \begin{pmatrix} 1/\sqrt{2} \\ -1/\sqrt{2} \end{pmatrix}$ 풀이과정은 (j)와 동일

(n) 스펙트럼 분해하면

$\sum_{i=1}^{2} \lambda_i \boldsymbol{e}_i \boldsymbol{e}_i' = \begin{pmatrix} 5 & -4 \\ -4 & 5 \end{pmatrix}$

2.4

(a) $rank(\sum) = 3$

(b) $\lambda_1 = 1,\ \lambda_2 = 4,\ \lambda_3 = 9$

$\boldsymbol{e}_1 = \begin{pmatrix} 0 \\ 0 \\ 1 \end{pmatrix},\quad \boldsymbol{e}_2 = \begin{pmatrix} 1 \\ 0 \\ 0 \end{pmatrix},\quad \boldsymbol{e}_3 = \begin{pmatrix} 0 \\ 1 \\ 0 \end{pmatrix}$

(c) $\sum^{-1} = \begin{pmatrix} 0.25 & 0 & 0 \\ 0 & 0.11 & 0 \\ 0 & 0 & 1 \end{pmatrix}$

(d) 스펙트럼 분해하면

$\sum_{i=1}^{3} \lambda_i \boldsymbol{e}_i \boldsymbol{e}_i' = \begin{pmatrix} 4 & 0 & 0 \\ 0 & 9 & 0 \\ 0 & 0 & 1 \end{pmatrix}$

(e) $\lambda_1 = 0.11,\ \lambda_2 = 0.25,\ \lambda_3 = 1$, $\boldsymbol{e}_1 = \begin{pmatrix} 0 \\ 1 \\ 0 \end{pmatrix},\quad \boldsymbol{e}_2 = \begin{pmatrix} 1 \\ 0 \\ 0 \end{pmatrix},\quad \boldsymbol{e}_3 = \begin{pmatrix} 0 \\ 0 \\ 1 \end{pmatrix}$

(g) $\boldsymbol{S} = \begin{pmatrix} 1 & 0 & 0 \\ 0 & 1 & 0 \\ 0 & 0 & 1 \end{pmatrix}$ (h) $|\boldsymbol{\Sigma}| = 36$ (i) $tr(\boldsymbol{\Sigma}) = 14$

2.5

(a) 직교하지 않음

```
> u<-c(-2,-2,-2)
> v<-c(1,1,1)
> t(u)%*%v
     [,1]
[1,]   -6
```

(b) 직교함

```
> u<-c(-1,3,2)
> v<-c(4,2,-1)
> t(u)%*%v
     [,1]
[1,]    0
```

Chapter 3

3.1

(a) $\bar{\boldsymbol{X}}=\begin{pmatrix}5\\2.67\end{pmatrix}$

(b) $\boldsymbol{S}=\begin{pmatrix}16 & -6\\-6 & 2.33\end{pmatrix}$

(c) $\boldsymbol{R}=\begin{pmatrix}1 & -0.98\\-0.98 & 1\end{pmatrix}$

(d) 1.328

(e) 18.333

3.2

(a) $|S_1|=1$ $\quad|S_2|=0.5$

(b) $tr(\boldsymbol{S_1})=tr(\boldsymbol{S_2})=3$, 총 표본분산은 같다.

(c) S_1의 조건수 = 1, $\quad S_2$의 조건수 = 4

3.3 $Y_1=X_1+X_2+X_3$ $\quad Y_2=2X_1-3X_2+2X_3$

(a) $E(\boldsymbol{Y})=\begin{pmatrix}E(Y_1)\\E(Y_2)\end{pmatrix}=\begin{pmatrix}6\\2\end{pmatrix}$, $\quad Cov(\boldsymbol{Y})=\begin{pmatrix}43 & 21\\21 & 137\end{pmatrix}$

(b) $Corr(\boldsymbol{Y})=\begin{pmatrix}1 & 0.274\\0.274 & 1\end{pmatrix}$

3.4

(a) $f_1(x_1)=2x_1,\ 0<x_1<1$

(b) $f_2(x_2)=2x_2,\ 0<x_2<1$

(c) $P(X_1\le 1/2,\ X_2\le 1/3)=\int_0^{1/3}\int_0^{1/2}4x_1x_2=\dfrac{1}{36}$

(d) $E(\boldsymbol{X})=\begin{pmatrix}E(X_1)\\E(X_2)\end{pmatrix}=\begin{pmatrix}2/3\\2/3\end{pmatrix}$

(e) $Cov(\boldsymbol{X})=\begin{pmatrix}\frac{1}{18} & 0\\0 & \frac{1}{18}\end{pmatrix}$ $\quad$ (f) $Corr(\boldsymbol{X})=\begin{pmatrix}1 & 0\\0 & 1\end{pmatrix}$

Chapter 4

4.1

(a) $f(x)=\frac{1}{2\pi\sqrt{0.72}}\exp\left\{-\frac{1}{0.72}\left[\frac{(x_1-1)^2}{2}+(x_2-3)^2+1.6\left(\frac{x_1-1}{\sqrt{2}}\right)(x_2-3)\right]\right\}$

4.2

(a) $Cov(X_1,X_2)=-2$이므로 X_1과 X_2는 독립이 아니다. $corr(X_1,X_2)=-0.89$

(b) $Cov(X_1,X_3)=0$이므로 X_1과 X_3는 독립이다.

(c) $Cov(X_2,X_3)=0$이므로 X_2과 X_3는 독립이다.

(d) $Cov\left(\begin{pmatrix}X_1\\X_2\end{pmatrix},X_3\right)=\begin{pmatrix}0\\0\end{pmatrix}$ 이므로 $\begin{pmatrix}X_1\\X_2\end{pmatrix}$와 X_3는 독립이다.

(e) $Cov\left(\frac{X_1+X_2}{2},X_3\right)=0$이므로 $\frac{X_1+X_2}{2}$과 X_3는 독립이다.

(f) $Cov(X_1-X_2,X_3)=0$ 이므로 X_1-X_2와 X_3은 독립이다.

(g) $Y=(3,-2,1)\begin{pmatrix}X_1\\X_2\\X_3\end{pmatrix}=\boldsymbol{a}'\boldsymbol{X}$일 때 $E(Y)=\boldsymbol{a}'\boldsymbol{\mu}=(3,\ -2,\ 1)\begin{pmatrix}-3\\1\\4\end{pmatrix}=-7$,

$Var(Y)=\boldsymbol{a}'\boldsymbol{\Sigma a}=(3-21)\begin{pmatrix}1&-2&0\\-2&5&0\\0&0&2\end{pmatrix}\begin{pmatrix}3\\-2\\1\end{pmatrix}=55$

(h) $X_1\sim N_1(-3,1)$이므로 $(X_1+3)^2\sim\chi_1^2$분포를 따른다.

(i) $\boldsymbol{Y}=\boldsymbol{X}-\boldsymbol{\mu}\sim N_3(\boldsymbol{0},\boldsymbol{\Sigma})$

(j) $\boldsymbol{Z}=(\boldsymbol{\Sigma}^{1/2})^{-1}(\boldsymbol{X}-\boldsymbol{\mu})\sim N_3(\boldsymbol{0},\boldsymbol{I})$

(k) $H=(\boldsymbol{X}-\boldsymbol{\mu})'\boldsymbol{\Sigma}^{-1}(\boldsymbol{X}-\boldsymbol{\mu})\sim\chi_3^2$

(l) $(\boldsymbol{X}-\boldsymbol{\mu})(\boldsymbol{X}-\boldsymbol{\mu})'\sim$ Wishart 분포 $W_3(1,\boldsymbol{\Sigma})$

(m) $\boldsymbol{\Sigma}$ 의 고유값 : $\lambda_1=2,\ \lambda_2=3+2\sqrt{2},\ \lambda_3=3-2\sqrt{2}$

고유벡터 : $\boldsymbol{e_1}=\begin{pmatrix}0\\0\\1\end{pmatrix},\ \boldsymbol{e_2}=\begin{pmatrix}1\\-1-\sqrt{2}\\0\end{pmatrix},\ \boldsymbol{e_3}=\begin{pmatrix}\sqrt{2}+1\\1\\0\end{pmatrix}$

(n) $\boldsymbol{\Sigma}^{-1}$의 고유값 : $\lambda_1=\frac{1}{2},\ \lambda_2=3-2\sqrt{2},\ \lambda_3=3+2\sqrt{2}$, 고유벡터는 같다.

4.5

(a) $\overline{\boldsymbol{X}}=\begin{pmatrix}1.39\\-0.28\\3.91\\-1.35\\9.05\\3.84\end{pmatrix}$, $\boldsymbol{S}=\begin{pmatrix}23.94&16.70&31.97&9.15&27.91&8.57\\16.70&19.97&17.60&11.57&18.48&2.36\\31.97&17.60&160.85&50.59&-5.32&35.32\\27.91&18.48&-5.32&5.89&229.99&0.87\\8.57&2.36&35.32&26.10&0.87&25.75\end{pmatrix}$

(c)

순서 i	관측벡터의 마할라노비스 거리 제곱에 대한 순서 통계량 d_i^2	경험 누적 확률 $\frac{i-0.5}{n}$	카이제곱분포의 사분위수 $\chi_6^2\left(\frac{i-0.5}{n}\right)$
1	0.6518	0.026	1.25654
2	0.9511	0.079	1.985799
3	0.9674	0.132	2.504176
4	1.0774	0.184	2.942728
5	1.1373	0.237	3.356146
6	2.8037	0.289	3.746029
7	3.4360	0.342	4.138055
8	3.9877	0.395	4.532559
9	4.7158	0.447	4.928622
10	5.2054	0.5	5.348121
11	5.4851	0.553	5.791044
12	5.7159	0.605	6.257236
13	7.5929	0.658	6.776623
14	7.7008	0.711	7.358049
15	7.8962	0.763	8.015088
16	8.9966	0.816	8.819274
17	10.1535	0.868	9.829911
18	14.0656	0.921	11.319133
19	15.4597	0.974	14.346114

Chapter 5

5.1

(a) $\bar{\boldsymbol{X}}=\begin{pmatrix}6\\10\end{pmatrix}$ (b) $\boldsymbol{S}=\begin{pmatrix}8 & -3.33\\-3.33 & 2\end{pmatrix}$

(c) $\boldsymbol{S}^{-1}=\begin{pmatrix}0.41 & 0.68\\0.68 & 1.64\end{pmatrix}$

(d) H_0 : $\boldsymbol{\mu}=\begin{pmatrix}7\\11\end{pmatrix}$에 대해

$T^2=13.6 \not> 57=\frac{3\cdot 2}{2}F_{2,2}(0.05)$이므로 H_0를 기각하지 못한다.

(e) $\boldsymbol{CX_i}=\begin{pmatrix}1 & -1\\1 & 1\end{pmatrix}\begin{pmatrix}X_{i1}\\X_{i2}\end{pmatrix}=\begin{pmatrix}X_{i1}-X_{i2}\\X_{i1}+X_{i2}\end{pmatrix}$

(f) $X_{i1}-X_{i2}$: -10 -1 -3 -2

$X_{i1}+X_{i2}$: 14 17 15 18

(g) $T^2=13.6$로 변화전의 결과와 같다.

(h) 모평균 벡터 $\boldsymbol{\mu}$ 에 대한 95 % 신뢰영역은

$$\{(\mu_1,\mu_2)' \mid 0.41(\mu_1-6)^2+1.63(\mu_2-10)^2+1.36(\mu_1-6)(\mu_2-10) \leq 14.25\}$$

를 만족하는 점들의 집합으로 위 타원의 부등식을 만족하는 영역이 된다.

5.4

$H_0 : \boldsymbol{\mu}=\begin{pmatrix}6\\11\end{pmatrix}$에 대해

$T^2=0.06 \not> 57=\dfrac{3\cdot 2}{2}F_{2,2}(0.05)$ 이므로 H_0를 기각하지 못한다.

5.5

(a) 엔지니어 집단 : $\overline{\boldsymbol{X}}_1=\begin{pmatrix}113.6\\55.7\end{pmatrix}$, $\boldsymbol{S}_1=\begin{pmatrix}322.04 & -41.02\\-41.02 & 346.23\end{pmatrix}$

조종사 집단 : $\overline{\boldsymbol{X}}_2=\begin{pmatrix}123.22\\46\end{pmatrix}$, $\boldsymbol{S}_2=\begin{pmatrix}234.31 & 7.62\\7.62 & 154.75\end{pmatrix}$

(b) $n_1=10$, $n_2=9$, $p=2$, 합동공분산행렬을 이용하여 계산하면

$$T^2=(\overline{\boldsymbol{X}}_1-\overline{\boldsymbol{X}}_2)'\left[\left(\frac{1}{n_1}+\frac{1}{n_2}\right)\boldsymbol{S}_{pl}\right]^{-1}(\overline{\boldsymbol{X}}_1-\overline{\boldsymbol{X}}_2)$$

$$=3.094 \not> 7.714=\frac{(n_1+n_2-2)p}{n_1+n_2-p-1}F_{p,n_1+n_2-p-1}(0.05)$$

이므로 H_0를 기각하지 못한다.

(c) 두 집단의 공분산행렬을 이용하여 계산하면

$$T^2=(\overline{\boldsymbol{X}}_1-\overline{\boldsymbol{X}}_2)'\left(\frac{\boldsymbol{S}_1}{n_1}+\frac{\boldsymbol{S}_2}{n_2}\right)^{-1}(\overline{\boldsymbol{X}}_1-\overline{\boldsymbol{X}}_2)$$

$$=3.215 \not> 5.99=\chi_2^2(0.05)$$

이므로 H_0를 기각하지 못한다.

Chapter 6

6.1

(a) $\sum_{i=1}^{g}\sum_{j-1}^{n}\left(X_{ij}-\overline{X_{i.}}\right)^2 = \sum_i\sum_j\left(X_{ij}^2-2X_{ij}\overline{X_{i.}}+\overline{X_{i.}^2}\right)$

$=\sum_i\sum_j X_{ij}^2-2\sum_i\overline{X_{i.}}\sum_j X_{ij}+\sum_i n\overline{X_{i.}^2}$

$=\sum_i\sum_j X_{ij}^2-2\sum_i X_{i.}^2/n+\sum_i X_{i.}^2/n$

$=\sum_i\sum_j X_{ij}^2-\sum_i X_{i.}^2/n$

(b) $n\sum_{i=1}^{g}(\overline{X_{i.}}-\overline{X_{..}})^2=n\sum_{i=1}^{g}\left(\overline{X_{i.}^2}-2\overline{X_{i.}}\,\overline{X_{..}}+\overline{X^2}\right)$

$=n\sum_i\overline{X_{i.}^2}-2n\overline{X_{..}}\sum_i\overline{X_{i.}}+ng\overline{X_{..}^2}$

$=n\sum_i\left(\frac{1}{n}X_{i.}\right)^2-2n\frac{1}{gn}X_{..}\sum_i\left(\frac{1}{n}X_{i.}\right)+gn\left(\frac{1}{gn}X_{..}\right)^2$

$=\sum_i X_{i.}^2/n-\frac{2}{gn}X_{..}X_{..}+1gnX_{..}^2$

$=\sum_i X_{i.}^2/n-X_{..}^2/gn$

6.2

$S_l=\frac{1}{n_l-1}\sum_{j=1}^{n_l}(X_{lj}-\overline{X_l})(X_{lj}-\overline{X_l})'$ 이므로

$\sum_{j=1}^{n_l}(X_{lj}-\overline{X_l})(X_{lj}-\overline{X_l})'=(n_l-1)S_l$

$SSe=\sum_{l=1}^{g}\sum_{j=1}^{n_l}\left(X_{lj}-\overline{X_l}\right)\left(X_{lj}-\overline{X_l}\right)'$

$=\sum_{l=1}^{g}(n_l-1)S_l$

$=(n_1-1)S_1+(n_2-1)S_2+\cdots+(n_g-1)S_g$

6.3

$\Lambda=\frac{|E^{-1}||E|}{|E^{-1}||B+E|}=\frac{1}{|E^{-1}B+I|}$

$(E^{-1}+I)x=\eta x$

$\det(E^{-1}B+I-\eta I)=0$
$E^{-1}B$ 의 고유값을 λ라고 하자.

$\det(E^{-1}B-(\eta-1)I)=0$

$(E^{-1}B)y=(\eta-1)y$
$E^{-1}B$의 고유값 $\lambda=\eta-1$
$\therefore \eta=\lambda+1$

$$\therefore \Lambda=\frac{1}{|E^{-1}B+I|}=\frac{1}{\prod_{i=1}^{s}(E^{-1}B+I)\text{의 고유값}}$$

$$=\frac{1}{\prod_{i=1}^{s}(\lambda_i+1)}$$

6.4

(a) $B=\sum_{i=1}^{g}n_i(\overline{X}_{i.}-\overline{X}_{..})(\overline{X}_{i.}-\overline{X}_{..})'$

$$=\sum_{i}n_i(\overline{X}_{i.}\overline{X}_{i.}'-\overline{X}_{i.}\overline{X}_{..}'-\overline{X}_{..}\overline{X}_{i.}'+\overline{X}_{..}\overline{X}_{..}')$$

$$=\sum_{i}\frac{1}{n_i}X_{i.}X_{i.}'-\frac{1}{N}\sum_{i}X_{i.}X_{..}'-\frac{1}{N}X_{..}\sum_{i}X_{i.}'+\frac{1}{N}X_{..}X_{..}'$$

$$=\sum_{i}\frac{1}{n_i}X_{i.}X_{i.}'-\frac{1}{N}X_{..}X_{..}'$$

(b) $E=\sum_{i=1}^{g}\sum_{j=1}^{n_i}(X_{ij}-\overline{X}_{i.})(X_{ij}-\overline{X}_{i.})'$

$$=\sum_{i}\sum_{j}X_{ij}X_{ij}'-\sum_{i}\sum_{j}X_{ij}\overline{X}_{i.}'-\sum_{i}\sum_{j}\overline{X}_{i.}X_{ij}'+\sum_{i}\sum_{j}\overline{X}_{i.}\overline{X}_{i.}'$$

$$=\sum_{i}\sum_{j}X_{ij}X_{ij}'-\sum_{i}\frac{1}{n_i}X_{i.}X_{i.}'-\sum_{i}\frac{1}{n_i}X_{i.}X_{i.}'+\sum_{i}\frac{1}{n_i}X_{i.}X_{i.}'$$

$$=\sum_{i}\sum_{j}X_{ij}X_{ij}'-\sum_{i}\frac{1}{n_i}X_{i.}X_{i.}'$$

(c) $\det(\boldsymbol{BE}^{-1}-\lambda\boldsymbol{I})$

$$=\det(\boldsymbol{E}^{-1})\det(\boldsymbol{BE}^{-1}-\lambda\boldsymbol{I})\frac{1}{\det(\boldsymbol{E}^{-1})}$$

$$=\det(\boldsymbol{E}^{-1}\boldsymbol{BE}^{-1}-\lambda\boldsymbol{I})\frac{1}{\det(\boldsymbol{E}^{-1})}$$

$$=\det[(\boldsymbol{E}^{-1}\boldsymbol{B}-\lambda\boldsymbol{I})\boldsymbol{E}^{-1}]\frac{1}{\det(\boldsymbol{E}^{-1})}$$

$$=\det(\boldsymbol{E}^{-1}\boldsymbol{B}-\lambda\boldsymbol{I})\det(\boldsymbol{E}^{-1})\frac{1}{\det(\boldsymbol{E}^{-1})}$$

$$=\det(\boldsymbol{E}^{-1}\boldsymbol{B}-\lambda\boldsymbol{II})$$

$\therefore$ $\boldsymbol{BE}^{-1}$와 $\boldsymbol{E}^{-1}\boldsymbol{B}$의 고유값은 같다.

또한,

$\boldsymbol{BE}^{-1}\boldsymbol{x}=\lambda\boldsymbol{x}$

$\boldsymbol{E}^{-1}\boldsymbol{BE}^{-1}\boldsymbol{x}=\lambda\boldsymbol{E}^{-1}\boldsymbol{x}$

Let $\boldsymbol{y}=\boldsymbol{E}^{-1}\boldsymbol{x}$.

$\boldsymbol{E}^{-1}\boldsymbol{By}=\lambda\boldsymbol{x}$

$\boldsymbol{E}^{-1}\boldsymbol{By}=\lambda\boldsymbol{y}$

$\therefore BE^{-1}$의 고유벡터 $\boldsymbol{x}$일 때

$E^{-1}B$의 고유벡터는 $E^{-1}\boldsymbol{x}$이다.

6.5

$\overline{\boldsymbol{X}}_{..}=\dfrac{n_1\overline{\boldsymbol{X}}_{1.}+n_2\overline{\boldsymbol{X}}_{2.}}{n_1+n_2}$ 를 대입하면

$$(\overline{\boldsymbol{X}}_{1.}-\overline{\boldsymbol{X}}_{..})=\left(\overline{\boldsymbol{X}}_{1.}-\frac{n_1\overline{\boldsymbol{X}}_{..}+n_2\overline{\boldsymbol{X}}_{..}}{n_1+n_2}\right)=\frac{n_2(\overline{\boldsymbol{X}}_{1.}-\overline{\boldsymbol{X}}_{2.})}{n_1+n_2}$$

$$(\overline{\boldsymbol{X}}_{2.}-\overline{\boldsymbol{X}}_{..})=\left(\overline{\boldsymbol{X}}_{2.}-\frac{n_1\overline{\boldsymbol{X}}_{..}+n_2\overline{\boldsymbol{X}}_{..}}{n_1+n_2}\right)=\frac{-n_1(\overline{\boldsymbol{X}}_{1.}-\overline{\boldsymbol{X}}_{2.})}{n_1+n_2}$$

이므로

$$\boldsymbol{B}=\sum_{i=1}^{2}n_i(\overline{\boldsymbol{X}}_{i.}-\overline{\boldsymbol{X}}_{..})(\overline{\boldsymbol{X}}_{i.}-\overline{\boldsymbol{X}}_{..})$$

$$=n_1(\overline{\boldsymbol{X}}_{1.}-\overline{\boldsymbol{X}}_{..})(\overline{\boldsymbol{X}}_{1.}-\overline{\boldsymbol{X}}_{..})'+n_2(\overline{\boldsymbol{X}}_{2.}-\overline{\boldsymbol{X}}_{..})(\overline{\boldsymbol{X}}_{2.}-\overline{\boldsymbol{X}}_{..})'$$

$$=\frac{n_1n_2}{n_1+n_2}(\overline{\boldsymbol{X}}_{1.}-\overline{\boldsymbol{X}}_{2.})(\overline{\boldsymbol{X}}_{1.}-\overline{\boldsymbol{X}}_{2.})'.$$

6.6

(a) 통계적 모형

$X_{lj} = \mu + \tau_l + \epsilon_{ij}, \quad l = 1,2,3, \quad j = 1,\ldots,n_l$

여기서 $\epsilon_{ij} \sim iid\ N_3(\mathbf{0}, \Sigma)$

μ는 전체 평균, $n_1 = 10,\ n_2 = 20\ n_3 = 50$

τ_l 는 l번째 요리법 효과, $\sum_{l=1}^{3} n_l \tau_l = \mathbf{0}$

(b) $\overline{X} = \begin{pmatrix} 3.875 \\ 1.75 \\ 1.625 \end{pmatrix}$, (c) $E = \begin{pmatrix} 27.88 & 16.88 & 1.34 \\ 16.88 & 41.8 & -1.067 \\ 1.34 & -1.067 & 24.3 \end{pmatrix}$, (d) $B = \begin{pmatrix} 8.75 & -2.5 & 6.25 \\ -2.5 & 15 & 12.5 \\ 6.25 & 12.5 & 18.75 \end{pmatrix}$

(e)

요 인		자유도
처 리	$B = \begin{pmatrix} 8.75 & -2.5 & 6.25 \\ -2.5 & 15 & 12.5 \\ 6.25 & 12.5 & 18.75 \end{pmatrix}$	2
오 차	$E = \begin{pmatrix} 27.88 & 16.88 & 1.34 \\ 16.88 & 41.8 & -1.067 \\ 1.34 & -1.067 & 24.3 \end{pmatrix}$	77
총	$B+E = \begin{pmatrix} 36.63 & 14.38 & 7.59 \\ 14.38 & 56.8 & 11.43 \\ 7.59 & 11.43 & 43.05 \end{pmatrix}$	79

(g) $\Lambda = 0.28$

6.7

(a) 통계적 모형

$X_{lj} = \mu + \tau_l + \epsilon_{ij}, \quad l = 1,2,3, \quad j = 1,\ldots,12$

여기서 $\epsilon_{ij} \sim iid\ N_4(\mathbf{0}, \Sigma)$,

μ는 전체 평균,

τ_l 는 l번째 요리법 효과, $\sum_{l=1}^{3} n_l \tau_l = \mathbf{0}$

(b) 일원배치 다변량 분산분석표

요 인	제곱합과 교차곱 행렬	자유도
처 리	$B = \begin{pmatrix} 1.053 & 2.12 & -1.37 & -0.76 \\ 2.12 & 4.61 & -2.34 & -1.24 \\ -1.37 & -2.34 & 2.38 & 1.38 \\ -0.76 & -1.24 & 1.38 & 0.81 \end{pmatrix}$	$g-1=2$
오 차	$E = \begin{pmatrix} 13.41 & 7.77 & 8.67 & 5.86 \\ 7.78 & 8.10 & 7.36 & 6.27 \\ 8.68 & 7.36 & 11.61 & 7.04 \\ 5.86 & 6.27 & 7.04 & 10.57 \end{pmatrix}$	$\sum_{l=1}^{g} n_l - g = 33$
총	$B+E = \begin{pmatrix} 14.46 & 9.89 & 7.30 & 5.5.10 \\ 9.90 & 12.71 & 5.02 & 5.03 \\ 7.30 & 5.02 & 13.99 & 8.42 \\ 5.10 & 5.03 & 8.42 & 11.38 \end{pmatrix}$	$\sum_{l=1}^{g} n_l - 1 = 35$

(c) H_0 : $\tau_1=\tau_2=\tau_3=0$ 대해 H_1 : 적어도 한 개의 $\tau_i \neq 0$

에 대해 Wilks lambda 검정통계량은 $\Lambda=0.22$이고 유의수준 $\alpha=0.05$에서 기각치는$\Lambda_{4,2,33}(0.05) \approx \Lambda_{4,2,30}(0.05)=0.580$ 이므로 $\Lambda=0.22 < 0.580$ 이므로 H_0를 기각한다. 즉 요리법의 반응평균 벡터간에 통계적으로 유의한 차이가 있다고 할 수 있다.

(d) 각 변수에 대한 일변량 분산분석표

i) X_1에 대한 일원배치 일변량 분산분석표

요인	제곱합	평균제곱합	F-통계량	p-값	자유도
처리	1.05	0.53	1.29	0.29	2
오차	13.41	0.41			33
총	14.46				35

H_0 : $\tau_{11}=\tau_{21}=\tau_{31}=0$ 대해 H_1: 적어도 한 개의 $\tau_i \neq 0$

$p-$값$=0.29 > 0.05$ 이므로 H_0를 기각하지 못한다.

ii) X_2 에 대한 일원배치 일변량 분산분석표

요인	제곱합	평균제곱합	F-통계량	p-값	자유도
처리	4.61	2.30	9.38	0.0006	2
오차	8.10	0.25			33
총	12.71				35

H_0 : $\tau_{12}=\tau_{22}=\tau_{32}=0$ 대해 H_1 : / H_1 : 적어도 한 개의 $\tau_i \neq 0$

$p-$값$=0.0006 < 0.05$ 이므로 H_0를 기각한다.

iii) X_3에 대한 일원배치 일변량 분산분석표

요인	제곱합	평균제곱합	F-통계량	p-값	자유도
처리	2.38	1.19	3.39	0.046	2
오차	11.61	0.35			33
총	13.99				35

H_0 : $\tau_{13}=\tau_{23}=\tau_{33}=0$ 대해 H_1: 적어도 한 개의 $\tau_i \neq 0$

$p-$값$=0.046 < 0.05$이므로 H_0를 기각한다.

iv) X_4 에 대한 일원배치 일변량 분산분석표

요인	제곱합	평균제곱합	F-통계량	p-값	자유도
처리	0.81	0.41	1.27	0.295	2
오차	10.57	0.32			33
총	11.38				35

H_0 : $\tau_{14}=\tau_{24}=\tau_{34}=0$에 대해 H_1: 적어도 한 개의 $\tau_i \neq 0$

p값$=0.295 > 0.05$이므로 H_0를 기각하지 못한다.

Chapter 7

7.2

$\boldsymbol{R}-\lambda\boldsymbol{I}=\begin{pmatrix}1 & r\\ r & 1\end{pmatrix}-\begin{pmatrix}\lambda & 0\\ 0 & \lambda\end{pmatrix}=\begin{pmatrix}1-\lambda & r\\ r & 1-\lambda\end{pmatrix}$이므로

$|\boldsymbol{R}-\lambda\boldsymbol{I}|=(1-\lambda)^2-r^2=(1-\lambda+r)(1-\lambda-r)=0$를 풀면

(i) $\lambda_1=1+r,\ \boldsymbol{e}_1=(1/\sqrt{2},1/\sqrt{2})'$

(i) $\lambda_2=1-r,\ \boldsymbol{e}_2=(1/\sqrt{2},-1/\sqrt{2})'$

$Y_1=0.707X_1+0.707X_2$

$Y_2=0.707X_1-0.707X_2$

7.5

$\boldsymbol{S}-\lambda\boldsymbol{I}=\begin{pmatrix}4 & 3\\ 3 & 4\end{pmatrix}-\begin{pmatrix}\lambda & 0\\ 0 & \lambda\end{pmatrix}=\begin{pmatrix}4-\lambda & 3\\ 3 & 4-\lambda\end{pmatrix}$

$|\boldsymbol{S}-\lambda\boldsymbol{I}|=(4-\lambda)^2-9=\lambda^2-8\lambda+7=(\lambda-7)(\lambda-1)=0$를 풀면

(i) $\lambda_1=7,\ \boldsymbol{e}_1=(1/\sqrt{2},1/\sqrt{2})'$

(ii) $\lambda_2=1,\ \boldsymbol{e}_2=(1/\sqrt{2},-1/\sqrt{2})'$

$Y_1=0.707X_1+0.707X_2$, 분산설명비율 $=\dfrac{7}{7+1}=0.875$

$Y_2=0.707X_1-0.707X_2$, 분산설명비율 $=\dfrac{1}{7+1}=0.125$

7.7

첫 번째 주성분: $Y_1=0.707X_1-0.707X_2$ 설명비율 70%

두 번째 주성분: $Y_2=-0.707X_1+0.0707X_2$ 설명비율 30%

7.8

공분산 행렬의 주성분

$Y_1=0.045X_1-0.999X_2$ 설명비율 99.99%

$Y_2=0.999X_1+0.045X_2$ 설명비율 거의 0에 가까움

공분산 행렬의 주성분

$Y_1=0.707\left(\dfrac{X_1-\overline{X_1}}{S_1}\right)+0.707\left(\dfrac{X_2-\overline{X_2}}{S_2}\right)$ 설명비율 80%

$Y_2=0.707\left(\dfrac{X_1-\overline{X_1}}{S_1}\right)-0.707\left(\dfrac{X_2-\overline{X_2}}{S_2}\right)$ 설명비율 20%

7.11

(a) 첫 번째 주성분 : 40% (d) 63.79%

(b) 첫 번째 주성분: $Y_1=0.42X_1+0.44X_2+0.56X_3+0.45X_4+0.30X_5+0.07X_6$

두 번째 주성분: $Y_2 = -0.56X_1 - 0.53X_2 + 0.39X_3 + 0.27X_4 + 0.43X_5 + 0.07X_6$

Y_1은 혈액변수들의 가중평균의 형태를 보이고 Y_2는 적혈구관련변수와 백혈구관련변수의 대비를 나타낸다.

(2) 첫 번째 주성분:

$$Y_1 = 0.000162X_1 + 0.000506X_2 + 0.999981X_3 + 0.0005292X_4$$

$$+ 0.003222X_5 + 0.000203X_6$$

7.14

```
crime=read.csv("C:/Users/KIM/crime.csv",header=T)
cri=crime[-1]  # remove the state name column
head(crime)
head(cri)
COR<- round( cor(cri), digits=3)
COR
p_cor=princomp(cri, cor=TRUE)
p_cor$loadings
summary(p_cor)

p_cor$sdev
p_cor_var <- p_cor$sdev^2     # 주성분의 분산 설명량
p_cor_var
cumsum(p_cor_var)/sum(p_cor_var)  # 누적 분산 설명량

p_cor$loadings    #주성분 계수
p_cor$scores      #주성분 점수
plot(p_cor, type="l", "scree plot")
plot(p_cor$scores[,1], p_cor$scores[,2], pch="*", xlab="pc1", ylab="pc2")
                    # pc1과 pc2 에 대한 주성분그림
  aa=as.matrix(p_cor$scores)
biplot(p_cor, cex = 0.8, choices = c(1,3)) # pc1 & pc3
aa[order(aa[,1]), 1:2 ]  #제1주성분으로 순서화
aa[order(aa[,2]), 1:2 ]  #제2주성분으로 순서화
> head(crime)
     state murder rape robbery assault burglary larceny autoaccident
1   Alabama   14.2 25.2    96.8   278.3   1135.5  1881.9        280.7
2    Alaska   10.8 51.6    96.8   284.0   1331.7  3369.8        753.3
> head(cri)
  murder rape robbery assault burglary larceny autoaccident
1   14.2 25.2    96.8   278.3   1135.5  1881.9        280.7
2   10.8 51.6    96.8   284.0   1331.7  3369.8        753.3

> COR<- round( cor(cri), digits=3)
```

```
> COR
             murder  rape robbery assault burglary larceny autoaccident
murder        1.000 0.601   0.484   0.649    0.386   0.102        0.069
rape          0.601 1.000   0.592   0.740    0.712   0.614        0.349
robbery       0.484 0.592   1.000   0.557    0.637   0.447        0.591
assault       0.649 0.740   0.557   1.000    0.623   0.404        0.276
burglary      0.386 0.712   0.637   0.623    1.000   0.792        0.558
larceny       0.102 0.614   0.447   0.404    0.792   1.000        0.444
autoaccident  0.069 0.349   0.591   0.276    0.558   0.444        1.000

> p_cor=princomp(cri, cor=TRUE)
> summary(p_cor)
Importance of components:
                          Comp.1    Comp.2    Comp.3     Comp.4     Comp.5     Comp.6     Comp.7
Standard deviation     2.0285363 1.1129788 0.8519487 0.56252293 0.50791186 0.47121064 0.35221592
Proportion of Variance 0.5878514 0.1769603 0.1036881 0.04520458 0.03685349 0.03171992 0.01772229
Cumulative Proportion  0.5878514 0.7648116 0.8684997 0.91370429 0.95055778 0.98227771 1.00000000
> p_cor$loadings
Loadings:
             Comp.1 Comp.2 Comp.3 Comp.4 Comp.5 Comp.6 Comp.7
murder       -0.300  0.629  0.178 -0.232  0.538  0.259 -0.268
rape         -0.432  0.169 -0.244         0.188 -0.773  0.296
robbery      -0.397         0.496 -0.558 -0.520 -0.114
assault      -0.397  0.344         0.630 -0.507  0.172 -0.192
burglary     -0.440 -0.203 -0.210         0.101  0.536  0.648
larceny      -0.357 -0.402 -0.539 -0.235               -0.602
autoaccident -0.295 -0.502  0.568  0.419  0.370        -0.147
> cumsum(p_cor_var)/sum(p_cor_var)  # 누적 분산 설명 비율
   Comp.1    Comp.2    Comp.3    Comp.4    Comp.5    Comp.6    Comp.7
0.5878514 0.7648116 0.8684997 0.9137043 0.9505578 0.9822777 1.0000000
```

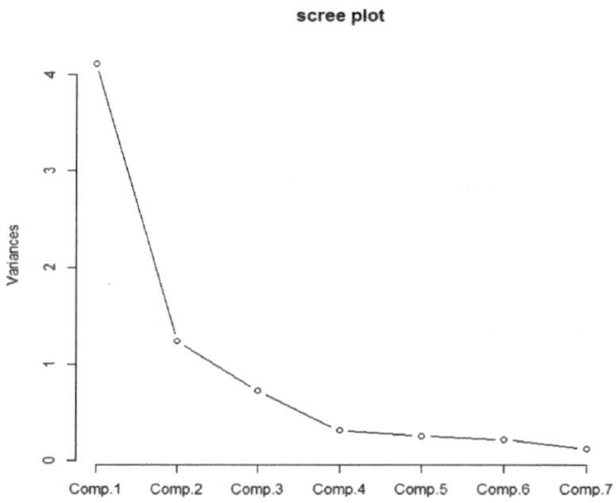

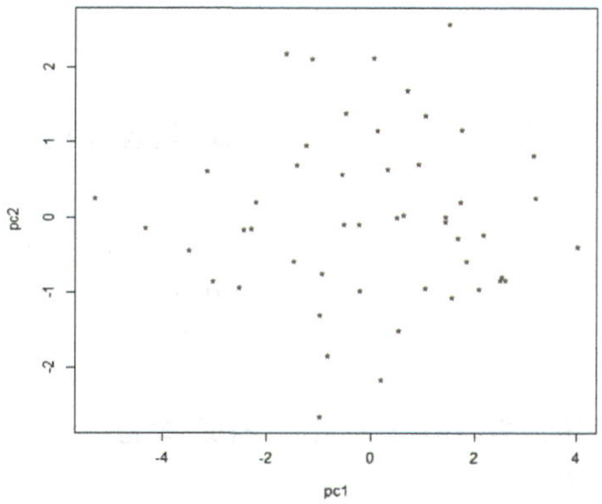

(e) pc1 & pc2

```
>biplot(p_cor, cex = 0.8, choices = c(1,3)) # pc1 & pc3
```

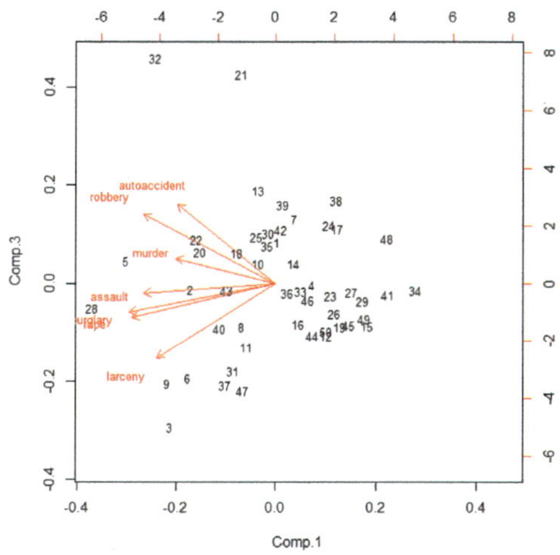

(g) 첫 번째 주성분에 의해 설명되는 분산량은 0.5879로 전체 분산의 59% 정도를 설명한다. 두 번째 주성분에 의해 설명되는 분산량은 0.1770으로 전체 분산의 18% 정도를 설명한다. 첫 번째와 두 번째 주성분에 의해 설명되는 분산량은 0.7648 로 전체 분산의 76%를 설명한다.

(i) 주성분표를 보면 2개의 주성분의 고유값이 1보다 큰 것을 알 수 있다.
스크리 그래프를 보면, 첫번째의 고유값이 크며 가파른 경사를 형성한다. 2, 3의 고유값은 1에 비해 고유값의 기울기의 변화가 작으나 나머지 고유값에 비해 가파른 경사를 형성한다. 그러므로, 앞의 세 주성분의 비중이 큼을 알 수 있다. 최종적으로 주성분의 개수를 2개 선택하면 표본총분산의 76%를 3개 선택하면 표본총분산의 87%를 설명한다.

Chapter 8

8.1 직교인자모형에서 인자들간 서로 독립이며 $Var(F_i)=1,\ Var(\epsilon_i)=\psi_i$ **이다.**

$$X_i-\mu_i=l_{i1}F_1+l_{i2}F_2+\cdots+l_{im}F_m+\epsilon_i$$

$$\begin{aligned}Var(X_i-\mu_i)&=Var(l_{i1}F_1+l_{i2}F_2+\cdots+l_{im}F_m+\epsilon_i)\\&=l_{i1}^2\,Var(F_1)+l_{i2}^2\,Var(F_2)+\cdots+l_{im}^2\,Var(F_m)+Var(\epsilon_i)\\&=l_{i1}^2+l_{i2}^2+\cdots+l_{im}^2+\psi_i\end{aligned}$$

8.2 직교인자모형에서 인자들간 서로 독립

$$\boldsymbol{X}-\boldsymbol{\mu}=\boldsymbol{LF}+\boldsymbol{\epsilon}$$

$$Cov(\boldsymbol{X},\boldsymbol{F})=Cov(\boldsymbol{LF}+\boldsymbol{\epsilon},\boldsymbol{F})=\boldsymbol{L}Cov(\boldsymbol{F},\boldsymbol{F})+Cov(\boldsymbol{\epsilon},\boldsymbol{F})=\boldsymbol{L}$$

8.8

(b) $X_1=0.48F_1+0.22F_2$

$X_2=0.71F_1-0.47F_2$

$X_3=0.82F_1-0.20F_2$

$Y_1=0.54F_1+0.59F_2$

$Y_2=0.10F_1+0.76F_2$

Chapter 9

9.4

(a) $U_1=\begin{pmatrix}0.013\\-0.014\\0.023\end{pmatrix},\ U_2=\begin{pmatrix}0.025\\-0.009\\-0.009\end{pmatrix},\ V_1=\begin{pmatrix}8.018\\-0.019\end{pmatrix},\ V_2=\begin{pmatrix}-0.375\\0.120\end{pmatrix}$

(b) 첫 번째 정준상관계수 = 0.514, 두 번째 정준 상관계수 = 0.1245

(c) $U_1=0.013X_1-0.014X_2+0.023X_3,\quad V_1=8.018Y_1-0.019Y_2$,
첫 번째 정준상관계수=0.514

(d) 첫 번째 정준 변수 U_1와 X_1 의 상관관계 = 0.3399
첫 번째 정준 변수U_1와 X_2 의 상관관계 = −0.0502
첫 번째 정준 변수U_1와 X_3 의 상관관계 = 0.7552
첫 번째 정준 변수V_1와 X_1 의 상관관계 = 0.1748
첫 번째 정준 변수V_1와 X_2 의 상관관계 = −0.0258
첫 번째 정준 변수V_1와 X_3 의 상관관계 = 0.3883

(e) 첫 번째 정준 변수U_1와 Y_1 의 상관관계 = 0.9877
첫 번째 정준 변수U_1와 Y_2 의 상관관계 = 0.0467

첫 번째 정준 변수 V_1와 Y_1 의 상관관계 = 0.5079
첫 번째 정준 변수 V_1와 Y_2 의 상관관계 = 0.0240

(f) $\Lambda_1 = 0.724$, $p-$값$=0.0350$

Chapter 10

10.1

(a) $Y = -2.99X_1 - 0.99X_2$, $\hat{m} = -3.465$

판별규칙은:

$y_0 > \hat{m}$ 이면 X_0가 G_1에 속한다,

$y_0 \leq \hat{m}$ 이면 X_0가 G_2에 속한다.

(b) $\boldsymbol{x}_0 = (-1,\ 2)'$ 의 판별함수 값은 $y_0 = 1.01 > -3.665$ 이므로 G_1에 속한다.

Chapter 11

11.1

$Cov(\boldsymbol{X}) = \boldsymbol{\Sigma_X}$, $\widehat{\boldsymbol{\Sigma_X}} = \boldsymbol{S_X}$, $d(\boldsymbol{X}_i, \boldsymbol{X}_j) = (\boldsymbol{X}_i - \boldsymbol{X}_j)' \boldsymbol{S_X}^{-1} (\boldsymbol{X}_i - \boldsymbol{X}_j)$

$\boldsymbol{Y} = \boldsymbol{AX} + \boldsymbol{c}$ 이므로 $Cov(\boldsymbol{Y}) = \boldsymbol{A\Sigma_X A'}$, $\widehat{Cov}(\boldsymbol{Y}) = \boldsymbol{AS_X A'}$

$$d(\boldsymbol{Y}_i, \boldsymbol{Y}_j) = [A(\boldsymbol{X}_i - \boldsymbol{X}_j)]' [A\boldsymbol{S_X}A']^{-1} [\boldsymbol{A}(\boldsymbol{X}_i - \boldsymbol{X}_j)]$$

$$= [(\boldsymbol{X}_i - \boldsymbol{X}_j)]' \boldsymbol{A}' \boldsymbol{A}'^{-1} [\boldsymbol{S_X}]^{-1} \boldsymbol{A}^{-1} \boldsymbol{A}(\boldsymbol{X}_i - \boldsymbol{X}_j)$$

$$= [(\boldsymbol{X}_i - \boldsymbol{X}_j)]' [\boldsymbol{S_X}]^{-1} (\boldsymbol{X}_i - \boldsymbol{X}_j)$$

$$= d(\boldsymbol{X}_i, \boldsymbol{X}_j)$$

그러므로 Mahalanobis 거리는 변수의 선형변환에 대해 불변성을 가진다.

참고문헌

김기영, 전명식 (1994) 다변량 통계자료분석, 자유아카데미

김재희 (2006) SAS를 활용한 다변량 통계 분석, 교우사

______ (2008) R을 이용한 통계프로그래밍 기초, 자유아카데미

이장우 (2000) 알기쉬운 선형대수, 범한서적, Howard Anton의 Elementary Linear Algebra 완역본

정광모, 최용석 (2002) 응용다변량자료분석, 교우사

Aldenderfer, M. A. and Blashfield, R. K. (1984) Cluster Analysis, Sage Publications, Newbury Park.

Anderson, T. W. (1963) Asymptotic Theory for Principal Component Analysis, Annals of Mathematical Statistics, 34, 122–148.

Banfield, J. D. and Raftery, A. E. (1993) Model-based Gaussian and Non-Gaussian Clustering, Biometrics, 49, 803–821.

Bartlett, M. S. (1951) The Effect of Standardization on an Approximation in Factor Analysis, Biometrika, 38, 337–344.

Box, G. E. P. (1949) A General Distribution Theory for a Class of Likelihood Criteria, Biometrika, 36, 317–346.

____, G. E. P. (1950) Problems in the Analysis of Growth and Linear Curves, Biometrika, 7, 362–389.

____, G. E. P. and Cox, D. R. (1964) An Analysis of Transformations, Journal of the Royal Statistical Society, B, 26, 211–252.

Carroll, J. D., Green, P. E. and Chaturvedi, A. (1997) Mathematical Tools for Applied Multivariate Analysis, Academic Press, London.

Chernoff, H. (1973) The Use of Faces to Represent Points in k-dimensional Space Graphically, Journal of American Statistical Association, 68, 361–368.

Everitt, B. S. (2005) An R and S-PLUS Companion to Multivariate Analysis, Springer, New York.

_______, B. S. and Dunn, G. (2000) Applied Multivariate Data Analysis, Arnold, London.

_______, B. S. and Horhorn, T. (2005) A Handbook of Statistical Analyses Using R, Chapman & Hall, London.

Fraley, C. and Raftery, A. E. (1998) How many clusters? Which clustering method-answers via model-based cluster analysis, Computation Journal, 41, 578-588.

_______, C. and Raftery, A. E. (2002) Model-Based Clustering, Discriminant Analysis, and Density Estimation, Journal of the American Statistical Association, Vol. 97, No.458, 611-631.

Garnett, J. C. M. (1919) On Certain Independent Factors in Mental Measurement, Proceedings of the Royal Society of London, 96, 91-111.

Girshick, M. A. (1936) Principal Components, Journal of American Statistical Association, 31, 519-528.

_______, M. A. (1939) On the Sampling Theory of Roots of Determinantal Equations, Annals of Mathematical Statistics, 10, 203-224.

Gleason, T. C. and Staelin, R. (1975) A Proposal for Handling Missing Data, Psychometika, 40, 229-252.

Gorsuch, R. L. (1983) Factor Analysis, Lawrence Publishers, London.

Hair, J. F., Anderson, R. E., Tatham, R. L. and Black, W. C. (1998), Multivariate Data Analysis, Prentice Hall, New Jersey.

Heo, T. Y. (1987) The Comparison of Eigensystem Techniques for Measuring Multicollinearity in Multivariate Normal Data, Biometrics, 38, 641-650.

Hoerl, A.E. and Kennard, R. W. (1970) Ridge Regression: Biased Estimation for Nonorthogonal Problems, Technometrics, 12, 55-67.

Hotelling, H. (1931) The Generalization of Student's Ratio, Annals of Mathematical Statistics, 2, 360-378.

Hotelling, H. (1935) The Most Predictable Criterion, Journal of Education Psychology, 26, 139-142.

Huberty, C. J. (1994) Applied Discriminant Analysis, Wiley, New York.

Johnson, R.A. and Wichern, D. W. (1998) Applied Multivariate Statistical Analysis, Prentice-Hall, International.

Jolliffe, I. T. (2002) Principal Component Analysis, Springer, New York.

Krause, A and Olson, M. (2002) The Basics of S-Plus, Springer, New York.

Mahalanobis, P. C. (1936) On the Generalized Distance in Statistics, Proceedings of the National Institute of Sciences of India, 12, 49-55.

Maindonald, J. and Braun, J. (2003) Data Analysis and Graphics Using R : An Example-based Approach, Cambridge University Press, London.

Mardia, K. V. (1970) Measure of Multivariate Skewness and Kurtosis with Applications, Biometrika, 57, 519-530.

Mason, R. L., Gunst, R. F. and Webster, J. T. (1975) Regression Analysis and the Problem of Multicollinearity, Communications in Statistics, 4, 277-292.

Mojena, R. (1977) Hierarchical Grouping Methods and Stopping Rules: An Evaluation, Computer Journal, 20, 359-363.

Rencher, A. C. (1998) Multivariate Statistical Inference and Applications, Wiley, New York.

_______, A. C. (2002) Methods of Multivariate Analysis, Wiley, New York.

Rencher, A. C. and Pun, F. C. (1980) Inflation on R^2 in Best Subset Regression, Technometrics, 22, 349-356.

Scott, A. J. and Symons, M. J. (1971) Clustering Method Based on Likelihood Ratio Criteria, Biometrics, Vol. 27, No. 2, 387-397.

Spearman, C. (1904) The Proof and Measurement of Association between Two Things, American Journal of Psychology, 15, 72-202.

Thurstone, L. L. (1931) Multiple Factor Analysis, Psychological Review, 38, 406-427.

Velilla, S. and Barrio, J. A. (1994) A Discriminant Rule under Transformation, Technometrics, 36, 348-353.

Verzani, John (2005) Using R for Introductory Statistics, Chapman & Hall, New York.

Ward, J. H. (1963) Hierarchical Grouping to Optimize an Objective Function, Journal of the American Statistical Association, 58, 236–244.

Wilks, S. S. (1946) Sample Criteria for Testing Equality of Variances and Equality of Covariances in a Normal Multivariate Distribution, Annals of Mathematical Statistics, 17, 257–281.

Yeung, K. Y., Fraley, C., Murua, A., Raftery, A. E. and Ruzzo, W. L. (2001) Model–based clustering and data transformations for gene expression data, Bioinformatics, Vol. 17, No. 10, 977–987.

찾아보기

【ㄱ】

가중최소제곱법 ··· 248
거리 측도(distance measure) ··· 20
결정식(determinant) ··· 45
결합확률밀도함수 ··· 65
경험분포함수(empirical distribution function) ··· 89
계수(rank) ··· 44
계층적인 군집 방법(hierarchical clustering method) ··· 329
고유값 ··· 55
고유값(eigenvalue) ··· 53
고유벡터 ··· 55
고유벡터(eigenvector) ··· 53
공통분산(common variance) ··· 232
공통성(communality) ··· 232
교차타당성(cross-validation) ··· 306, 339

【ㄴ】

나무구조그림(tree diagram, dendrogram) ··· 330

【ㄷ】

다변량 분산분석(MANOVA) ··· 143
다변량 분산분석표 ··· 147
다중 인자모형(multiple common factor model) ··· 230
다중상관계수 ··· 264
단계적 판별분석(stepwise discriminant analysis) ··· 312
단위벡터(unit vector) ··· 38
대각행렬(diagonal matrix) ··· 36
대칭행렬(symmetric matrix) ··· 42

【ㅁ】

마할라노비스 거리(Mahalanobis distance) ··· 18
마할라노비스(Mahalanobis) 거리 · 329
맨하탄(Manhattan) 거리 ··· 329
멱등행렬(idempotent matrix) ··· 59
모형 기반 군집분석 ··· 340
민코우스키(Minkowski) 거리 ··· 329

【ㅂ】

반양치행렬(positive semidefinite matrix) ··· 50
베리맥스 회전(Varimax Rotation) ··· 246
별그림(star graph) ··· 14
부분행렬(submatrix) ··· 43
분류(classification) ··· 327
분위수대분위수 그림(Q-Q plot) ··· 89
비직교회전 ··· 246

【ㅅ】

사각회전(oblique rotation) ·········· 243
산점도행렬(scatterplot matrix) ······ 11
상3각행렬(upper triangular matrix) ········ 36
상호상관(intercorrelation) ············ 71
선형독립(linearly independent) ···· 44
선형종속(linearly dependent) ········ 44
성분(entries) ········ 35
소행렬식 ········ 47
수반행렬(adjoint matrix) ·············· 47
스칼라(scalar) ········ 36
스크리 그래프 ········ 242
스펙트럼분해 ········ 57
신뢰영역(confidence region) ········ 127
실험단위(experimental unit) ·········· 6

【ㅇ】

양정치행렬(positive definite matrix) ········ 50
얼굴그림 ········ 13
역행렬(inverse matrix) ················· 46
열벡터(column vector) ················· 35
왜도(skewness) ········ 96
우도함수(likelihood function) ······· 86
원(circle) ········ 16
원체(구: sphere) ········ 16
위샤트 분포(Wishart distribution) ···· 87
유클리드 거리(Euclidean distance) ········ 16, 328
이차분류함수(quadratic classification function) ········ 296
이차판별함수(quadratic discriminant function) ········ 296
이차형식(quadratic form) ·············· 42
인자분석(factor analysis) ············ 229
인자분해(factorial decomposition) ··· 232
인자적재행렬(matrix of factor loadings) ········ 231
인자점수 ········ 249
인자패턴(factor pattern) ············ 234
일반화분산(generalized variance) ······ 70
일반화표본분산(generalized sample variance) ········ 70
일원배치 다변량 분산분석(one-way MANOVA) ········ 145

【ㅈ】

재대입(resubstution)분류 ············ 304
전치행렬(transpose matrix) ·········· 37
정규분포 ········ 77
정규확률그림(normal probability plot) ········ 99
정준변수 ········ 264
정준상관계수 ········ 264
정준상관분석 ········ 263
제곱근행렬(square root matrix) ··· 59

조건수(condition number) ·············· 71
주변확률밀도함수 ···························· 65
주성분 그래프(principal component graph) ···································· 201
주성분(principal component) ······· 186
주성분법 ···································· 236
주축인자법 ································· 238
직교(orthogonal) ···························· 51
직교인자모형(orthogonal common factor model) ··························· 230
직교행렬(orthogonal matrix) ···· 41, 51
직교회전(orthogonal rotation) ···· 243

【ㅊ】

처리간 제곱합(between sum of squares) ································· 144
처리내 제곱합(within sum of squares) ································· 144
첨도(kurtosis) ······························· 96
체비셰프(Chebychev) 거리 ············329
총분산(total variance) ···················· 71
총표본분산(total sample variance) ···· 71
최단 연결법(single linkage) ········ 330
최대우도법 ································· 240
최대우도추정량(MLE:maximum likelihood estimator) ··············· 124
최대화정리(maximization lemma) ···· 60
최장연결법(complete linkage) ····· 332
충분통계량(sufficient statistics) ····· 86

【ㅋ】

카이제곱그림(chi-square plot) ····· 94
캔버라(Canberra) 거리 ················ 329
쿼티맥스 회전(Quartimax Rotation) ··· 246

【ㅌ】

통계적 거리 ··························· 16, 328
트레이스(trace) ····························· 51
특수분산(specific variance) ········ 232
특수성 ·· 232
특이행렬(singular matrix) ············ 46

【ㅍ】

판별규칙(discriminant rule) ········ 290
판별분석(discriminant analysis) ··· 287
판별함수계수(discriminant function coefficient) ····························· 307
평균연결법(average linkage) ······· 334
표본공분산(sample covariance) ······ 7
표본분산(sample variance) ············· 7
표본분포(sampling distribution) ··· 87
표본상관계수(sample correlation coefficient) ·································· 7
표본상관행렬 ································· 8
표본평균(sample mean) ···················· 6
표본평균벡터 ································· 8

표본표준편차(sample standard deviation) ······ 7
표준화 거리 ······ 16, 328
표준화 벡터(standardized vector) ···· 82
피타고라스 정리(Pythagorean theorem) ······ 16

【ㅎ】

하3각행렬(lower triangular matrix) ···36
합동공분산행렬(pooled covariance matrix) ······ 115
항등행렬(identity matrix) ······ 36
행벡터(row vector) ······ 36

【B】

Bonferroni ······ 130
Box-Cox 변환 ······98
Box의 M-검정법 ······156

【C】

Cauchy-Schwarz 부등식 ······ 60

【F】

Fisher의 방법 ······ 288

【H】

Heywood 상황 ······ 241
Hotelling ······ 185
Hotelling-Lawley ······ 168

【K】

K-평균법(K-means method) ······ 338

【L】

Lagrange 기법 ······ 187
Lawley - Hotelling 검정 ······ 152

【P】

Pearson ······ 185
Pillai ······ 168
Pillai 검정 ······ 152
Promax 방법 ······ 247

【R】

Roy의 최대근 검정 ······ 153
Roy의 최대근 검정법 ······ 168

【S】

SAS ······ 4
Splus ······ 4
SPSS ······ 4

【W】

Ward의 계층적 군집 방법 ······ 336
Wilks lambda ··· 126, 148, 152, 168, 310

김 재 희(金哉希, Jaehee Kim)

- 서울대학교 계산통계학과 학사
- 서울대학교 통계학 석사
- 미국 Texas A&M University 통계학 박사
- 미국 New York University 방문교수

- 국립재활원 통계연구 자문교수
- 국립 축산과학원 통계연구 자문교수
- 미국 Texas A&M University 방문교수
- 미국 Columbia University 방문교수
- 현재, 덕성여자대학교 정보통계학과 교수

R 다변량 통계분석 (개정판)

개정판 3쇄 발행 2023년 04월 20일

지은이 김재희 / 펴낸이 오판근
펴낸곳 (주) 교 우
주　소 서울시 동대문구 약령시로 8 교우빌딩 2층 (주)교우
전　화 02-925-2861 / 팩　스 02-925-2860, 편집부 02-925-2825
홈페이지&북스토어 www.kyowoo.co.kr / 이메일 kyowoo@kyowoo.co.kr

등　록 1994년 3월 24일 제1994-000013호
ISBN 978-89-8172-872-4 (93310)

Published by Kyowoo Co., Ltd. Printed in Korea

(주) 교우는 보다 혁신적이고 참신한 도서를 다양하게 기획하고 있습니다.
책으로 펴내고자 하는 아이디어나 원고는 메일로 보내주세요.
(주) 교우는 전과정을 책임지고 최선을 다하겠습니다.

값 38,000원

교우미디어는 (주) 교우의 Imprint 사입니다.
수학정원·과학정원은 (주) 교우의 새로운 브랜드명입니다.

잘못된 책은 구입하신 서점에서 교환해 드립니다.